INTERIOR LIGHTING
FOR DESIGNERS
FOURTH EDITION

디자이너를 위한
실내조명디자인

INTERIOR LIGHTING FOR DESIGNERS

FOURTH EDITION

디자이너를 위한

실내조명디자인

게리 고든 지음 | 백지혜, 박지연 옮김 | 김홍범 감수

(주)교문사

디자이너를 위한
실내조명디자인

2013년 8월 26일 초판 인쇄 | 2013년 8월 30일 초판 발행

지은이 게리 고든 | **옮긴이** 백지혜 · 박지연 | **감수** 김홍범
펴낸이 류제동 | **펴낸곳** ㈜교 문 사

전무이사 양계성 | **편집부장** 모은영 | **디자인** 신나리 | **영업** 이진석 · 정용섭 · 송기윤
출력 현대미디어 | **인쇄** 삼신인쇄 | **제본** 과성제책

우편번호 413-756 | **주소** 경기도 파주시 교하읍 문발리 출판문화정보산업단지 536-2
전화 031-955-6111(代) | **팩스** 031-955-0955
등록 1960. 10. 28. 제406-2006-000035호 | **홈페이지** www.kyomunsa.co.kr | **E-mail** webmaster@kyomunsa.co.kr

ISBN 978-89-363-1356-2(93590) | **값** 20,000원 * 저자와의 협의하에 인지를 생략합니다. * 잘못된 책은 바꿔 드립니다.

For

my grandfather,

Louis Becker,

who first inspired me to look at buildings

차례

제4판 서문 Preface to the Fourth Edition

이번 제4판은 이전 판에 구축된 내용을 토대로 하여 그 내용을 전체적으로 더욱 명확하게 확장하였다. 제3판에서 제공된 기본 틀을 유지하면서 Edison Price라는 조명기구 디자인 회사에 의해 9, 10 11장이 보다 전문적인 실무에 근접하게 되었다. 본서는 조명의 기술과 실무에 있어서 최첨단 광원, 장비, 시스템의 가장 최신 기술에 대한 새로운 자료이자 종합적인 용어사전이다. 또한 텍스트를 동반하는 출판사로부터 강사 매뉴얼을 처음 온라인으로 사용할 수 있게 되었다. 제3판과 마찬가지로, 이 책은 건축 및 인테리어디자인 학생들을 위한 교과서이자 실무를 하고 있는 전문가를 위한 매뉴얼이다. 250개가 넘는 라인 드로잉, 사진, 컬러 도판 등이 새롭게 추가되면서 기존의 텍스트를 보완하였다. 또한 인테리어에 빛의 디자인이 강조되면서 이러한 디자인을 성취하기 위한 수단으로서의 도구와 기술이 제공되었다. 이 책은 유능한 건축가이자 조명 디자이너 Carroll Clline이 쌓은 경력과 20년간의 전문적인 실무능력에 기초하여 조명 디자인에 대한 건축적 접근을 한 것이다.

이 책에서 설명하고 있는 조명 디자인의 프로세스는 전 세계의 건축적인 인테리어 솔루션을 제공하는 조명 전문가들에 의해 사용된 방법이다. 나는 뉴욕에 소재한 Parsons School of Design Lighting Institute에서 대학원 및 학부 학생들을 가르치면서 조명 디자인 프로세스를 설명하는 이 시스템을 개발하였다. 이 방법은 오늘날 전문적으로 조명 실무를 하고 있는 제자들이 매우 많다는 것을 통해 그 성공이 증명되었다.

책을 펴내면서 ACKNOWLEDGMENTS

이 책은 Caryl Gordon과 Mary Hebert의 편집과 교정, Kevin Houser 박사의 뛰어난 기술적 편집, 그리고 David

Marini의 레이아웃과 디자인의 덕을 크게 보았다.

귀중한 연구 지원은 뉴욕의 Gary Gordon LLC 사무소 직원들인 Frary, Justin Horvath, Michael Haslam, Christine Kong, Ryan Stronquist, Rob Thomas, Ryan Wither 등에 의해 제공되었다. Rob Thomas는 모든 도면, 컬러 도판, 사진을 능숙하게 조정하였다.

Aneeahseah Lefler와 Hennifer Downey의 지원 또한 감사하다. John Wiley & Sons에서 Amanda Miller는 편집 지침을 제공했고, Jennifer Ackerman은 이 책을 만드는 작업을 하나의 기쁨으로 만들어 주었다.

2002년 9월, 뉴욕에서
Gary Gordon FIES, FIALD, LC

머리말 introduction

조명 디자인이란 일종의 프로세스로서 건축 구조체에 조명을 통합시키는 과정이다. 은행, 교회, 사무실, 갤러리, 식당, 상점, 교실 등 공간의 종류와 광원에 상관없이 그 프로세스는 항상 동일하다.

조명 디자인은 표준화된 과정이 있기 때문에 학습이 가능하다. 이 책은 조명 설계 전문가가 실무에서 행하는 조명 디자인의 과정대로 단계를 따라가 보았다. 물론 디자인이 항상 순차적으로 진행되는 건 아니어서 몇 개의 단계들이 동시에 사용되기도 한다. 그러나 전반적인 순서는 전문 실무 분야와 일치한다.

본서는 유일한 조명 디자인 프로세스가 아니라, 여러 조명 디자인 프로세스 중 하나의 방법을 설명하고 있다. 그 하나는 조명 디자이너 게리 고든(Gary Gordon LLC)이 전 세계적으로 1,000편이 넘는 건축 프로젝트에 성공적으로 사용한 방법이며, 공간에서 조명이 인간의 정서에 막대한 영향을 미친다는 확신 하에 만들어진 방법이다.

건물에 조명을 설치할 때 흔히 발생하는 실수는 조명기구를 먼저 선택하는 것이다. 조명기구의 선택은 마지막에 행해져야 할 과정이며, 중요한 사항은 무엇으로 비추어야 하는가가 아니라 어디를 비추어야 하는가다. 성공적인 조명 디자인의 열쇠는 먼저 빛을 비출 대상을 정하고 그 후에 방법을 정하는 것이라 할 수 있다.

1장에서는 주변 세상에 대한 지각이 눈을 통해 들어오는 빛의 양이 아닌 대비의 정도에 의한 것이라는 인간의 시각 시스템을 다룬다. 2장에서는 시각이 대비를 지각하는 것이므로 공간의 밝기대비가 감성에 영향을 미친다는 심리학을 다루며, 3장에서는 빛의 방향과 분포가 감성적 공간 환경을 어떻게 만들어내는지에 대해 학습한다.

감성적 환경과 밝기의 대비가 정해지면 4장에서 설명하는 광색에 의한 광원의 선택이 시작된다. 그 후 이어지는 3개의 장은 각각 광원에 대한 지식을 다루고 있는데, 주광(5장), 백열에서부터 텅스텐-할로겐(6장), 형광, 수소, 메탈할라이드, 고압 나트륨 등의 방전 광원(7장)을 다룬다. 8장에서는 방전등과 저전압 백열등에 필요한 보조장비를 설명한다.

9장에서는 광원을 조절하여 적절한 빛의 방향과 분포를 제공하고 눈부심 현상을 제어하는데 사용되는 외부장치를 설명하고, 10장에서는 광원의 조절로 완성된 공간에서 빛의 양을 예측하는데 쓰이는 포토메트릭스를 설명하며, 11장에서는 광원의 전기적 필요사항과 조명 조절시스템 방법을 다룬다.

광원에 필요한 전기 장비와 빛의 분포 및 눈부심 현상을 조절하는 외부장치가 갖추어지면 12장에서 조명기구를 선택하게 되는데, 조명 디자인 프로세스 중 이 단계에 이르러야 비로소 조명기구를 적절하게 선택할 수 있다. 즉, 디자이너는 공간에서 발생하는 행위와 공간이 요구하는 대비의 정도를 확인하고 빛의 색채, 방향, 분포와 눈부심의 조절, 그리고 광원의 위치를 결정한 이후에 조명기구를 선택해야 한다.

마지막 장은 시각적 명료함을 창출하는 요소들을 보여 주는데, 건축 마감면, 작업 조명과 예술품 조명에 필요한 디자인 기술, 밝기의 균형, 에너지 절약형 디자인 그리고 조명과 건축의 통합 등에 관한 것이다.

본서에서 언급한 건축 조명 디자인의 프로세스는 조명 연출기법을 알지 못하는 임의의 관찰자 시각에서 행동을 지원하고 웰빙을 강화할 수 있는 편안한 환경이 지각되는 공간을 창출해 낸다. 디자이너는 여기에서 더 나아가 실무를 통하여 정신을 고양하고 영감을 주는 환경을 만드는 방법을 익히게 될 것이다.

지각 Perception

1

우리가 눈을 통해 세상을 지각한다는 것은 눈으로 들어오는 빛의 양에 의한 것이 아니라 밝기의 대비에 의한 것이다.

빛 VISIBLE LIGHT

우리가 말하는 빛이란 약 380나노미터(nm)에서 760nm 정도의 파장을 갖는 아주 좁은 범위의 전자에너지다. 오직 이 파장 범위 내에 있는 에너지만이 시각기관의 광수용기receptor를 자극하여 시각을 형성하는 것이고(그림 1.1, 도판 1), 우리가 비록 직접 볼 수 없다 하더라도 이 파장대의 전자에너지를 가시에너지visible energy라고 한다.

진공 상태에서 빛은 초당 약 300,000km의 속도로 이동한다. 빛은 유리나 물 혹은 기타의 투명한 물질을 통과할 때 그 매질의 밀도에 따라 그 속도가 저하된다(그림 1.2). 프리즘의 굴절현상이나 렌즈에 상이 맺히는 것은 이와 같은 원리에 의한 것이다.

빛이 프리즘을 통과할 때 각 파장은 각기 다른 각도로 굴절되어 여러 가지 색으로 방사되어 빛의 패턴이 나타나게 된다(도판 2 참조).

모든 전자에너지의 방사 특성은 유사하지만, 파장

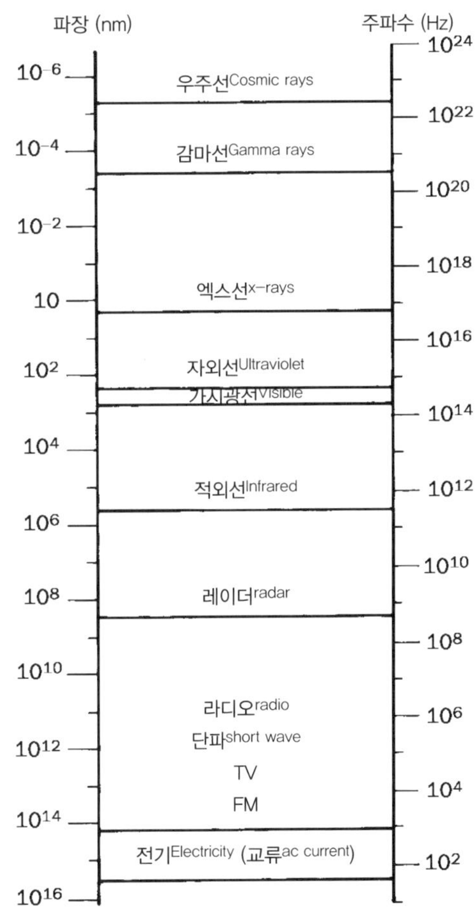

그림 1.1 가시광선은 전파, 적외선, 자외선, 엑스선을 포함하는 전자 스펙트럼 전체에서 좁은 영역에 속해 있다. 이들의 차이점은 파장뿐이지만 그 효과는 매우 다르다. 아주 작은 범위의 파장의 변화라도 우리의 민감한 눈은 서로 다른 색을 보게 된다(도판 1 참조).

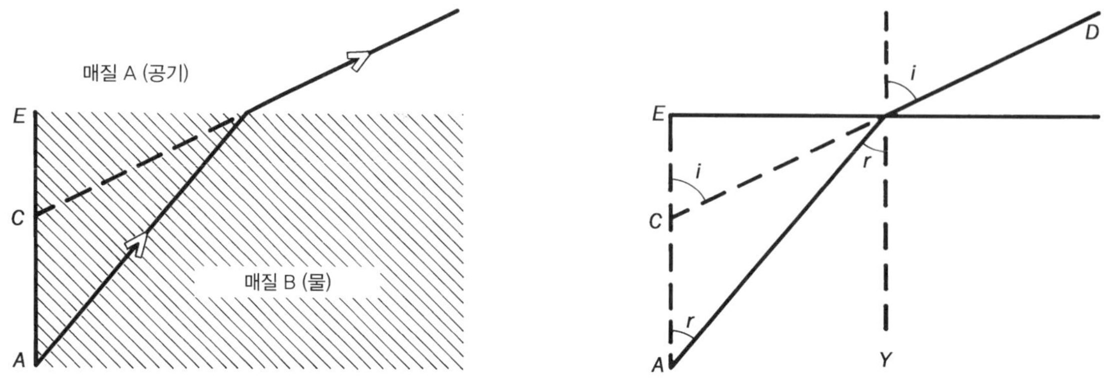

그림 1.2 굴절법칙(스넬의 법칙Snell's law)에 의하면 빛이 매질 A에서 B를 통과할 때 입사각(i)의 여현이 굴절각도(r)의 여현에 대해 일정한 비례를 갖는다.

에 따라 전파, 적외선, 가시광선, 자외선, 엑스선의 고유 특성이 나타난다. 스펙트럼의 색spectral color도 파장 때문에 보이는 독특한 특성으로, 세상을 풍부한 색채로 가득 차게 한다. 우리가 색상hue을 빨강, 주황, 노랑, 초록, 파랑, 남색, 보라로 지칭하는 것은 우리가 인지한 색을 표현하기 위한 약속이다.

눈 THE EYE

인간의 눈은 종종 카메라와 비교하여 설명한다. 그러나 시각적 지각은 눈을 통해 망막에 투사된 광학적 이미지가 뇌에서 "사진학적으로" 해석되는 것보다 훨씬 더 많은 과정들을 포함한다.

인간의 눈은 외부세계에 대한 정보를 수집하는 일차적 장치이다. 수정체가 초점을 맞춘 순간, 빛을 지각하는 광수용기에 세밀한 상이 맺히게 되고 광수용기는 이것을 전기적 신호로 변환하여 뇌에 전달함으로써 그 이미지를 해석할 수 있도록 한다(그림 1.3).

이미지를 형성하는 방법을 가장 간단하게 설명하자

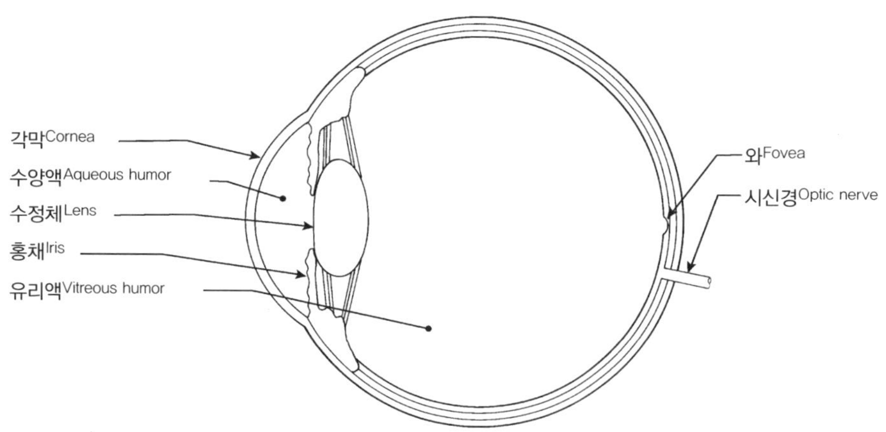

그림 1.3 인간의 눈 횡단면

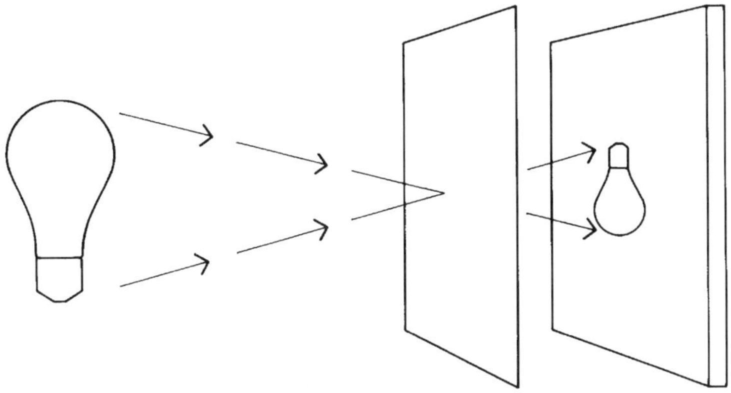

그림 1.4 핀홀pinhole에 의해 형성되는 이미지

면 렌즈가 아니라 작은 구멍인 핀홀에서 일어난다. 그림 1.4를 보면, 물체의 각 점에서 출발한 광선은 스크린 상의 하나의 점(핀홀)으로 모이고, 그 점을 통과한 빛이 스크린의 대응하는 부분을 비춤으로써 물체의 뒤집어진 이미지를 형성하게 된다. 그러나 맺힌 이미지가 선명하려면 약간의 빛만 투과되도록 핀홀이 작아야 하기 때문에 핀홀을 통과한 이미지는 어둡다.

렌즈는 훨씬 더 밝은 이미지를 만들어 낼 수 있다. 렌즈는 물체의 각 점으로부터 나오는 모든 광선을 모아서 스크린 위에 대응되는 각각의 점들로 보냄으로써 밝은 이미지를 형성하게 한다(그림 1.5).

인간의 눈에 있는 렌즈인 수정체는 일생에 걸쳐 더해지는 세포들로 인하여 중앙에서부터 생성되며, 일생을 통해 그 세포는 덧붙여지다가 점차 둔화된다. 즉, 중앙은 가장 오래된 부분이며, 세포가 노화함에 따라 점점 촘촘해지고 단단해져 원근조절을 위하여 그 모양을 변

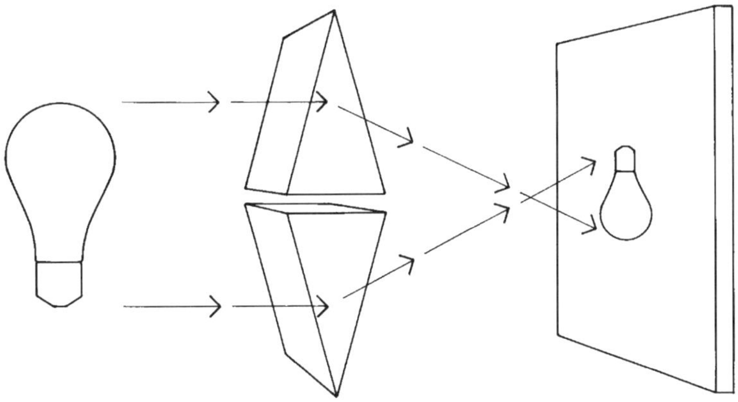

그림 1.5 수정체에 의해 형성되는 이미지
수정체의 기능을 한 쌍의 프리즘으로 설명하였으나 이미지를 형성하는 수정체는 곡면의 표면을 갖고 있다.

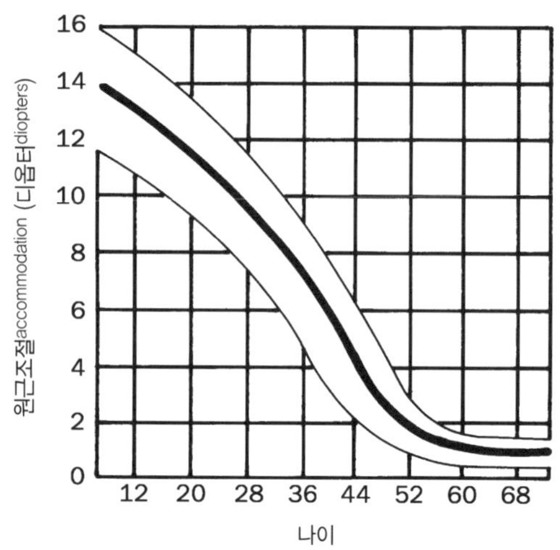

그림 1.6 노화에 따른 수정체의 원근조절 기능 감소

화시키는 것이 점점 어려워진다(노인성 원시presbyopia)(그림 1.6).

우리는 수정체가 정확하게 조절될 때에만 이미지를 정확히 볼 수 있으며, 그렇지 않을 경우 다음과 같은 수정체의 이상을 경험하게 된다. (1) 수정체가 "짧은short" 시각(근시myopic) 또는 "긴long" 시각(원시hyperopic)이어서 망막 위가 아니라 앞이나 뒤에서 초점을 맞추는 경우. (2) 수정체가 완전한 구의 형태가 아니어서 어느 한 방향으로 비틀어져 이미지가 흐려지는 경우(난시astigmatic). (3) 각막이 고르지 않거나 패어 있는 경우.

다행히도 거의 모든 광학적 결함은 우리가 안경eyeglasses이라고 부르는 인공 렌즈를 사용하여 보정이 가능하다. 안경은 렌즈의 도수를 변화시킴으로써 초점에 대한 오류를 보정해 주며(원근조절accommodation), 비구면적 요소를 추가하여 뒤틀림을 잡아 준다(난시astigmatism). 통상적으로 안경은 각막 표면에 입은 손상을 보정하지는 않으나, 각막렌즈corneal lenses는 각막에 새로운 표면을 제공하는 역할을 한다.

홍채iris는 사람마다 다양한 색채를 가지고 있는 부분으로, 이것이 불투명하지 않는 한 시력에 아무런 영향을 주지 않는다. 홍채는 동공pupil을 형성하는 근육이며, 빛은 동공을 지나 바로 뒤에 위치한 수정체를 통과한다. 이 근육은 가까운 물체를 보기 위해 집중할 때와 밝은 환경에 있을 때 수정체의 구경을 줄이기 위해 수축한다.

망막retina은 빛을 전기적 자극으로 변환하는 시지각 세포들과 신경 세포들을 서로 연결해 주는 얇은 막이다. 여기에는 2가지의 시세포가 존재하는데, 이는 현미경 상에 관찰된 형태대로 간상체rods와 추상체cones라고 불리고 있다(그림 1.7).

추상체는 색채 시각을 제공함으로써 휘도illuminance가 매우 높을 때에 기능하고, 간상체는 회색 계열을 수반하는 낮은 휘도에서 작용하는 것으로 최근까지도 추측되고 있다. 망막의 추상체를 사용하는 색채 시각은 명소시photopic라고 하며, 어두침침한 빛에서 간상체에 의해 주어진 회색계는 암소시scotopic라고 한다.

그러나 최근 연구는 간상체와 추상체가 시지각의 다른 양상에 각각 기여하며 높은 휘도에서 둘 다 활동한다고 주장한다. 간상체와 추상체가 모두 활동할 때의 시각을 혼합시mesopic라고 한다.

뇌 THE BRAIN

눈은 뇌에 전기적 자극을 연속적으로 코드화하여 정보를 공급한다. 그러나 물체를 "본다는 것seeing"은 이러한 신경 신호에 의해서 부분적으로만 결정되는 것이고, 뇌는 가능한 한 데이터에 대한 최고의 해석을 검색한다. 하나의 물체에 대한 인지는 이전의 경험에서 유추된 지식과 감각 신호에 의해 제안되고 분석된 하나의 가설이다.

일반적으로 그 가설은 옳으며, 우리는 주위를 둘러싼 공간 내에서 개별적인 물체들로 구성된 세계를 인지한다. 때로는 그 평가가 옳지 않을 수 있는데, 이것을 착시illusion라고 한다. 그림 1.8과 그림 1.9에 나타난 모호한 형상들은 눈에 자극된 동일한 패턴이 얼마나 다르게 인지될 수 있는가를 보여 준다.

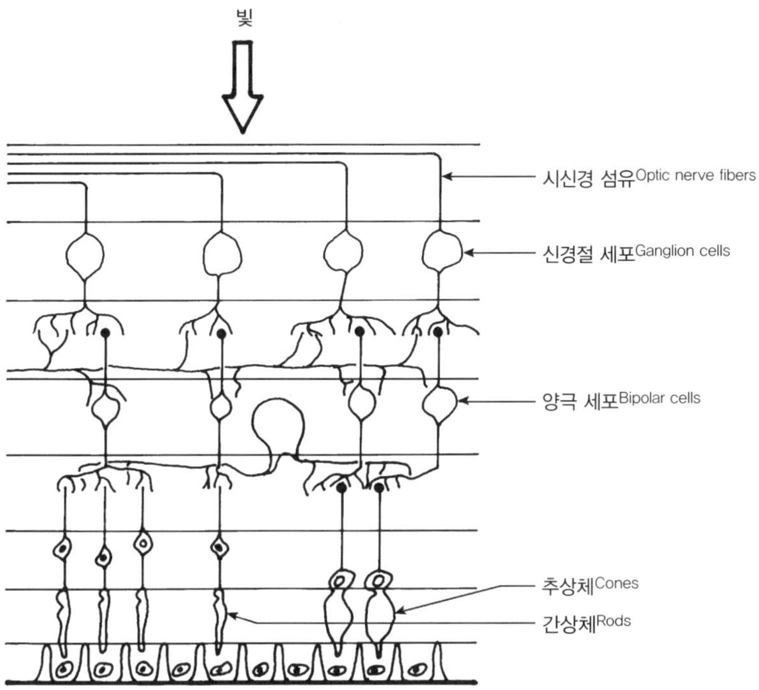

그림 1.7 망막

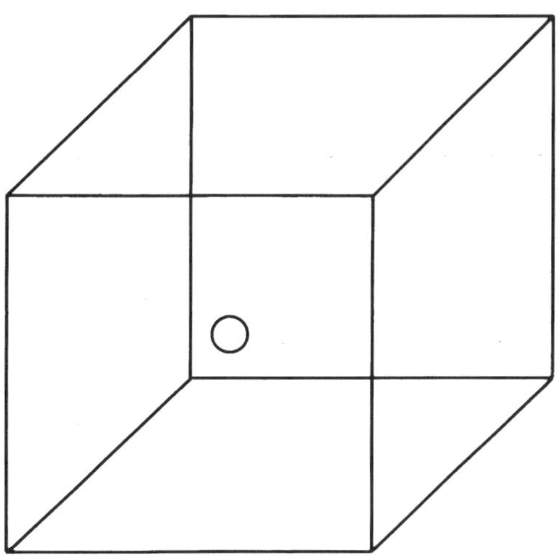

그림 1.8 네케르 정육면체Necker cube
뇌가 점을 응시할 때 2개의 점의 깊이를 다르게 가정함에 따라 정육면체가 뒤집힌다.

그림 1.9 모호한 형상
이것은 하나의 꽃병인가, 아니면 두 얼굴의 옆모습인가?

밝기 지각 BRIGHTNESS PERCEPTION

눈에 들어오는 빛을 휘도luminance라고 하며 밝기brightness에 대한 감정을 일으킨다. 조도는 임의의 면에 입사된 빛의 밀도를 말하는데, 조도계를 포함하여 다양한 종류의 광계측기에 의해 측정된다.

밝기는 주관적인 경험이다. 우리는 누군가가 "아, 얼마나 밝은 날인가!"라고 말하는 것을 듣고 그것이 무엇을 의미하는지 안다. 그러나 이러한 밝기에 대한 감각은 눈에 들어오는 빛의 강도를 부분적으로만 규정한다.

밝기는 다음의 3가지에 의한 결과이다. (1) 특정 시점에 망막의 한 영역에 투사된 빛의 강도. (2) 특정 시점의 바로 직전에 망막이 적응한 (명암순응adaptation으로 불리는) 빛의 강도. (3) 망막의 다른 영역에 투사된 (대비contrast로 불리는) 빛의 강도.

그림 1.10은 주변의 광도가 밝기를 지각하는데에 얼마나 큰 영향을 미치는가를 보여 준다. 주변이 어두울 경우 주어진 영역이 더 밝아 보이고, 보색으로 둘러싸여 있는 경우에는 주어진 색채가 더 선명해 보인다.

만일 어두운 상태에서 오랜 시간 있게 되면 눈의 민감성은 더욱 커져서 주어진 빛의 양에 대해 더 밝게 느낄 것이다. 이러한 "암순응dark adaptation"은 처음 몇 초 동안은 빠르게 일어나다가 점차 속도가 느려진다. 눈은 암순응을 할수록 민감성sensitivity을 얻는 반면에 예리함acuity은 잃는다. 즉, 광도를 줄여 암순응을 하게 하면 예리한 디테일을 알아차리는 능력도 잃게 되는 것이다.

추상체와 간상체는 서로 다른 속도로 순응한다. 추상체는 약 7분 이내에 순응하지만, 간상체의 순응은 1시간 이상 걸리기도 한다. 우리는 실제생활에서 어두운 극장을 나와서 밝은 햇빛으로 나올 때(추상체 순응 또는 명순응cone or light adaption)와 이와 반대로 화창한 날에 어

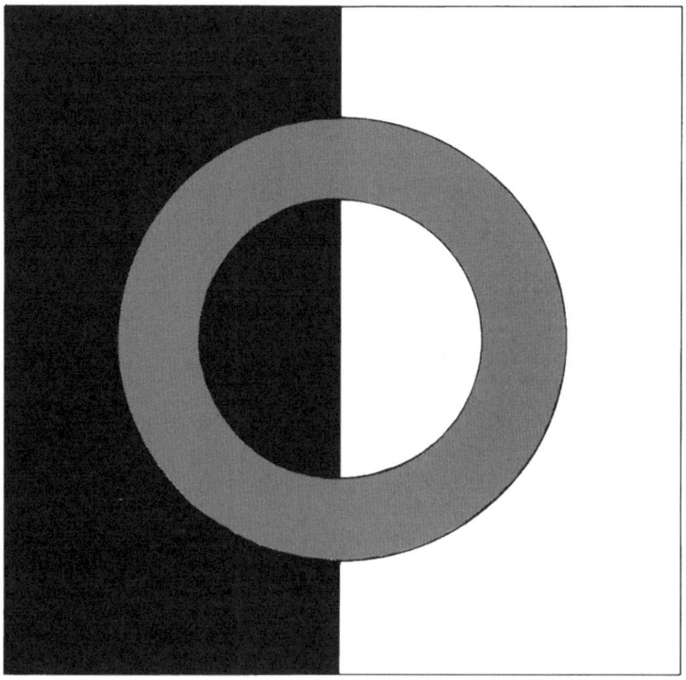

그림 1.10 동시대비Simultaneous contrast

두운 극장으로 들어갈 때(간상체 순응 또는 암순응rod or dark adaption)의 차이로 쉽게 경험할 수 있다.

색채 지각 COLOR PERCEPTION

밝기는 색채의 특성이라고 할 수 있다. 주어진 밝기에서 스펙트럼 중간부의 색채는 끝부분의 그것보다 더 밝아 보인다. 간상체와 원추체의 민감도도 다르다. 패턴은 비슷하지만 추상체는 황색에 민감하고, 간상체는 녹색에 민감하다. 이처럼 밝기에 따라 색에 대한 민감도가 달라지는 것을 푸르키녜 변이Purkinje Shift라고 한다(그림 1.11).

가시광선의 스펙트럼은 자색, 청색, 녹색, 황색, 적색 빛의 5가지 색(도판 3 참조)(색소가 아님[도판 4 참조])으로 구성된다. 이들은 서로 혼합될 수 있는데, 예를 들면 적색을 녹색 빛과 결합하면 황색을 얻는다.

색광은 필터, 프리즘, 회절 격자diffraction grating 등을 이용하여 혼합이 가능한데, 2개의 색광을 혼합하면 원래의 색과는 전혀 다른 세 번째 색광이 만들어진다.

3개의 색광을 혼합하고 밝기를 조절하면 어떤 스펙트럼의 색상도 만들어 낼 수 있다. 백색도 만들 수 있지만, 흑색이나 스펙트럼상의 색채가 아닌 갈색과 같은 색들은 만들 수 없다(도판 3 참조).

색채 시각에 대해 이론적으로 말할 때 우리는 "색채colors"가 아닌 "색상hue"의 개념을 사용한다. 이는 색채라는 말의 혼돈을 피하기 위한 것으로, 우리가 시각적 자극을 설명하기 위해 색채에 "적색"이나 "청색" 같이 특정 이름을 부여한 것이다. 그러므로 우리가 이야기하는 것은 분광색채가 아니라 분광색상인 것이다.

빛의 자극sensation으로써의 색채와 파장wavelength으로써의 색채 사이에는 중요한 차이점이 있다. 이론적으로 빛 자체에는 색이 없다는 것이다. 빛은 적절한 눈과 신경 시스템이 협력할 때에만 밝기나 색채에 대한 자극을 일으킨다. 우리가 "노란색 빛"이라고 말할 때, 그것은 대부분의 사람들이 "노란색"으로 묘사되는 자극을 불러일으키는 빛을 의미한다.

스펙트럼상의 모든 색채는 눈에 있는 3가지 종류의 수신기(보라, 초록, 빨강)로부터 뇌에 의해 해석이 된다. 이 세 종류의 색채-감지 수신기(color-sensitive receiver 추상체)는 자청색blue-violet, 순녹색pure green,

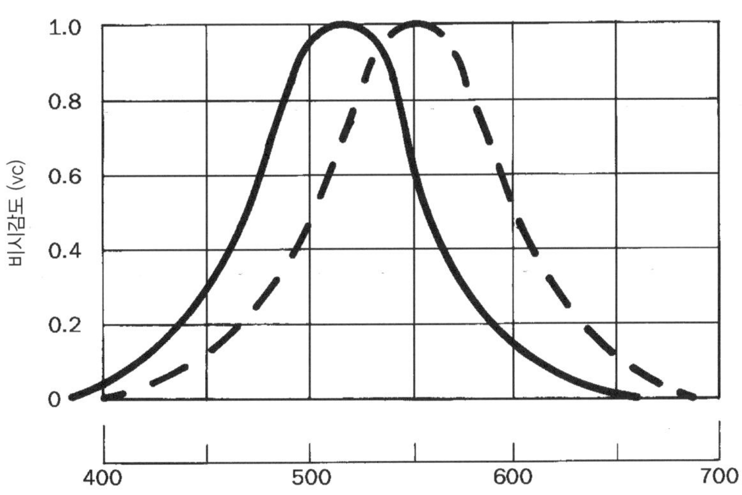

그림 1.11 푸르키녜 변이The Purkinje Shift

적황색orange-red에 반응한다. 모든 색채는 이 3가지 시스템으로부터 오는 신호의 혼합을 통해 "보이게 된다".

우리가 인지하는 백색은 특정 색채들의 혼합이 아니라 일반적인 빛을 말한다. 하얗게 보이는 양초나 램프빛이 "하얀" 전등은 일광과 비교해 볼 때에는 노랗게 보인다.

백색으로 인식할 수 있는 상황은 변하지만 어떤 조건에서도 어떤 물체에 대한 일반적인 색채의 정보를 기대하는 것을 색채항등성color constancy이라고 한다. 우리는 어떤 조건의 환경에서도 토마토는 빨갛다는 것을 기대하게 되는 것이다. 뇌에 저장된 지식과 경험이 색채 인지에 강한 영향력을 발휘한다. 예를 들면, 오렌지와 레몬과 같은 물체들은 오렌지색과 황색으로 인식되기 때문에 실제보다 더 농후한 색채로 감지된다.

잔디는 잔디밭에서 발견되는 식물로 "녹색green"이라는 색채 자극을 주지만, 그 색채보다는 잔디밭으로써의 존재, 잎의 형태와 밀도 등의 특성들로 잔디를 식별한다. 만일 잔디의 색채를 구별하지 못한다면, 그것을 잔디로 식별하기 위한 충분한 부가적인 증거들을 끌어모은다. 우리는 잔디가 녹색일 것으로 여기며 잔디를 녹색이라고 한다. 심지어 어두침침하거나 황혼으로 그 색채가 의심스러울 때에도 말이다.

1992년에 신경생리학자들은 뇌세포들의 연합이 시각적 기억의 기초를 형성한다는 것을 발견하였다. 이 세포들은 기둥 모양으로 쌓여지고, 어느 기둥이 물체에 자극되었는가에 따라 기이한 각도이거나 일부분만 보인다고 하더라도 뇌는 즉각적으로 얼굴과 같은 복잡한 이미지를 인식할 수 있는 것이다. 그러나 밝기, 색채, 형태, 움직임 등 서로 분리된 채널들이 — 뇌에서도 각기 다른 부분에 있으면서 — 어떻게 서로 모여 지속적인 지각을 형성하는가 하는 것은 여전히 미스터리이다.

시 감각 THE SENSE OF SIGHT

우리는 지각이 눈으로 들어오는 빛의 양과 관계가 없다는 것을 알게 되었다. 지각은 밝음과 어두움의 대비에 의한다. "보다"라는 행위에 있어서 최소한의 빛은 필수적이다. 하지만 우리의 눈은 빛의 양이 많고 적음에 반응하는 것이 아니라 시야 내의 평균휘도에 반응한다. 그러므로 시각적 감각이란 밝기 차이에 대한 감각이다. 지면 위의 사람의 차이, 배경에 놓인 물체 간의 차이를 감지하는 장치인 것이다. 공간에 대한 인상의 본질은 환경에 존재하는 대비의 정도에 의한 것이다.

시지각과 심리 Psychology 2

시각은 대비에 대한 감각으로 공간의 밝기대비는 그 공간에 대한 감정적인 흥미에 영향을 미친다.

감성적 효과 EMOTIONAL IMPACT

개인의 공간에 대한 인상은 밝기의 대비, 즉 밝은 부분(초점 또는 전경the focus or foreground)과 상대적으로 어두운 부분(주변 또는 배경the surround or background)과의 관계성에 대한 작용이다. 물론 어떤 공간을 밝히기 위한 목적으로만 빛을 사용할 수도 있다. 그러나 밝기대비를 계획함으로써 실내에 감성적인 효과를 만들어 내는 것은 창의적인 디자이너가 실제로 도전해 볼 만한 일이다.

권장 조도 기준에 맞는 조도를 공급하는 것으로 조명계획을 끝마친다면 의도하지 않았다고 하더라도 건조하고 자극이 없는 환경이 될 것이다. 조명 계획에 있어서 밝기대비에 적절한 주의를 기울이면 매력적이고, 활기차며, 공간에서 일어나는 행위들을 지원하는 빛환경을 만들게 된다.

만일 어떤 방에 있는 모든 물체와 표면이 같은 양의 빛을 받는다면 대비는 일어나지 않을 것이다. 이러한 환경에서 지내는 사람들은 시간이 지날수록 무기력함과 지루함을 느끼게 된다. 밝기대비가 없이 만들어진 환경은 구름이 끼고 음산한 날과 같이 느껴질 것이다.

사람들은 빛을 받아 밝은 부분과 그늘이 생겨 어두운 부분이 뚜렷이 구분되는 화창한 날에 더욱 깨어 있고 활기차며 긍정적인 감정을 느낀다. 밝기대비를 제공함으로써 화창한 날과 같은 환경을 창조할 수도 있을 것이다. 실제로 "구름이 가득한 날"과 "밝고 화창한 날" 사이에는 빛의 질적인 차이가 있는 것도 사실이다.

자극의 정도 DEGREES OF STIMULATION

공간에서 일어나는 행위는 다양하여 강한 자극 상태에서 만족할 만한 행위가 일어나는 반면, 어떤 행동 혹은 작업은 사람들이 편안한 상태에서 안락한 감정을 느낄 때, 즉 최소의 자극 상태에서 더 유리할 수 있다. 비록 동일한 환경에 대해 개개인이 다르게 반응한다 하더라도 빛에 대하여 사람들은 매우 유사하게 반응한다.

환경 심리학자들은 자극 또는 각성의 정도를 설명하기 위해 고부하high-load와 저부하low-load라는 용어를 사용한다. 사람이 받게 되는 자극이 많을수록 '고부하'라고 정의하는데, 복잡하고 붐비거나 비대칭이거나 새롭거나 낯설거나 놀랄 만하거나 임의적인 환경은 '부하가 높다'고 한다. 반대로 단순하고 붐비지 않고 대칭이거나 관습적이거나 친근하거나 놀랄 만한 것이 없거나 잘 정리된 환경은 '부하가 낮다'고 할 수 있다.

만일 수행하는 작업이 기술자료를 연구하거나 논문을 쓰는 것과 같이 복잡하거나 특별한 것이라면 작업의 성격만으로도 자극의 양은 크며, 환경에 의한 추가적인 자극은 부하를 증가하게 하여 결국에는 일을 중단하게 된다. 즉, 자극이 큰 환경에서 복잡한 일을 하는 사람은 주의가 산만해지거나 짜증이 나거나 좌절하여 업무 수행 능력이 급격하게 저하되는 것이다.

수표를 쓴다든지 쇼핑 목록을 작성한다든지 기타 익숙한 잡일과 같이 단순하거나 일상적인 업무는 약간 자극적인 환경이 도움을 준다. 몽상이나 졸음은 주어지는 자극이 없을 때 나타난다. 이러한 일들은 연구실보다는 자극 정도가 더 높은 부엌이나 식당 또는 거실에서 하는 것이 효과적이다.

작업의 부하가 낮을수록 최적의 업무수행을 위해 고부하의 공간 구성을 필요로 한다. 단순한 작업은 자극이 없고 (단순하거나 너무 익숙해서) 유쾌하지 않은 경우가 많기 때문에 지루하다. 더 많은 자극이 공급될수록 더욱 유쾌한 작업이 되는 것은 당연하다. 기본적인 가사업무는 단조롭다. 음악을 틀어 놓는 것은 자극을 증진하여 "지루한" 집안일을 끝낼 수 있게 해 줄 것이다.

밝기대비의 정도

DEGREES OF BRIGHTNESS CONTRAST

밝기대비는 배경 음악과 같은 방식으로 감성을 일깨운다. 작업의 성취도에 영향을 주고, 일을 하거나 놀이를 하는 사람의 행동에 영향을 미치며, 우리가 경험하는 만족과 기쁨에도 영향을 끼친다. 밝기대비는 의도했던 행동을 강화하거나 감소시킨다.

조명 디자인 과정의 첫 번째 단계는 공간에서 일어날 행동을 파악하는 것이다. 두 번째 단계는 그 행동을 강화시킬 자극의 정도를 결정하는 것이다. 세 번째 단계는 필요한 자극의 수준을 달성할 밝기대비의 정도를 구축하는 것이다.

밝기대비는 빛과 그림자의 패턴을 개발하는 것, 즉 강조하기 위해 빛을 받을 특정 면과 물체를 선택하고 다른 것들은 비교적 어둡게 하는 것으로 이루어진다. 이러한 대비는 전경과 배경 사이의 관계를 창출한다(그림 2.1).

저대비 환경 Low-Contrast Environment

공간의 모든 면의 밝기가 동일하다면 전경과 배경 사이에는 어떤 위계도 만들어지지 않는데, 이러한 환경을 저대비low-contrast 환경이라고 한다. 저대비 환경은 자극이 낮아서 그에 대한 반응이 거의 없다. 이러한 공간은 행동적으로 중성이다(그림 2.2).

빛을 퍼지게 비추는 확산diffuse 조명이 많고, 어느 한 부분에 초점을 두고 집중된focused 조명이 적을 때에 저대비 환경을 만들어 낸다. 저대비 조명 시스템은 전체적으로 고른 밝기를 제공하므로 작업면을 자유롭게 재배치할 수 있고, 장시간 계속되는 시각적으로 난해한 작업이 일어나는 공간에 적합하다(그림 2.3).

상부에서 확산되는 빛으로 공간을 가득 채우는 조명 시스템은 대비를 줄인다. 고도로 확산된 빛은 그림자 없는 환경을 만들기 때문에 형태들은 분명하지 않고 질감은 거의 인지할 수 없다. 비록 이것이 사물을 보는 데에는 문제가 없다 하더라도 흐린 날의 지루한 심리학적 반응으로 생기는 문제는 여전히 남아 있다.

그림 2.1 빛과 그림자의 패턴은 밝기대비를 연출한다.

그림 2.2 저대비 조명

그림 2.3 저대비 조명

고대비 환경 High-Contrast Environment

확산 조명이 적고 집중된 조명이 많을 경우 고대비 환경이 만들어진다. 고대비 조명 시스템은 빛과 그림자 패턴을 제공하며, 의도적으로 전경과 배경 사이의 위계를 구축하는 것이다. 고대비 공간은 자극을 증진시키고 특정한 분위기나 감성을 일깨우는 경향이 있다(그림 2.4).

무대를 비추는 하나의 스포트라이트는 시선을 집중하게 하는, 밝기대비의 효과를 보여 주는 극단적인 예이다. 이러한 방식으로 비추이는 공간에서 비추이는 사람은 두드러지게 된다. 밝기대비는 시각적인 방향성과 초점을 만들어 내면서 사람들의 주의를 끌고 관심을 갖게 하는 것이다(그림 2.5).

시각적 배경에 대비가 되는 전경에 주의가 집중되는 것은 본능적인 것이다. 낯선 공간이나 행동를 접할 때 밝기대비와 색채 대비는 첫인상을 만드는 데에 기여한다. 고대비의 환경은 사람들로 하여금 익숙하지 않은 공간에 들어갈 때 흥미를 느끼도록 도움을 준다.

조명의 3요소 THREE ELEMENTS OF LIGHT

빛의 기본적인 3가지는 전반적인 빛ambient light, 초점이 되는 빛focal glow, 스파클sparkle이다. 전반적인 빛에 대한 초점이 되는 빛의 비율은 공간의 밝기대비로 나타난다. 스파클은 공간의 쾌적성을 느끼도록 하이라이트를 더해 준다. 이 3가지 요소의 비례가 원하는 감성 공간을 이루는 조명계획을 만들어 낸다.

조명 디자이너 고 리차드 켈리Richard Kelly는 조명의 3요소를 시와 같이 정의했다. 켈리가 말하는 전반적인 빛은,

> 드넓은 토지에 눈 덮인 아침 …… 새벽녘 산꼭대기 위나 흐린 날 바다 위의 자욱한 안개 …… 정오에 하얀 텐트 안에 놓인 빛 …… 안개 속으로 스며드는 달빛이다.
>
> 주변의 빛은 그림자를 만들지 않는다. 형태와 부피를 없애고, 물질이 갖는 독특한 성질을 잃게 한다. 사물과 사람의 중요성을 없앤다. 사람들에게 공간

그림 2.4 고대비 조명

그림 2.5 고대비 조명

의 자유라는 감각을 채우고 무한성을 제안한다. 일반적으로 위안을 주고 휴식을 준다.

가장 좋은 예는 산 정상에서 안개 낀 날 보이는 빛이다. 도처가 고른 빛이어서 그림자가 없고 시선을 끌 만한 것이 전혀 없다. 그런 상황에서는 혼란스럽지만, 흥미로운 것이 없기 때문에 긴장을 풀고 휴식하게 한다. 사람을 최소화하고 — 안개 속에서 움직이는 형상을 생각해 보라. — 형태를 파괴한다(그림 2.6).

켈리에 의하면 초점이 되는 빛은,

공전의 캠프파이어, 주변에 이야기들이 오가는 타오르는 장작 또는 풋볼 랠리의 모닥불이다. 초점이 되는 빛은 라임라이트, 무대 위 주연을 위한 조명, 항공기 유도등 …… 창가에 밝혀진 빛 또는 열린 문으로 내비치는 환영하는 빛이다.

초점이 되는 빛은 구름을 통과하는 강한 햇빛이고 계곡의 깊은 끝자락까지 덮어 주는 햇살이다. 가장 좋아하는 독서 의자에 비추는 빛의 웅덩이, 비행기 좌석 조명, 얼굴 앞의 성냥불이다. 초점이 되는 빛은 무지개의 끝이다. 주목해야 할 부분을 정해 주고, 흥미를 만들어 내며, 시선을 고정시키고, 사람들에게 이것을 보라고 이야기한다. 중요한 것과 그렇지 않은 것들을 구별시키고, 우선 순위를 정하며, 움직임을 유도할 수 있고, 통행을 통제할 수 있다.

초점이 되는 빛은 직접적이고, 밝은 중심점을 만들어 낸다. 무엇을 보라고 말해 주고, 구성하며, 가장 중요한 요소를 두드러지게 한다. 공간감을 창조하여 일련의 초점이 되는 빛을 인지하게 하여 공간의 깊이를 지각할 수 있다(그림 2.7).

그림 2.6 전반 조명Ambient luminescence

켈리에게 스파클은,

보석들의 유희 …… 열린 동굴 안에 있는 다이아몬드 은닉처의 느낌 또는 수천 개의 촛불이 있는 베르사유 궁 거울의 방 …… 크리스털 샹들리에의 무도장이다. 보석의 유희는 한밤의 타임스 광장 …… 굽이치는 개울 위에 비치는 햇빛 …… 별빛 가득한 천공 …… 자동차 전조등으로 얽힌 자작나무들이다.

보석의 유희는 감정을 고조시킨다. …… 몸과 영혼을 자극하고 감각을 매료시킨다. 살아 있음을 느끼게 하고, 마음을 환기시키며, 호기심을 일깨우고, 위트를 돋운다. 식욕을 되살아나게 하고 모든 감각을 증대시킨다. 기분이 전환되거나 흥겨워질 수 있다.

스파클은 섬광이다. 마치 빛의 점들을 현미경으로 본 것처럼 작은 폭격들이다.

그림 2.7 초점이 되는 빛Focal glow

– 가장 흥미로운 종류의 빛이 거기에 있다. 모든 종류의 욕구를 자극하고 각성시켜서 식탁 위의 샹들리에와 의상의 금속장식, 그리고 극장 천막의 조명에 활용된다(그림 2.8).

외부공간에서 낮 시간 동안 하늘은 전반적인 빛을 공급한다. 초원이나 나무 또는 건물의 측면과 같이 태양에 의해 비추는 물체와 표면은 초점이 되는 빛이다. 흐르는 물이나 잎사귀의 이슬, 혹은 건물 위의 광택이 나는 금속처럼 반짝이는specular 표면으로부터의 태양의 반사는 스파클을 공급한다.

해변에서 햇빛은 확산되고 모래알에서 난반사된 빛으로 균형을 이룬다. 태양빛을 받은 모래성, 사람들, 밝은 색의 비치 타월, 수영복 같은 오브제들은 초점이 되는 빛이 된다. 흔들리는 물이나 물의 가장자리에 있는 젖은 돌 위에 보이는 태양의 반짝임은 스파클이다.

외부 공간에서 이와 같은 요소들, 즉 전반적인 빛, 초점이 되는 빛, 스파클의 비율은 언제, 어디서나 감성적인 공간이 되도록 하는데에 기여한다.

그림 2.8 스파클Sparkle

주관적 인상 SUBJECTIVE IMPRESSIONS

고 존 플린John Flynn 교수는 밝기대비에 의해 공간에 대한 느낌과 시각적 자극 정도가 변한다는 것을 입증했다.

플린은 조명의 변화만으로 사람들이 상당히 다르게 반응한다는 것을 증명하기 위해 조명 이외의 변화를 배제한 방에서 6개의 조명 계획안을 실험하였다(그림 2.9–14). 사람들은 조명 조건의 변화에 따라 공간에 대한 인상을 설명하는 세 부분, 즉 공간감spaciousness, 투명감perceptial clarity, 쾌적함pleasantness에서 일관된 반응을 보였다.

공간감에 대한 인상 Impressions of spaciousness

공간의 크기에 대한 인상은 조명의 세기와 균일한 정도에 따라 달라지는 것으로 나타난다. 플린Flynn은 수평조

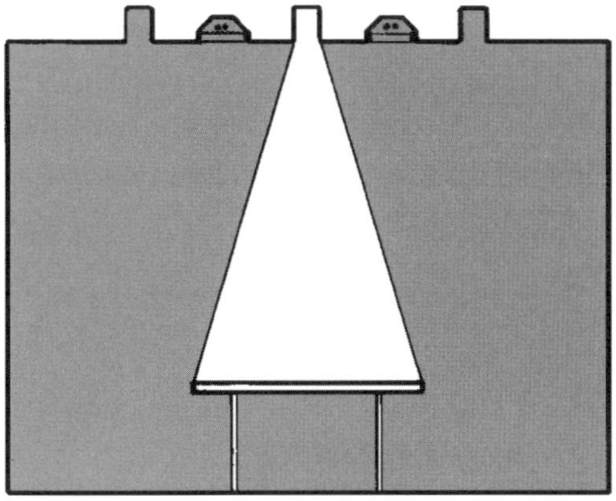

그림 2.9 강도가 낮은 하향조명Overhead downlighting, low intensity

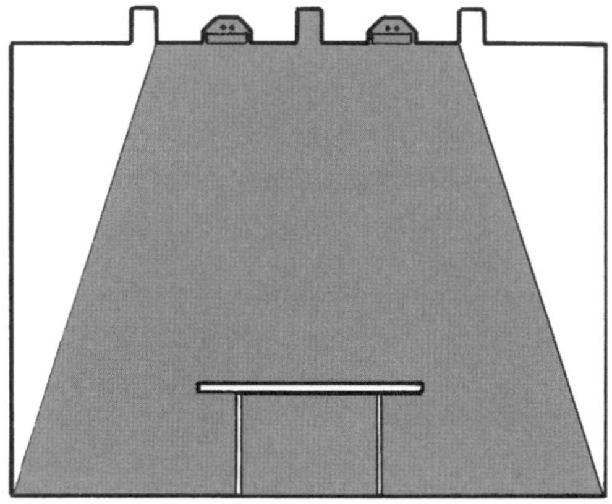

그림 2.10 주변의 모든 벽을 비추는 벽조명Peripheral wall lighting, all walls

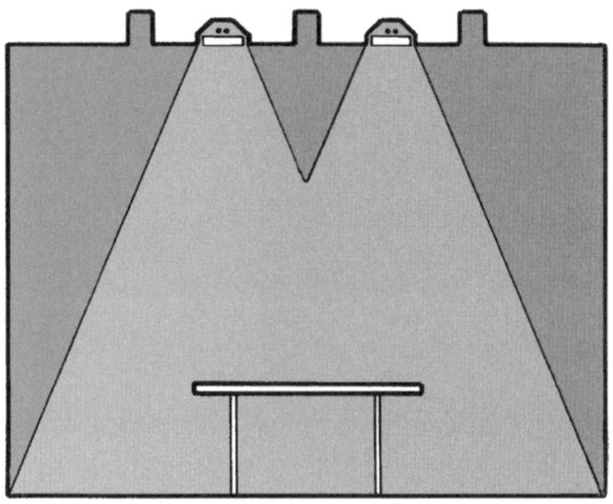

그림 2.11 자극이 적은 공간 세팅의 확산조명Overhead diffuse lighting, low setting

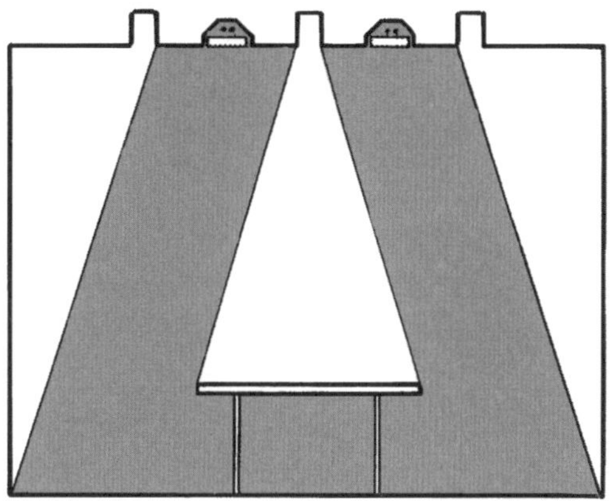

그림 2.12 하향조명과 벽조명의 혼합조명Combination: overhead downlighting + end walls

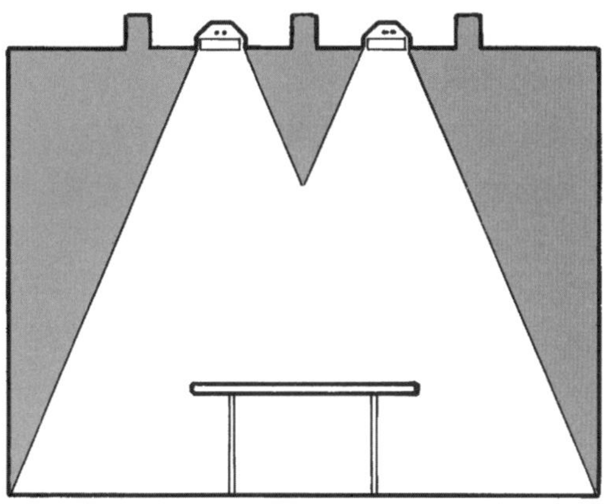

그림 2.13 강도가 높은 확산조명Overhead diffuse lighting, high intensity

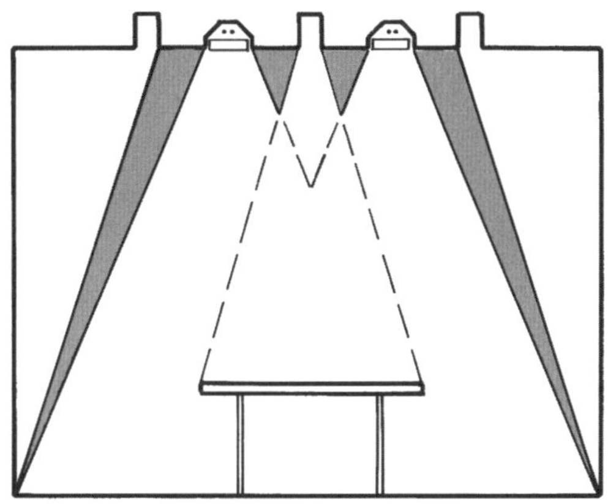

그림 2.14 하향조명, 확산조명, 벽조명의 혼합조명Combination: overhead downlighting, overhead diffuse lighting, + end walls

그림 2.15 공간감에 대한 인상(크기)Impressions of spaciousness (large–small)

도의 차이가 공간감과 투명감에 크게 영향을 미친다는 것을 발견하였다. 보다 높은 조도는 "깨끗한", "밝은", "뚜렷한", "큰", "보다 넓은"이라는 용어들로 묘사된다(그림 2.15).

***투명감에 대한 인상** Impressions of perceptual clarity*

조명계획에 있어서 공간 안에 있는 사람들의 얼굴이 어떻게 보이는가는 매우 중요한 문제이다. 플린Flynn 교수는 사람들의 모습이 선명하게 보이는 것은 여러 사람들이 모이는 공적 공간에 적합하고, 모습의 선명도가 낮은 것은 사적 공간에 바람직하다는 것을 증명하였다.

공적 공간은 사람들을 서로 끌어내고 관계를 갖게 한다. 전반 조명의 조도가 증가할수록 사람들은 더 자주 시각적으로 관계를 갖게 된다. 조도가 높으면 얼굴 표정과 제스처를 선명하게 인지할 수 있기 때문에 익명성이 감소되어 사람들로 하여금 화합하게 한다.

사적 공간은 사람들을 분리시키고 거리를 유지하도록 제안한다. 그림자와 실루엣을 활용하는 조명 방법은 정확한 얼굴의 디테일을 인지하는 능력을 억제하기 때문에 무관심과 개인적인 감정을 강화한다. 심지어 가까운

그림 2.16 시각적 투명감에 대한 인상–공적 공간 Impressions of perceptual clarity–public space

그림 2.17 시각적 투명감에 대한 인상–사적 공간 Impressions of perceptual clarity–private space

개인간의 관계도 보다 익명적이 된다(그림 2.17).

사람들로 붐비는 공간에서 사람들을 물리적으로 분리하는 것이 불가능할 때에는 조명에 의해 시각적으로 분리하는 것이 가능하다. 이러한 방법은 칵테일 라운지, 고급 레스토랑, 접견실에 종종 사용된다.

쾌적함에 대한 인상 Impressions of pleasantness

플린Flynn은 사람들이 무향성 확산조명에 의한 일률적으로 밝은 공간보다 지향성 다운라이트를 이용하여 일정하지 않은 밝기로 비추는 공간에 더 호의적이라는 것을 발견하였다. 일률적이지 않은 밝기는 보다 더 "호의적이고", "쾌적하며", "사교적이고", "흥미로운" 것으로 생각한다(그림 2.18). 천장의 조명 시스템에 의한 수평조도의 차이는 쾌적함을 느끼게 하는 데에 그다지 영향을 주지 않는다.

수직면을 위한 조명 Vertical Surface Illumination

플린Flynn은 벽면 조명이 더해지면 3가지 인상 모두에 긍정적인 변화를 준다는 사실을 발견하였다. 빛이 비추는 수직면은 공간감, 투명감, 쾌적함의 감정을 강화한다.

다양성 VARIATION

사람이 계획하여 만드는 환경에서 다양성의 결여는 조명

그림 2.18 쾌적함에 대한 인상Impressions of pleasantness

이 해결해야 할 문제이다. 공간 내에서 사람들이 느끼는 지루함은 심리적으로 권태와 우울의 원인이 된다. 태양광으로 가득 차 있는 조건에서도 확산광이 우세한 공간에서는 지루해질 수 있다. 다양성은 쾌적함이라는 인상과 자극을 증가하게 한다.

사무공간이나 공장 환경의 자극의 정도를 높이는 방법 중 하나는 시간변화에 따른 자극을 도입하는 것이다. 그렇지 않으면 일하는 사람들은 빠르게 공간에 익숙해지게 된다. 예를 들면, 커피와 점심을 위한 휴식 공간의 조명을 계획하는데에 있어 작업 공간의 밝기와 밝기대비를 만들거나 반짝거림이 있는 조명을 두어 사교와 대화를 유도하고, 다양성을 부여한다.

도서관을 이용하는 사람들은 사무공간이나 공장에 있는 사람들과 마찬가지로 휴식을 취하거나 사교적인 활동을 할 때에는 집중하는 작업으로 인한 피로를 줄이기 위해 더욱 자극적인 조명 방법을 제안할 필요가 있다. 일반적인 도서관에는 조용한 서고, 학습을 위한 개인열람석, 그리고 편안하게 독서하고 정기간행물을 훑어보는 영역이 있다. 사람들은 어렵고 복잡한 자료들을 열람하기 위해서는 저부하공간을, 캐주얼하고 즐거운 독서를 위해서는 고부하공간을 필요로 한다.

그러나 만약 복잡하고 위험한 업무를 수행해야 한다면, 쾌적하면서 부하가 낮은 라운지를 두어 자극의 정도를 낮추는 것이 좋다. 반대로, 무덤덤한 공간에서 저부하의 업무를 수행하는 것은 적당한 자극적 다양함이 도움이 될 것이다. 보고서를 읽는다든지, 일상적인 제안서를 검토한다든지, 일반적인 서신을 작성하는 것처럼 저부하의 문서작업을 수행해야 한다면, 사무실의 조명방법을 때에 따라 변경할 수 있도록 하는 것이 생산성 증진에 도움을 준다.

단조로운 일을 하는 공간에서 업무 효율을 증진시키기 위한 고정적이고도 이상적인 조명 솔루션을 이루는 것은 어렵다. 공장 내의 모든 램프를 개선된 색상의 광원으로 변경하는 것만으로는 불충분하다. 시간이 지나면 궁극적으로 자극이라는 가치를 많은 부분 잃게 되는 것이다. 공간의 조명 환경을 다양하게 조절할 수 있는 것은 필수적이고 유익하다.

또한, 조명 시스템을 계획하는데에 있어서 마감재, 질감, 색채 또한 환경적 부하에 기여한다. 실제로 이러한 것들은 모두 동시에 고려해야 한다.

밝기 Brightness

3

공간에서 빛의 방향과 퍼짐의 각도를 조절하여 계획하는 밝기대비를 만들어 낼 수 있다.

밝기와 휘도 *Brightness versus luminance*
*밝기*는 관찰하는 사람의 의식 속에 생기는 주관적인 지각이다. *휘도*는 단위 면적에 투사된 빛의 양을 측정하는 객관적인 방법이다.

빛의 방향과 퍼짐
DIRECTION AND DISTRIBUTION OF LIGHT

조명기구는 3가지 — 하향, 상향, 다방향 — 중 1가지 방향과 2가지 — 집중 또는 확산 — 중 하나의 퍼짐 방법으로 빛을 발산한다(그림 3.1).

적절하게 디자인된 조명기구의 하향 조명은 정해진 각도로 빛이 퍼지며, 이처럼 한정된 빛의 퍼짐과 사람의 눈썹은 *직접적인 눈부심*을 막는다. 상향 조명은 일반적으로 천장의 넓은 영역을 비추며, 천장에서 반사된 빛은 휘도가 낮아서 눈부심을 거의 일으키지 않는다. *다방향* 빛 역시 모든 방향으로 방출되지만, 불쾌한 눈부심을 발생시키지 않는다.

상향과 하향 빛은 좁게(각도가 좁은 – 협각) 혹은 넓게(각도가 넓은 – 광각) 다양한 패턴으로 방출된다. *집중*된 빛은 좁은 패턴으로 비추는 곳에 초점을 맞추고, *확산* 퍼짐은 넓은 패턴으로 빛을 흩뜨린다.

상향 빛이 없는 협각의 조명기구는 하향으로 집중(또는 직접)하는 빛을 제공한다(그림 3.2). 천장고가 낮을 경우 30° 이하의 각을 갖는 하향 집중 조명기구는 바닥에 어두운 면과 휘도가 높은 면이 동시에 보이는 빛 패턴을 만들어 낸다. 이와 같은 밝기의 불균등함을 피하기 위해서는 조명기구의 설치 간격을 좁게 조정해야 한다. 따라서 천장고가 낮은 공간에서 균일한 밝기를 얻기 위해서는 하향의 확산 조명기구를 사용할 필요가 있다.

천장고가 높을 경우 하향의 집중적인 빛은 서로 겹쳐져서 밝기의 불균등이 덜 생기지만 수평면과 물체의 정상 부분은 빛을 받고, 얼굴이나 벽과 같은 수직면은 빛을 적게 받아 그림자가 생긴다. 이는 전반적으로는 낮은 밝기이나 부분적으로 — 물체의 정상과 같이 — 높은 밝기를 갖는 고대비의 공간을 만들어 낸다(그림 3.3).

확산형의 하향의 조명기구는 *하향(직접) 확산* 빛을 만든다(그림 3.4). 80°에서 120° 각도의 하향 확산 빛은 다양한 목적의 실용적인 빛을 분포해 준다. 100°의 빛 퍼

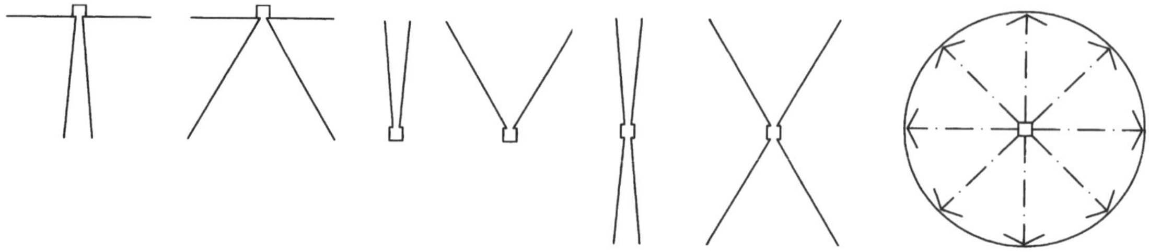

그림 3.1 빛의 7가지 방향과 빛 퍼짐

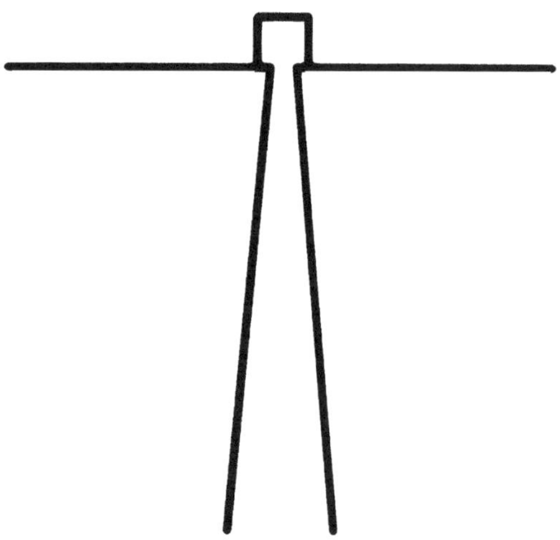

그림 3.2 직하향(직접) 집중형

그림 3.3 하향 집중형

짐 각도를 갖는 조명기구 — 수평으로 40°의 각도에서 빛이 차단되어 대부분의 빛이 아래로 발산되는 — 는 최상의 *다운라이트*downlights의 역할을 한다. 퍼짐 각이 클수록 빛은 수직면이나 사람의 얼굴을 비추는 빛을 증가시키고, 부분적으로 밝기가 집중되는 현상은 감소시킨다. 하향 확산 조명기구는 저대비의 공간을 만들어 낸다(그림 3.5).

상향(간접) 집중 퍼짐은 빛이 천장으로 향하는 경우이다(그림 3.6). 하향의 요소는 제거되고 상향으로 유도된 빛을 받은 천장은 시각적으로 두드러지게 된다. 천장면에서 반사된 빛은 *이차적 광원*secondary light source이 된다.

상향 집중 빛을 빛이 받는 면에 아주 가깝게 설치할 경우 높은 휘도 영역을 만들어낼 수 있다. 이러한 휘도의

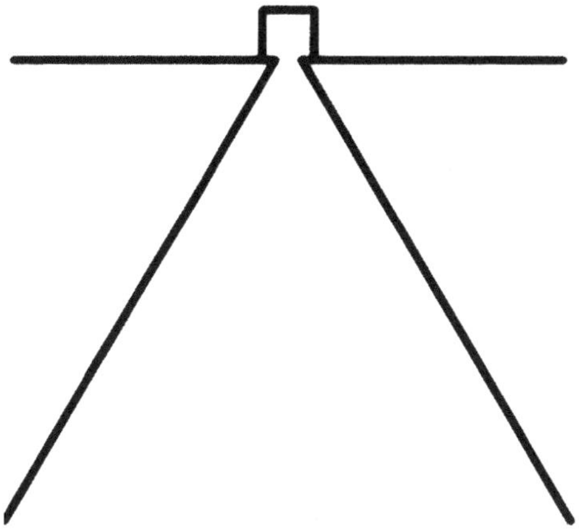

그림 3.4 하향(직접) 확산형

그림 3.5 하향 확산형의 예제

비균등성은 밝기의 다양성을 통해 시각적 흥미가 더해지지만, 하향 집중 조명방법과 같은 강한 대비는 일어나지 않는다(그림 3.7).

상향 집중 빛이 공간을 밝히는 주요 광원이고 천장고가 낮다면, 천장면에 생긴 고대비의 "점spots"은 불편한 눈부심을 초래한다. 그러나 천장면과 빛을 비추는 광원 간의 거리가 멀 때에 상향 집중 빛은 균일한 밝기를 이루는데, 여러 개의 빛 퍼짐이 서로 겹쳐져 더 넓은 면적을 비추기 때문이다. 천장고가 높을수록 빛 퍼짐을 위한 충분한 거리를 갖게 되므로 밝기와 눈부심은 감소하면서 천장은 균일하게 빛을 받는다(그림 3.8).

상향(간접) 확산 퍼짐은 빛을 천장 혹은 상부 측벽에 비춘다(그림 3.9). 이러한 방법은 비디오 디스플레이 터미널(VDTs)이 있는 공간에서 천장면의 휘도를 균일하게 하여 화면에 빛이 반사되어 생기는 눈부심을 방지해 주는데, 천장 가까이에 위치하거나 혹은 천장에 설치된 구조의 형태나 장식적인 디테일을 강조하기 위해 사용하기도 한다(그림 3.10).

거친 천장면은 모든 방향으로 빛을 반사하는 역할을 하는데 상향 확산 빛은 고른 저대비의 환경을 만들어낸다. 이러한 빛은 대비와 그림자를 감소시켜 얼굴과 물체가 구름 낀 날에 보이는 것처럼 흐릿하게 된다.

다방향 확산(일반 확산) 퍼짐는 상향과 하향, 양방향으로 빛을 비추는 경우이다(그림 3.11). 다방향 확산 조명기구는 동시에 몇 개의 방향, 즉 바닥은 물론 천장과 벽에 빛을 비춘다. 천장과 공간에서 각각 반사된 빛은 상호 간에 만들어지는 그림자와 대비를 감소시키고 균일하면서도 고대비의 공간을 창조하면서 하향으로 빛을 비추게 한다(그림 3.12).

측방향을 제외하고 직접, 그리고 간접으로 빛을 제공하는 조명기구를 *직간접*direct/indirect이라고 한다(그림 3.13). 이러한 조명기구는 천장면에 빛을 반사시켜 대비를 줄여 실제 작업면에는 적합한 빛을 제공한다(그림 3.14).

집중적인 빛 퍼짐을 가지면서 다방향의 빛 퍼짐의 특성을 갖는 경우 *다방향 집중*multidirectional concentrated이라고 한다(그림 3.15). 빛의 60%에서 90%가 하향, 직접이면 *반직접*semidirect이라 하고, 60%에서 90%가 상향, 직접이면 *반간접*semi–indirect이라 한다.

상향과 하향의 빛이 모두 집중 퍼짐으로 비출 경우

그림 3.6 상향(직접) 집중형

그림 3.7 상향 집중형

그림 3.8 빛을 받는 면에서 먼 곳에 배치된 광원을 갖는 상향 집중형의 예

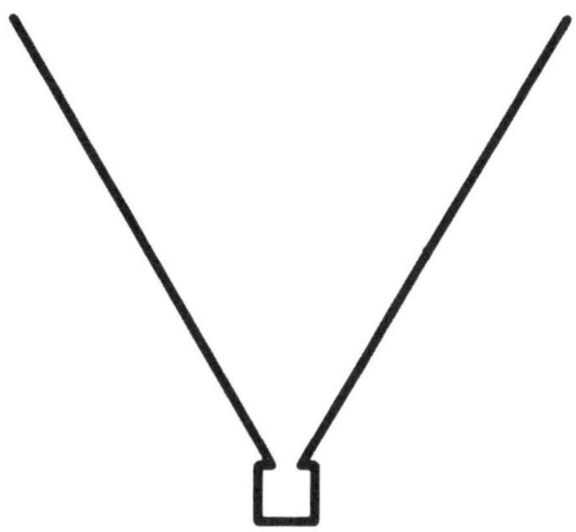

그림 3.9 상향(직접) 확산형

그림 3.10 상향 확산형의 예

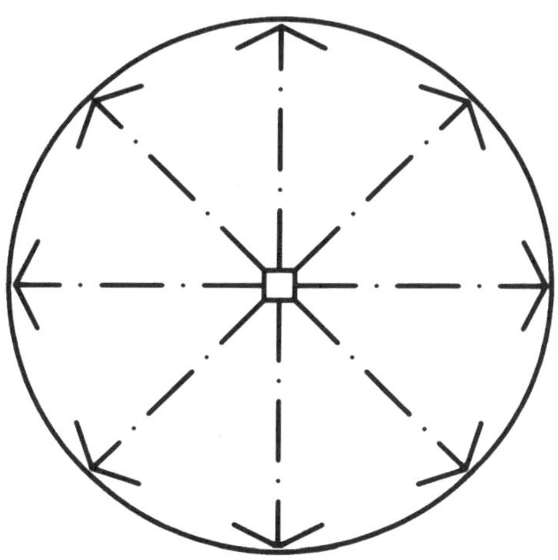

그림 3.11 다방향 확산(일반 확산)형

그림 3.12 다방향 확산형의 예

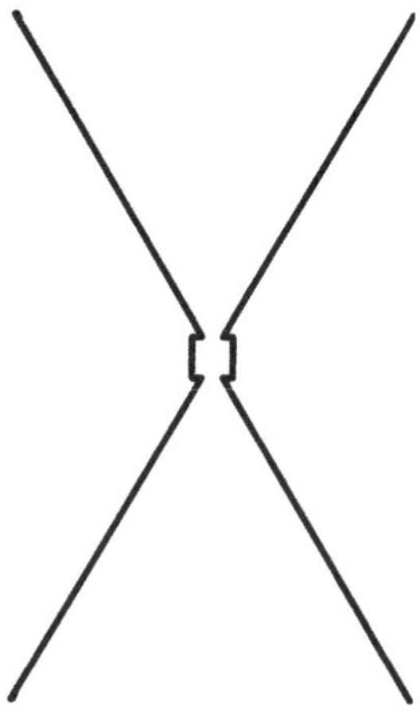

그림 3.13 직접/간접 조명

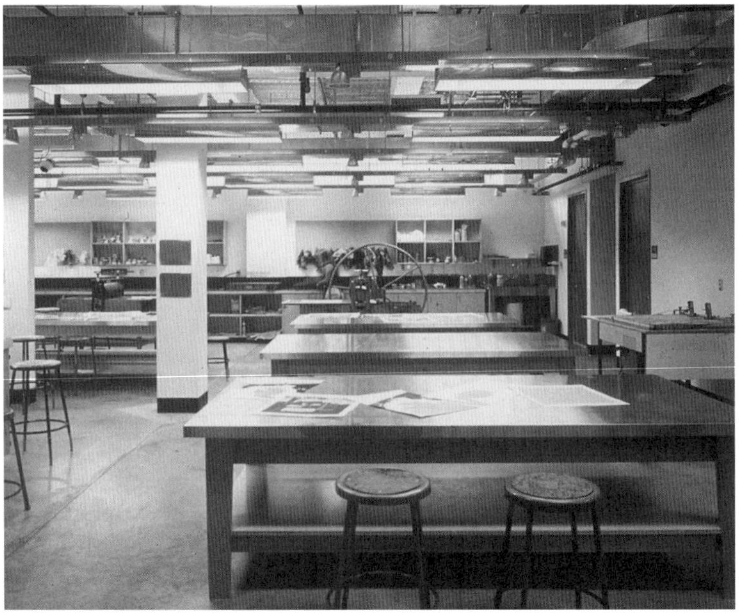

그림 3.14 직접/간접 조명의 예

그림 3.15 다방향 집중(반직접 또는 반간접)형

그림 3.16 다방향 집중형의 예

상대적으로 고대비의 불균등한 밝기 조건이 만들어진다. 상향의 빛은 공간 내에서의 지나친 대비가 발생하는 것을 감소시키고 벽이나 천장면에서 반사된 불균등한 빛은 공간에 적당한 대비를 만들어 낸다(그림 3.16).

수직면을 비추는 조명 Vertical Surface Illumination

벽 조명은 때때로 간접 천장 조명을 대신하여 쓰인다. 그림자의 톤을 흐리게 하고 과다한 밝기대비를 감소시키기 때문이다. 벽이 공간에 비해 상대적으로 높을 때 특히 효과적이다. 공간의 대비를 줄이는 방법으로 밝은 색조의 바닥과 다운라이트로 된 조합도 또 하나의 대안이 된다. 간접 조명과 같이 바닥이 빛을 천장으로 다시 반사하기 때문이다. 이 방법이 효과적이려면 바닥은 반드시 깨끗한 상태를 유지해야 한다.

이상적인 조명 환경은 대개 직접과 간접 빛의 조합으로 이루어진다. 직접조명은 태양빛과 같이 집중된 빛을 제공하여 그림자를 형성하고 입체감을 부각시켜 주는 반면, 간접조명은 사진 작가의 fill light나 천공광처럼 그림자를 부드럽게 만들어 준다. 직간접이 조합된 조명 계획은 상향과 하향으로 빛이 분리되는 조명 시스템에서 또는 하나의 시스템이 상, 하향 빛을 모두 제공하는 경우에 가능하다.

마감재와 반사율

SURFACE FINISHES AND REFLECTANCES

밝기로 지각되는 것은 표면에 입사되는 빛이 아니라 표면으로부터 눈을 향해 반사되는 빛이다. 밝기는 처음에 표면에 입사된 빛의 양, 그리고 그 표면에서 반사되거나 표면을 투과한 빛의 결과이다.

빛의 양이 적든지 많든지 간에 조명기구 또는 상호반사에 의한 입사광의 일정량은 실내의 모든 표면에 닿는다. 여기에서 빛이 닿은 표면의 상대적인 크기와 그 표면에서 반사된 빛의 양이 공간구성에 있어서 시각적 초점을 결정짓는다.

반사된 빛은 일반적으로 모든 표면과 물체 사이에서 상호작용하면서 여러 방향으로 확산된다. 이러한 상호반사에 의한 빛의 확산은 그림자를 흐리게 하고, 대비를 감소시키며, 더욱 균일한 밝기가 되도록 한다.

전체적인 밝기는 공간을 이루는 면들의 반사율에 따라 다르게 반사되는 빛의 퍼짐에 의해 결정된다. 어두운 색을 가진 저반사율의 마감재는 매우 적은 양의 빛만을 눈으로 반사하고 많은 양의 빛을 흡수한다. 그리하여 조도에 상관 없이 어둡고 대비가 심한 공간이라는 인상을 준다(그림 3.17–18).

밝은 색채이면서 높은 반사율을 가진 마감재는 입사광보다 더 많은 양의 빛을 반사하여 더 높은 밝기와 더 넓은 빛 확산에 기여한다(그림 3.19–20). 이러한 상호반사에 의한 효과는 초기 조명기구의 빛의 퍼짐이 집중되느냐 확산되느냐의 특성과는 상관이 없다.

마감재의 선택은 초기 조명기구에서 나온 빛의 퍼짐을 증대시키기도 하고 상쇄시키기도 한다. 따라서 마감재에 의해 반사된 빛의 효과를 반드시 고려해야 한다. 조명 계획과 실내 마감재 사이의 관계를 이해하는 것은 성공적인 조명 디자인에 매우 중요하다.

이차 광원 Secondary Light Source

빛을 반사하거나 투과하는 물체의 표면은 모두 이차 광원이 된다. 달빛이 그 예이다. 달은 직접 빛을 내는 광원은 아니나 일차 광원인 태양에 의해서 표면에 반사된 달빛을 우리가 본다.

이와 유사하게 빛이 비추는 벽이나 천장은 반사를 통해 실내를 밝히는 이차 광원이 된다. 그러므로 조명기구에서 나온 빛의 초기 퍼짐보다는 빛을 받은 표면에서 나오는 빛에 의해 공간의 빛 특성은 달라지게 된다(도판 5 참조).

3차원 형태 THREE-DIMENSIONAL FORM

빛의 방향과 퍼짐은 공간을 지각하는 데에 영향을 미칠 뿐 아니라, 공간 속의 면과 물체를 지각하는 데에 영향을 준다.

모든 3차원 형태의 입체감은 밝게 비추는 부분과 그로 인해 나타나는 그림자 사이의 대비에 의해 형성된다. 즉, 빛의 방향과 퍼짐이 변화하면 형태와 표면에 대한 시각적 느낌도 변하게 되는 것이다.

조명은 질감을 다르게 지각하게 하는데에 영향을 준다. 빛을 받는 면에 가깝게 설치된 조명기구에서 나오는 그레이징 라이트[Grazing light]는 명암을 부각시켜 질감을 강화한다. 또한 표면의 자연적인 질감과 조각적인 양감을 강조함으로써 깊이에 대한 지각을 강화한다. 그레이징 라이트는 공사 도중 생기는 표면의 흠집과 결점을 감지하기 위한 검사에도 사용된다(그림 3.21–22).

그레이징 라이트는 거친 회벽이나 석재 또는 콘크리트와 같이 질감이 강한 표면을 조명하는 데에 적합하다. 그러나 부드러운 회벽이나 집섬 보드로 된 "평평한" 벽에

그림 3.17–18 실내의 마감재가 모두 어둡다면, 상호반사가 거의 없어 밝기의 대비가 높아진다.

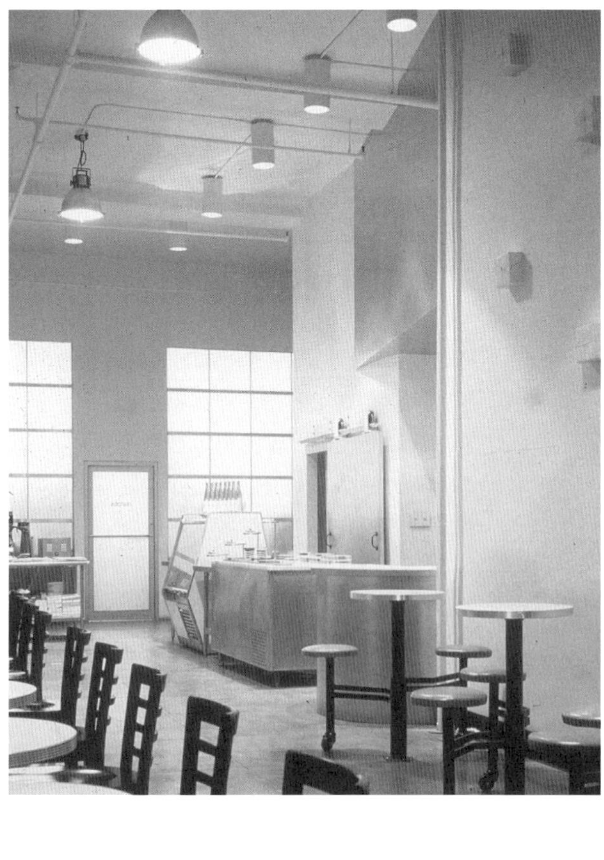

그림 3.19–20 실내의 마감재가 모두 밝은 색이라면, 상호반사는 그림자를 없애고 대비를 줄일 것이다.

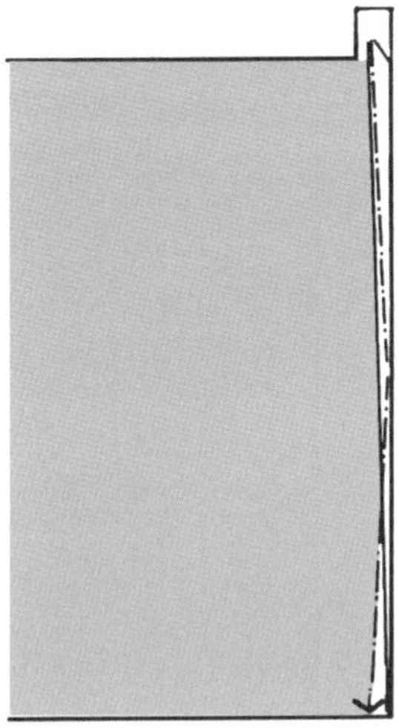
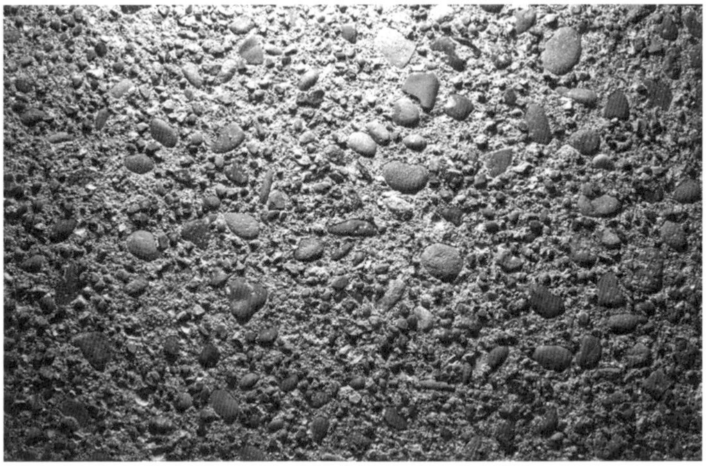

그림 3.21–22 그레이징 라이트

는 이러한 벽들이 말 그대로 평평하기 때문에 불리하게 작용한다. 벽의 흙손 자국, 테이프, 못 자국과 같은 결함이 그레이징 라이트 때문에 과장되어 보이기 때문이다.

이와는 반대로 워시 라이트wash light는 표면의 결점이 잘 드러나지 않고 부드러운 인상을 강화해 주어 집섬 보드 벽이나 흡음 타일 천장에 더욱 적합하다. 정면에서 확산되는 워시 라이트는 특히 밝기에 있어서 작은 변화를 주거나 그림자를 상쇄하거나 제거하는 데에 성공적이다(그림 3.23–24).

물체를 집중적으로 비추는 직접 조명Concentrated direct lighting은 극적이고 감성적인 자극을 만들어 낸다. 그러나 극적인 효과에 기여하는 선명한 그림자가 디테일

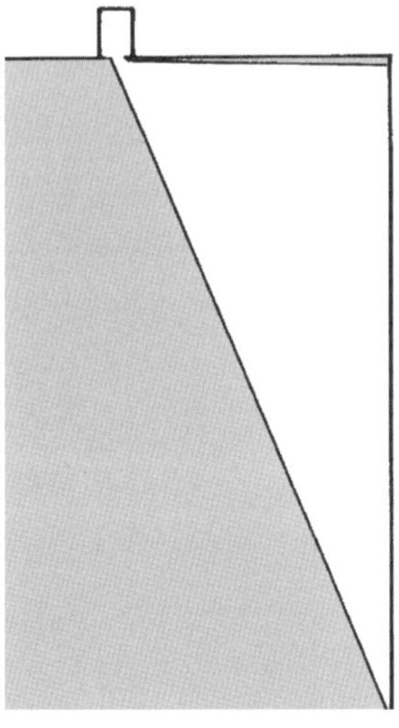
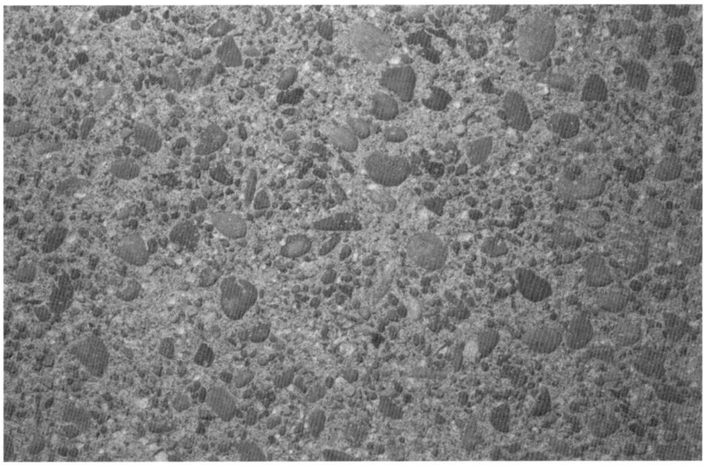

그림 3.23–24 확산 워시 라이트

그림 3.25 상향 직접 집중 조명의 조각품

그림 3.26 하향 확산 조명의 조각품

의 가시성을 감퇴시키기도 한다. 물체의 모든 특성을 정확하게 살피고, 감상하는 능력을 감소시키는 것이다(그림 3.25).

한편, 확산 조명은 그림자를 감소시키고 디테일과 시공 기술을 연구하는데에 도움이 되도록 물체 전체를 고르게 밝혀 준다. 이러한 종류의 조명은 대개 바람직하지만, 극적인 효과와 시각적인 자극은 얻을 수 없다(그림 3.26).

선명한 하이라이트와 어두운 그림자는 극적인 환경을 창조하고 질감과 형태를 강화하지만, 작업 환경에는 부적합하다. 작업면 위의 그림자는 집중 광원 아래에서 생기는 손이나 연필의 그림자처럼 거슬린다.

또, 어떤 그림자는 부품조립 공정라인 위의 그림자와 같이 시각적으로 산만하게 하고 심지어 위험하다. "본다"는 행위가 지속되는 동안에는 대비가 심한 환경에서 작업자에게 요구되는 극심한 집중과 계속적인 재적응으로 인해 시각적 피로, 실수, 사고가 초래된다.

때로는 작업 환경에 밝기대비가 존재하는 것이 바람직한데, 화창한 날의 밝기대비가 감성적인 자극이 되는 것처럼, 인테리어에 신중하게 계획된 밝기대비는 시각적 휴식과 흥미를 제공한다. 사무실과 공장의 작업자는 복도, 화장실, 식당, 라운지, 그밖의 회의 장소 등에서는 밝기대비의 자극과 변화를 선호한다. 그러나 대부분의 작업면 위는 확산 조명이 밝기대비를 최소화하는 것이 바람직하다.

경험과 기억 또한 우리가 물체를 지각하는 데에 영향을 주는 중요한 요소이다. 우리는 경험을 통해 수직선에서 45° 이하의 각도로 빛을 비추는 태양빛과 그것이 대기중의 입자에 반사되어 확산된 빛에 익숙해져 있다.

조명 시스템이 우리가 기대하는 빛의 방향에서 변하게 되면, 그것은 우리에게 익숙한 명(하이라이트)과 암(그림자) 사이의 정상적인 관계성을 변화시키고 불안을 유도하는 자연스럽지 않은 인상을 초래하게 된다(그림 3.27–28).

실제로 사진에 찍히거나 전시된 물체들은 과다한 그림자를 감소시키기 위해 대개 두 방향에서 빛을 받는

그림 3.27 하향 조명의 링컨 흉상

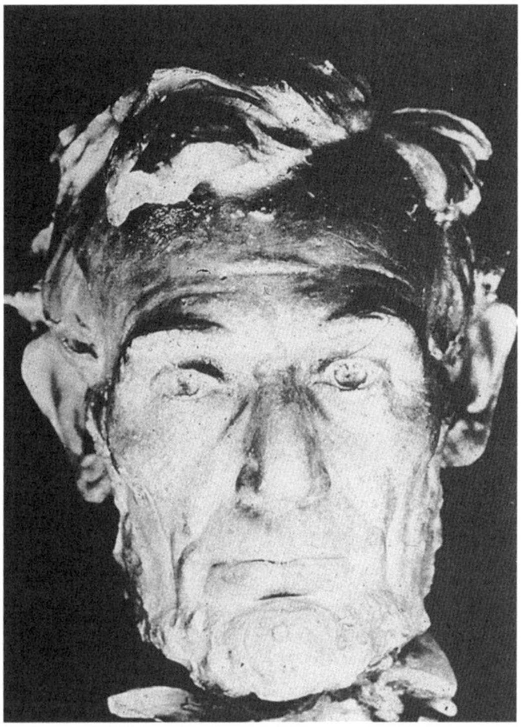

그림 3.28 상향 조명의 링컨 흉상

다. 한 방향에서는 태양의 직사광처럼 극적인 효과와 기능성을 향상하기 위한 빛을 비추고, 다른 한 방향에서는 그림자를 부드럽게 하기 위해 확산 조명을 비추어 하늘에서 확산된 품질의 빛을 모방한다. 물체와 주변을 구별시키고 시각적인 깊이를 부여하기 위해 그 배경을 분리하여 비추기도 한다.

글레어와 스파클 GLARE AND SPARKLE

지나친 밝기의 대비나 휘도는 산만하게 보이고 거슬린다. 부정적인 느낌의 밝기를 눈부심glare이라고 한다. 극심한 눈부심은 정확하게 보는 능력을 감소시키거나 파괴하면서 시력을 손상시킨다.

눈부심은 대개 "과다한 양의 빛"으로 오해하지만 사실 그것은 과다한 휘도의 결과로, 정상적인 시야 내에서의 잘못된 방향에서 오는 빛이다. 자동차 전조등에서 상향등과 하향등의 차이는 운전자에게 다가오는 눈부심이 빛의 세기뿐만 아니라 방향에도 있다는 것을 보여 주며, 눈부심은 적은 양의 빛에서도 생길 수 있음을 입증한다.

눈부심은 휘도가 높을 경우 면적에 따라 다르게 느껴지는데, 예를 들어 같은 휘도라도 면적이 작은 경우 견딜 만하더라도 면적이 커지면 불편해진다. 즉, 면적이 넓어질수록 휘도를 낮게 하는 것이 바람직하다.

눈부심은 또한 위치와도 관련이 있다. 인간의 눈썹은 한계범위 내에서 상부 조명기구로부터 나오는 눈부심을 가리지만, 램프가 적절하게 가려지지 않은 등기구나 벽 매입등, 고휘도의 벽부등으로부터 나오는 눈부심

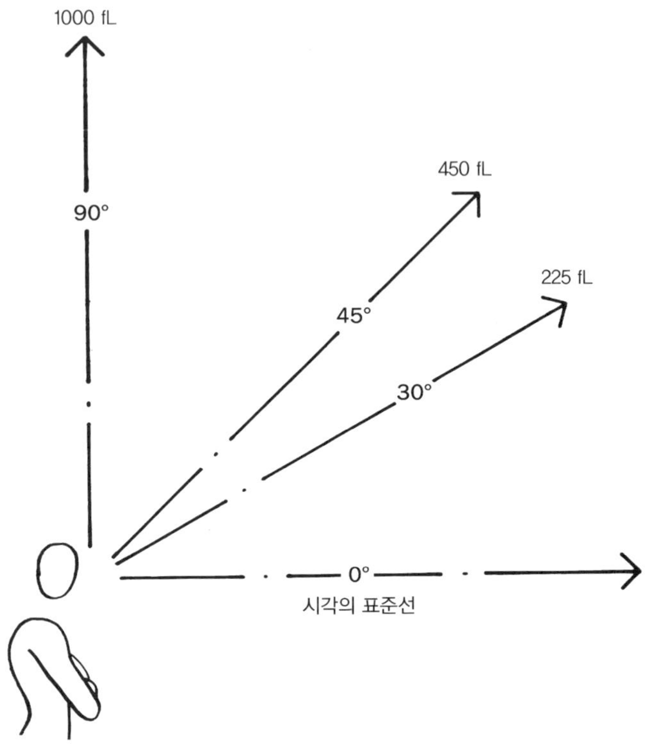

그림 3.29 광원이 시야의 중심에 가까울수록 눈부심을 느끼지 않는 휘도는 감소한다.

은 시야에 직접적으로 들어오기 때문에 막지 못한다(그림 3.29).

직접 눈부심 Direct Glare

늦은 오후의 태양이나 가려지지 않은 인공광원은 주의를 산만하게 하면서 직접적으로 눈부심을 발생시키는 빛의 예들이다. 직접 눈부심은 잘못된 방향에서 과다한 빛이 눈에 들어오는 조명 시스템에 의해 일어난다.

대개 광원이 노출된 조명기구가 눈부심을 만들어 낸다. 이러한 이유로 램프가 그대로 건축물에 적용되는 경우는 거의 없다(그림 3.30).

직접 눈부심이 정상적인 시야 내에서 발생할 때 다음 3가지의 제어 방법이 가능한데, 첫 번째는 눈에 들어오는 빛의 양을 제한하는 것이다(그림 3.31). 무의식적으로 눈부심을 유발하는 빛을 손으로 가리거나 자동차의 햇빛 가리개를 이용하여 눈부심을 막음으로써 주변을 볼 수 있는 능력을 향상시키고 시각적으로 편안하게 한다.

두 번째는 발광면적을 증가시키는 것이다(그림 3.32). 백색 유리 글로브와 백색 유리나 플라스틱으로 된 확산판이 그 예이다.

또한, 자동차 전조등을 시야 아래쪽으로 향하게 한 경우 빛의 방향에 대한 변화와 제어가 시각적 편안함을 돕는 것이 세 번째 방법이다(그림 3.33). 이 방법은 빛의 방향을 원하는 방향으로 바꾸는 정확한 제어 장치를 사용한다는 점에서 보다 효율적이다. 대표적인 장치에는 눈을 향해 방사되는 빛의 퍼짐을 조절하는 반사판과 굴

전자기 스펙트럼

단위는 NM나노미터 (10 옹스트롬 = 1 나노미터)

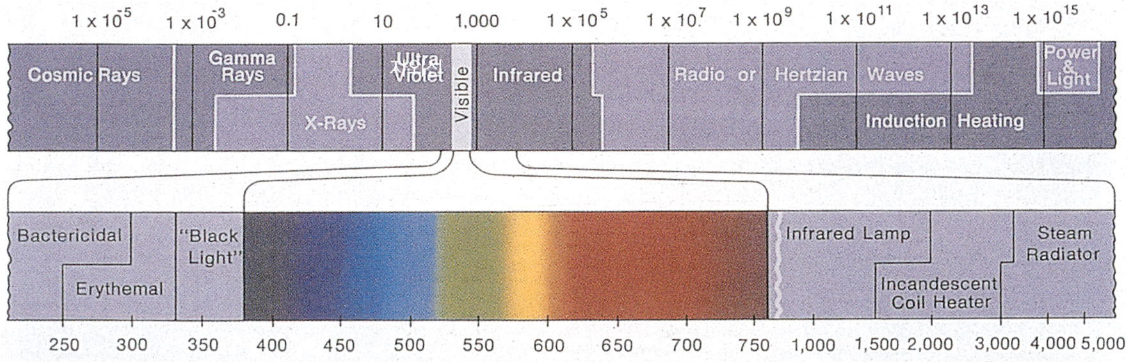

도판 1

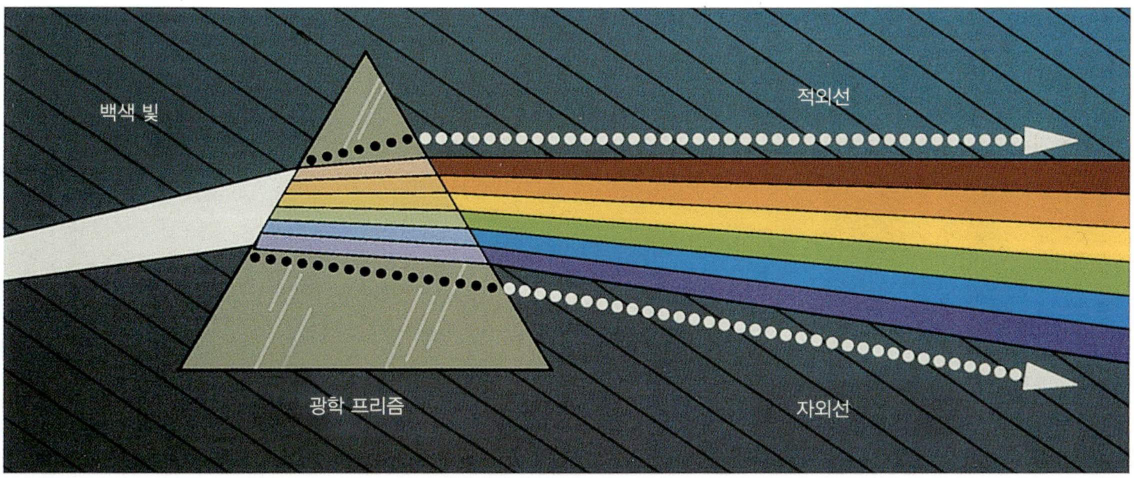

도판 2

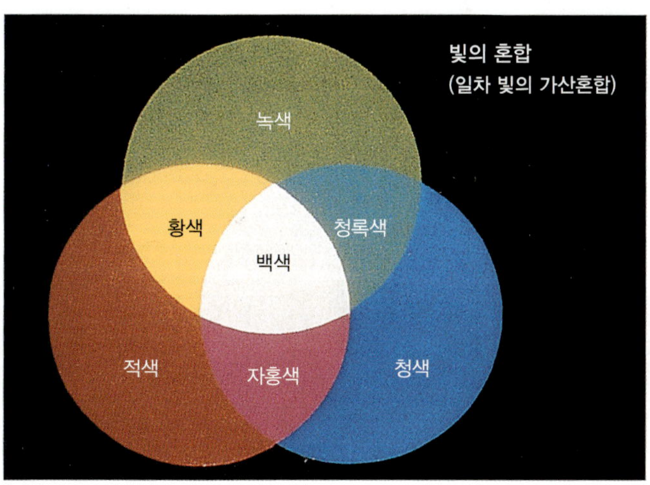

도판 3

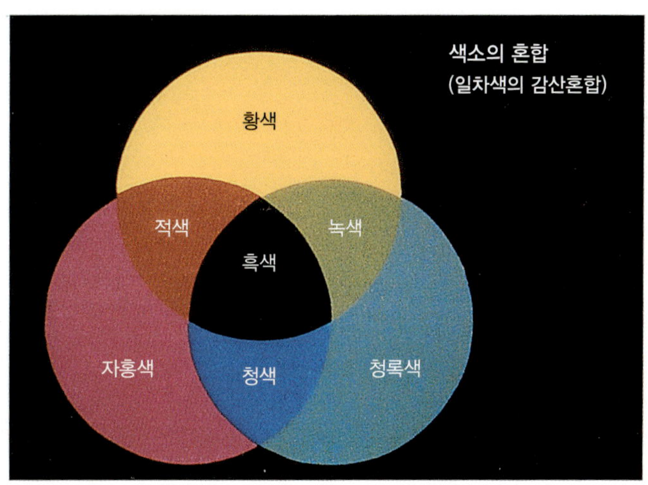

도판 4

도판 5

도판 6

도판 7

도판 8

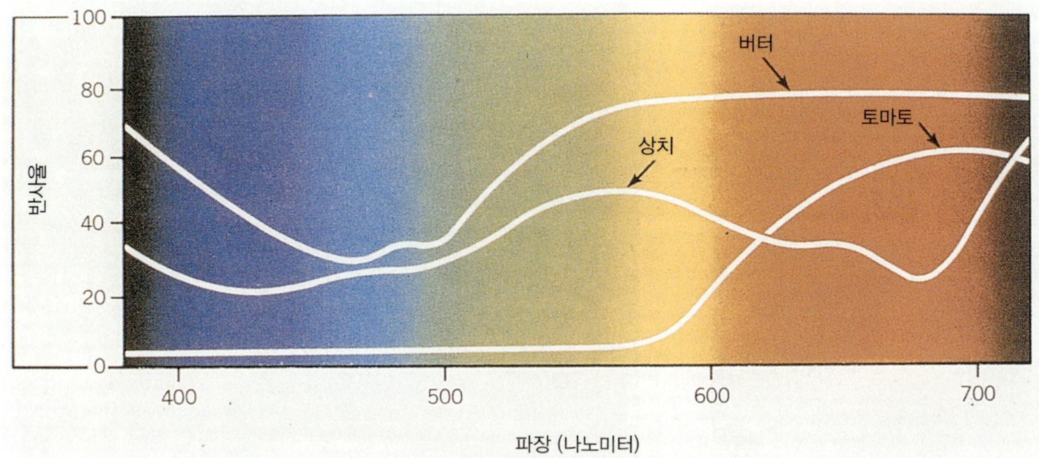

도판 9

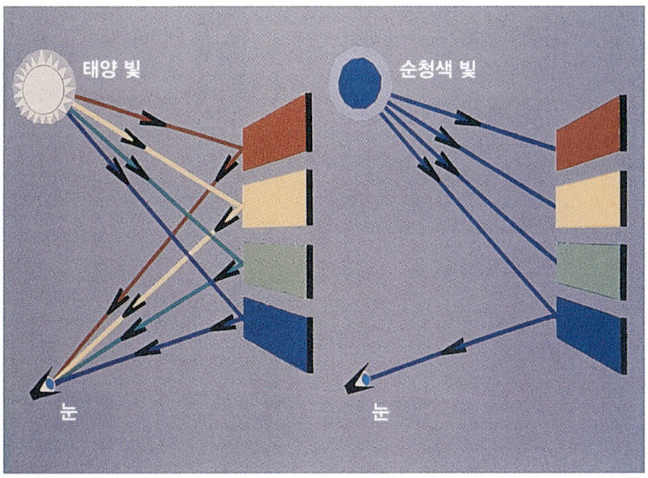

도판 10

도판 11

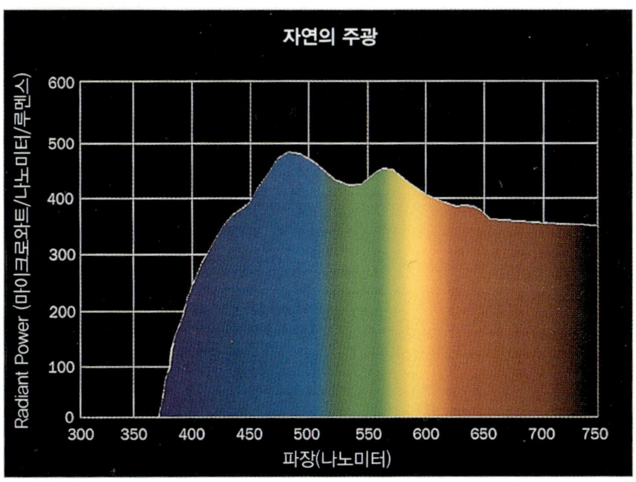

도판 12

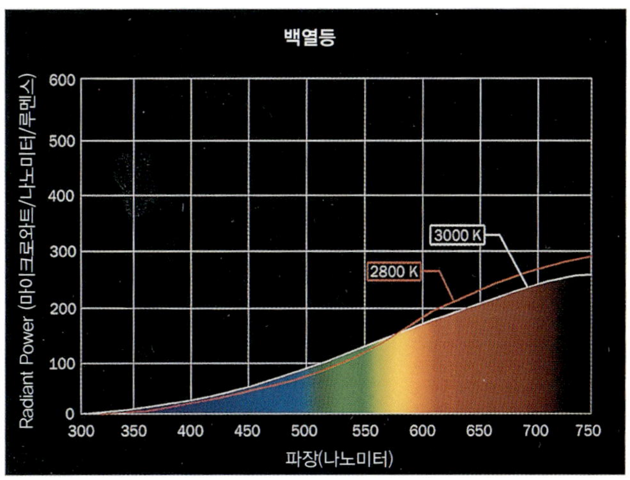

도판 13

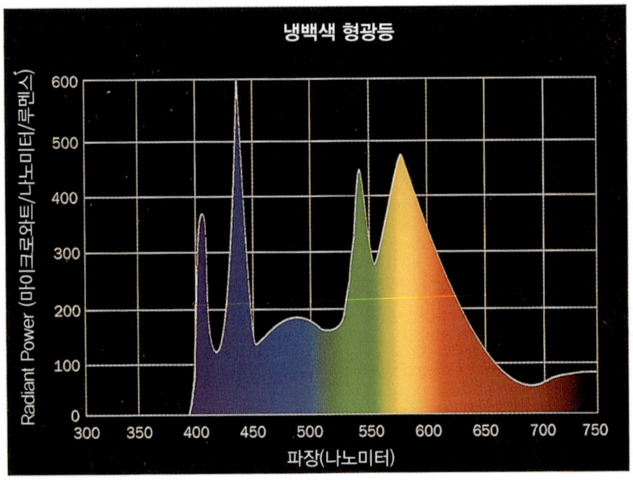

도판 14

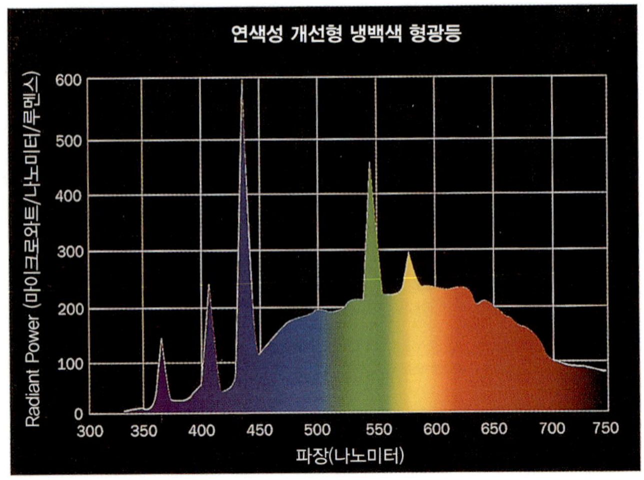

도판 15

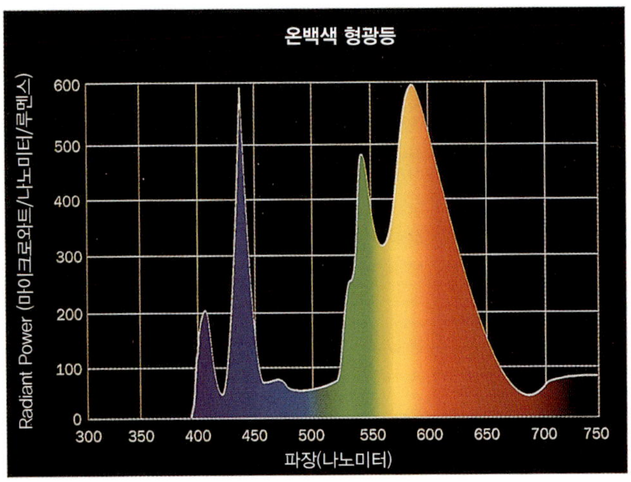

도판 16

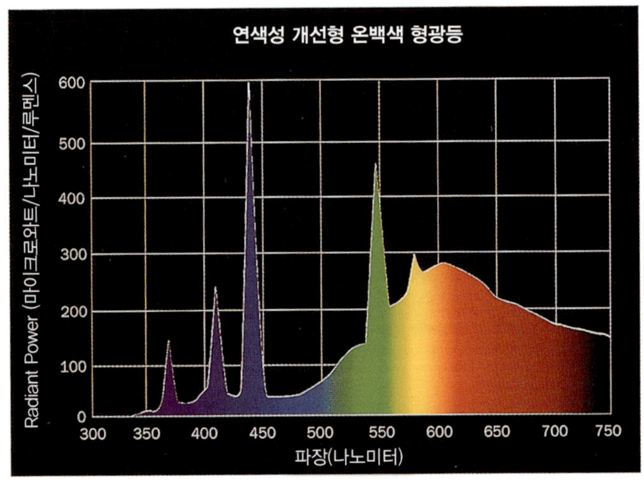

도판 17

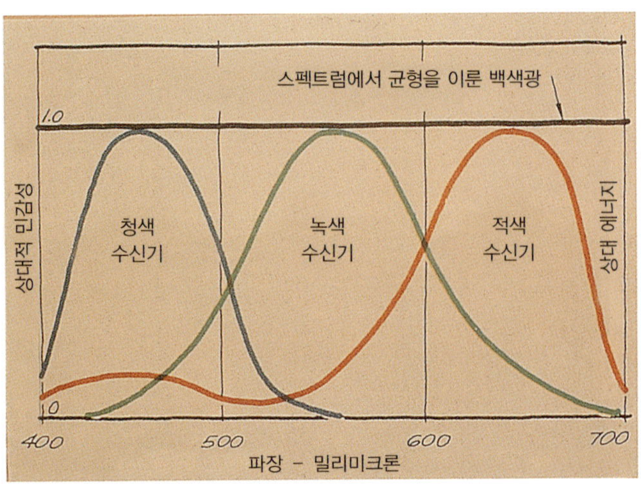

도판 18

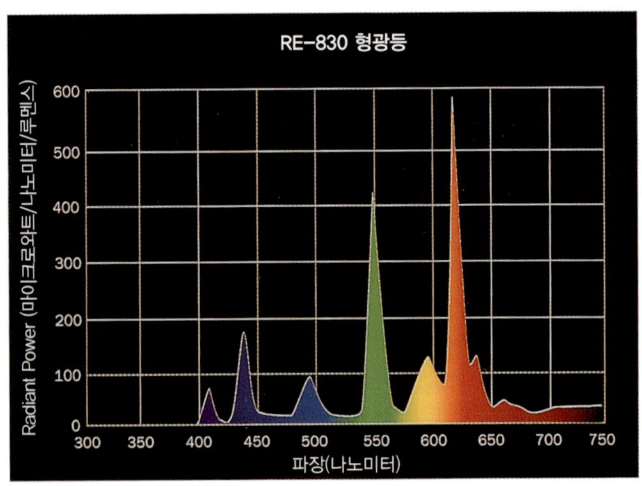

도판 19

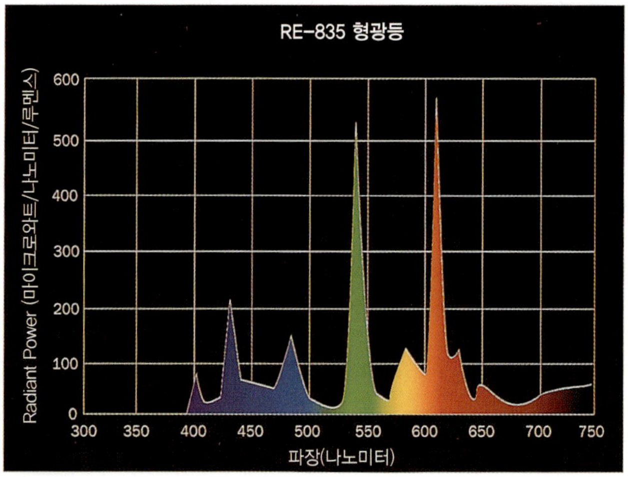

도판 20

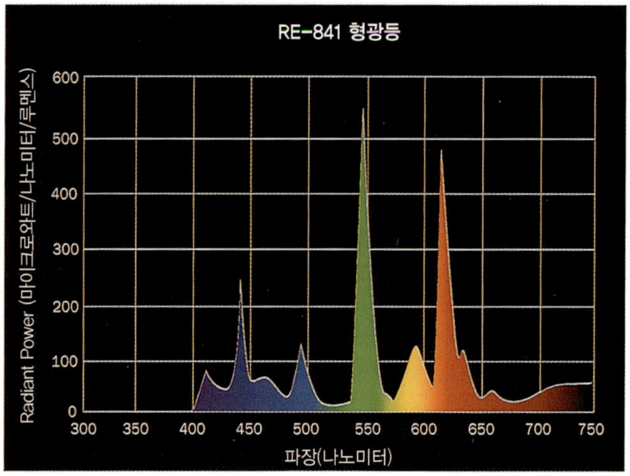

도판 21

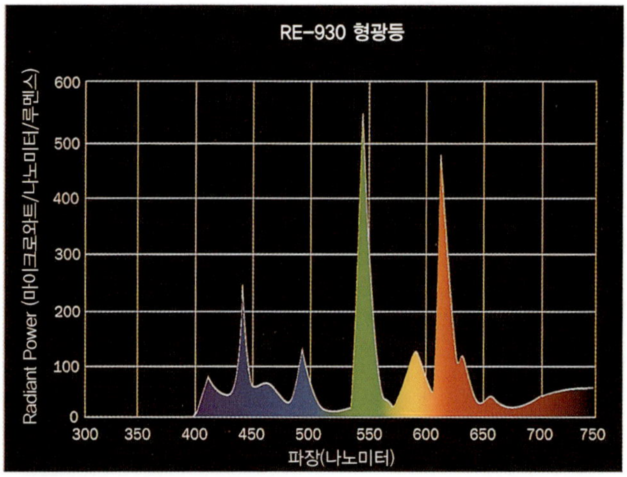

도판 22

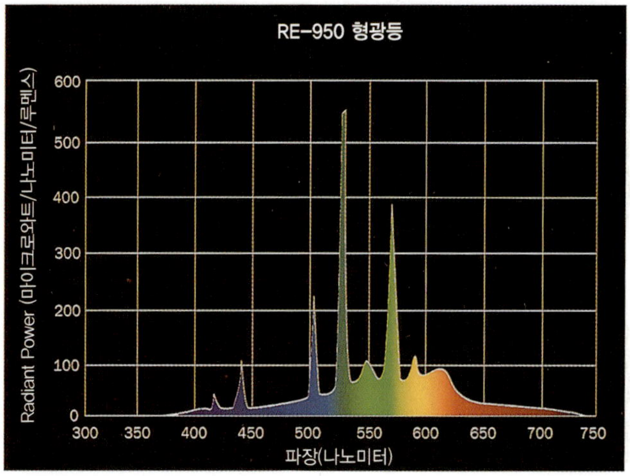

도판 23

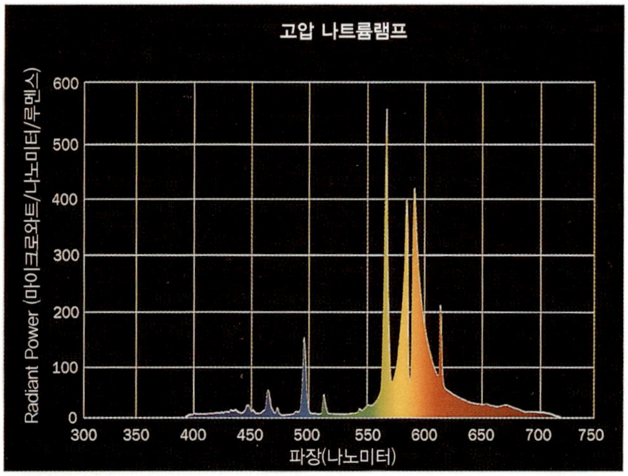

도판 24

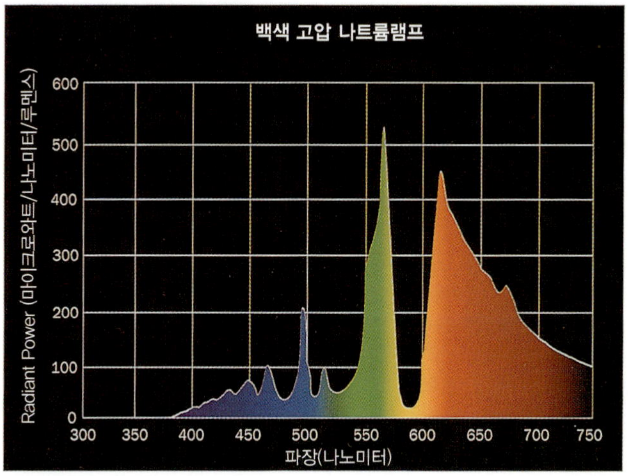

도판 25

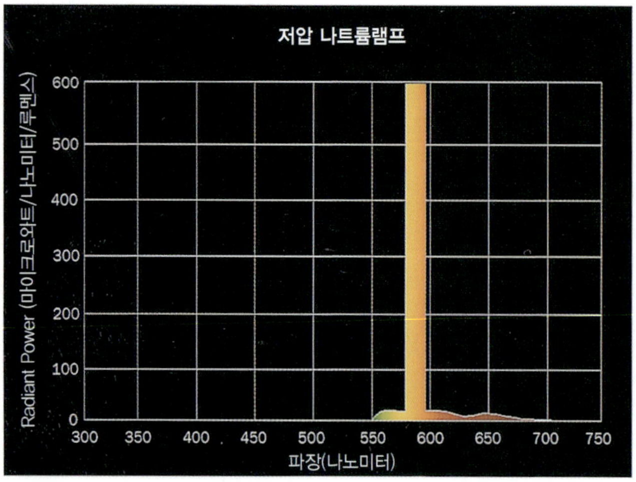

도판 26

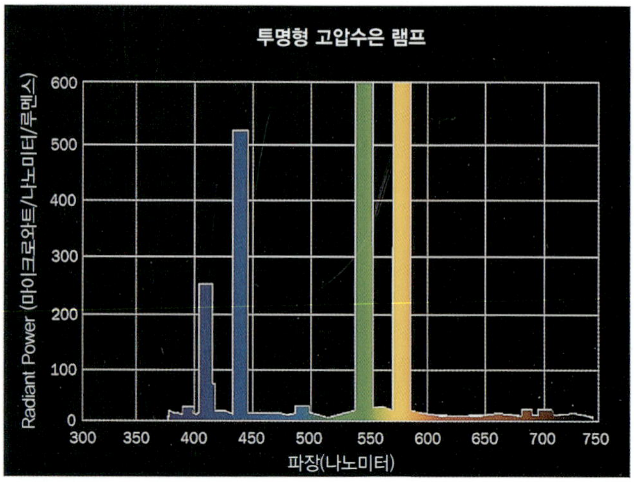

도판 27

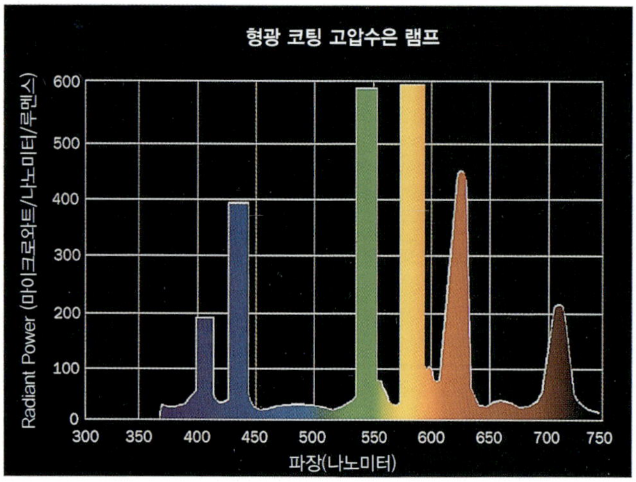

도판 28

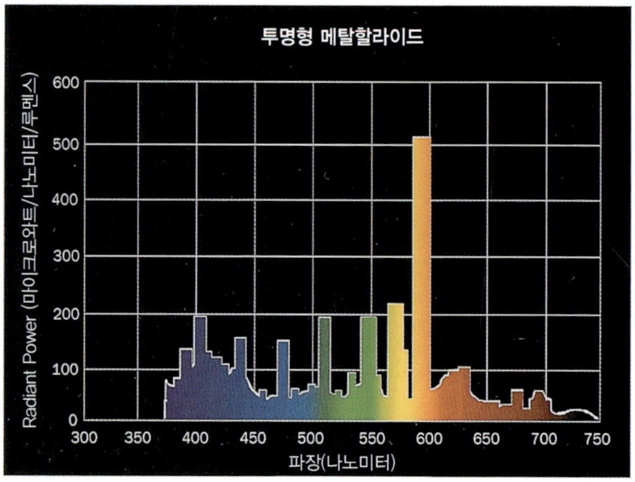

도판 29

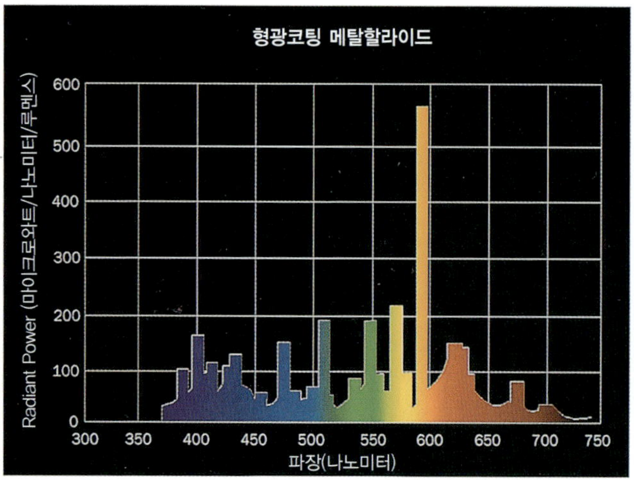

도판 30

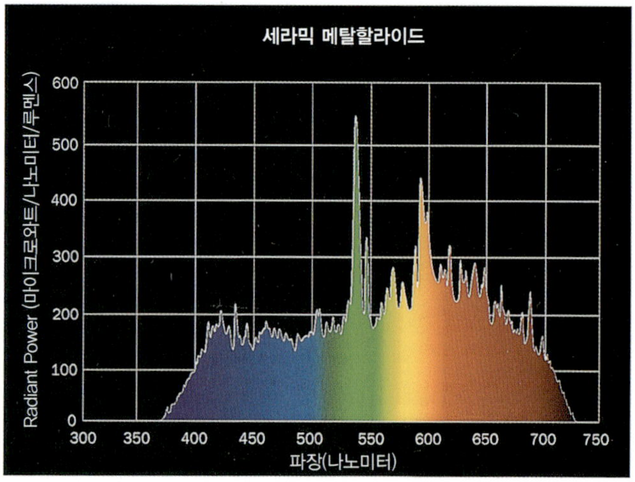

도판 31

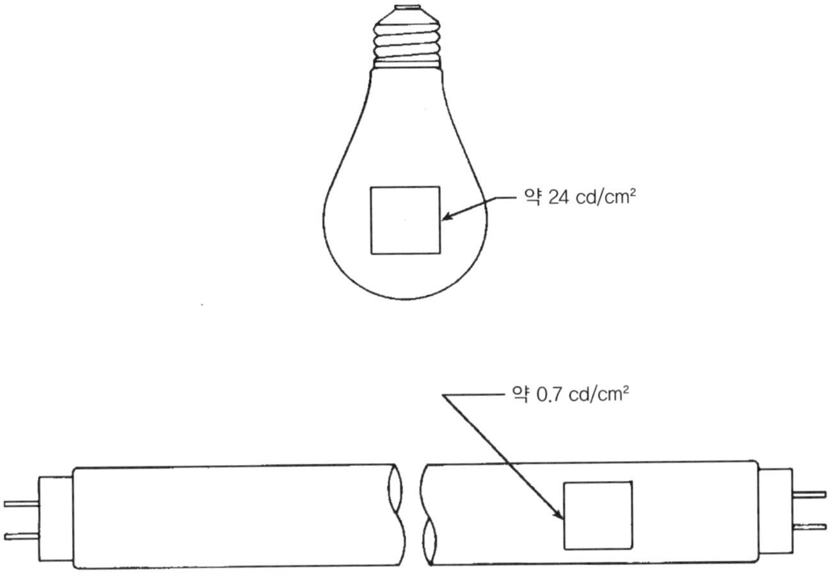

그림 3.30 균등한 발광을 위한 비차폐unshielded 램프의 휘도

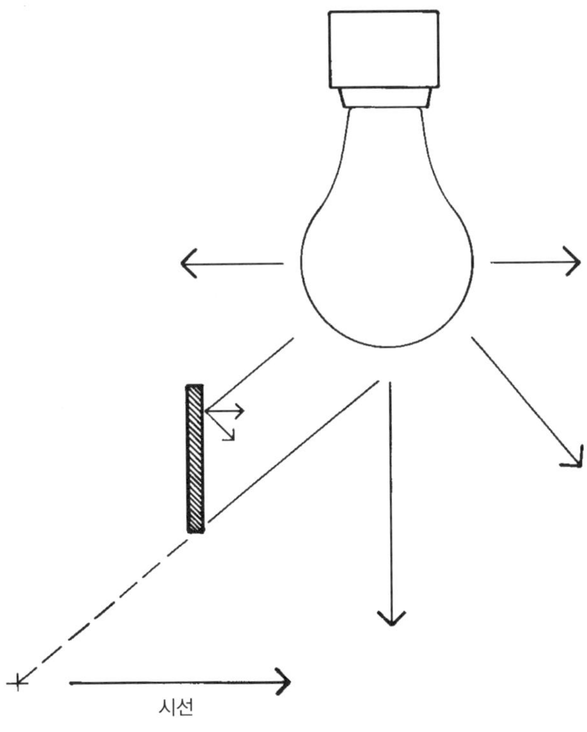

그림 3.31 눈으로 들어오는 광량의 제한

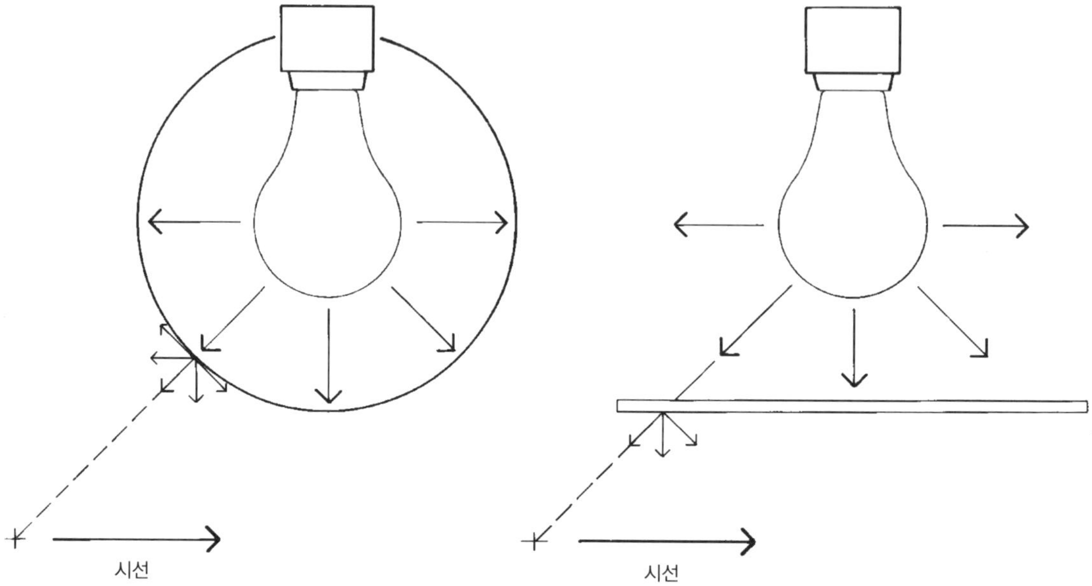

그림 3.32 발광 영역 증가

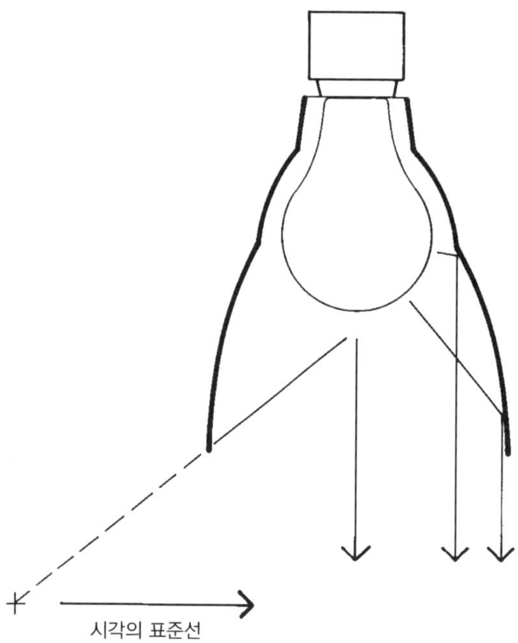

그림 3.33 직접 눈부심 제어를 위한 방향의 변화

절렌즈가 있다.

시각적 편안함이란 시야 내 산란되는 빛의 휘도와 눈부심을 감소시킨 결과이다. 과다한 휘도는 심리적으로 집중력을 흐리고 정확하게 디테일을 보는 능력을 감퇴시킨다. 시각의 질과 편안함은 산만하게 하고 무능하게 하는 눈부심을 얼마나 조절할 수 있느냐에 달려 있다.

시각적 쾌적성 지수(VCP) Visual Comfort Probability

시각적 쾌적성 지수(VCP) 등급은 업무공간에서 얼마나 많은 사람이 시각적으로 편안하다고 느끼는가에 대한 퍼센트이다. 이는 실내공간의 크기와 형태, 실내마감재의 반사율, 조명기구의 위치, 그리고 빛 퍼짐 특성에 따라 달라진다.

일반적인 사무실 사용에는 VCP 70 이상이 적당하고, 비디오 디스플레이 터미널(VDT)을 사용하는 사무 영역에는 VCP 80 이상이 적당하다. 렌즈가 부착된 형광 조명기구를 사용하여 실험, 검증하는 VCP는 근본적으로 직접 조명 시스템에만 적용이 가능하다.

반사 눈부심 Reflected Glare

시각적 쾌적성은 직접 눈부심은 물론 *반사 눈부심*에 대한 차단까지 필요로 한다. 반사 눈부심은 시야 내의 물체와 표면으로부터 반사된, 제어가 되지 않는 과다한 휘도에서 발생한다. 여기에는 실내 마감재는 물론 조명 시스템에서 반사된 휘도에 의한 것도 포함한다.

*정반사면*specular surfaces은 거울과 유사하게 반사하는 속성을 갖는다. 반사된 빛은 광원이 거울에 비친 이미지, 혹은 반사된 시야 내에 비친 또 다른 표면에서의 이미지로 나타난다.

이러한 속성은 조명기구의 빛을 제어하는 반사판으로 유용하지만, 책상, 작업 상판, 바닥, 벽, 천장이 광택이 있거나 반사하는 인테리어의 표면이 될 경우 반사 눈부심이라는 문제점을 가져온다. *난반사면*diffuse surfaces은 하이라이트가 일어나지 않으며 모든 각도에서 균일한 밝기를 보인다.

유리와 기타 투명한 재료에 반사된 이미지는 시각적 장애를 형성한다. 밤에 보는 넓은 면적의 유리는 흑경과 같은 효과를 낸다. 만일 투명한 재료를 통해 보이는 표면의 휘도가 반사된 면보다 높다면 이미지는 투과될 것이다.

대부분 물체의 표면은 빛의 일부를 난반사하고, 일부는 정반사한다. 난반사는 표면의 빛의 양에 따라 다르게 일어난다. 램프나 조명기구의 이미지가 그대로 보이는 정반사는 광원의 조도에 따라 달라진다. 이처럼 반사된 이미지는 작업면의 디테일을 보이지 않게 만들고 그 위로 흐려진 이미지를 만든다.

시각적 작업 영역에서는 가능한 정반사의 특성을 갖는 마감재를 사용하지 않는 것이 좋다. 유리나 고광택으로 된 책상 상판은 모든 것을 정반사하여 여기에 반사된 이미지는 시각적으로 산만하게 하기 때문이다. 이러한 작업면에는 광택이 적은 마감재가 적당하다. 작업용 조명기구의 위치를 정할 때에는 작업면을 거울로 간주하는 것이 도움이 된다(그림 3.34). 조명기구의 위치를 적절하게 정하는 것은 작업면의 반사 눈부심을 감소시킨다(그림 3.35). 조명기구가 책상의 양 옆에 위치할 때, 조명기구에 의해 드리워진 그림자는 빛으로 상쇄되고, 그 빛은 작업자의 눈에서 먼 쪽으로 반사된다(그림 3.36).

비디오 디스플레이 터미널(VDT)
Video Display Terminals

VDT는 정반사의 특성을 갖는 수직면이라고 할 수 있다. 스크린 반사는 스크린 표면에 "나타나고" 작업자의 눈으로 반사되는 휘도의 변화가 그 원인이다. 특히 가운데가 볼록하고 위쪽으로 기울여져 있는 스크린은 천장, 벽, 창문, 그리고 주변 공간 등 광범위한 영역의 정보를 눈으로 반사시킨다.

이처럼 반사에 의한 여러 가지 문제들을 해결하는 방법은 스크린의 위치 조절, 각도 조절, 저반사 스크린 사용, 창 앞의 블라인드, 어두운 작업복 등이 있다. 조명 시스템에 의한 반사는 VDT 스크린에 램프 이미지가 나타나지 않도록 디자인된, 셀의 깊이가 깊은 파라보릭 루버가 해결해 줄 수 있다.

스크린의 이미지를 보기 어렵게 만드는 스크린 표면상의 반사 외에 VDT 사용자들을 위해 추가적으로 고려해야 하는 조명에 대한 2가지 문제점은 다음과 같다. (1) 작업자들이 또한 수행해야만 하는 non-VDT 작업에 적절한 조명. (2) 작업자의 주변환경을 위한 조명.

그림 3.34

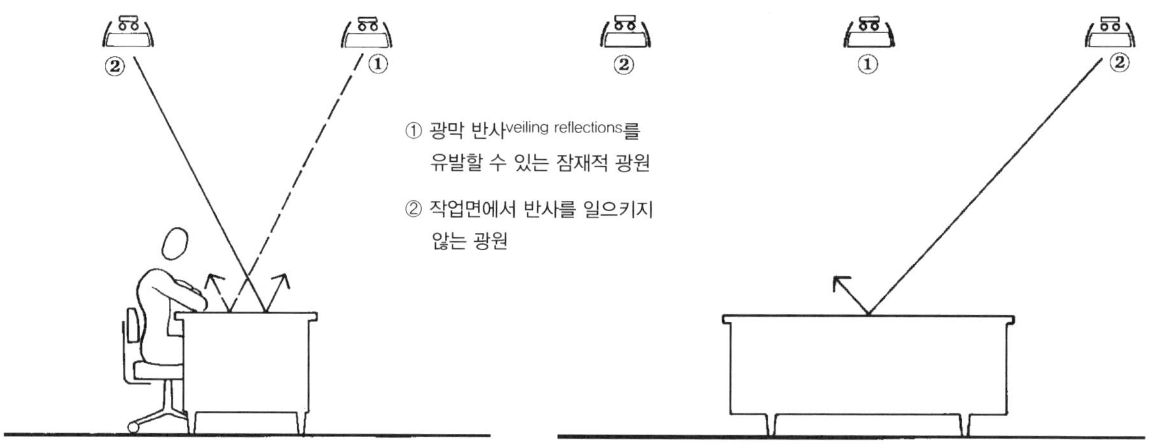

그림 3.35

대개 VDT 업무영역의 전반적인 실내 조도는 낮게 계획된다. 그렇게 하는 것이 스크린의 가시성이 향상된다고 믿기 때문이다. 그러나 사실은 반대이다. 적은 양의 전반적인 빛은 스크린의 반사를 감소시키지만 실내는 상대적으로 더욱 어두워 보인다. 밝은 스크린과 어두운 실내 사이에 밝기의 대비가 일어나기 때문이다. 낮은 전반 조도는 특히 창문을 통해서 외부를 볼 수 없는 공간이라면 자극이 없는 지루한 공간을 만들 것이다.

간접의 상향조명 시스템은 때로는 스크린에 조명기구가 반사되는 것을 피하기 위해 사용된다. 천장은 펜던트 또는 바닥 매입 조명기구가 빛을 균일하게 확산시킬 수 있을 만큼 높아야 하며(그림 3.21 참조), 충분한 높

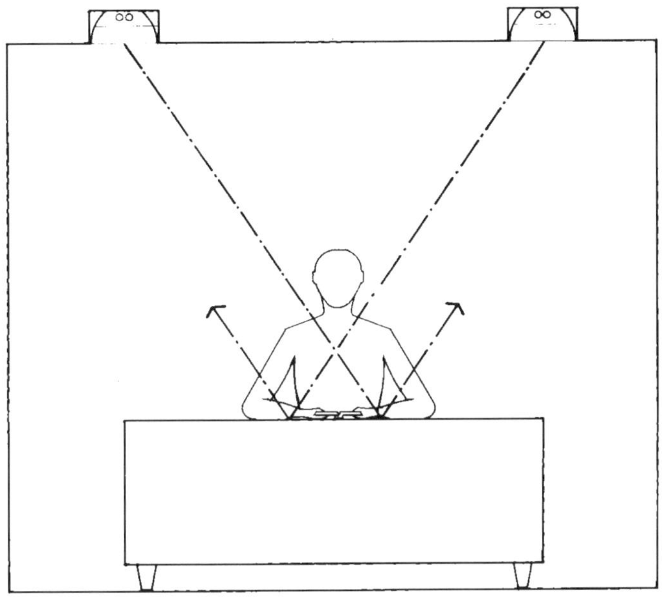

그림 3.36 적절한 작업면 조명

이가 확보되지 않으면 과다한 밝기대비가 기대하지 않은 방향에서 만들어진다. 비록 균일한 천장면 조도가 이루어진다 하더라도 난반사된 빛은 스크린의 가시성을 감소시킬 수 있다. 더욱이 공간의 모든 빛은 확산되기 때문에 간접 시스템은 재미없는 분위기를 만들기도 한다.

가장 중요한 것은 실내 조도의 다양성이다. VDT 스크린에 반사되어 작업자 시선으로 들어오는 모든 표면과 물체, 특히 파티션이나 파일 수납 캐비닛의 수직면, 천장면의 실내 마감재 등 시각적으로 산만함을 일으키는 이미지를 방지하려면 반드시 조도가 같거나 낮아야 한다.

이제는 많은 VDT가 저반사이고 평평하며 스크린의 수직 방향 외에는 모든 방향에서 거의 빛을 반사하지 않는 액정 디스플레이(LCD)로 변경되었다. 조만간 VDT는 조명의 걱정거리에서 벗어날 것이다.

스파클 Sparkle

시야 내의 눈부심과 스파클의 가장 큰 차이는 휘도의 면적과 양 사이의 관계이다. 넓은 면적의 휘도는 눈부심을 일으켜 산만하고 혼란스럽게 하지만, 상대적으로 좁은 면적에서 비슷하거나 높은 휘도가 일어날 경우 감성적인 흥분과 시각적 흥미에 기여하는 스파클이 되어 공간 내에서 하이라이트의 포인트가 된다.

• **직접 스파클**Direct Sparkle 크리스마스 트리 조명, 작은 클리어 필라멘트 램프의 노출, 타공 칸막이 등을 예로 들 수 있다(도판 6 참조).

• **반사 스파클**Reflected Sparkle 예제로는 질감이 있는 금속과 자갈 무늬 마감재가 있다(도판 7 참조).

• **투과 스파클**Transmitted Sparkle 예제로는 크리스털 샹들리에, 그리고 투명 필라멘트램프를 둘러싼 샌드블래스트나 에칭 처리한 유리(프로스트 처리한) 확산기가 있다. 크리스털 유리와 결합된 투명 필라멘트램프는, 특히 그 유리가 다면체일 때, "백색" 빛이 무지개 색채로 분광됨으로써 미묘한 색채의 하이라이트를 제공해 준다(도판 8 참조).

스파클, 하이라이트, 그림자의 존재는 흥미롭고 활기찬 화창한 날을 구성하는 시각적 흥미를 만들어 내는 요소들이다. 이러한 요소들이 없다면 밋밋하고 무딘 구름 낀 흐린 날이 될 것이다. 세심하게 계획된 스파클, 하이라이트, 그림자가 제공하는 감성적 자극은 실내공간에서 모두 중요하다.

4

색채 Color

색채는 우리가 보는 사물의 물리적인 속성이 아니라,
사물을 투과하거나 반사하며 나타나는 빛의 파장이다.

물체나 표면의 색채는 반사되거나 흡수된 빛에 의해 결정된다. 색채는 우리가 보는 사물의 물리적인 속성이 아니라, 다양한 물체에 흡수되거나 반사되며 나타나는 빛의 파장이다. 색채라고 인지하는 것은 가시 스펙트럼의 특정 범위에서 물질이 에너지를 반사하거나 전송한 결과이다.

녹색 유리는 스펙트럼에서 녹색 부분은 반사하고, 모든 다른 영역대의 파장은 흡수한 것이다. 황색 페인트는 황색 부분을 반사하고, 모든 다른 영역의 파장은 흡수한다(그림 4.1). 백색이나 중성의 회색 물질은 가시 파장대에서 거의 비슷한 양의 파장을 반사한다.

순수한 스펙트럼의 색채는 일반적으로 나노미터로 표현되는 파장으로 구체화된다. 나노미터(nm)는 10억 분의 1미터 또는 약 390억 분의 1인치를 나타내는 단위이다.

가시 파장대에서 분광반사율을 보여 주는 도판 9는 버터가 청색광만을 흡수하고 다른 모든 색채는 매우 높은 반사율을 갖는다는 것을 보여 준다. 이 반사된 빛들이 결합하여 우리가 황색이라 부르는 색채를 만들어 낸다. 녹색 상치는 주로 500~600nm 영역에 있는 파장의 빛을 반사하고 다른 파장의 모든 에너지를 흡수한다. 토마토가 적색인 것은 토마토가 610nm의 가시 에너지만 반사하고 다른 모든 파장은 흡수하기 때문이다.

모든 가시 스팩트럼의 파장에서 비교적 균형 잡힌 복사 에너지를 발산하는 광원은 "백색"으로 나타난다. 프리즘을 통해 이 백색광의 좁은 빛을 통과하면 각각의 파장이 분산되어 눈은 그것들을 구별하게 된다. 이러한 시각적 현상을 색채 스펙트럼이라 한다(도판 2).

"백색" 광원은 모든 또는 거의 모든 가시 파장에서 에너지를 발산하지만, 언제나 이상적인 비율로 구성되어 있지는 않다. 거의 모든 광원이 어떤 색의 파장은 포함하지 않지만 여전히 백색으로 보이기 때문이다. 이러한 스펙트럼의 특성은 색채의 지각에 영향을 주며, 이것이 바로 연색성이다. 이 연색성은 어떤 색채를 회색계열로 보이게 하기도 하고, 더 선명하게 보이게 하기도 한다.

정확하게 색채가 지각되려면 광원은 물질이 반사하는 파장을 포함한 빛을 비추어야 한다. 토마토의 표면에 백색 광원으로 조명하면 적색으로 보이는 것은 단지 빛의 적색 파장만이 눈으로 반사되어 들어오기 때문이다.

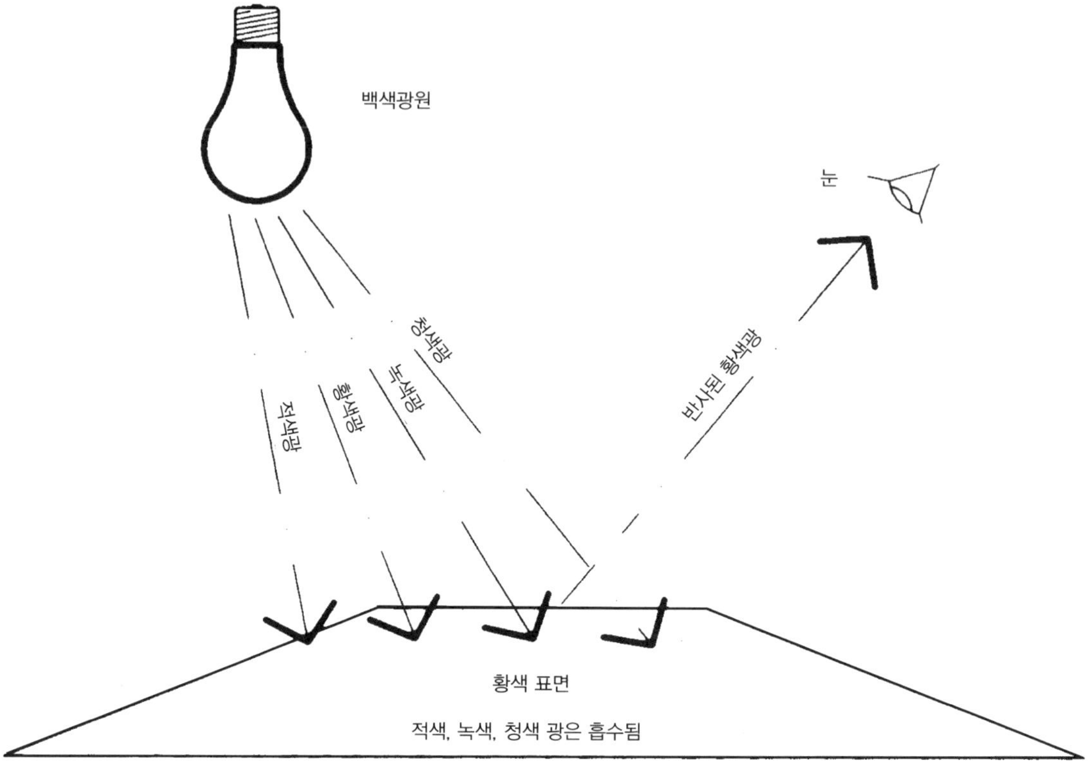

그림 4.1 정확한 색채 연출을 위해서 광원은 물체가 반사하는 파장을 발산해야 한다.

다른 모든 파장은 흡수된다.

만일 토마토가 녹색 광원으로 조명되면, 적색 에너지가 반사될 수 없기 때문에 어두운 회색으로 보일 것이다. 눈은 단지 주어진 광원에 의해 나타나는 표면의 색채만 볼 수 있다(도판 10).

"백색"광은 다양한 파장대의 색채를 포함하기 때문에 우리가 백색광이라고 부르는 것은 스펙트럼상으로는 넓은 범위이다. 백색광에서 일반적으로 나타나는 차이는 "따뜻한" 또는 "차가운" 것으로 표현된다. 따뜻한 백색광은 황색에서 주황색을 거쳐 적색에 이르는 색상을 갖는, 스펙트럼상의 파장의 길이가 긴 (높은 나노미터) 끝부분을 강조하여 선명한 색채로 드러나게 한다. 따뜻한 백색광을 내는 광원에는 태양, 백열 램프, 텅스텐-할로겐 램프, 고압 나트륨 램프가 있다. 이와는 반대로 차가운 백색 광원은 청색에서 녹색을 거쳐 황색에 이르는, 스펙트럼의 짧은 파장을 갖는 부분의 색을 강조한다. 차가운 백색 광원에는 북쪽 천공광, 여러 가지 형광 램프, 메탈할라이드 램프가 있다.

램프 제조사에 의해 제공되는 스펙트럼 분포도는 광원의 상대적인 색채 구성을 보여 준다(도판 13-17, 19-31). 이러한 분포는 실질적으로 색채가 어떻게 보일 것인가를 예측하기에는 제한적이기 때문에 색채 표기법과 연색성이라는 단순화된 시스템이 개발되었다.

색온도 COLOR TEMPERATURE

*색온도*는 램프가 밝혀졌을 때 어떻게 보이는가를 설명해 준다. 색온도는 절대영도(OK, −273°C)에서부터 시작하는 캘빈(K)으로 측정된다.

실내 온도에서 강철막대와 같은 물체는 빛을 발하지는 않지만, 만일 열이 가해진다면 어느 순간 탁한 붉은 빛으로 타오른다. 물리학자들은 강철막대 대신에 *흑체 복사체*blackbody radiator라 불리는 상상의 물체를 사용한다. (강철막대는 높은 온도에서 녹아 버리기 때문에 흑체 복사체의 개념이 필요하다.) 흑체 복사체는 온도에 따라 각각 다른 색의 빛이 나오는데 800K에서 적색광을 발산한다. 따뜻한 황색류의 "백색"은 2800K에서, 청색류의 주광 백색은 8000K에서, 그리고 밝은 청색광은 60,000K에서 발산된다. 색온도는 실제 광원이나 기타 구성요소의 물리적인 표면온도를 측정하는 것이 아니다. 색온도는 실험실의 흑체 복사체의 가시 복사가 광원의 색채와 일치할 때 그것의 절대 온도에 관한 것이다.

백열 램프는 모든 가시 색광의 연속적인 스펙트럼을 발산한다는 점에서 흑체 복사체와 아주 비슷하다(도판 13). 결과적으로 백열 램프의 스펙트럼은 캘빈 색온도로 정확하게 표현되지만, 형광 램프나 고압방전(HID) 램프는 특정 파장의 빛을 방사하지 않아 불연속적인 스펙트럼을 만들어 낸다(도판 14–17, 19–31). 이러한 띠들은 결합하여 "백색"광처럼 보이므로 형광 램프와 고압방전 램프의 빛은 *상관색온도*correlated color temperature(CCT)로 표현된다.

건축조명에 사용되는 백열 램프는 2600K에서 3100K에 이르는 범위의 색온도를 갖는다. 형광 램프는 2700K에서 7500K이고, 북쪽 천공광은 임의로 10,400K 정도로 본다.

불행히도 불연속 스펙트럼 광원의 상관색온도는 스펙트럼상의 에너지 분포에 관한 정보를 제공해 주지 못한다. 예를 들어, 따뜻한 백색과 RE–930 형광 램프는 체감색온도는 같지만, 물체 및 물질이 나타내는 스펙트럼의 분포 곡선과 연색성은 매우 다르다. 고압수은 램프, 메탈할라이드 램프, 고압 나트륨 램프를 포함하는 고압 방전 램프에 대해 색온도 표기법을 사용할 때에는 위에서 설명한 것과 같은 제한이 있다.

연색성 COLOR RENDERING

위에 설명한 문제들을 보완하기 위하여, 연색성은 주어진 광원에서 색채가 어떻게 보이는가를 설명해 준다. 예를 들어, 적색은 비추는 광원의 스펙트럼 속성에 따라 밝거나 어둡게 또는 심홍에 가깝거나 주황에 가깝게 보일 것이다.

광원의 연색성을 결정하는 가장 일반적으로 사용되는 방법은 *연색평가지수*Color Rendering Index(CRI)로 불리는 등급 시스템이다.

CRI는 주어진 광원에 대한 실제의 또는 체감의 색온도를 구축한 다음 주어진 광원의 연색성을 기준 광원에 비교한다. 만일 주어진 광원의 색온도가 5000K 이하이면, 기준 광원은 가장 가깝게 만들어진 색온도의 흑체 복사체가 된다. 만일 주어진 색온도가 5000K 이상이면, 기준 광원은 주광 광원에 가장 가깝게 만들어진 것이다.

이러한 비교를 1에서 100까지의 단계로 된 Ra지수로 설명한다. 즉, Ra지수는 주어진 광원이 기준 광원의 연색성에 얼마나 근접하는가를 가리킨다. CRI에 대한 기준은 색온도에 따라 달라지기 때문에 서로 다른 광원의 CRI는 유사한 상관색온도를 가질 경우에만 유효하다. 그러므로 색온도가 100K~300K 정도 유사한 경우 이외에는 두 광원을 비교하는 것은 적합하지 않다.

예를 들어, 3000K의 RE–70 형광 램프와 6500K의 "주광색" 형광 램프가 둘 다 75의 CRI를 갖는다고 하더라도 서로 다르게 보인다. 이것은 3000K 램프의 CRI는 흑체 복사체와 비교하였고 6500K 램프의 CRI는 실제 주광과 비교하였기 때문이다.

Ra는 8가지 실험을 통한 연색성 성능에 대한 평균값이다. 파장에 따라 달라지는 속성은 평균을 내어 반영

한다. 따라서 색온도와 CRI가 동일한 두 램프가 서로 다른 스펙트럼 분포를 가질 수 있으며 서로 다른 색채의 물질로 보이게 할 수도 있다.

대표적인 CRI 값은 부록의 표 1과 같다.

광원의 색채 속성은 사람의 인상을 매우 많이 다르게 보이게 한다. 백열 광원은 적색 파장이 풍부하여 건강하고, 혈색이 좋으며 때로는 그을린 것처럼 보이게도 하고 안색을 보완하여 보기 좋게 해 주기도 한다. 황색 또는 청색 범위를 강조하는 차가운 형광 광원과 고압방전 HID 광원은 창백한 인상을 만들어 준다.

주관적 인상 SUBJECTIVE IMPRESSIONS

광색은 환경에 대한 주관적 인상에 많은 영향을 준다. 쾌적 곡선은 주변환경이 어두울 때에는 따뜻한 빛이 바람직하다는 것을 말해 준다(그림 4.2). 또한 200럭스(lux)의 실내는 오일 램프(약 2000K)나 냉백색 램프(약 5000K)로 비출 경우 어색하게 느낄 수 있다.

따뜻한 톤의 오일 램프는 빛이 너무 세거나 공간이 지나치게 밝은 것처럼 보일 것이고, 냉백색 램프는 빛의 양이 같더라도 더 어둡거나 우중충해 보일 것이다. 이 표에 의하면 따뜻한 형광 램프(2700K 또는 3000K)와 일반 백열 램프(2600K에서 3100K)는 바람직한 범위에 속한다.

그 외에도 따뜻한 빛은 친밀감과 아늑함을, 차가운 빛은 효율과 깔끔한 느낌을 준다. 플린은 실내공간에서 중간 밝기의 백색인공 광원에 대한 사람들의 주관적 반응을 평가하였다.

플린의 연구주제는 다음과 같이 시각적으로 따뜻한 인상과 시각적으로 차가운 공간으로 범주화된다. 차가운 색채(4100K)는 시각적 명료함의 인상을 준다. 따뜻한 색채(3000K)는 감정을 부드럽게 해 주거나 유쾌한 기분이 들게 하는데에 도움을 준다.

플린은 확산되는 따뜻한(주황색-적색) 빛이 긴장과 짜증을 강화한다는 사실을 발견하였다. 확산되는 차가운(자색-청색) 빛은 칙칙한 인상을 들게 하며, 휘도가 낮을 때에는 침울한 인상을 만든다.

플린은 또한 스파클한 빛이 따뜻한(주황색-적색) 색일 경우 즐겁고 기쁜 인상을 주는데, 특히 빛과 색채가 무작위의 패턴일 경우에 더하다는 것을 발견하였다. 스파클의 빛 패턴과 차가운(자색-청색) 색상의 빛은 매혹적인 인상을 강화하며, 특히 빛과 색채의 패턴에 리듬이 있거나 조직화된 패턴일 경우에 그러하다.

마감재와 컬러광
SURFACE FINISHES AND COLOR OF LIGHT

복습: 빛은 색채를 갖고 있지 않으며, 물체도 색채를 갖고 있지 않다. 색채는 눈/뇌 시스템 내에 존재한다.

그러므로 실내공간에서 빛에 대한 스펙트럼 분포와 직물, 벽, 기타 요소들의 색채 사이의 관계를 이해하는 것은 중요하다. 어떤 물체들은 비록 스펙트럼의 구성이 서로 다르다 하더라도 특정 광원 아래에서 동일한 색채로 보인다. 그러나 만일 광원이 변하면, 물체에 대한 색채의 차이는 명확해질 것이다(도판 11).

실제로 설치되어 사용될 광원과 동일한 광원을 사용하여 물체의 색채를 평가하고, 어울리는지 보고 결정하는 것이 좋다. 설치될 조명 시스템이 무엇인지 모를 때에는 서로 다른 스펙트럼의 성격을 갖는 2가지 광원을 샘플 검토에 사용해 볼 수 있다. 이를테면, 한 가지 광원은 주광색 형광 램프처럼 스펙트럼 분포가 청색에서 우세한 것으로 하고, 다른 하나는 백열 램프처럼 적색에서 우세한 것으로 하는 것이 바람직하다.

백열 광원 Incandescent Sources

백열 램프는 적은 양의 자색 범위에 가까운 진한 청색에서 스펙트럼의 진한 적색 부분까지 점점 증가하는 부드러운 곡선으로 에너지를 발산한다(도판 13). 백열 램프의 광색은 대부분의 에너지가 적색과 황색이 집중되는 따뜻한 톤이다. 이 "백색"광이 비록 청색과 녹색 계열은 색채를 회색조로 만드는 경향이 있지만, 따뜻한 색채를 강조하고 사람의 얼굴을 아름답게 표현해 준다.

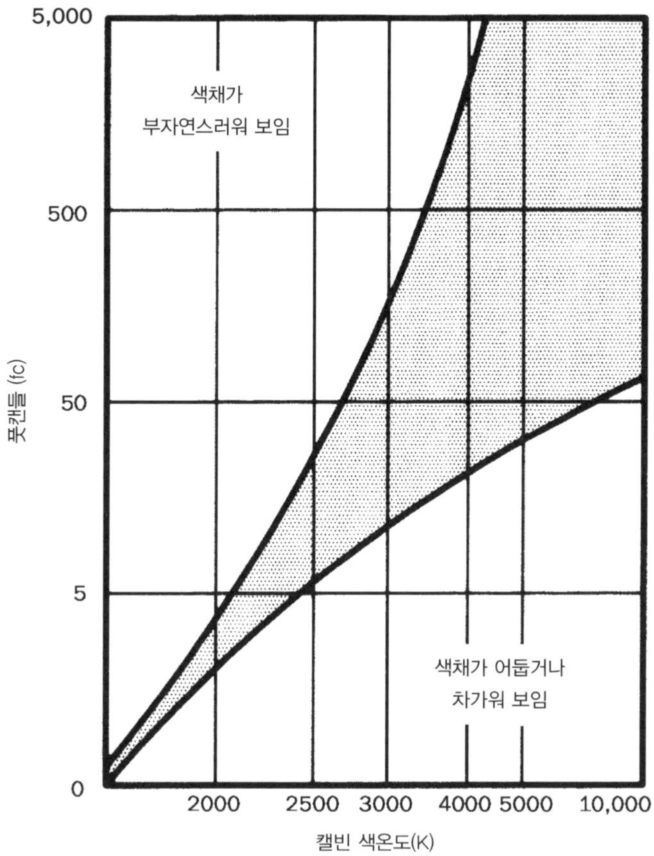

그림 4.2 1941년 A. A. Kruithof의 쾌적 곡선

백열 램프는 연색성에서 다른 광원에서는 볼 수 없는 한 가지 이점이 있는데, 그것은 색을 더 자연스럽게 표현하는 것이 아니라, 오랜 시간 동안 사용되어서 백열 램프가 하나의 표준으로 구축되었기 때문이다. 또한, 백열 램프는 수천 년 동안 우리에게 친근한 태양, 모닥불, 촛불, 석유등, 가스등의 광원과 유사하게 열에너지의 부산물로써 빛을 낸다. 이들은 모두 따뜻한 톤의 빛을 제공하는 *점광원*point source이다.

연색성이 좋다는 것은 일반적으로 친근한 물체의 친근한 인상을 의미하는 것으로 해석된다. 사물들은 백열 램프나 주광처럼 특정 종류의 광원 아래에서 자주 보여짐으로써 친근한 색채를 형성한다.

텅스텐-할로겐 램프(3000K)는 표준의 백열 램프보다 더 많은 청색 에너지와 더 적은 적색 에너지를 가져서, 약간 황색조의 표준 백열 램프(2700K)보다 더 백색으로 보인다. 모든 백열 램프와 텅스텐-할로겐 램프는 CRI 100이다.

형광 광원 Fluorescent Sources

형광 램프는 불연속 스펙트럼으로 특정 파장에서 매우 높은 에너지를 산출한다. 램프의 유리구 내부 표면에 도포하는 형광물질의 종류에 따라 광색에 차이를 만들어 낸다. 형광 램프는 다음 3가지의 주요 색온도가 가능하다. (1) 백열 램프에 대응되는 따뜻한(3000K) 램프, (2) 주광에 대응되는 차가운(4100K) 램프, (3) 2가지 모두에 대응되는 3500K 램프.

형광 램프는 또한 효율성과 연색성을 고려하여 표준standard, 고급deluxe, 희토류rare-earth(RE)의 세 그룹으로 나뉜다. 차가운 톤과 따뜻한 톤을 모두 지닌 표준 백색 램프는 효율이 높고 연색성은 낮다(도판 14, 6). 온백색 형광 램프의 CRI는 52~53, 냉백색 형광 램프는 60~62이다.

백색 디럭스 램프는 연색성이 향상되는 대신 효율성에서는 대략 25%가 손실된다. 그러나 이 정도의 광량의 감소는 표준 램프와의 차이를 감지할 수 없을 정도이고 대비와 초상화에서 주로 보여지는 회색톤을 개선하여 보다 선명하고 정확한 색채로 보이게 한다(도판 15, 17). 대체로 디럭스 형광 램프는 84~89의 CRI를 갖는다.

높은 연색성과 높은 광도의 효율을 위해 희토류(RE) 램프가 사용된다. 희토류 램프에는 3가지 종류가 있으며, 삼파장 RE-70, 삼파장 RE-80, 사파장 RE-90이다.

삼파장 희토류 램프는 인간의 눈이 3개의 *주요 색 prime color*인 청색-자색, 순녹색, 주황색-적색에 반응한다는 이론에 근거하여 빛을 만들어 낸다(도판 18 참조). 이 3가지 주요 색(삼원색이 아님)이 삼파장 램프에서 결합될 때 그 색채에 해당하는 파장만이 발산된다. 이 때 뇌 속은 아마도 나머지 스팩트럼들로 가득 차게 될 것이다. 이렇게 방출되는 좁은 영역의 스팩트럼에는 3가지 주요 색 인광물질이 포함되어 있어 모든 색상을 눈의 색채 반응 시스템에 압축하여 전달하기 때문에 색채 대비를 증진시켜 색채감이 풍부한 실내공간을 만든다(도판 19-21).

눈/뇌 시스템은 이 3가지의 단색 파장으로 완전히 자극될 수 있기 때문에, 모든 색소 색채는 3개의 주요 색 인광물질의 상대적 강도를 조절함으로써 형성될 수 있다. 중요한 것은 시각의 시스템적 반응을 극대화하는 구성요소를 선택하는 것이다. 최대의 효과를 위하여 이 세 파장은 인간의 시각 스펙트럼에서 최고점인 약 450nm, 530nm, 610nm에 부합해야만 한다.

RE-70 램프는 일반적인 인광물질과 함께 좁은 방출의 RE 인광물질을 얇게 코팅하여 70~78의 CRI를 갖는다. RE-80 램프는 좁은 방출의 RE 인광물질을 두껍게 코팅하여 80~86의 CRI를 갖는다.

사파장 RE-90 램프는 좁은 방출의 인광물질을 사용하지 않고, 3000K의 CRI 95와 5000K의 CRI 98을 산출하는 4가지 넓은 방출의 인광물질을 사용한다(도판 22-23). RE-90 램프는 CRI가 95~98로써 가장 높은 연색성을 갖는 형광 램프이다.

고휘도방전 램프
High-Intensity Discharge(HID) Sources

형광 램프처럼 고휘도방전(HID) 램프는 불연속 스펙트럼을 만들어 낸다. 다양한 HID 광원의 아크내의 상이한 금속이 다른 연색성을 갖게 한다.

만일 바비큐에 소금을 뿌린다면, 염화나트륨이 불꽃을 노랗게 만들 것이다. 이와 유사하게, 고압 나트륨 램프에서 나트륨은 색채를 노랗게 보이게 한다. 만일 바비큐에 수은을 뿌린다면 — 수은에 독성이 있어서 실제로 해볼 것을 권하지는 않는다. — 수은은 불꽃을 파랗게 보이게 한다. 이와 비슷하게 고압수은 램프에서 수은은 색채를 파랗게 보이게 한다.

고압 나트륨 램프는 우리가 지각하는 모든 물체의 색을 다르게 보게 할 정도로 매우 강한 2100K의 황색광을 생산한다. 적색계, 녹색계, 청색계, 자색계는 강도가 떨어진다(도판 24). 고압 나트륨 램프는 21과 22의 CRI를 갖는다.

램프 내부 가스 압력을 더욱 증가시킨 *백색 고압 나트륨* 램프는 양호한 연색성의 2700K의 백열등과 비슷한 색채와 85의 CRI를 만들어 낸다(도판 25).

저압나트륨 램프에서 나오는 빛은 589nm의 파장이다. 즉, 해당되는 파장의 빛을 반사하는 물체의 색만 제대로 보이고, 모든 다른 색채는 회색으로 보인다(도판 26 참조). 따라서 저압나트륨 램프는 CRI가 0이다.

투명한 고압수은 램프는 주로 청색과 녹색 에너지의 차가운 "백색"광을 만들어 낸다. 스펙트럼의 끝부분인 따뜻한 (적색) 에너지의 파장이 없기 때문에 연색성이 나쁘고 사람들이 창백해 보인다. 투명한 고압수은 램프는 특히 적색에서 좋지 않은 색연출을 한다. 다른 색채에 대한 연색성은 비교적 양호하나 청색은 자줏빛을 띤 것처럼 보인다. 투명한 고압수은 램프는 15에서 20의 CRI를 갖는다.

수은 램프 전구 표면의 안쪽에 인광물질을 코팅하는 것은 연색성을 어느 정도 향상시키지만 효율은 감소시킨다. 그 인광물질은 비가시적인 자외선 에너지를 가시광으로 변환시킨다(도판 28). 인광물질이 코팅된 고압수은 램프는 45에서 50의 CRI를 갖는다.

메탈할라이드 램프는 수은 대신 다양한 금속의 할로겐 화합물(할라이드)이 첨가된 것만 제외하면, 구조적으로 고압수은 램프와 유사하다. 이 할로겐 화합물은 누락된 파장을 보완하여 보다 균일한 스펙트럼과 더 나은 연색성을 갖게 하며, 수은 램프보다 스펙트럼 분포를 향상시키지만 적색은 약간 강도가 떨어진다(도판 29). 전구 안쪽에 인광물질 코팅을 첨가하는 것은 빛의 확산과 더불어 색채를 지각하는데에 유리하게 한다(도판 30). 광범위한 연색성이 다른 메탈할라이드 램프에서 보이는데 램프 수명이 다하면서 많은 경우에 램프 간의 색채 불일치 혹은 색채 전이를 경험할 수 있다. 대부분의 메탈할라이드 램프는 65~70의 CRI를 갖는다.

세라믹 메탈할라이드 램프는 고압 나트륨 램프의 세라믹 아크 튜브 기술을 기존의 메탈할라이드의 화학적 성질과 결합한 것이다. 세라믹 아크 튜브는 램프 간의 색채 변동을 최소화하고 램프 수명 동안 색채 전이를 제한해 준다. 그것은 더 높은 작동상의 온도를 견딜 수 있기 때문에 연색성 또한 향상되어서 81~96의 CRI를 갖는다(도판 31). 이는 HID 램프로써 가장 높은 연색성을 갖는 것이다.

"본질적" 색채가 그런 것처럼 "최고의" 램프 색채는 존재하지 않는다. 각각의 스펙트럼 분포는 그 분포가 주광이나 천광처럼 자연광에서 온 것이든지 백열 램프나 형광 램프나 HID 램프처럼 인공 광원에서 온 것이든지 상이한 물체의 색채로 보인다. "올바른" 색채를 위한 광원은 방향의 제어, 친근함, 연색성, 효율, 글레어의 부재, 유지관리, 경비 등을 고려하여 장단점을 평가할 수 있다.

자연광 Daylight

5

주광 디자인의 목표는
밝기대비를 조절하여 시각적인 다양성을 제공하는 것이다.

자연광의 주요 특성은 다양성이다. 자연광의 색채는 하루에도 시간에 따라, 대기의 청명한 정도에 따라, 그리고 물체를 둘러싸고 있는 주변상황과의 상호반사작용에 따라 변한다. 태양에서 나오는 빛의 세기는 시간이나 계절 그리고 위도에 따라 변한다. 자연광의 휘도는 흐린 하늘인지, 맑은 하늘인지, 아니면 맑은 하늘의 직사광인지에 따라 달라진다.

자연광에는 2가지 구성요소가 있다. 그것은 직사광sunlight과 천공광skylight이다. 직사광은 태양에서 직접적으로 발산되는 빛이며, 천공광은 대기에 있는 입자로부터 확산되고 반사된 빛이다.

*직사광*은 일반적으로 실내공간에서는 비실용적인 광원이다. 인공 조명기구가 글레어를 감소시키도록 디자인되는 것처럼, 실내공간에 들어오는 직사광은 주의 깊은 제어를 필요로 한다. 시각적으로 세심한 작업에 있어서, 자연광은 가시성을 저해하고 불편함을 초래하는 과다한 휘도 차를 유발한다. 이러한 심한 대비는 눈의 피로감을 주고 순응을 방해하면서 눈의 조절능력을 억제한다.

한편, 천공광은 차양으로 가리지 않더라도 유용하게 이용할 수 있는 광원이다. 비록 작업면에서의 수평적 업무나 예술품 전시를 위해 특별한 건물의 형태나 장치로 천공광을 바꾸기도 하지만, 천공광은 복도, 계단이 있는 수직 공간, 카페테리아, 거실과 같은 공간을 비추는 데에 있는 그대로 사용된다.

사람들은 민감하고 예민한 자극을 원하지 않는다. 예를 들어, 창문 너머 멀리 있는 물체를 응시하는 것은 눈의 근육을 이완해 준다. 그리고 끊임없이 변하는 자연광의 본성은 변화에 대한 생물학적이고 심리학적 요구를 만족시킨다. 하늘에서 일어나는 변화를 통해 하루 중 어느 때인지에 대한 정보를 얻으면서 우리의 신체에서 일어나는 생물학적 주기를 유지하도록 돕고, 구름이 태양 앞을 지나면서 변하는 빛의 강도는 흥분이나 정지의 느낌을 제공하여 단조로움을 감소시킨다.

실내공간에 자연광을 적절히 도입하는 것은 이러한 변화를 제공하는 가장 단순한 방법이다. 자연광 디자인의 목표는 밝기대비를 조절하여 시각적 다양성을 제공하는 것이다.

편안함에는 적당한 변화가 필요하다. 단조로움은

피로를 초래하며, 지나친 자극도 마찬가지이다. 과도한 대비는 감성적인 호소를 제공함은 물론, 시각적 재현을 악화한다. 작업 도중 갑자기 비추는 자연광은 순간의 변화와 이완을 제공하지만 이것이 지속된다면 곧 시각적인 피로와 스트레스를 일으킬 것이다.

자연광의 유입이 반드시 외부로의 시야 확보가 가능한 창을 통해서 일어날 필요는 없으며 대개 건물의 개구부를 통해 일어날 수도 있다. 외부를 바라보는 시각의 범위는 양호한 실내 주광을 확보하기 위한 범주에 따라 다르다.

시각은 개구부의 구조가 복잡해질수록 많은 변화를 경험하게 될 것이고, 클수록 만족할 것이다. 넓은 창문이 때로는 바람직하나, 사람들이 외부를 보고자 하는 기본적인 욕구는 비교적 작은 개구부로도 만족될 수 있다.

자연광 디자인 DAYLIGHT DESIGN

작업면 위쪽에 위치한 창문의 크기와 높이는 주광 디자인의 요인들이다. 창문의 크기가 커질수록 자연광의 양이 많아지는 것은 당연하다. 그러나 창문의 높이는 보다 여러 결과를 가져오는 중요한 요인이다.

개구부의 위치가 높을수록 주광은 실내에 깊이 침투하고, 높아질수록 점점 더 글레어를 일으키는 직접적인 빛을 차단할 수 있다. 일차적으로 높은 개구부를 통하여 들어온 빛은 실내 마감재의 특성에 의해 이차적으로 부드럽게 퍼진다. 마감재 간의 상호반사로 밝기는 더욱 균일해지고 가시성은 높여 주며 시각적으로 편안함을 준다.

벽이나 천장면에 설치된 개구부의 바로 인접한 면에는 외부 밝기로 인해 과다한 밝기대비가 생긴다. 이 대비는 대개 극심하고 불편하다.

창문틀을 경사지게 하거나 둥글린 창문틀 혹은 깊은 우물 창문을 사용하면 급격한 밝기의 차이를 막을 수 있다. 이러한 디자인은 인접한 표면과의 예리한 대비 대신에 변화를 부드럽게 하고 적당한 휘도를 제공한다(그림 5.1). 창문의 틀은 실내에 직접 들어오는 빛을 반사하는 기능의 선반이 된다. 다른 방법으로는 창문 주변에 흰색 페인트를 사용하거나 드레이퍼리나 블라인드를 설치하는 것이 있다.

시각적으로 편안하기 위하여는 *창호* fenestration와 인

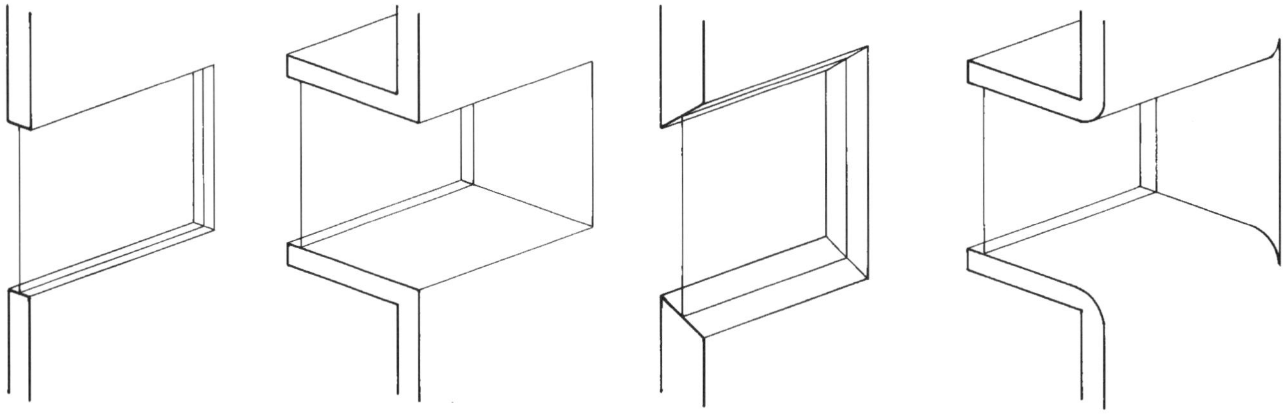

그림 5.1 기울이고 구부린 창문틀은 개구부와 인접한 면간의 대비를 부드럽게 해 준다.

접한 표면의 휘도비luminance ratio가 20:1 이하이어야 한다. 이 비율은 또한 조명기구 표면의 휘도와 인접한 표면과의 관계에도 적용된다. 휘도비는 시야의 어디에서든지 40:1 이하이어야 한다.

창문 배치 단면 Fenestration Sections

실내의 한쪽에 창을 두는 것은(그림 5.2) 일반적인 배치이다. 개구부로부터의 자연광이 실내를 관통하여 작업면에까지 유용한 조도를 유지하기 위해서는 실내공간의 깊이를 바닥에서부터 개구부 상부까지 높이의 2배로 한정한다. 예를 들어, 개구부 상부의 높이가 10ft(약 3m)라면, 최적의 실내공간의 깊이는 20ft(약 6m) 이하가 될 것이다. 다소 좁은 창이라면 조도는 약간 낮겠지만 그 차이는 미미하다.

1:2의 비율은 실내 마감재의 반사율이 높이고 적절히 조절한다면 2:5까지도 올릴 수 있다. 만약 이 비율이 초과되면 인공조명이 제공된다 하더라도 창으로부터 먼, 실내의 가장 깊은 쪽에 앉은 사람은 불충분한 빛을 받고 있는 것처럼 느낄 것이다.

마주보는 2개의 개구부는 실내공간에서 주광이 미칠 수 있는 깊이를 2배로 만든다. 이러한 개구부는 벽의 상부만으로도 효과가 있으며 실내공간에서 얻는 빛의 양은 전면창인 경우 얻을 수 있는 빛의 양과 거의 같을 것이며, 글레어가 발생할 확률도 감소시킨다(그림 5.3).

*천창*은 자연광을 단층 건물이나 고층 건물 최상층의 실내공간에 깊숙이 전달해 주는 방법이다. 천창은 또한 빛의 우물과 반사 장치를 통해 고층 건물에서 저층부까지도 주광이 다다를 수 있게 할 수 있다.

천창에는 다양한 형태와 크기가 있다. 투명유리, 패턴이 있는 유리, 반투명유리로 된 것과 다양한 플라스틱

그림 5.2 편방향 단면

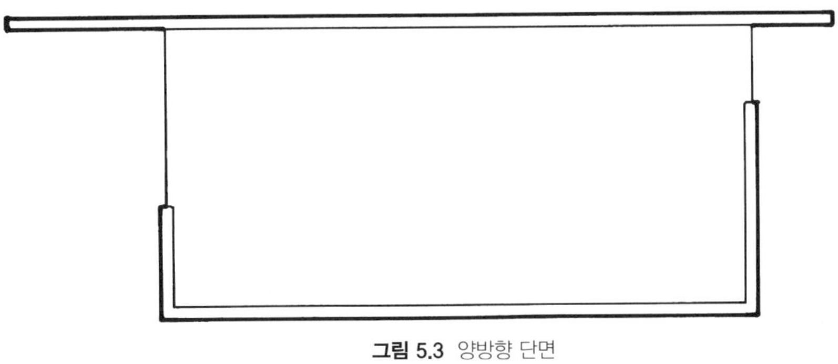

그림 5.3 양방향 단면

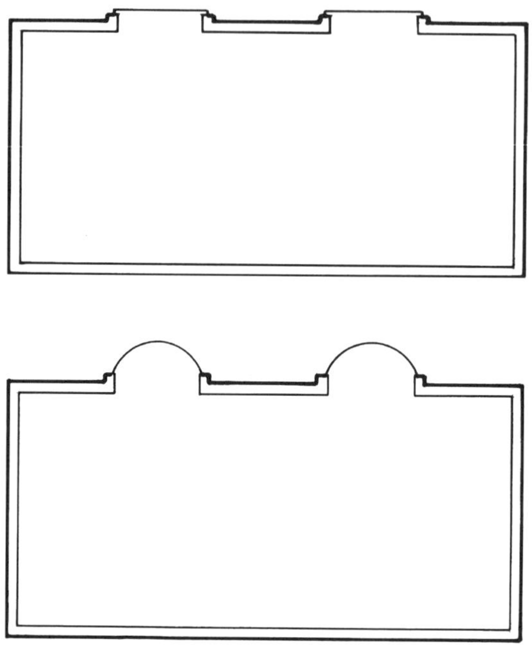

그림 5.4 천창 단면

으로 된 것이 있다. 투명 아크릴, 회색 아크릴, 유백색 아크릴은 광학적 속성이 유리와 유사하고 유지관리가 용이해서 이러한 목적에는 최상이다.

평평한 천창은 배수와 먼지가 쌓이는 문제를 갖는다. 반구형이거나 경사진 천창은 이러한 결점들을 해결해 준다. 반구형 천창의 외부 면은 "자동 세척" 기능이 있다 하더라도 주기적으로 세척이 필요하며 내부 면의 먼지는 빛의 투과에 있어서 여전히 문제이다.

실내공간의 형태, 그리고 천창의 위치와 크기에 따라 시각적 요구조건을 필요로 하는 공간에서 밝기 제어는 필수적이다. 만일 밑에서 올려다볼 때 글레어 영역 내의 각도로 천창이 직접 보인다면 과다한 휘도가 형성되고 작업을 방해하는 광막 반사를 일으킨다. 천창에서 오는 빛은 우물처럼 깊은 창틀, 깊고 기울어진 창틀, 그리고 루버를 사용하여 부적합한 각도로 오는 빛은 모두 막고 광막 반사를 최소화한다.

유백색의 확산 플라스틱이나 유리로 된 천창은 외부 날씨를 볼 수 없어 주광이 주는 생물학적 이점을 축소시킨다. 그러나 투명한 유리나 플라스틱으로 된 천창은 외부로부터 작업면 아래로 얻어지는 휘도뿐만 아니라 열까지 전달하는 단점이 있다. 이 경우 외부 차양은 천창에 그늘을 드리워 태양에서 직접 오는 빛은 막고 주광은 침투하게 하여 열 부하를 감소시킨다. 비교적 추운 기후에는 공간을 사이에 두고 2개의 유리나 플라스틱을 설치하는 이중 유리가 겨울철 복사열 손실을 감소시킨다.

고창 clerestories 에는 천광의 모든 특징이 있다. 왜냐하면 고창은 수평면보다는 수직면에 위치하므로 직사광을 막을 수 있기 때문이다(그림 5.5). 고창을 광선반과 같이 설치하면 주광의 상당 부분을 천장 상부에 반사하고 밑에서부터 오는 눈부신 천광을 막아 준다(그림 5.6).

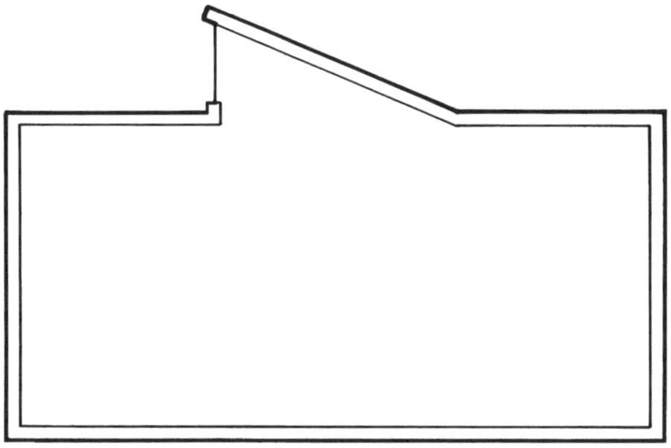

그림 5.5 고창clerestory 단면

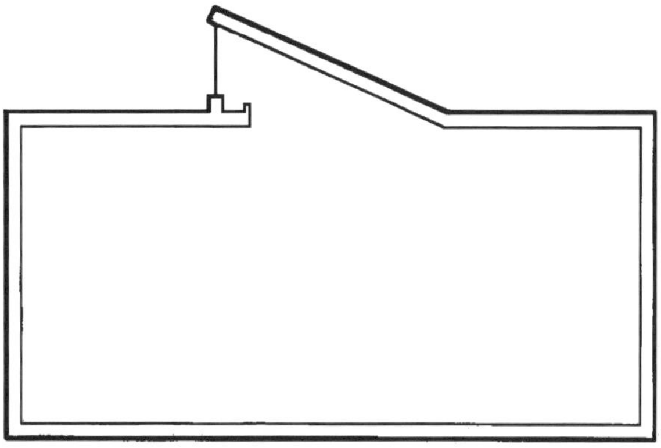

그림 5.8 지붕 모니터 단면

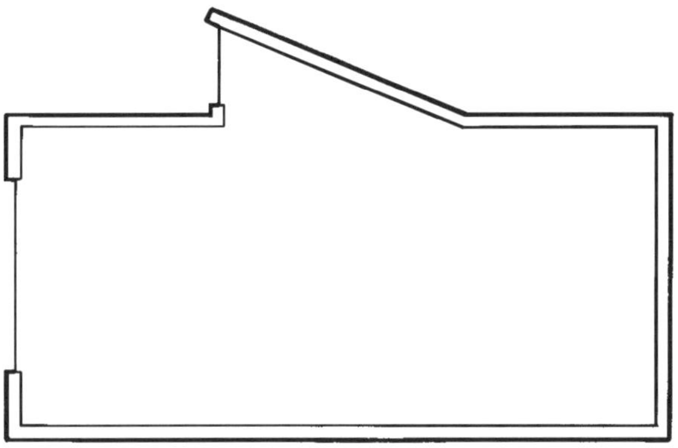

그림 5.6 광선반이 있는 고창 단면

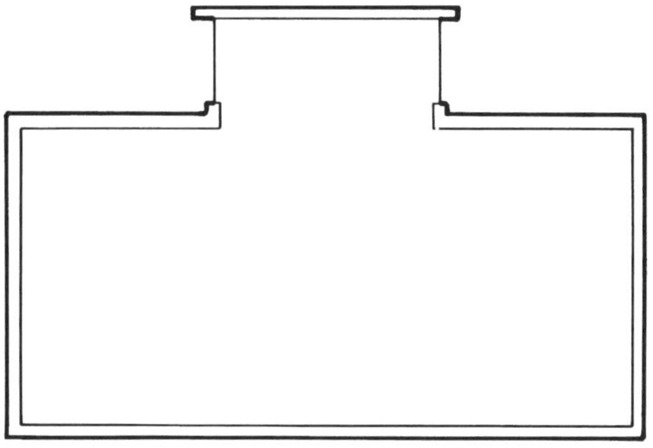

그림 5.9 톱니지붕 단면

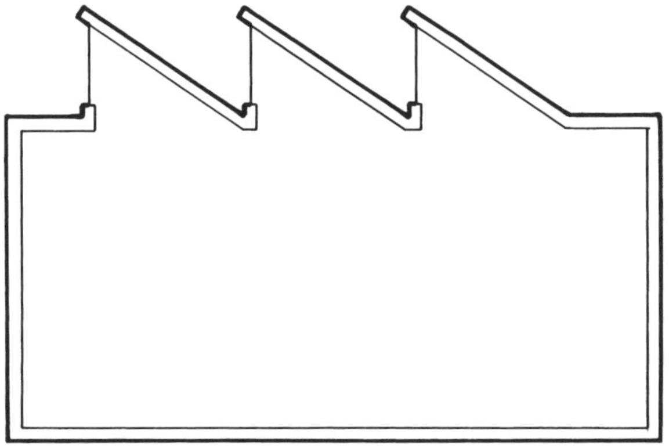

그림 5.7 고창과 주요 창문

고창에 의해 전달되는 빛의 효과를 극대화하기 위해서는, 고창 바로 아래에 지붕이 있고 고창에 인접한 실내천장의 마감재가 빛을 확산하고 반사해야 한다.

튜브형 천창은 전통적인 천창 또는 수직면에 유리를 설치하는 것이 비실용적인 경우에 실내에 자연광을 전달해 주는 방법이다. 튜브형 천창은 다음 3가지 종류가 있다(그림 5.10). (1) 지붕 위에 위치한 일

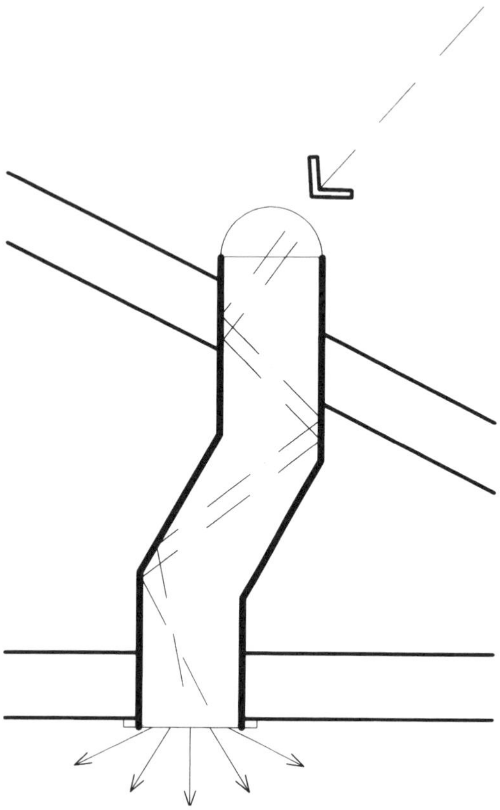

그림 5.10 튜브형 천창

광이 들어오는 작고 투명한 아크릴 돔. (2) 조절이 가능한 원통형의 알루미늄 통로. (3) 빛을 실내 전반에 분산시켜 주는 실내 천장에 위치한 반투명 확산 렌즈.

돔은 전형적으로 지붕 위의 서까래와 들보 사이에 설치하고, 조절이 가능한 알루미늄 튜브는 지붕부터 실내의 천장까지 연결하여 설치한다. 세트로 판매되는 튜브형 천창은 열의 손익을 최소화한다. 알루미늄 튜브가 수집된 여분의 열을 다락으로 복사하고, 차폐된 통로가 실내의 열이 빠져나가는 것을 막기 때문이다. 또한, 자외선이 실내까지 전송되는 경우도 매우 드물다. 거의 모든 자외선이 돔, 통로, 확산재에서 흡수되기 때문이다.

열 취득 Heat Gain

건물이 자연광을 얻기 위해 유리를 설치할 때, 태양에 노출된 한 장의 일반 유리는 데워진 복사 에너지인 열 또한 전달한다. 이는 추운 겨울에는 도움이 되지만 더운 여름에는 문제가 된다.

건물에 자연광을 적절히 사용하도록 디자인한다는 것은 태양의 직사광은 차단하면서 충분한 천공광을 허용하는 것이다. 이와 같이 태양 빛이 제어될 수 있는 것처럼 태양이 복사하는 열을 제어하는 방법도 여러 가지다. 태양열은 자연광 조명의 장점은 유지하면서 계절에 따라 허용 혹은 차단될 수 있다.

태양은 방향에 따라 매우 다양한 세기로 도달하기 때문에 공간이 향하고 있는 방향은 태양의 복사열을 관리하는 주요한 요소이다. 유리가 설치된 영역의 크기와 위치도 추운 날씨에 열을 얻기 위해 태양 에너지를 집적하는 요인이 된다.

예를 들어, 주택의 벽과 지붕이 겨울에는 태양으로부터 열을 공급받고 여름에는 발산한다면 매우 이로울 것이다. 만약 주택의 주요 파사드가 정남향이거나 정남향의 30° 이내의 각도를 향한다면, 남향의 벽은 겨울철 낮은 태양으로부터 복사열을 흡수하도록 디자인하고, 지붕은 한여름의 태양을 반사함으로써 태양열을 차단하도록 디자인될 수 있다.

건물의 방향에 관계없이 실내에 적합한 주광을 얻는 것도 가능하다. 북향 빛은 본질적으로 다른 향의 빛에 비해 부드럽고 차가우며 균일한 편이다. 남향 빛은 보다 강하고 변덕스러운 편이다. 그러나 주광의 제어를 적절히 사용함으로써 북쪽 하늘에서 자연적으로 오는 조도와 동일한 양질의 조도를 얻을 수 있다.

차양 장치 SHADING DEVICES

건물 내부에 사용되는 차양 장치는, 태양에너지의 유입을 60~70% 정도까지 감소시키며, 복사 열에너지를 외부로 다시 반사한다. 외부의 차양 장치는 설치와 관리에 있어서 비용이 많이 드는 편이지만, 높은 에너지 비용을 고려하면 에어컨 사용 시 드는 에너지를 절약할 수 있는 이점이 있다.

과다한 휘도를 막고 글레어를 감소시키며, 필요한 곳에 주광을 전달하기 위하여 다양한 차양 장치가 적용되는데, 차양 장치는 가변형과 고정형의 2가지 범주로 분류할 수 있다.

날씨의 변화에 따라 대응하여 조절되는 가변형(동적) 제어장치는 가장 효율적이지만, 조작하는 인력과 장치를 필요로 한다. 고정형(정적) 제어장치는 일기와 계절 변화에 대응하지 못하기 때문에 상대적으로 비효율적이며 많은 비용을 필요로 한다.

가변형 제어장치 Movable Controls

가변형 제어장치에는 직물 짜임에 따라 개방성과 반사율이 다양한 재료의 드레퍼리, 쉐이드, 스크린 등이 있다. 이들은 빛이 투과되는 정도를 원하는 대로 조절할 수 있다. 창문에 설치된 2겹의 드레퍼리는 하나는 빛을 감소시키고, 다른 하나는 완전히 막는데 사용할 수 있어 융통성이 크다.

밝은 색채의 베네시안 블라인드(인테리어 수평 루버)는 외부로의 시야는 허용하면서 빛이 공간으로 유입하는 것을 가능하게 하고, 동시에 직사광은 막거나 실내의 천장으로 반사하도록 조절이 가능하다(그림 5.11). 또한, 빛과 시야를 완전히 차단할 수도 있다.

베네시안 블라인드를 변덕스러운 날씨에 적절하게 사용하려면 작업을 수행하는 사람이 변화에 대응하여 스스로 작동해야 한다. 베네시안 블라인드는 먼지가 쌓이므로 주기적인 청소가 이루어져야 하고, 지지하는 끈과 조절하는 줄은 기계적으로 오작동하기 쉽다.

이중 유리 창문일 경우 폭이 좁은 베네시안 블라인드를 내부 유리와 외부 유리 사이에 배치함으로써 블라인드에 먼지가 쌓이는 문제를 해결할 수 있다. 이 블라인드는 개구부를 완전히 막아 조절 가능하기 때문에 창 앞에 설치하는 블라인드, 롤러 쉐이드나 드레퍼리 같은 다른 차양 장치보다 더욱 효율적으로 열을 차단한다.

전동식 제어장치는 창문과 천창에 설치되어 일광을 걸러 주거나 빛을 막는 직물을 이용하여 편리하게 조절할 수 있게 해 준다. 공간에서의 행위와 날씨의 변화에 따라 블라인드와 드레퍼리를 원터치 방식으로 조절하거나 자동적으로 움직이도록 프로그램으로 설정할 수 있다.

전동식 제어장치는 주택이나 건물의 자동화 시스템에 연계하여 쉐이드가 미리 설정해 놓은 시간이나 특정한 휘도 값을 가질 때 움직이게 해 준다. 또한 자연광 제어장치는 전기 조명과도 결합될 수 있어서 동시에 조절되도록 해 준다.

외부의 전동 쉐이드는 일광 필터링 직물을 창문의 외부에 위치시켜 과다한 글레어와 자외선 및 열이 건물 안에 들어오기 전에 막음으로써 일광 방어 기능을 제공

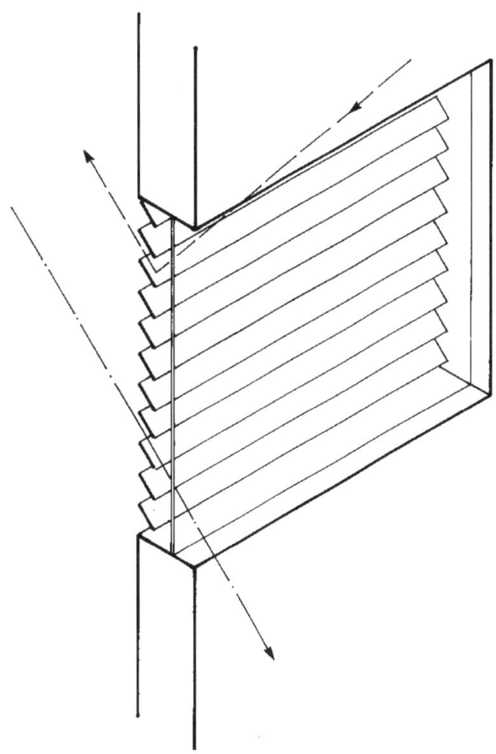

그림 5.11 조절이 가능한 베네시안 블라인드는 주광을 천장에 반사하게 하고 외부로의 시야를 막지 않는다.

한다. 그러나 건물 외부의 이동식 차양 장치는 유지관리가 어렵고, 동합금이나 스테인리스 스틸로 만들어지지 않는 한 급속하게 품질이 저하된다. 차양천막은 기능상 매우 유용하지만 미관상 제한이 있다.

고정형 제어장치 Stationary Controls

고정된 차양막이나 건물의 돌출부overhang는 창문의 상부에서 직사광을 차단하고 글레어를 감소시킨다(그림 5.12). 또한 창문 근처의 휘도를 낮추면서 실내로 유입되는 자연광을 감소시킨다. 유용한 빛이 유입될 수 있는 최대 깊이는 창문의 수직면 대신에 차양막이나 돌출부의 바깥 가장자리에서부터 산출된다.

비록 건물에 유입되는 자연광의 양을 감소시킨다 하더라도, 돌출부는 밝게 채색된 외부 환경으로부터 빛을 모아 실내공간에 반사시키기도 하는데, 그 결과 얻는 빛은 실내에서 더욱 균일하게 분배된다.

특히, 건물의 남측면에 위치한 돌출부는 빛과 열을 모두 제어하는데 효과적이다(그림 5.13). 여름철에는 태양의 직사광으로부터 창을 보호해 주지만, 낮은 고도에서 오는 자연광과 대지에서 반사되는 자연광은 유입되도록 허용해 준다. 겨울철에는 열을 수반한 낮은 고도의 태양이 유입되도록 허용해 주기 때문에 실내의 가구는 태양의 직접적인 눈부심을 피하도록 배치되어야 한다.

외부의 수평 루버는 과도한 휘도와 불편하게 만드는 글레어를 일으키는 직사광을 차단할 수도 있다(그림 5.14). 외부나 내부의 수직 루버는 이른 아침이나 늦은 오후에 발생하는 낮은 태양 각도에서, 특히 건물의 벽이 동향이나 서향일 때 유용하다(그림 5.15). 태양의 고도가 높거나 낮거나 모든 경우를 제어할 필요가 있을 때에는 수평과 수직의 차양이 결합된 "격자형eggcrate" 루버를 사용한다.

평평한 천창이든 동향, 남향 또는 서향으로 경사진 천창이든 직사광은 제어되어야 한다. 실내의 루버나 반투명 쉐이드가 글레어와 열을 감소시키겠지만, 실외의 제어장치로 개구부 상부의 차양이 필요하다.

외부 차양은 더운 날씨에 방향을 조절하여 태양에서 오는 열을 차단하고, 추운 계절에는 유입을 허용할 수 있으며, 일년 내내 실내에 직사광이 유입되지 않도록 디자인할 수도 있다(그림 5.16).

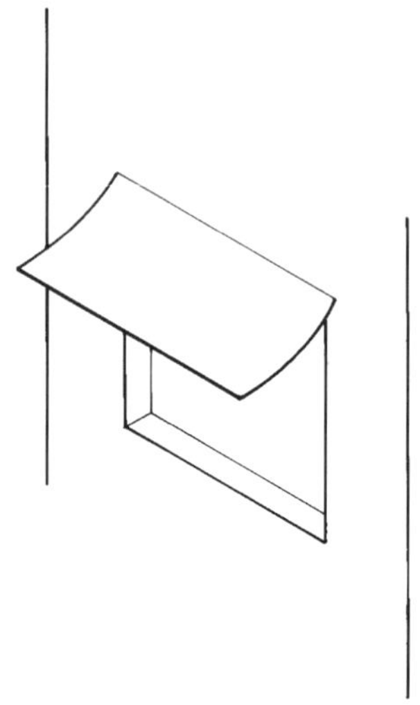

그림 5.12 차양막awning

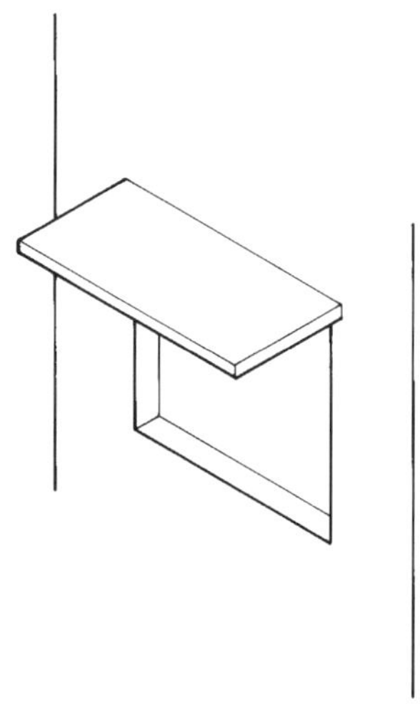

그림 5.13 돌출부overhang

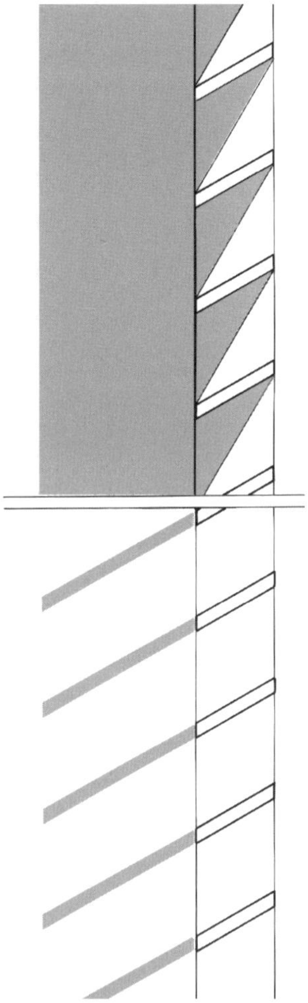

그림 5.14 외부 루버의 높은 태양 고도와 낮은 태양 고도

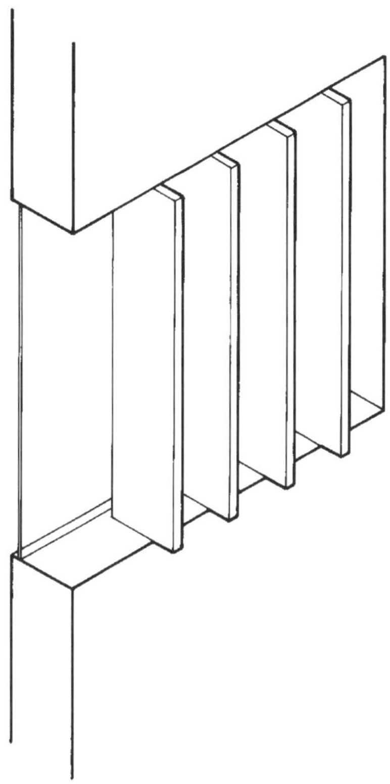

그림 5.15 수직 루버

고정된 돌출부의 문제는 그림자를 만들어 내는 것이 기후보다는 태양의 변화를 따르는 것에 있다. 6월 21일 여름의 태양은 가운데에 있으나, 가장 더운 기간은 7월 말에서 8월 중순까지다. 9월 21일에 최적의 가림막으로 디자인된 돌출부는 날씨가 따뜻할 때 태양열을 차단해 주고 기온이 낮아져서 태양열이 반가운 3월 21일에도 같은 그림자를 드리운다(그림 5.17).

기후 변화를 따르는 초목은 일년 내내 훌륭한 차양을 제공한다. 3월 21일에는 식물에 잎이 없어서 자연광이 통과하는 것을 방해하지 않으나 9월 21일에는 잎이 무성하여 적절한 차양을 제공한다. 낙엽수나 겨울철에 잎으로 그늘을 드리우는 포도나무 넝쿨이 있는 격자형 돌출부를 남향의 창문 앞에 두면 자연적인 기후 제어기능을 제공한다.

유리 재료 GLAZING MATERIALS

유리 재료는 열과 빛의 투과, 색채, 프리즘 제어 등 광범위하게 유용하다. 유리는 마멸에 강하기 때문에 선호되는 재료이며, 파손이 고려되는 장소에 아크릴이나 합성수지인 폴리카보네이트가 대체 재료로 사용된다. 유리와 플라스틱은 색에 상관없이 회색 톤으로 색을 입혀 빛과

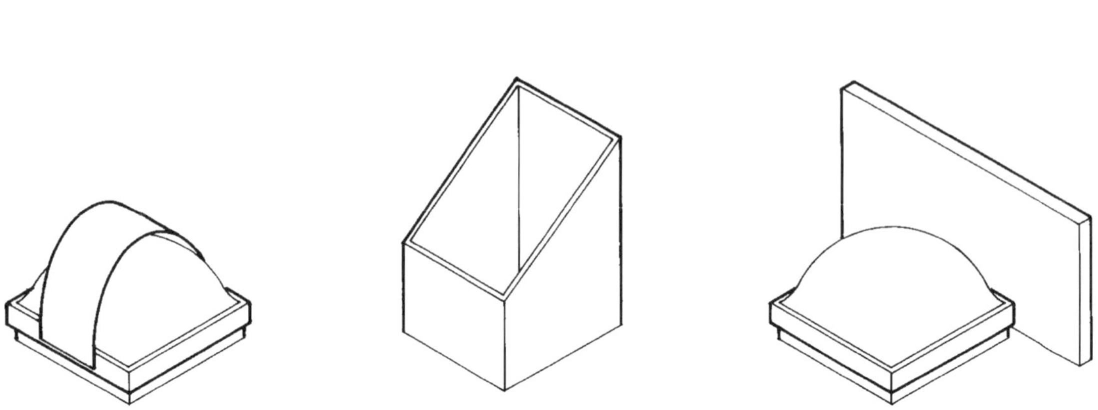

그림 5.16 천창 쉐이드

열의 투과율을 감소시키고 시야는 확보할 수 있다. 색유리는 주의 깊게 디자인된 스테인드글라스 창문 이외에는 피한다.

빛은 투과하나 시선은 가리는 반투명한 유리 재료에는 유리나 플라스틱에 에칭한 것, 샌드블래스트한 것, 유백화opal한 것, 그리고 패턴이 있는 것 등이 있다. 많은 반투명의 재료가 태양에 노출되면 과도하게 반짝거려 작업 공간에서 보면 산만한 인상을 주며, 외부 시선을 차단하기 때문에 심리학적 가치는 미미하다. 또한 빛의 확산이 증가하면서 휘도의 영역이 커지고 창문이나 천창이 글레어의 원인이 될 가능성이 높아진다.

선택적 투과가 가능한 재료는 가시 스펙트럼에서 바람직한 파장은 통과시키고 복사열 에너지는 반사하거나 흡수한다. 방향을 선택할 수 있는 유리 블록과 프리즘 유리 및 플라스틱은 방향을 제어하여 빛을 굴절시킨다.

수직적으로 설치된 프리즘 유리 블록은 일광을 실내 천장에 반사시키는데, 창으로부터 먼 곳에 이르는 곳까지 밝기를 향상시키고 눈부심을 일으키는 자연광을 차단한다(그림 5.18). 포장용 유리 블럭과 같이 수평적으로 설치되면, 직사광에 노출되어도 빛은 투과하고 낮은 휘도면을 유지한다.

일조량 QUANTITY

태양과 하늘의 엄청난 다양성 때문에 자연광에 의한 실내조도의 패턴을 정확하게 예측하는 것은 비현실적이다. 개구부의 크기와 위치를 알고 다양한 위치와 방향에 대한 자연광의 평균 표를 사용함으로써 공간에 유입가능한 자연광의 평균 양이 결정되지만, 어느 순간에도 정확한 양은 아니다.

실내에서 자연광의 휘도 값은 대개 주광 요인으로 표현된다. 주광 요인은 자연광, 외부면에서 반사된 빛, 그리고 실내에서 상호반사된 빛으로 설명된다. 외부 조도에 대한 실내 주광 조도에 대한 비율로 측정된다.

실내 평균 주광 조도는 또한 리비-오웬스-포드 회사Libbey-Owens-Ford™의 태양각도 산출기 "Sun Angle Calculator"와 같은 그래프와 지리학적 위치, 날짜, 연도, 개구부, 실내공간 형태, 실내마감재를 고려하는 컴퓨터 프로그램에 의해 산출할 수 있다. 가장 정교한 프로그램은 실내 표면의 상대 휘도를 보여 주는 인테리어 렌더링까지 제공한다.

자연광의 미학을 연구하는 가장 단순하고 호환적이며 신뢰성 있는 테크닉은 축소 모형 구축을 통한 시뮬레이션이다. 자연광은 축소 모형과 실제 건물에서 동일한 방법으로 움직인다. 만일 유사한 날씨 상황에서 연구

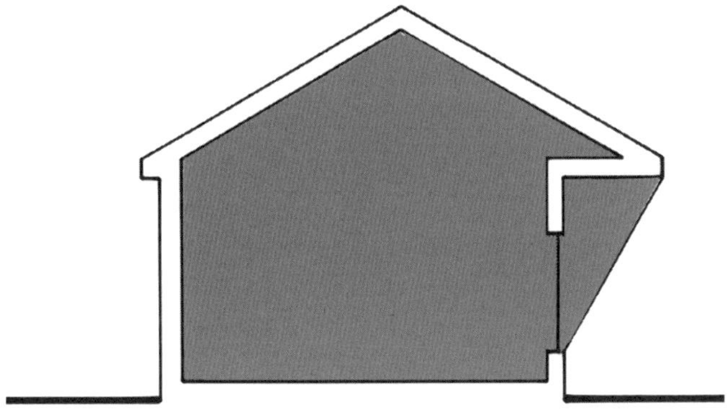

6월 21일

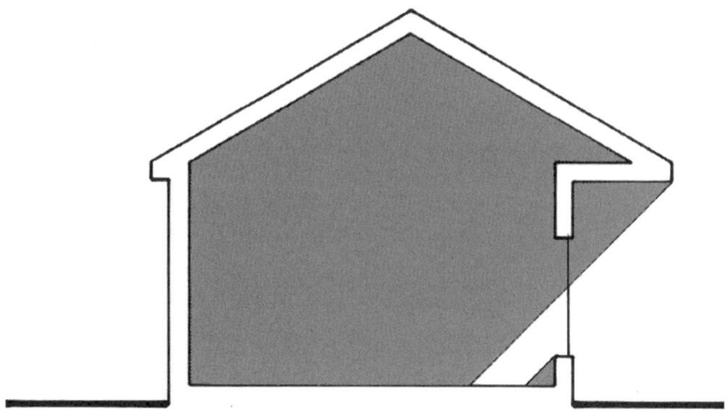

3월 또는 9월 21일

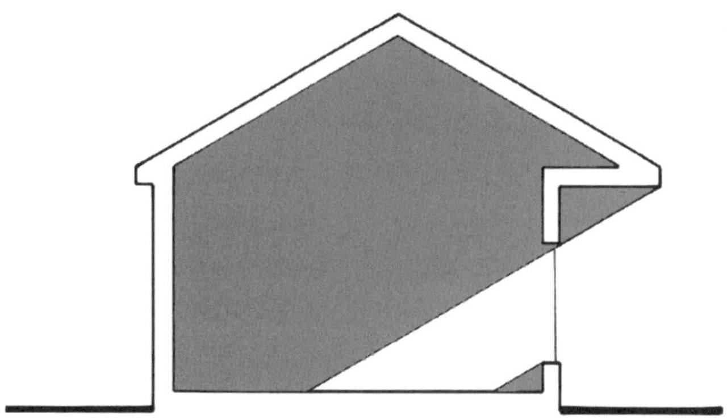

12월 21일

그림 5.17 돌출부가 있는 남측 창문을 통해 정오에 드리운 그늘

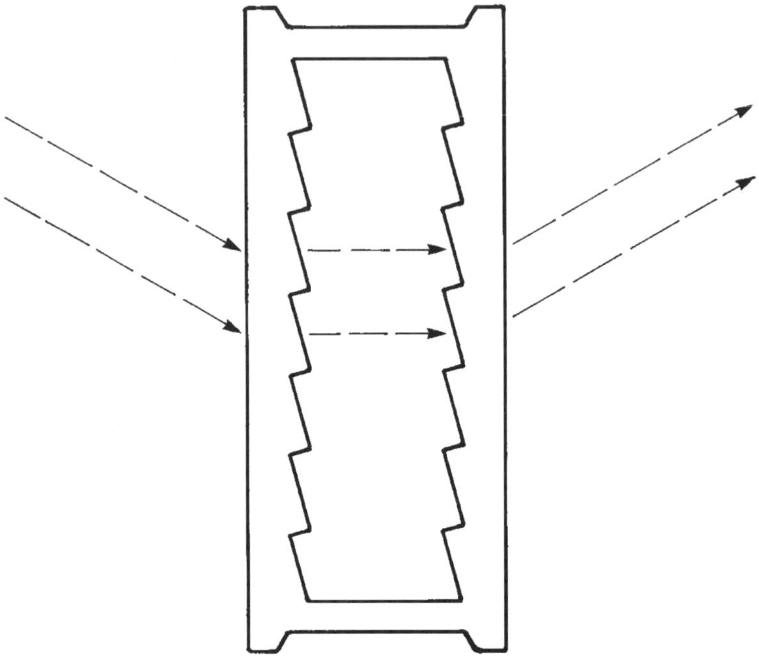

그림 5.18 프리즘 유리 블록은 직사광을 천장으로 향하게 한다.

된다면, 건물의 실내에서 나타나게 될 자연광의 효과가 아주 흡사하게 축소 모형에서 보일 것이다. 미니어처 사진으로 된 전기적 셀들이 조도 값을 판독하기 위해 모형 안에 배치된다. 모형 외부에 이상적인 일기 상황을 배치하기란 어렵기 때문에 이제는 거의 어떠한 일기 상황도 재생산할 수 있는 스카이 시뮬레이터를 개발하기에 이르렀다.

에너지 관리 ENERGY CONTROL

포토센서는 주광 분포가 임의로 정해진 레벨에 도달하면 전기 조명기구의 전원을 자동으로 꺼지게 한다. 사용 가능한 주광이 줄어들면 조명기구는 자동으로 켜진다. 이러한 종류의 스위치는 밝기 변화에 대해 지나치게 민감하게 작동하는 단점이 있다

광량의 점진적인 상승과 하강을 가능하게 하는 조도조절 시스템은 이보다 만족스러우며 더욱 쾌적해서 심지어 눈치채지 못할 수도 있다. 정교한 시스템은 유예기능이 장착되도록 디자인되어 태양을 급히 가로지르는 구름에는 반응하지 않는다.

백열 램프 Incandescent Lamps 6

백열 램프는 유리병(전구) 안에
뜨거운 철사(필라멘트)를 봉인하고 있는 단순한 장치다.

철사를 통해 흐르는 전류는 열을 내포하다 결국 백열하게 되고 철사는 더욱 빛을 낸다. 필라멘트의 굵기와 길이는 흐르는 전류의 양을 결정하고 결국 이것은 램프에서 방사하는 빛의 양을 결정하게 된다(그림 6.1).

이 장에서 논의되는 백열 램프는 대개 "큰" 램프로 언급된다. 이 명칭은 물리적으로 큰 크기가 아니라 전통인 개념으로 표준 전압 회로에서 작동하는 일반 램프를 의미한다. "큰 램프"는 이제 주거용, 상업용, 산업용으로 흔히 발견되는 여러 전압의 램프를 포함한다.

"미니어처" 램프는 비록 대부분이 작다 하더라도 역으로 반드시 작을 필요는 없다. 이 램프는 축전지 또는 표준 전압을 정격전압으로 감소시키거나 증대시키는 변압기에서 동력을 받으며, 일반 전압보다 낮은 전압에서 작동한다. 널리 사용되는 곳은 교통수단과 기계장치이다.

일반 백열 램프는 유리구의 재질 — 유리 혹은 석영 — 이나 형태에 따라 다양하게 불리는데, 크게 두 부분으로 줄여서 표기한다. 첫 번째는 하나 이상의 알파벳 문자로써 전구의 형태를 가리키고, 두 번째 부분은 숫자로써 1/8인치의 단위의 램프의 지름을 나타낸다. 예를 들어, A19 램프는 지름이 19/8(2 3/8)인치인 자유곡선 형태의arbitrary-shaped 램프이다(그림 6.2).

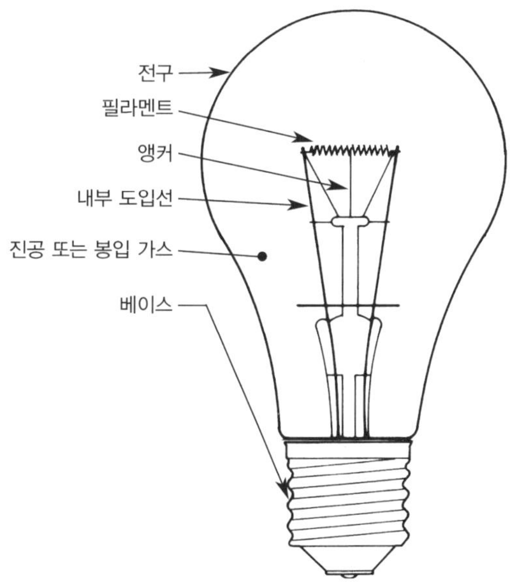

그림 6.1 백열 램프의 구성요소

A arbitrary 자유곡선형 (가장 일반적인 형태로 눈물방울과 흡사)
AR aluminum reflector 알루미늄 반사판
B flame 불꽃 모양 (매끈함)
C cone shape 원추형
CA candle 촛불 모양
F flame 불꽃 모양 (울퉁불퉁함)
G globe shape 구형
GT globe–tubular 구형–튜브형
MR multifaceted mirror–reflector 다면체 거울 반사판
P pear shape (서양)배 모양
PAR parabolic aluminized reflector 알루미늄 재질의 포물선형 반사판
PS pear–straight neck 목이 긴 배 모양
R reflector 반사판
S straight side 직선형
T tubular 튜브형[1]

램프의 베이스 LAMP BASES

백열 램프의 한쪽 끝에는 베이스가 있다. 튜브형 램프에는 양쪽 끝에 베이스가 있는 경우도 있다. 모든 베이스는 전기 전원에서 램프로 전류가 흐르게 한다. 또한 대부분의 베이스는 물리적으로 램프를 지지하지만, 다양한 종류의 PAR 램프는 전구만으로 지지될 수 있다.

가장 흔히 사용되는 것은 그 이름이 설명하는 것처럼 중간 크기의 미디엄medium 베이스이다. 상대적으로 작은 램프는 더 작은 크기의 베이스를 가지며, 베요네트형bayonet, 이중핀형bipin, 촛대형candelabra, 중재형intermediate, 미니어처형miniature, 미니촛대형mini–candelabra("mini–can"), 돌려잠금형twist–and–lock(TAL), 투핀형two–pin 등이 있다. 상대적으로 큰 램프는 더 큰

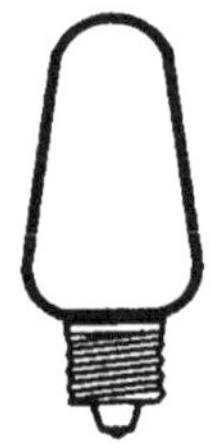
Cone 원추형
"C"

Globe 구형
"G"

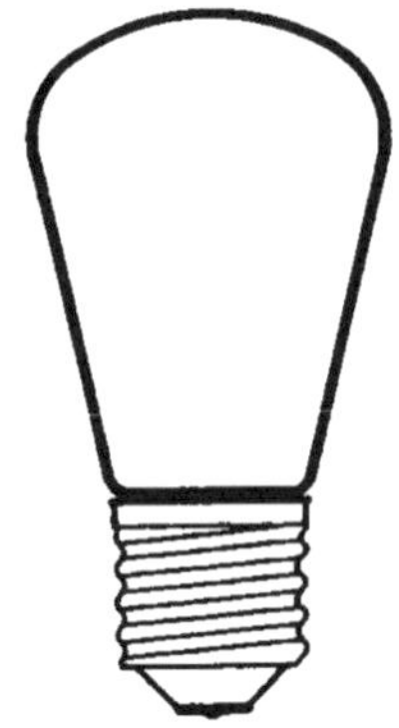
Straight 직선형
"S"

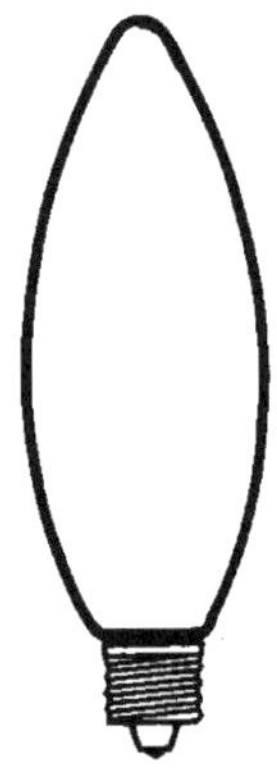
Smooth flame 매끈한 불꽃 모양
"B"

Candle 촛불 모양
"CA"

Tubular "Philinea" 튜브형 "필리니아"
"T"

Tubular 튜브형
"T"

1 백열 램프는 AC, BA, BC, BW40, E, P, T45, T55 등이 추가됨

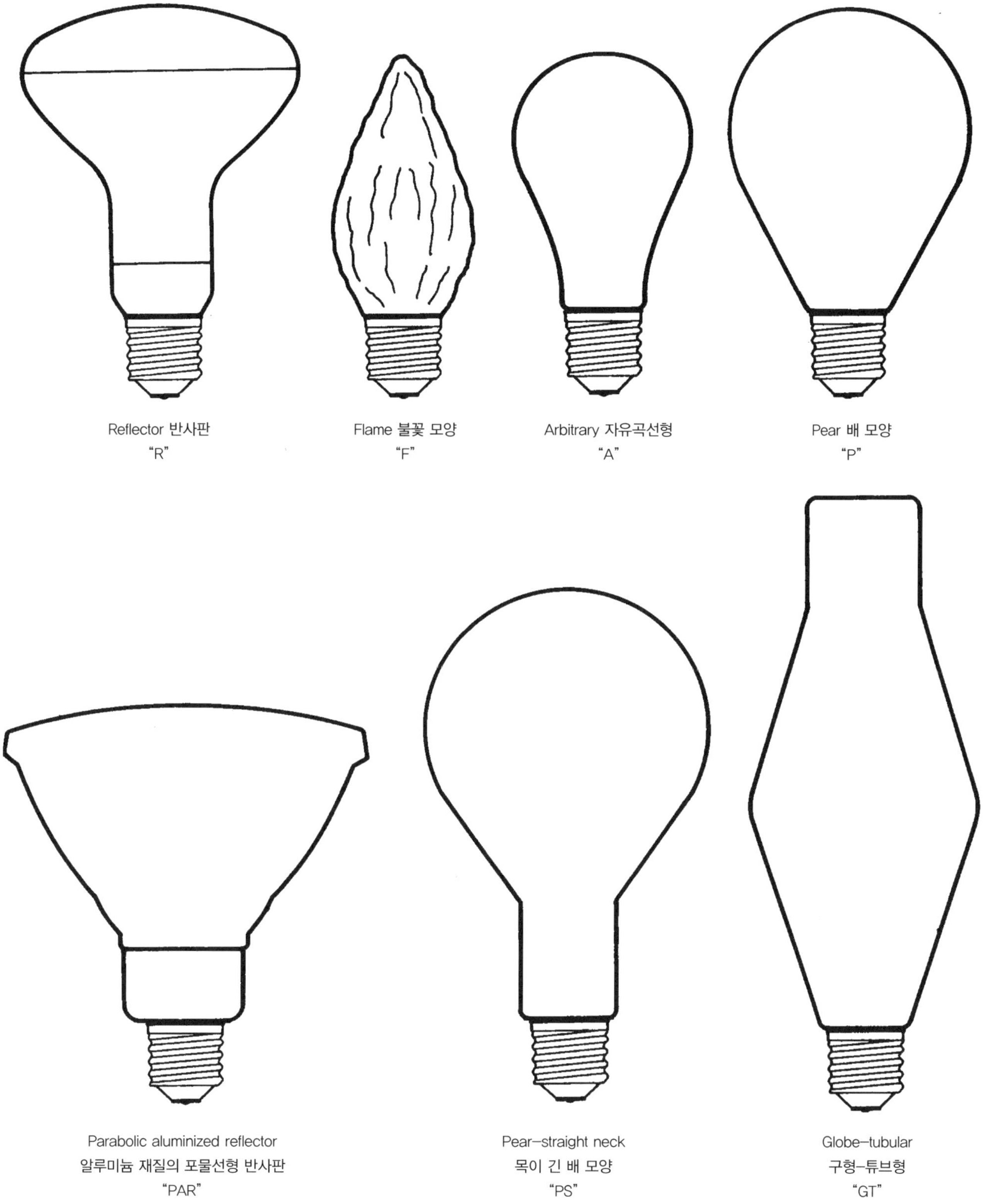

그림 6.2 실제 크기의 1/2인 백열 전구의 형태

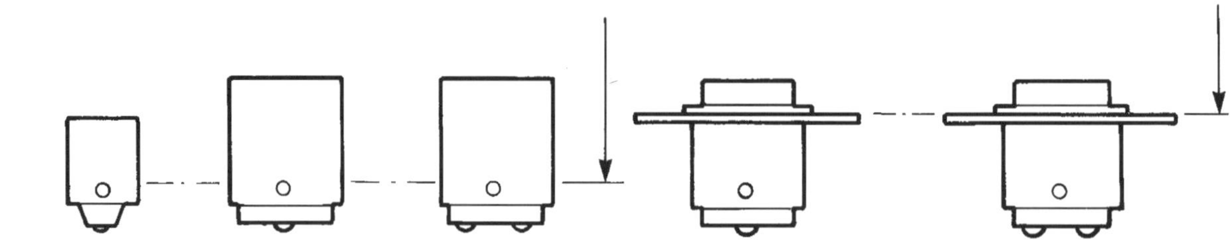

미니어처 베요네트
Miniature bayonet

촛대 베요네트
단일 접촉
Candelabra bayonet
single contact

촛대 베요네트
이중 접촉
Candelabra bayonet
double contact

촛대 프리포커스
단일 접촉
Candelabra prefocus
single contact

촛대 프리포커스
이중 접촉
Candelabra prefocus double contact

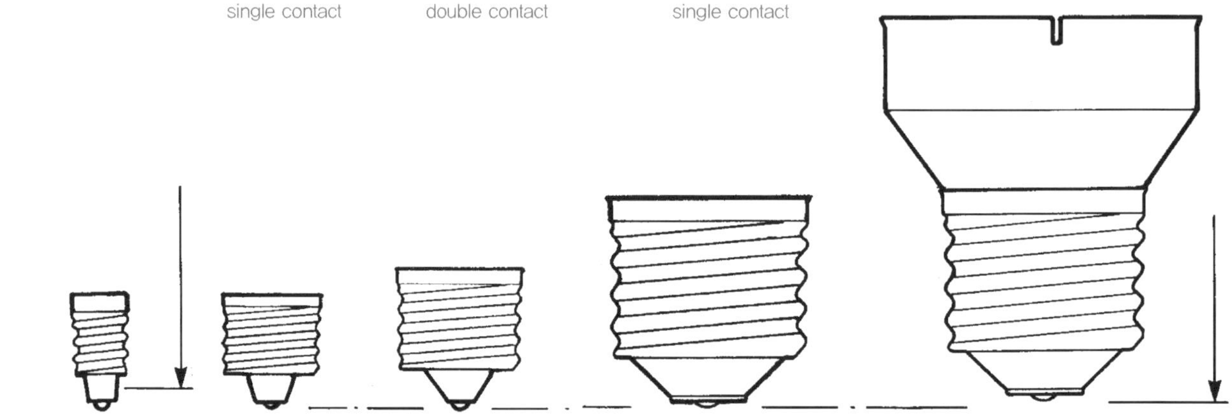

미니어처
촛대형
Miniature candelabra

촛대형
Candelabra

중재형
Intermediate

중간형; 삼중 접촉; 반중간형
Medium; three contact; ad medium

중간 스커트형
Medium skirted

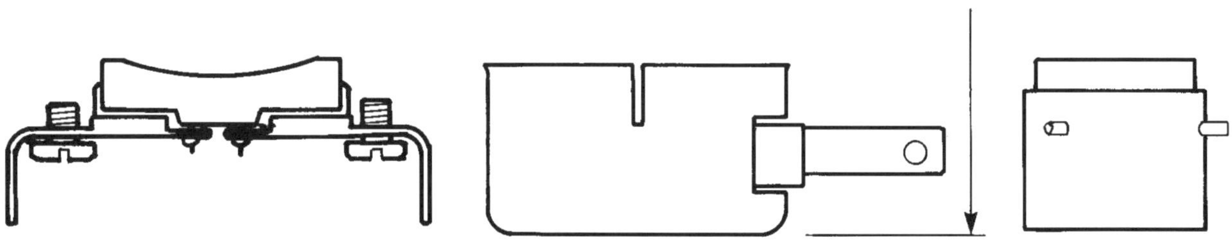

스크루 터미널과 블레이드 커넥터 복합형
Combination screw terminal and blade connector

미디엄 사이드 프롱
Medium side prong

쓰리-러그 슬리브
Three-lug sleeve

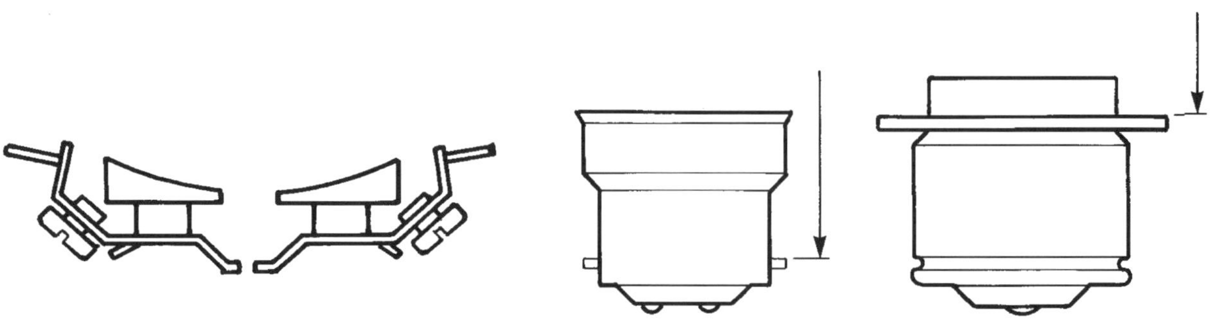

스크루 터미널형
Screw terminal

미디엄 더블 컨텍
Medium double contact

미디엄 프리 포커스
Medium prefocus

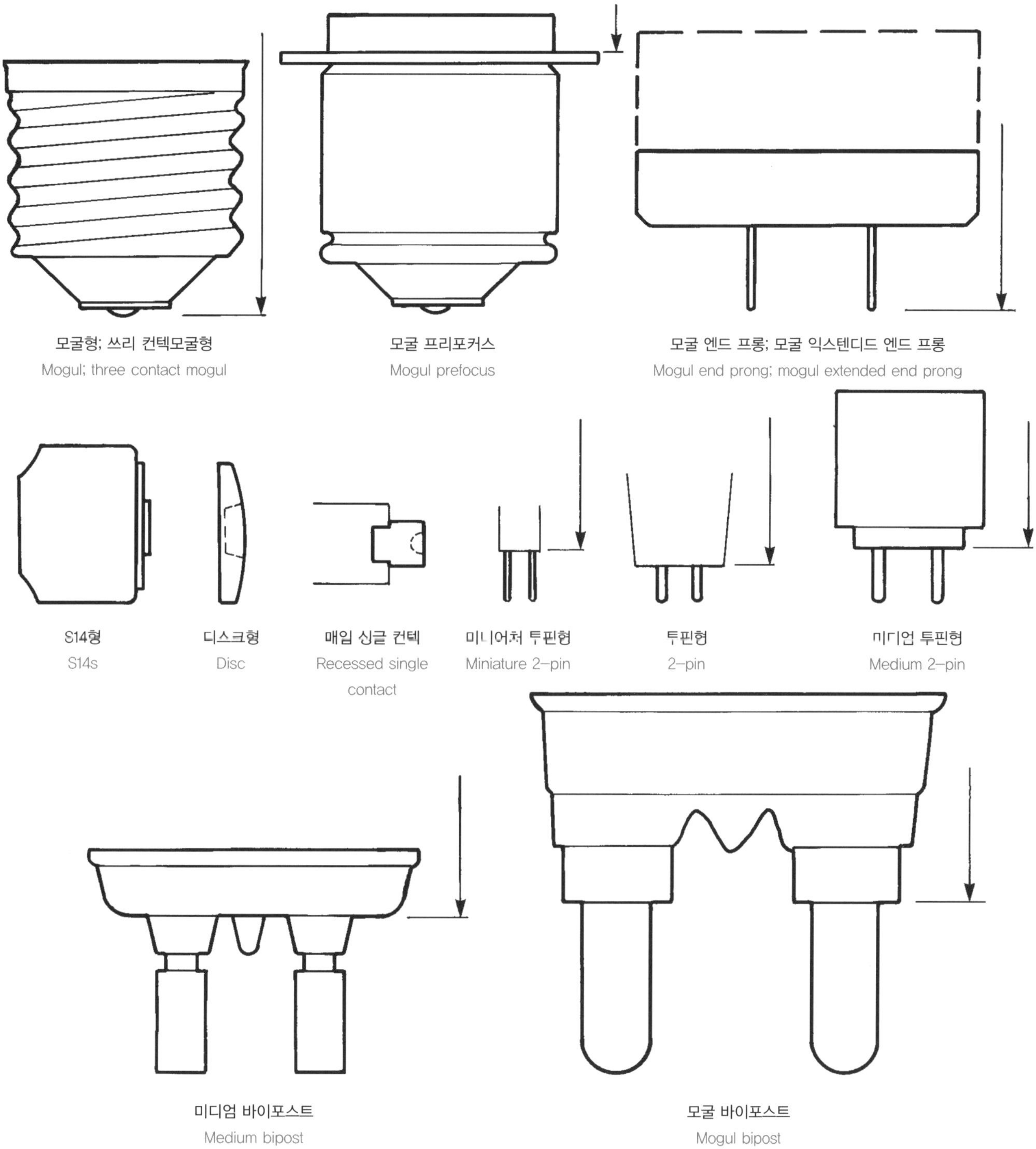

그림 6.3 실제 크기의 1/2인 백열 램프의 베이스. 화살표는 빛의 중심 거리(LCL) — 필라멘트에서부터 베이스의 종류에 따라 달라지는 지점까지의 치수 — 가 측정되는 출발점을 가리킨다.

크기의 베이스를 가지며, 모굴 나사형mogul screw, 미디움 바이포스트형medium bipost, 모굴 바이포스트형mogul bipost 등이 있다. 투핀bipin과 바이포스트bipost은 광학적 제어를 위하여 회전 정렬이 되도록 필라멘트의 위치에 맞춘다. 베요네트 미디움bayonet medium, 베요네트 모굴bayonet mogal, 프리포커스 미디움prefocus medium, 프리포커스 모굴prefocus mogal은 또한 광학적인 기계장치나 서치라이트에서 요구하는 위치로 미리 정해진 곳에 정확하게 필라멘트를 배치시킨다.

필라멘트 FILAMENTS

모든 백열 램프에는 전구 내 중심부에 필라멘트가 위치해 있다. 필라멘트는 텅스텐이며, 이 철사는 융점이 높기 때문에 사용된다. 이것은 간혹 직선형으로 쓰이기도 하지만, 일반적으로 효율을 높이고 작은 유리구에 맞도록 크기를 작게 하기 위하여 코일의 형태로 만든다. 이러한 경우 C형이라 하고, 철사 자체를 코일형으로 하여 코일을 만드는 경우 CC형(coiled coil)이라고 한다.

빛의 출력과 램프 수명 사이의 균형을 맞추는 것은 필라멘트 디자인에 의해 결정된다. 그것은 필라멘트의 온도와 상관관계가 있는데, 필라멘트의 온도가 높을수록 더 많은 빛이 발산되고 발산하는 빛이 많을수록 필라멘트가 "타 버려" 수명은 짧아진다. 수명이 긴 램프는 동일한 정격출력에서 표준 수명의 램프보다 같은 전류를 소모하고 적은 빛을 낸다.

램프의 발광효율은 소모전력(측정단위는 *와트*[W])에 대한 램프로부터 방사되는 빛(측정단위는 *루멘*[lm])의 비율이다. 램프의 수명은 시간(hr)으로 측정된다.

빛의 출력 LIGHT OUTPUT

텅스텐 필라멘트는 공기 중의 산소와 반응하여 증발해 버리기 때문에 램프의 유리구 내부를 진공으로 만든다. 오늘날 전구를 불활성 기체로 채우는 것은 증발한 텅스텐 입자가 램프의 내벽에 증착하여 유리구가 검게 변하는 흑화현상을 막기 위한 것이다. 아르곤, 질소, 크립톤 가스가 이러한 목적으로 사용된다. (40W 이하의 경우는 여전히 진공을 사용하기도 한다.)

필라멘트의 증발은 비록 활성기체의 압력으로 감소된다 하더라도 수명이 다할 때까지 지속된다. 텅스텐 필라멘트가 가늘어지면서 더 적은 전력을 소비하고 더 적은 빛을 발산하는 것이다. 이러한 램프의 흑화현상은 램프의 수명 동안 계속해서 빛의 출력을 감소시킨다.

빛의 출력과 수명 사이에는 반비례 관계가 존재한

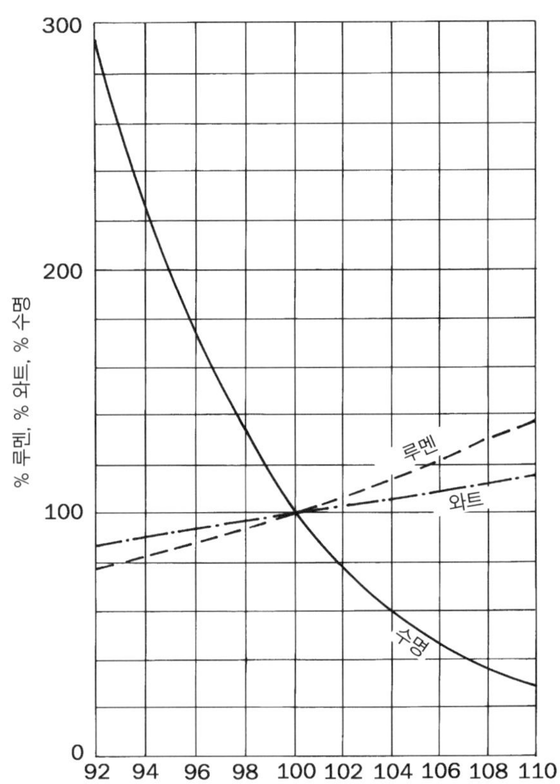

그림 6.4 전압(V)의 영향에 따른 백열 램프의 특성. 예를 들어, 125V에서 작동하는 120V 램프는 약 16% 광속이 증가하고 소비전력은 7% 증가하며 수명(hr)이 42% 짧아진다. 115V에서 작동하는 120V 램프는 약 15% 광속이 감소하고 소비전력이 7% 감소하여 수명(hr)이 72% 길어진다.

다. 정격전압보다 높은 전압에서 작동하면 더 높은 와트와 더 높은 효율, 그리고 더 높은 빛의 출력을 얻을 수 있지만 램프의 수명은 짧아진다. 반대로 전압이 낮은 상태에서 작동되면 더 낮은 와트, 더 낮은 효율, 그리고 더 낮은 빛의 출력을 얻고 그 대신 램프의 수명은 길어진다(그림 6.4). 대략 정격출력이 줄어드는 비율의 2배 정도 빛이 감소한다.

백열 램프는 일반적으로 정격출력(와트)으로 통용되지만, 와트는 빛의 척도가 아니라 소비 전력의 척도이다. 램프가 전기 광원으로 작동되는 동안 어느 정도의 전력을 사용하는가에 대한 측정인 것이다. 루멘은 램프가 어느 정도의 빛을 발산하는가에 대한 것이다.

장수명extended-service(2,500-hr) 백열 램프는 빛의 출력과 효율을 감소함으로써 연장된 수명을 제공한다. 루멘의 출력은 15% 정도 줄어들지만 수명은 길어지므로 유지보수가 어려운 장소에 유용하다.

많은 에너지 절약형 혹은 절전형 램프들은 단순히 소비전력을 줄인 것이다. 소비전력을 줄이는 것은 출력을 줄이면 가능해지는데, 어떤 에너지 절약형 램프들은 보다 더 효율적으로 필라멘트를 디자인하거나 가스 충진 혹은 효율이 유지될 수 있도록 램프의 형태를 개선하기도 한다.

램프의 종류 LAMP TYPES

백열 램프는 방사하는 빛의 방향에 따라 다음 3가지로 분류한다. (1) 모든 방향으로 빛을 방사하고, 빛의 방향을 제어하기 위해 추가적인 구성요소를 필요로 하는 무방향성 광원. (2) 특정한 방향으로 빛을 방사하고, 공간적 분배를 완성하기 위해 추가적인 구성요소를 필요로 하는 반지향성 광원. (3) 방사된 빛을 제어할 뿐 아니라 자체적으로 광학 시스템을 완성하여 추가적인 구성요소가 필요하지 않은 지향성 광원.

무방향성 광원 Nondirectional Sources

무방향성 램프는 빛을 모든 방향으로 방사한다. 여기에는 A, C, G, P, PS, T 형태의 램프와 장식 목적의 램프가 있다.[2] 이 램프들은 빛의 분배를 조절하고 밝기를 제어하기 위하여 렌즈, 반사판, 차폐기 등의 외부 요소들을 필요로 한다(그림 6.5).

필라멘트의 노출로 인한 글레어를 감소시키기 위하여 많은 무방향성 램프에는 투명 전구의 내부 표면에 코팅을 한다. 대개 산성 에칭액 또는 백색 파우더 코팅을 하는데, 이것들이 빛을 흡수하여 외부로 보여짐으로써 유리구 전체에서 빛이 나오는 것과 같은 효과를 준다. 이러한 종류의 램프는 노출된 필라멘트보다 낮은 휘도와 낮은 글레어를 가지는데, 이것을 프로스트inside-frost 램프(그림 6.6)라 하고, 이중으로 파우더 코팅을 하여 더욱 부드러운 빛을 얻어내도록 한 것을 소프트 화이트soft white 램프라 한다.

이러한 내부 코팅방법은 외부 면은 매끄러워 유지관리가 용이하고, 줄무늬가 생길 것을 염려하지 않아도 되기 때문에 널리 이용된다. 샹들리에의 스파클처럼 반짝이는 작은 점광원이 필요한 곳에는 투명한 램프가 적당하다.

반지향성 광원 Semi-Directional Sources

반지향성 광원의 범주에는 실버-보울silver-bowl 램프와 화이트-보울white-bowl 램프가 있다. 상향 직접광에 일반적으로 사용되는 실버-보울 램프는 전구의 안쪽에 불투명한 실버 코팅이 입혀져 있다(그림 6.7). 이것은 램프의 수명이 다할 때까지 청결한 상태가 유지되어 효율이 좋은 반사경의 기능을 한다. 실버-보울 램프는 투명과 프로스트 모두 사용 가능하다.

천장을 비추어 간접적인 빛을 얻기 위해 등기구를 달아매는 경우, 과다한 밝기와 눈부심을 막기 위해 램프의 위쪽은 반드시 가려져야 하는데, 이는 램프 주위에

2 무방향성 램프에는 AC, B, BA, BC, E, G, PC, R, T45, T55 등이 추가됨

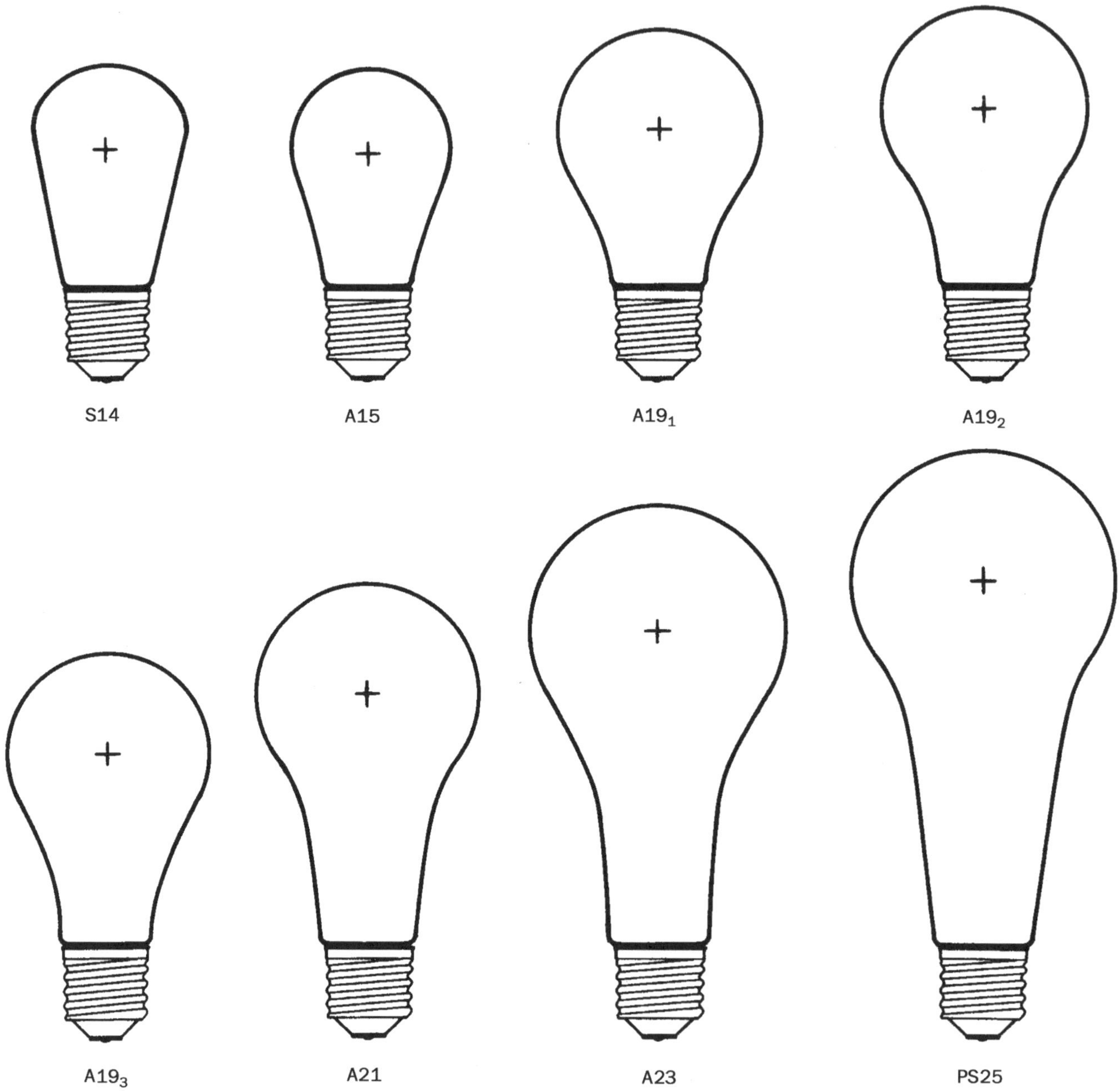

그림 6.5 실제 크기의 1/2인 A-형 램프이다. Maximum Overall Length (MOL)은 American National Standard Institute (ANSI)가 규정한 한도 내의 전구 길이다.

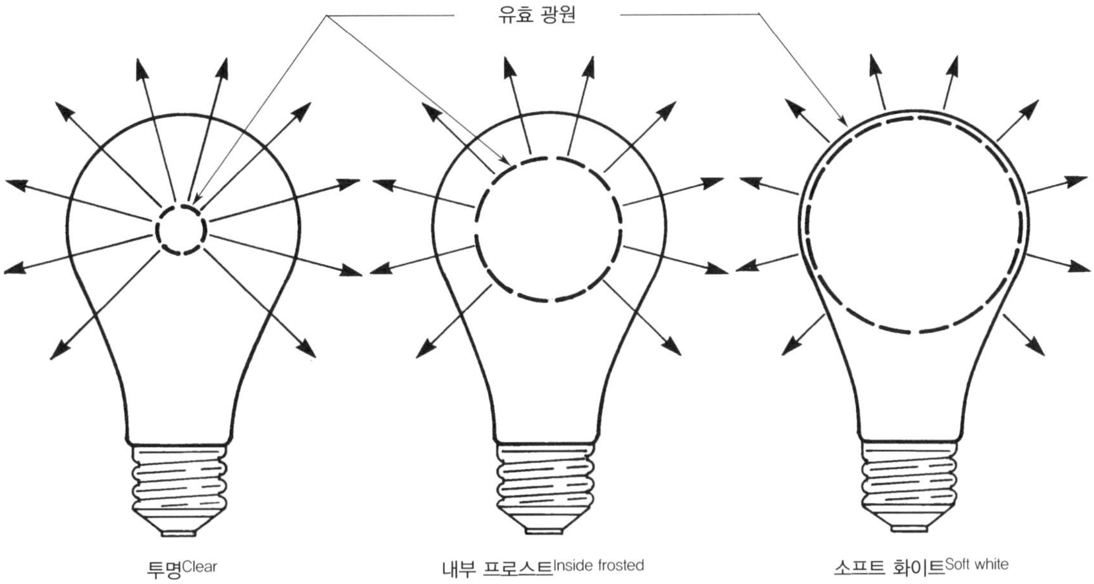

그림 6.6 투명, 내부 프로스트(산성 에칭), 소프트 화이트(실리카 코팅) 램프

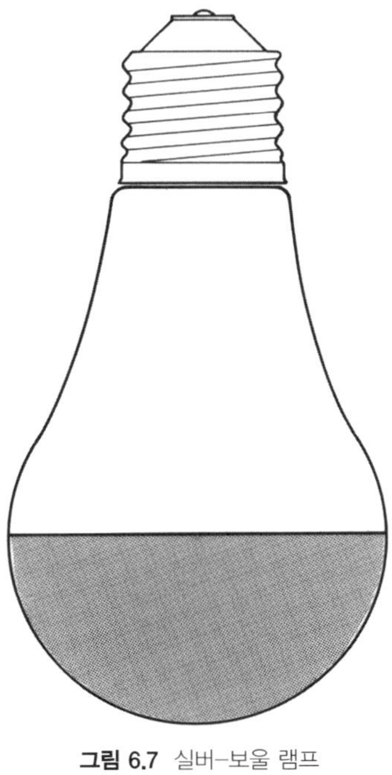

그림 6.7 실버-보울 램프

얇은 원형 테두리를 두거나 얕은 확산유리구를 사용하여 해결한다. 실버-보울 램프가 매입 조명기구에 사용될 때, 램프에서 발산된 상향 빛은 등기구 내의 이차적 반사판에 의해 하향으로 재설정된다.

또한 간접 조명에 사용되는 화이트-보울 램프는 전구 보울의 안쪽 면에 필라멘트의 직접 글레어를 감소시키는 반투명의 백색 코팅이 있다. 실버-보울 램프처럼 화이트-보울 램프는 추가적인 제어 요소를 필요로 한다.

지향성 광원 Directional Sources

지향성 광원은 완전한 광학 시스템을 갖는 램프이며, 여기에는 광원(필라멘트), 반사판, 그리고 경우에 따라 렌즈나 필라멘트를 가려 주는 보조설비가 있다. 여기에 속하는 램프는 R(reflector) 램프, AR(aluminum reflector) 램프, MR(multifaceted mirror-reflector) 램프, PAR (parabolic alumnized reflector) 램프 등이다. 지향성 광원은 부록의 표 2에 나타난 것처럼 광범위한 와트 수와 빛 퍼짐 선택이 가능하다.

R 램프

R 램프는 필라멘트의 빛이 반사가 일어나는 윤곽선의 형태로 만들어지며, 내부 표면은 기화된 은으로 코팅된다. 협각 또는 광각의 빛 퍼짐이 가능하며, 협각의 경우 전구의 안쪽 정면에 얇은 프로스트가 있고, 광각은 보다 넓게 빛 퍼짐이 가능하도록 두꺼운 프로스트 처리가 되어 있다.

무방향성과 반지향성 백열 램프와 같이 대부분의 R 램프의 유리구는 불어 만든 라임 유리blown lime glass로 되어 있는데, 이 연질 유리로 된 램프는 실내에서만 사용된다. 와트 수에 따라 경질의 내열성 유리로 만들기도 하는데, 이것은 습한 곳에서 사용 가능하나 방수형으로는 적합하지 않다.

모든 R 램프는 상당한 %의 빛을 주요 빔의 바깥쪽으로 방사하고, 이는 보조 반사판으로 가리지 않는 한 조명기구 내에서 흡수되어 손실되므로 비효율적이다.

AR 램프와 MR 램프

저전압 램프, 75~77쪽을 참조하라.

PAR 램프

PAR(parabolic alumnized reflector) 램프는 일반 백열 램프 유리보다 팽창률이 낮고 내열성 있는 붕규산염 유리로 만들어지는데, 이러한 제조 방법은 필라멘트의 위치를 잡거나 램프의 반사판과 렌즈의 형태를 매우 정교하게 만들 수 있도록 해준다. 이러한 요인들은 PAR 램프의 특성인 우수한 빛 퍼짐 제어와 높은 효율의 원인이 된다.

PAR 램프는 원래 방한/방습weather-resistant 기능이 있어 옥외용으로 디자인되었으나 수년 동안 실내 사용이 급속히 증가하였고 효율과 정교한 빔 제어가 요구되는 곳이면 어디든지 사용되고 있다.

PAR 램프는 3°(매우 좁은 스폿 또는 VNSP)에서 60°(매우 넓은 플러드 또는 VWFL)까지 빛 퍼짐이 가능하며[3], 이러한 빛 퍼짐 특성은 반사판의 형태와 필라멘트의 위치에 의해 정해진다. 렌즈의 배열과 작은 볼록한 점들이 협각의 빛 퍼짐을 부드럽게 하며, 자동차 전조등 램프처럼 광각의 빛 퍼짐을 제공한다.

쿨빔cool-beam의 PAR 램프는 일반 PAR 램프의 밝은 알루미늄 반사판 대신 다이트로익 반사 코팅을 한 것이다. 적외선은 램프의 후방으로 방출되고 가시광선(빛)은 전방으로 반사된다. 전방으로 향하는 빛은 가지고 있는 자외선 에너지의 3분의 2 정도가 제거되지만, 빛의 출력과 분포는 변하지 않는다. 이 램프는 원래 열에 의해 부패하기 쉬운 음식을 비추기 위해 개발되었다(그림 6.9).

에너지 정책법 EPACT[4]

1992년 미국 에너지 정책법(EPACT)은 115~130V에서 작동하고 미디움 베이스와 2와 3/4인치보다 큰 지름을 갖는 R과 PAR 램프에 대한 최소 평균 효율 기준을 제정하였다. 대부분의 백열 R30, R40, PAR38 램프는 그 범주에 맞지 않고, 텅스텐-할로겐 PAR 램프는 일치한다. 유색 램프와 내구rough-service, 내진vibration-service 램프는 효율 기준에서 면제된다. 이 법령은 다른 종류의 백열 램프는 이 기준에 따르지 않는다.

1995년 10월 31일, 75R30, 75R40, 100 R40, 120 R40, 150 R40, 65PAR38, 75 PAR38, 85 PAR38, 120 PAR38, 150 PAR38 램프의 미국 내 판매가 금지되었다. 와트당 루멘값으로 측정되는 효율의 기준은 램프의 와트 수에 따라 결정된다. 그러나 이러한 접근은 조명기구에 의해 달라지는 효율에 대한 것은 무시한 것이다. 잘 디자인된 반사판을 포함하는 조명기구 내의 R 램프는 효율적

3 PAR 램프 빔각 : 10°~60°

4 이 책에서 언급되는 모든 에너지 정책법은 미국 내 적용되는 기준이다.

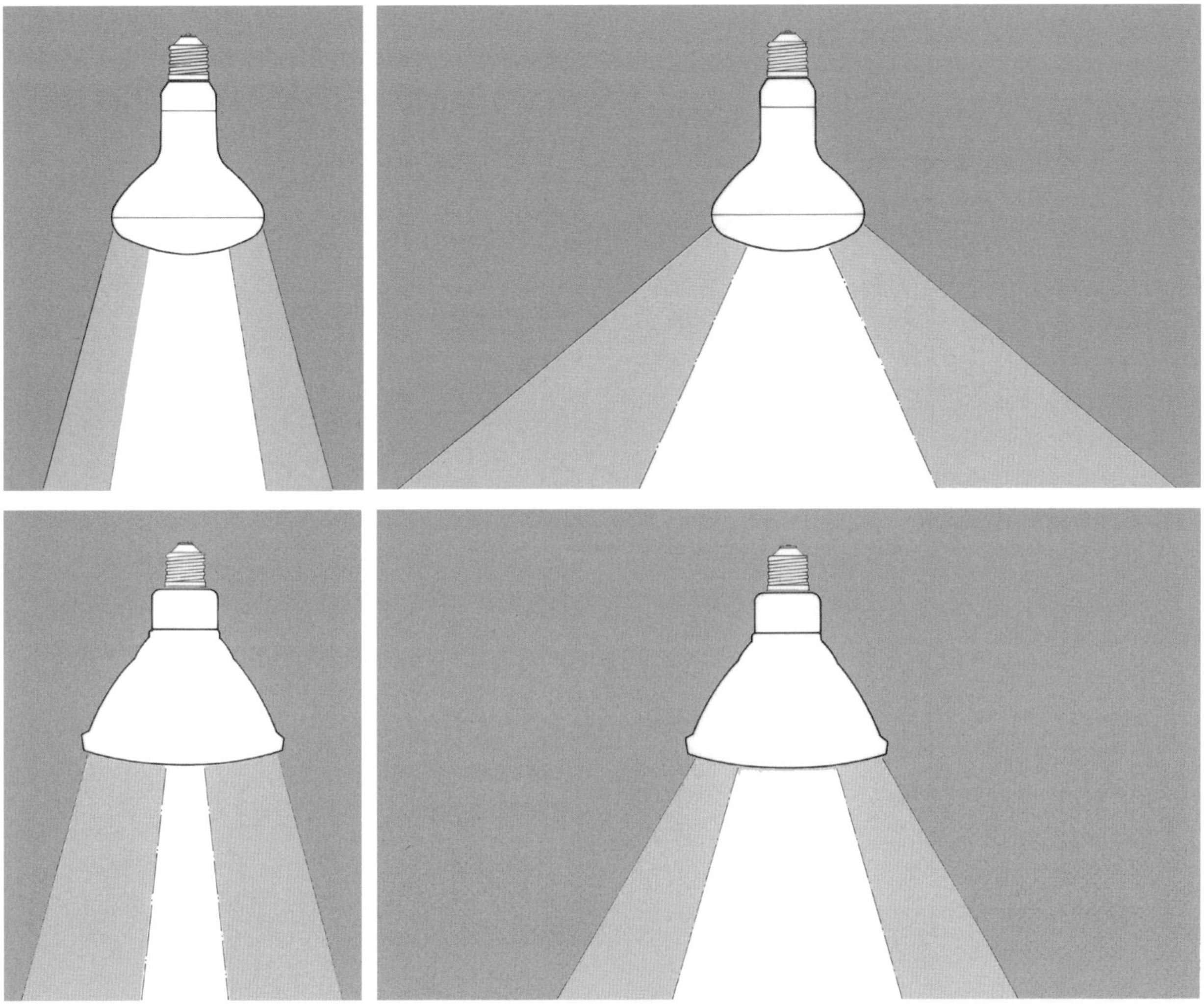

그림 6.8 R 램프와 PAR 램프의 협각, 광각 빛 퍼짐

인 텅스텐-할로겐 PAR 램프가 여러 배플 구조를 가진, 빛을 소모하는 다운라이트 조명기구 내에 사용될 때보다 더 효율적일 수 있다.

할로겐 램프 TUNGSTEN-HALOGEN LAMPS

할로겐(또는 텅스텐-할로겐) 램프는 유리구 내에 할로겐 가스가 충진된 백열 램프이다. 램프가 점등되어 있는 동안 할로겐 기체는 필라멘트에서 증발된 텅스텐 분자와 결합하여 유리구의 내부면에 흑점을 만들지 않고 필라멘트에게로 되돌려 놓는다. 이는 유리구 내의 흑화현상이 생기지 않게 하며 동시에 필라멘트가 증발하여 가늘어짐으로써 수명이 줄어드는 것을 막아 상대적으로 일정한

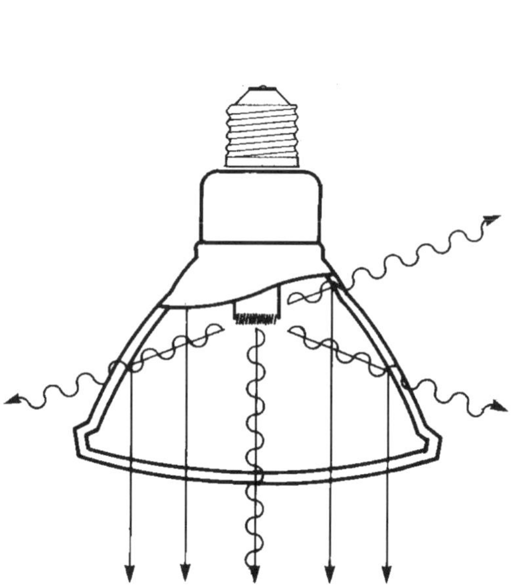

그림 6.9 쿨빔 PAR 램프. 원하지 않는 열이 램프의 후방에서 방출되기 때문에 방열구조로 디자인된 조명기구에만 쿨빔 램프가 사용된다.

출력를 유지시켜 준다. 그 결과 램프의 수명이 다할 때까지 광속의 감소없이 일정한 양의 빛을 낸다.

이러한 할로겐 사이클이 지속적으로 일어나게 하기 위하여 램프의 온도는 최소 500℃가 되어야 하는데, 이렇게 고열과 고압에 견디게 하기 위해 유리보다 석영을 사용한다. 석영이 더 이상 할로겐 램프에만 사용되는 재료가 아님에도 불구하고, 여전히 "quartz-halogen"으로 불린다.

내부의 높은 압력은 유리구에 결함이 있거나 고장이 나면 폭발을 일으킬 수 있다. 이러한 현상이 드물기는 하지만, 석영 유리의 파편으로 타거나 불을 일으킬 수 있기 때문에 할로겐 램프는 반드시 싸여져야 한다. 할로겐 램프 튜브는 유리 또는 미세 메쉬 스크린으로 에워싸이게 된다.

필라멘트의 온도가 높아질수록 색온도도 높아진다. 그러므로 할로겐 램프는 일반 백열 램프보다 더 높은 색온도를 갖는다. 그리고 파장이 짧은 청색 빛이 증가해서 할로겐 램프는 일반 백열 램프에 비해 백색감이 좋다. 이 램프는 더 긴 수명과 더 큰 효율을 가지며, 또한 더 작은 조명기구에 사용될 수 있도록 크기도 더 작다.

할로겐 램프에는 다음의 5가지 유형이 있다. (1) single-ended T, (2) double-ended T, (3) integral-reflector AR, MR, PAR, (4) modified A-램프 CP, MB, TB, (5) modified 장식 B형, F형.

Single-ended 할로겐 램프에는 5W에서 10,000W까지의 전력에 따라 T3에서 T24 범위의 치수별로 베요네트bayonet, 바이핀형bipin, 미니어처 스크루miniature screw, 미니-촛대형mini-candelabra("mini-can"), 돌려잠금형twist-and-lock(TAL), 투핀two-pin형의 베이스가 있다.

Double-ended 할로겐 램프에는 매입 싱글 컨텍recessed single contact(RSC) 베이스가 램프의 단부마다 하나씩 있다. 전구의 지름은 T2, T2 1/2, T3, T4, T6, T8 등으로 작다. 45W에서 2,000W의 전력을 갖는다.

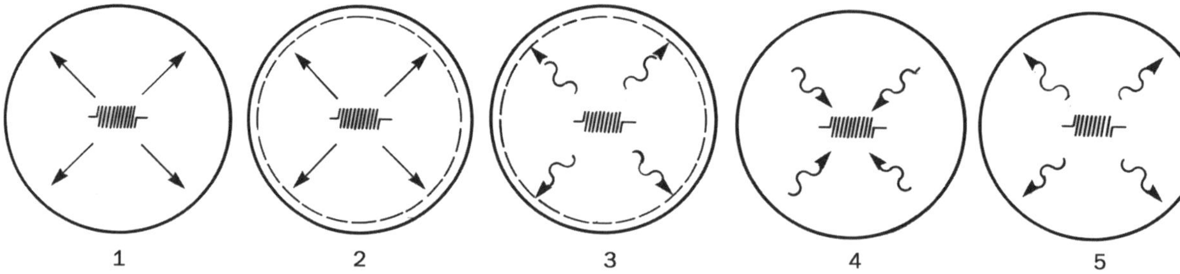

그림 6.10 할로겐 사이클

할로겐 적외선(IR) 램프 Halogen Infrared Lamps

일반 백열 및 할로겐 램프에서 방사되는 에너지의 85%는 적외선(열)이다. 적외선 반사infrared reflecting(IR) 할로겐 램프에는 적외선을 반사하도록 얇게 코팅이 되어 있어 적외선 에너지를 가시광으로 변환시킨다. 이 코팅은 가시광이 튜브 벽을 통과하여 지나가는 것을 허용해 주고, 적외선 에너지는 램프의 필라멘트로 반사되어 돌아가게 함으로써 같은 양의 에너지로 필라멘트에 많은 열이 가해져서 더 많은 가시광을 산출하게 된다.

이 경우 할로겐 사이클을 작동하게 하는 온도는 적은 전력으로 유지되어 효율을 향상시키는 결과를 낳는다. 즉, 100W 일반 A 램프는 1750lm의 빛을 내므로 17.5lm/w의 발광효율을 갖는데, 할로겐 램프는 약 20lm/W, 할로겐 IR 램프는 30lm/W를 초과하는 발광효율을 지닌다.

저전압 램프 LOW-VOLTAGE LAMPS

저전압 램프는 마술 같은 구조가 아니다. 단순히 6V와 75V 사이에서 작동하는 백열 램프와 할로겐 램프를 말한다.

필라멘트를 갖는 모든 램프에서 와트로 표현하는 정격출력은 필라멘트에 흐르는 전류와 그 양단에 걸리는 전압을 곱하여 산출된다. 램프의 전압이 낮을수록 전류량(암페어)이 높아지고, 그것을 전달하는데 필요한 필라멘트 철사의 지름이 커진다.

더 소형인 필라멘트를 감안하여 저전압 램프에서는 필라멘트 철사의 지름을 늘린다. 필라멘트가 작아질수록 빛의 배광제어가 정교해진다. 저전압 램프의 주요 이점은 정교한 빛 퍼짐 제어에 있다.

필라멘트의 굵기가 굵어질수록 텅스텐이 증발하여 단선될 수 있는 온도가 높아지므로 높은 온도에서 점등이 가능하게 되고, 따라서 전압과 수명등급이 동일할 경우 출력이 높은 전구의 발광효율이 커지는 것이다. 또한, 같은 와트의 전력에서 보다 굵은 필라멘트의 저전압 램프가 고전압 램프보다 효율적이다. 그리하여 (미국과 캐나다에서 일반적인) 120V 램프가 다른 많은 나라에서 사용되는 250V 램프보다 더 효율적이다.

협각의 저전압 R 램프는 작은 물체를 비추거나 큰 물체를 멀리서 비출 때 램프에서 나오는 빛이 퍼지지 않고 물체만 비추기 때문에 효율적이다. 반면, 광각의 빛이 요구될 때, 저전압 램프는 표준 램프보다 비효율적이다.

저전압 램프를 사용하기 위해서는 220V의 전압을 변압기에 의해 반드시 감압해야 한다. 변압기 내장형 저전압 조명기구는 대개 일반기구보다 더 부피가 크고 비싸다.

일반적으로 사용되는 저전압 램프는 12V에서 작동한다. 여기에는 PAR, AR, MR 램프가 있다. 저전압 PAR 램프는 일반 PAR 램프와 같은 방법으로 제조된다. 단, 램프의 형태와 지름은 다를 수 있으며, 전기적으로 잘못 연결되는 것을 피하기 위해 램프의 베이스는 모두 다르다(그림 6.11).

상당수의 저전압 PAR 램프에는 필라멘트 가리개가 있어서 필라멘트에서 직접 나오는 빛을 최소화한다. 그 결과, 램프는 반사판에 의해 제어된 빛만을 발산한다. 이 필라멘트 가리개는 필라멘트를 직접 보이지 않게 하여 글레어를 제어하는 추가적인 이점이 있다.

AR(aluminum reflector) 램프는 미리 초점을 맞춘 축이 있는 필라멘트 램프와 보석처럼 면을 처리한 알루미늄 반사판이 광학 시스템을 형성하도록 구성되어 있다. 필라멘트 뚜껑cap이 있어 직접 눈으로 오는 글레어를 막아 줄 뿐 아니라 조작이 용이한 손잡이grip를 형성해 준다. 또, 일체화된 확산 유리 렌즈가 있는 AR 램프는 빛 퍼짐을 조절해 준다.

AR 램프는 렌즈가 없는 지름 70mm, 111mm(그림 6.12)와 렌즈가 있는 지름 37mm, 56mm가 있다. AR111 램프는 PAR36 램프의 크기와 베이스가 유사하며, 봉인된 빔sealed-beam의 PAR36 램프와 호환해 사용할 수 있다. AR111 램프는 또한 반사판 표면이 우수하다.

MR(multifaceted mirror-reflector) 램프는 반사면의 광학적 특성에 따라 배광특성이 결정된다(그림 6.13). 거

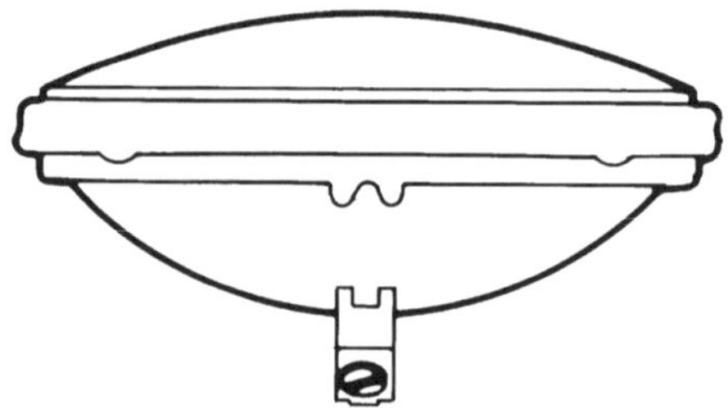

PAR 36

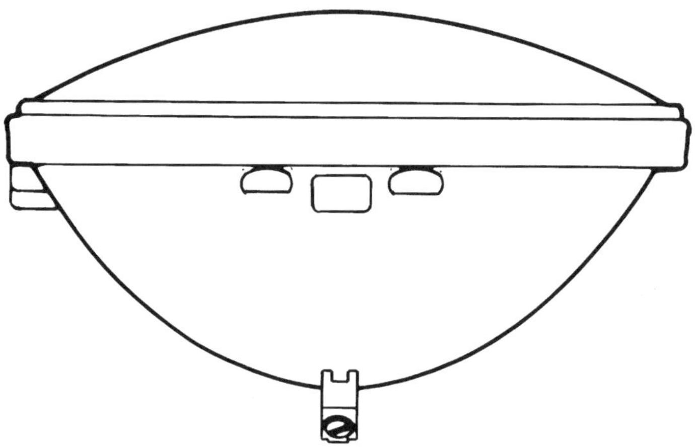

PAR 56

그림 6.11 실제 크기의 1/2인 저전압 PAR36 램프와 저전압 PAR56 램프

울 반사면은 타원의 형태이며, 램프의 필라멘트는 초점에 배치된다.

이러한 구조는 빛의 패턴을 제어하기 위한 렌즈의 필요성을 없애 주면서 슬라이드 프로젝터에서 광학적 압축 시스템으로서의 기능을 한다. 반사판 내에서 그 형태를 변화시키거나 광원을 재배치함으로써 MR 램프는 7°(매우 좁은 스폿)에서 60°(넓은 플러드)에 이르는 다양한 각도의 배광을 만들어 낸다.

MR 램프의 지름은 1과 1/8인치(MR11)와 2인치(MR16)이며 미니어처 투핀two-pin 또는 turn-and-lock 베이스를 갖는다. MR11 램프는 12W, 20W, 35W가 있고, MR16 램프는 20W, 35W, 42W, 50W, 65W, 71W, 75W가 있다. MR16 IR(적외선-반사) 램프는 20W, 35W, 37W, 45W, 50W가 있다.

MR11과 MR16 램프는 원래 유리 전구와 투핀 베이스, 열린 정면과 2색성 반사판 코팅으로 되어 있었다. 이 코팅은 투사된 빛에서 적외선 열을 2/3 제거하고 램프의 후방을 통과하게 함으로써 전술한 바와 같이 쿨빔을 갖는 2색성 PAR38 램프의 이점을 갖는다.

이러한 램프들은 크기가 작기 때문에 조명기구도 작게 디자인할 수 있다. 그러나 일반적으로 램프의 정면에서 방사되던 열이 이제는 후면으로 방출되기 때문에 이렇게 발생한 열을 어떻게 처리해야 하는지에 대한 고민이 필요했다. 이 문제를 해결하기 위하여 램프 제조업

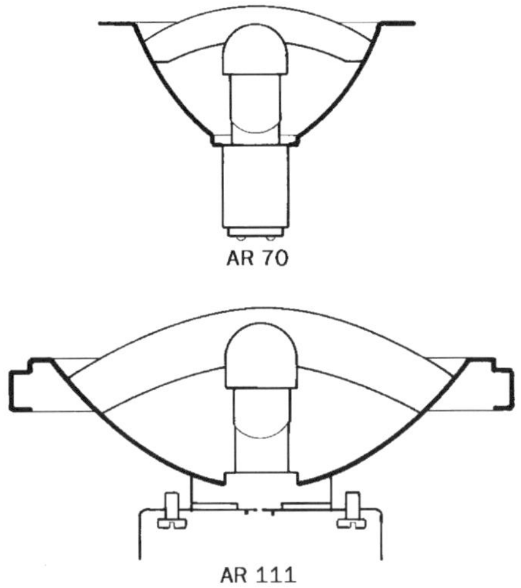

그림 6.12 실제 크기의 1/2인 AR70 램프와 AR111 램프

체는 다이크로익 코팅의 대체물인 알루미늄으로 코팅한 MR11과 MR16 램프를 개발했다. 이 알루미늄 코팅 반사판은 램프 후면으로 빛이 "새는" 것을 막아 준다.

MR 램프는 또한 할로겐 튜브가 폭발하는 것을 보호하고, 경우에 따라서는 빛이 부드럽게 퍼지도록 램프의 정면에 유리 커버를 사용한다. 다른 종류로는 유리 대신 알루미늄으로 만든 반사판을 사용하고 투핀 베이스 대신 tilt-and-lock 베이스를 사용하는 것이 있다. 개선된 다이크로익 코팅이 있는 램프는 수명을 다할 때까지 일관된 색채와 더 긴 수명, 그리고 향상된 루멘의 유지를 제공한다.

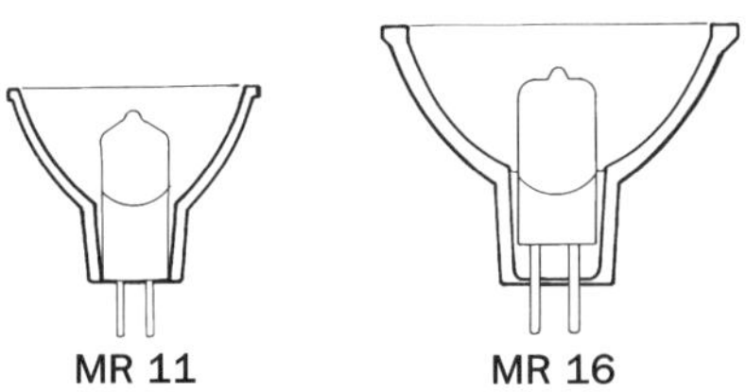

그림 6.13 실제 크기의 1/2인 MR11 램프와 MR16 램프

유색광 COLORED LIGHT

유색광은 통상적으로 색상, 채도, 밝기로 설명한다. 색상은 적색이나 녹색으로 불리는 성질이다. 채도는 색상의 깊이나 강도, 즉 빛이 백색으로부터 다르게 보이는 정도이다. 예를 들어 짙은 적색광은 고채도이고, 분홍색은 저채도이다. 밝기는 색상이나 채도를 고려하지 않고, 빛의 양으로 지각된다.

채색되거나 필터로 걸러진 백열 램프는 "백색"광에서 스펙트럼의 요구되지 않은 부분은 걸러 냄으로써 유색광을 생산해 낸다. 그러나 대부분의 유색광원은, 아무리 고도의 채도라도 완전히 단색은 아니다. 대개 다른 색상 범위에 있는 에너지가 소량 포함되는, 파장의 넓은 일련의 띠를 발산하는 것이다. 채도가 낮을수록 다른 색상을 많이 포함하는 것이다.

컬러 필터 Color Filters

유색광을 만드는 탁월한 방법은 "백색" 광원에 컬러 필터를 사용하는 것이다. 백색 광원에는 스펙트럼의 모든 색채가 들어 있고, 필터는 스펙트럼에서 원하지 않는 부분은 흡수하고 원하는 색채의 파장만을 투과한다.

컬러 필터는 일반적으로 백열 램프를 위해 디자인되었다. 연속적인 스펙트럼이 아닌 다른 종류의 광원은 컬러 필터를 사용하지 않는다. 유색광의 가장 큰 사용처는 극장, 텔레비전, 사진 조명, 그리고 소매점의 창문이다.

젤라틴 필터("젤")는 얇게 채색된 투명한 플라스틱 시트로써 다양한 색채는 물론 다중색도 가능하며, 빛을 확산시키는 시트도 있다. 하나의 두께보다 더 두껍게 사용하면 더 깊은 채도가 된다. 젤은 강한 빛과 열을 투과할 때 색상이 급속히 옅어지기 때문에 수명이 짧다.

유색 플라스틱 판넬은 형광 램프에는 사용이 가능하지만, 뜨거운 백열 필라멘트에는 만족스럽지 못하다. 백열 램프의 열에 견딜 수 있는 유색 유리 필터는 빛이 부드러워지거나 점각되거나stippled 프리즘으로 분리되거나 쪼개지게 하며, 대단히 안정적이다.

간섭 필터는 투명 유리 위의 매우 얇은 필름 코팅으로 된 하나 또는 그 이상의 켜로 구성되며, 원하지 않는 파장을 흡수하기보다는 반사시킨다. 필름 코팅의 수와 두께가 투과(색상과 채도)를 결정짓는다. 원하지 않는 파장이 흡수되지 않기 때문에 간섭 필터는 차갑게 유지된다.

어떤 간섭 필터는 스펙트럼의 한 부분인 적외선이나 자외선 또는 모두를 반사하거나 투과하도록 디자인된다. 광역 간섭 필터는 하나의 색상는 투과하고 그 색상의 보색은 반사하기 때문에 대개 2색성("2가지 색")으로 불린다(그림 6.14).

필터를 선택하기 전에 "백색" 광원에 근접하는 스펙트럼 구성을 결정하는 것이 좋다. 만일 원하는 파장이 원래의 광원에 존재하지 않는다면, 필터는 비효율적이 될 것이다. 극단적인 예로써 녹색 필터를 끼운 적색 램프는 가시광을 전송하지 않을 것이다.

유색 램프 Colored Lamps

백열의 유색 사인과 장식 램프는 투명 램프에 세라믹 에나멜이나 스프레이 마감 또는 담금dip 코팅을 적용하여, 바라지 않는 색채의 빛을 흡수하는 감산법으로 유색광을 만들어 낸다.

투명 세라믹 에나멜은 투명한 전구를 입히는데 사용된다. 정교하게 연마한 유색 유리를 불에 구워 단단하고 영구적인 마감의 코팅과 결합된 전구를 만드는 것이다. 코팅은 전구가 램프로 만들어지기 전에 입혀진다. 이는 램프를 마모, 부서짐, 날씨에 대해 저항력을 주지만, 래커나 플라스틱 코팅으로 된 램프보다는 투명도가 낮다.

스프레이 마감인 셸낙 리스나 실리콘은 완성된 램프에 적용된다. 스프레이 코팅은 접착력은 좋으나, 세라믹 에나멜의 경도는 결여되며 마모나 긁힘에 더 취약하다. 스프레이 래커는 고도로 투명해서 시각적 필라멘트의 스파클이 필요할 때 주로 사용된다.

아크릴의 보호막으로 제시된 투명색의 담금 코팅은 스프레이 래커보다 향상된 것이어서 마찰과 날씨에 더 높은 저항력을 갖는다. 이처럼 플라스틱으로 코팅된 램프는 어떤 색이든지 더 높은 채도, 더 많은 스파클, 더 높은 밝기를 제공한다.

유색 램프 50R20, 75R30, 150R40은 불에 구운 에나멜 마감으로 제조된다. 유색 램프 100PAR38은 플라스틱 코팅이 된 사인 램프와 유사한, 염료가 주입된 실리콘 플라스틱으로 코팅되어 있다.

유색 램프 150PAR38에는 보호 렌즈의 내부에 진공증착된vacuum-deposited 다이크로익 간접 필터가 있다. 이 필터는 최소의 열을 흡수하고, 빛에서 필요로 하는 파장만을 투과함으로써 특정 색채를 만들어 내고 다른 파장의 빛은 램프의 후면으로 반사된다. 이는 색채를 흡수하는 재료를 통해 빛을 통과시키는 것보다 더 효율적이며, 흡수하는 방법보다 더 밝은 색채를 만들어 낸다.

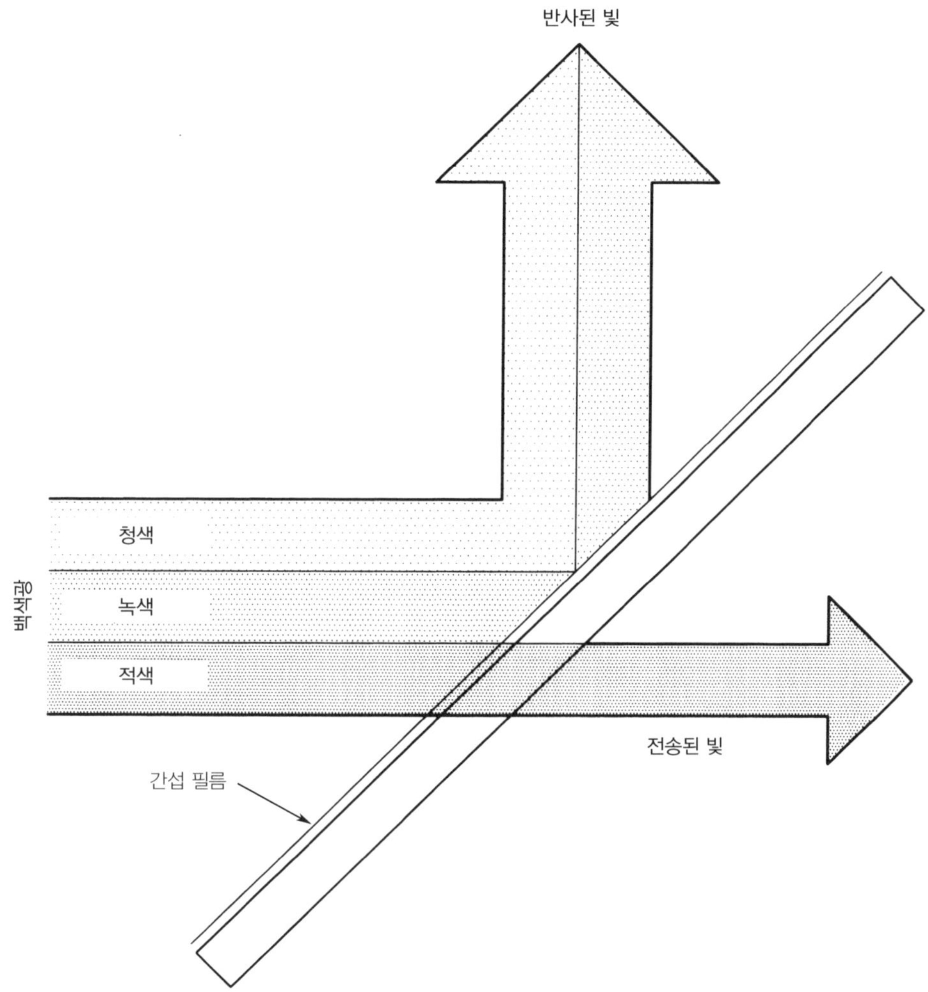

그림 6.14 다이크로익 필터

방전 램프 Discharge Lamps 7

방전 램프는, 백열 램프처럼 전류가 텅스텐 필라멘트를 통과하는 것이 아니라, 금속증기나 기체를 통과하면서 빛이 생산된다.

*방전*으로 빛을 만드는 것은 필라멘트에 의해서 빛이 만들어지는 것보다 더 효율적이다. 방전 램프는 발광효율이 높고, 수명이 더 길다. (부록 표 4 참조)

형광 램프 FLUORESCENT LAMPS

*형광 램프*의 발광원리는 수은증기의 저전압 방전에 의한 것이다. 형광 램프는 적절한 점등 전압을 공급하고 전류를 조절하여 램프를 점등하기 위해 *안정기*[ballast]를 필요로 한다.

두 음극 사이의 전압 차가 방전을 일으킬 정도로 충분할 때, 전류는 전구 내에서 수은 증기를 통과한다. 아크 전류가 수은증기를 통과함에 따라 각각의 수은 이온 내 전자의 전기에너지 레벨에 변화를 일으킨다. 전자의 에너지 준위가 변하면서 몇 개의 가시광선과 자외선 에너지를 방출한다. 이러한 방사는 램프관 속의 벽에 충돌하여 형광 물질이 빛으로 변하며 빛을 발산하게 한다(그림 7.1).

빛이 형광물질로부터 발산되기 때문에 형광 램프에서 나온 빛은 전구의 표면에서 방출되며, 관 전체가 실제 광원이 된다. 빛이 넓은 면에서 생성되기 때문에 램프의 평균 휘도는 비교적 낮은 편이다. 부록의 표 5를 참조하라.

형광물질이나 기타 첨가제는 자외선광, 유색광 또는 더욱 일반적이고 무수히 다양한 "백색"광과 같이 생산되는 빛의 종류를 결정짓는다.

비록 점등 원리는 모든 형광 램프가 동일하다 하더라도, 열음극과 냉음극의 두 종류의 음극이 존재한다. (사실상 이들 이름과는 달리 열음극 종류보다 냉음극이 더 많은 열을 방산하기 때문에 오해를 불러일으키기도 한다.)

냉음극 Cold-Cathode

냉음극 램프는 원통형 전극을 갖고 있고, 전극에는 전자 방출 물질이 코팅된다(그림 7.2). 이 넓은 면적의 전자 광원은 지극히 긴 수명을 갖는다. 냉음극에서의 전압 강하는 열음극보다 더 높다. 그러므로 전력 손실이 클수록 열이 더 많이 발생되고 램프의 효율이 떨어진다.

네온은 작은 지름의 특수한 종류의 냉음극 램프이

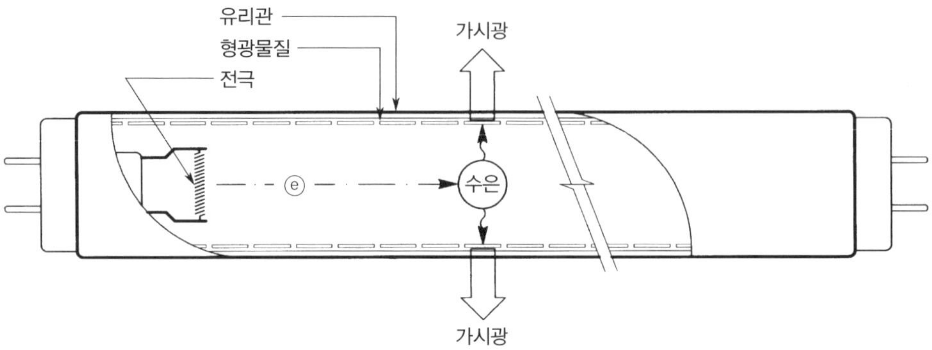

그림 7.1 형광 램프는 자외선 에너지를 빛으로 변환하는 형광물질이 코팅된 유리관; 유리구조로 지지되고 관의 끝부분이 봉인된 음극; 점등과 작동을 돕는 충진 기체-주로 크립톤, 아르곤, 네온의 혼합; 램프가 작동되는 동안 기화하는 소량의 수은; 그리고 조명 회로에 램프를 연결시켜 주는 관의 각 끝부분에 장착된 베이스로 구성된다.

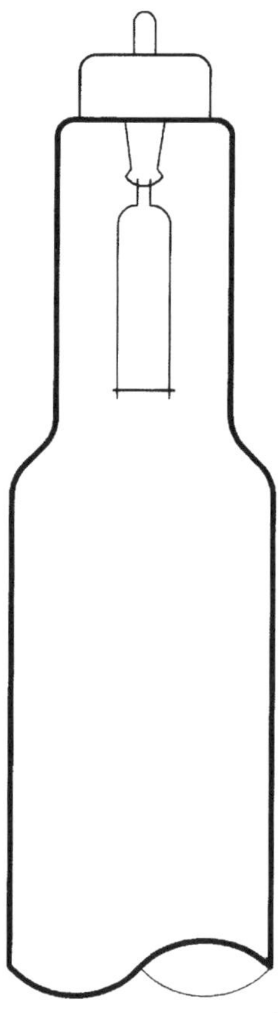

그림 7.2 냉음극 램프

며, 사인이나 예술품 등 그래픽적인 요소에 주로 이용되며 쉽게 구부러진다. 작동 원리는 냉음극 램프의 원리와 동일하나, 형광물질 없이 기체 자체의 자극에 의해 빛이 생성된다. 모든 냉음극 램프는 순간점등하며 조도가 쉽게 조절된다.

비록 냉음극 램프가 효율과 출력은 낮지만 수명은 길다. 그리하여 장식적인 용도나 접근이 어려워 램프 교체가 어려운 장소에 사용된다. 냉음극 램프는 열음극 종류보다는 덜 자주 사용된다.

열음극 Hot-Cathode

열음극 램프는 사실상 모든 형광 조명을 말한다. 또한 전자 방출 물질로 가득 찬 램프의 양쪽 끝부분은 텅스텐 필라멘트 코일로 되어 있다. 열음극 램프는 냉음극 램프보다 단위 길이당 더 높은 광출력과 전반적으로 더 높은 효율로 작동되어서 동일한 밝기를 산출하는데에 더 낮은 비용을 소요한다.

더 우수한 효율과 광출력은 열음극("형광") 램프를 거의 모든 용도의 조명에 적합하게 하여 실내 조명의 주요 광원이 되게 한다. 형광 램프는 주로 "F"와 와트 수, 형태, 1/8인치 단위의 램프 지름, 그리고 색채(인광물질의 종류와 상관색온도)로 식별된다. 예를 들어, F32T8/

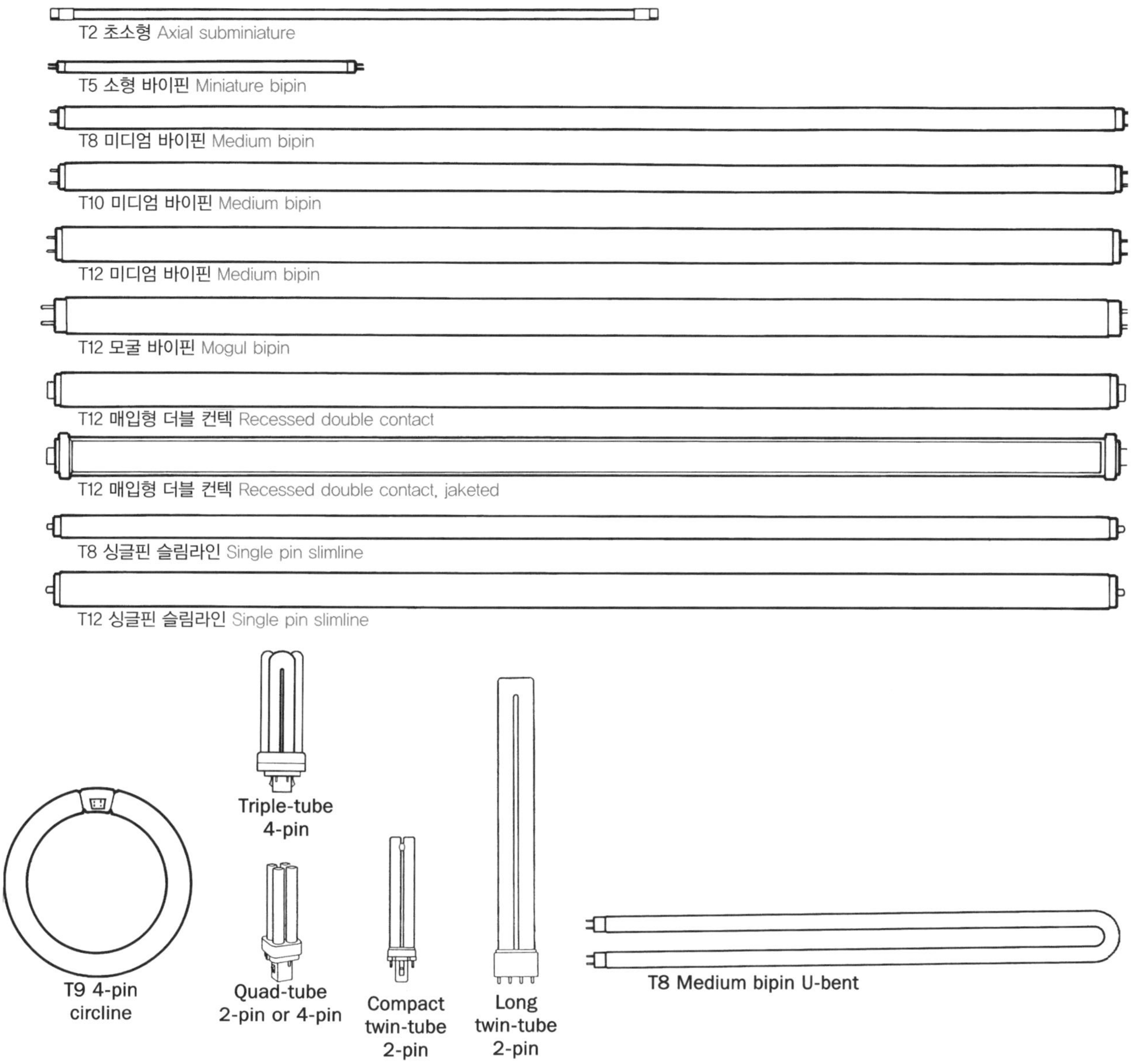

그림 7.3 실제 크기의 1/8인 형광 램프의 형상과 크기

RE830은 32W[5], 지름 1인치, 희토류(RE: rare-earth)의 형광물질로 된 형광 램프, 그리고 3000K의 상관색온도를 갖는 램프를 말한다(그림 7.3).

5 48W/840 : LC 형광 램프, 18W(소비전력), 8(연색성), 40(색온도) – 오스람 표기방법

램프 안정기 회로 Lamp-ballast circuits

형광 램프는 램프를 통과하는 전류를 조절하는 안정기를 필요로 한다. 형광 램프 안정기 회로에는 예열시동형, 순

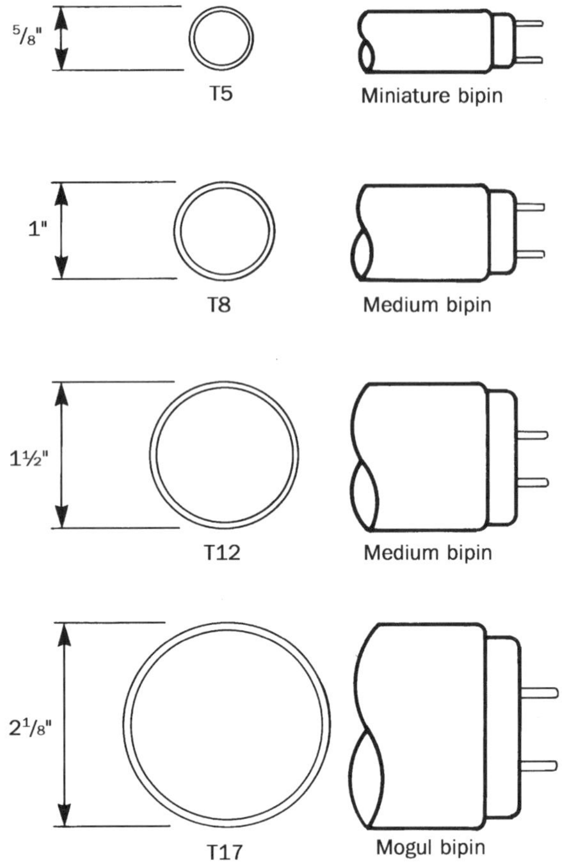

그림 7.4 실제 크기의 1/2인 프리히트 형광 램프의 지름과 베이스

시기동형, 속시기동형의 3가지 종류가 있다.

이전의 형광 램프는 *예열시동형*preheat이었다(그림 7.4). 예열시동형 램프에는 전자를 방출하여 튜브 내의 기체를 이온화하기 위해 전기적으로 열이 가해져야 하는 음극이 있어서, 전도성을 강화하고 아크를 활성화하는데 필수적인 전압을 높인다. 전류는 음극을 가열하며, 이것은 아크를 활성화하기 전에 발생하기 때문에 예열시동형으로 불리는 것이다.

예열하는 프로세스는 수초가 걸린다. 그것은 자동 *스타터*starter에 의해 주로 제어되는데, 자동 스타터는 음극을 가열하는데 드는 시간 동안 충분한 전류를 램프의 음극에 보충해 준다. 그 후 스타터는 음극과 아크 충돌 사이에 충당되는 전압을 일으키면서 자동적으로 중단된다.

예열시동형은 형광등으로 된 책상 조명기구처럼 종종 수동의 스타트 버튼을 누르는 방식으로 이루어진다.

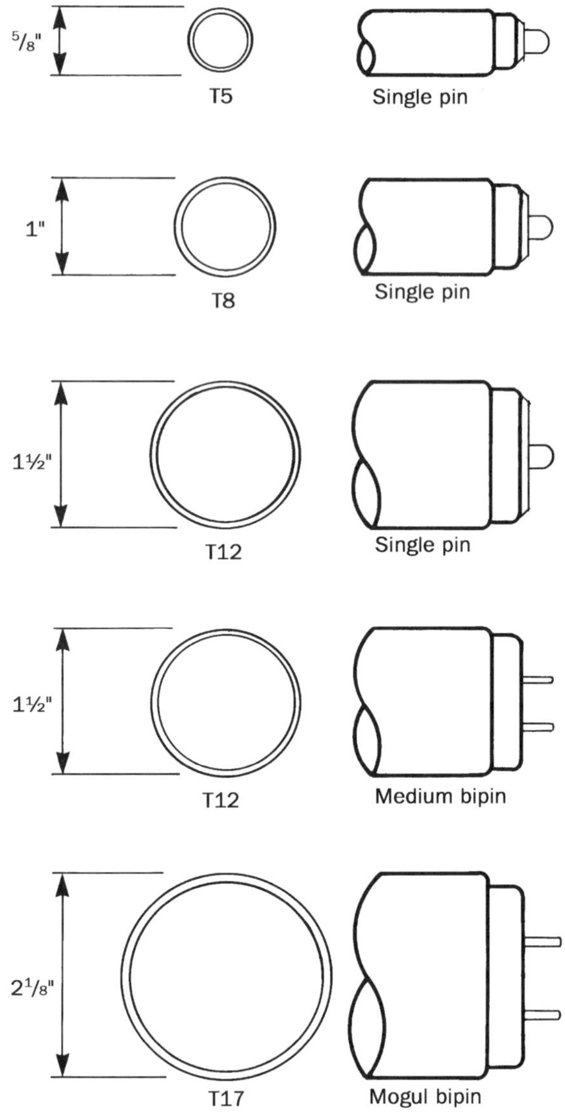

그림 7.5 실제 크기의 1/2인 인스턴트 스타터 램프의 지름과 베이스

이 버튼은 음극이 가열되는 몇 초 동안 억제되는데, 음극이 가열되면 버튼이 해제되며 아크에 충격이 가해진다. 점등이 수동이든지 자동이든지 일단 램프가 작동되면 아크는 음극의 온도를 유지시킨다.

*순시기동형*instant-start 램프는 스타터 없이 작동하도록 디자인되었다(그림 7.5). 이것은 조명 시스템과 유지관리를 간편하게 해 준다. 안정기는 아크를 즉각적으로 활성화할 만큼 충분한 전압을 제공한다. 이것은 즉각

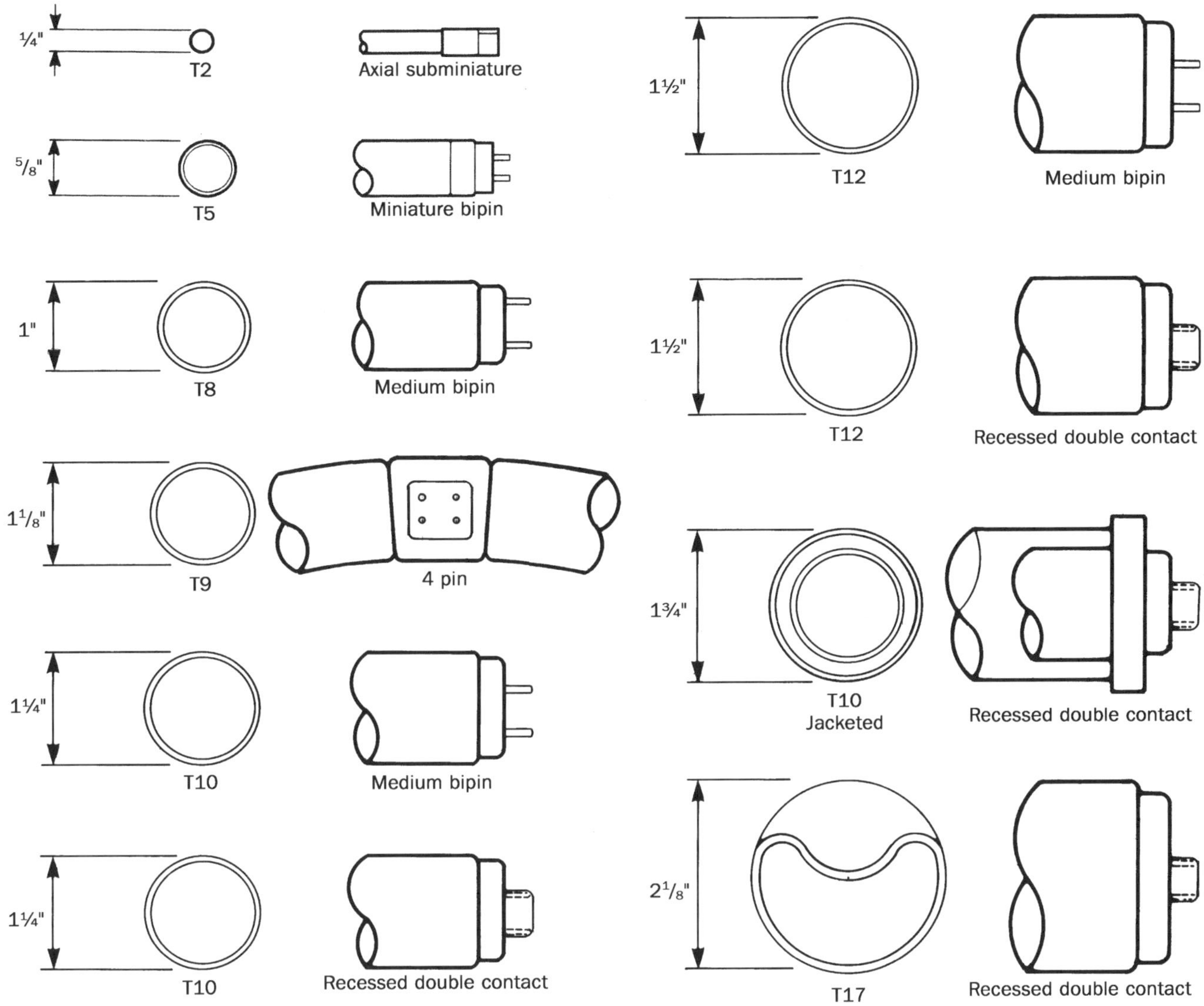

그림 7.6 실제 크기의 1/2인 래피트 스타터 램프의 지름과 베이스

적인 스타트의 급격한 요동에 맞설 수 있는 음극을 필요로 하는 활성화 동작이다.

순시기동형 램프는 예열이 불필요하기 때문에 단 하나의 외부 접점만이 램프의 각 끝부분에 위치한다. 어떤 순시기동형 램프에는 이중핀bipin 베이스가 있는데, 단일핀single-pin 베이스가 있는 램프를 슬림라인slimline 램프라고 한다. 이러한 램프에서는 핀이 베이스 내부에서 연결된다.

슬림라인 램프는 1개 이상의 전류와 전압에서 작동될 수 있다. 이러한 이유로 이들 램프는 와트보다는 길이로 식별된다. 명칭에서 "F"를 뒤이은 숫자는 명목상 램프의 길이이다. 예를 들어, F96T12/RE830은 길이 96인치(8피트), 지름 1 1/2인치의 슬림라인 램프이며, 희토류의 형광물질과 3000K의 상관색온도를 갖는다.

*속시기동형*rapid-start 램프는 예열시동형 형태에 순시기동형 회로를 연결시킨 것이다(그림 7.6). 스타터는 불필요하고 안정기에는 음극을 지속적으로 가열하는 별도의 필라멘트 예열회로가 있다. 그리하여 순시기동형

램프는 스위치가 켜진 후 거의 즉각적으로 점등되지만, 같은 길이의 순시기동형 램프보다 점등에 필요한 전압은 더 낮다. 속시기동형 안정기는 순시기동형 안정기보다 저렴하고 작으며, 전력 손실이 작다.

래피드 스타터 램프는 종종 인스턴트 스타터 안정기로 작동된다. 인스턴트 스타터 안정기는 램프를 점등하는데 더 높은 전압을 제공하지만, 램프가 작동되는 동안 음극에 전류를 공급하지는 않는다. 그리하여 램프당 약 2~3와트가 절약된다.

래피드 스타터의 음극은 램프가 작동되는 동안 지속적으로 가열되기 때문에 이 램프는 유일하게 조광되거나 섬광을 만들 수 있는 형광 램프가 된다.

*트리거-스타트*trigger-start 안정기는 프리히트 형광 램프의 작동을 스타터를 사용하지 않고 32W까지 허용해 준다. 이러한 회로는 래피드 스타터 회로보다 먼저 개발되었으며 작동상 유사하다. 즉, 음극을 지속적으로 가열하도록 해 주고, 스타터는 불필요하다. 이 램프는 램프가 점등되기 전에 음극 필라멘트를 통하는 전류를 허용해 주는 바이핀bipin 베이스로 만들어진다.

확실한 점등을 위해서 래피드 스타터와 트리거-스타트 램프는 반드시 램프의 전체 길이 중 1인치 폭의 금속 띠에서 1인치 이내로 또는 1/2인치 폭의 금속 띠에서 1/2인치 이내로 끼워야 한다. 이는 일반적으로 조명기구 하우징 내의 전기배선 채널wiring channel이나 반사판에 의해 제공된다.

T8 램프와 T5 램프 *T8 and T5 lamps*

형광 램프의 연색성이 양호하려면 표준 형광물질보다 비싼 RE(rare-earth: 희토류) 형광물질을 사용해야 한다. 이러한 이유로 관경이 상대적으로 작은 *T8* 램프와 *T5* 램프가 생산되었다. (T8 램프는 T12 램프가 필요로 하는 형광물질 양의 3분의 2 정도만 사용하므로 생산비를 감소하게 한다.) 지름이 작을수록 아크에서 더 가까운 곳에서 형광물질을 얻고 빛을 만들어 내는 유효 값을 높인다.

연색성 개선 외에도 RE 형광물질은 발광효율을 증가시킨다. 시스템의 유효 값을 비교해 보면, T8 램프는 자기식magnetic 안정기에서 80lm/w에 이르며, 일반 형광물질 T12 램프는 65~75lm/w, 전자식 안정기에서는 105lm/w에 이른다. 더 높은 발광효율 때문에 T8 램프 안정기 시스템은 여러 용도에서 전통적인 T12 램프를 대체하였다.

(램프 제조사들은 기준 조건에서 램프가 작동될 때의 와트당 루멘으로 *램프 유효 값*을 보고한다. *시스템 유효 값*은 램프가 안정기에 대한 소비 전력으로 분리된 소정의 안정기에 의해 작동될 때 램프에서 창출된 루멘이다.)

관경이 줄어들면 휘도는 증가되어 광원을 가리는 더 좋은 방법이 필요하다. 이렇게 램프의 관경이 작을수록 휘도의 광학적 유효 값은 증가하지만, 빛 퍼짐 패턴이 향상될 수 있는 더 작은 조명기구를 만들어 낼 수 있는 것이다.

T8 램프에는 RE-70, RE-80, RE-90의 3가지가 있다. 색온도는 형광물질 간의 상대적 균형에 따라 다양해지는데, RE-70 램프와 RE-80 램프는 3개의 narrow-emission 형광물질을 포함하여 가시 에너지에서 청색, 녹색, 적색의 강한 스펙트럼 특성을 보인다(도판 19, 20, 21 참조). RE-70 램프에는 일반 형광물질 코팅과 RE 삼파장 형광물질triphosphors의 얇은 코팅이 함유되어 CRI 70~79를 만들어 낸다. RE-80 램프에는 RE 삼파장 형광물질의 두꺼운 코팅이 함유되어 완전한 광출력과 루멘을 유지하면서 CRI를 80~89로 증가시킨다.

RE-90 램프는 다른 두 RE 램프에 있는 3가지의 narrow-emission 형광물질을 사용하지 않는다. 이 4파장 형광물질quad-phosphor 램프에는 4가지의 wider-emission 형광물질이 함유되어 있고 3000K에서 CRI 95와 5000K에서 CRI 98을 만들어 낸다(도판 22, 23 참조).

4가지의 RE 형광물질 외에도, RE-90 3000K 램프에는 수은 방사에 의한 청색광의 양을 감소시키는 필터가 있어서 광색의 균형을 잡아 준다. RE-90 램프의 광량은 3분의 1로 감소되지만 광색이 선명하고 정밀하여 대개 감지할 수 없을 정도이며, 대비를 향상시키고 CRI가 낮은 램프의 회색조 톤을 극적으로 표현해 준다.

T5(지름이 5/8인치) 형광 램프는 미터 단위의 길이와 바이핀 베이스로만 제작되어서 전자식 안정기에 의해서만 작동되도록 디자인되었다. 비교적 작은 관경은 T8 램프보다 훨씬 양호한 광학적 제어를 제공한다. 더욱이 T5 램프는 형광 램프의 주변 온도가 일반적인 온도인 25°C에서보다 35°C에서 최적의 광출력을 생산함으로써 방열을 위한 부수적인 장치가 필요 없이 더욱 콤팩트한 조명기구 디자인을 고려할 수 있다.

T5 램프는 또한 고출력 버전도 가능하며 이는 표준형인 T5보다 단위길이당 거의 2배의 광출력을 제공한다. 현재 모든 T5 램프는 RE-80 형광물질로만 가능하다.

다양성 Variations

에너지 절약형 또는 와트 수를 낮춘 램프는 표준 램프와 상호교환이 가능하다. 이러한 램프는 전력을 더 적게 소비하고 더 적은 양의 빛을 전달해 준다. 소비 전력은 12~15% 정도 감소되고, 루멘 출력은 10~20% 정도 감소된다. 에너지 절약형 램프는 낮은 온도에서 표준 램프보다 더 민감해져서 최저 점등온도가 표준 램프는 10°C인 것과 달리 15.6°C 이다.

T8과 T12의 *U자형* 형광 램프는 일반 1200mm 길이의 형광 램프를 "U"형으로 구부린 것이다. 이것은 1200mm 램프 2, 3개를 길이 600mm의 정사각형 조명기구에 사용 가능하며, 전기배선과 소켓이 조명기구의 한쪽 끝에 위치할 수 있다는 이점이 있다.

T8 U자형 램프는 1 5/8 인치 간격과 6인치 간격이 가능하며, 6인치가 보다 보편적이다. T12 U자형 램프는 6인치 간격과 3 5/8인치 규격이 가능하며, 6인치가 또한 더 보편적이다.

원형의 서클라인circline" 램프는 하나의 원으로 구부러진 T9(지름 1 1/8 인치) 튜브이며, 양 끝이 서로 맞닿아 있고, 4개 핀 커넥터 베이스four-pin connector base를 하나 갖는다. 지름의 외경 크기에는 6 1/2인치, 8 1/4인치, 12인치, 16인치 등이 있다. 서클라인 램프는 래피드 스타터 안정기를 사용하도록 만들어졌으나 프리히트나 트리거-스타트 안정기도 사용 가능하다.

원형의 T5 램프는 외경 9인치와 12인치가 있으며, 이들 램프는 2개 핀으로 연결된 싱글 베이스로 되어 있다.

표준 래피드 스타터 램프가 425mA에서 작동하는 것과 다르게 *고출력high-output(HO)* T12 래피드 스타터 램프는 800밀리암페어(mA)에서 작동한다. 표준 램프보다 상당히 많은 전류를 소비하고 물리적으로 같은 크기의 슬림라인 램프보다 45% 더 많은 양의 빛을 생산해 낸다.

고출력 램프는 램프 길이, 전구 지름, 색채, 그리고 문자 HO로 묘사된다. 예를 들어, F96T12/RE830/HO는 길이 96인치(8피트), 지름 12/8인치, 성분은 희토류(rear-earth), 색온도 3000K인 고출력 램프이다. HO 램프에는 다양한 색온도가 있고, 18인치에서 96인치의 길이가 가능하며, 소비전력을 절약하는 에너지 절약형이 있다.

초고출력very-high output(VHO) T12 램프 또한 1500mA에서 래피드 스타터로 점등된다. 같은 길이의 표준 램프에 비해 약 3배의 전력을 소비하는 한편, 2배의 빛을 만들어 내는 이 램프는 가장 많은 빛을 방출하는 형광 램프로 사용된다.

반사판Reflector 램프와 *구경aperture* 램프는 관의 안쪽 표면에 반사판이 내장되어 있어서 빛의 방향이 제어된다. 관 내부에 반사장치가 없는 부분은 *윈도우window*라고 불린다. 윈도우를 통해 방출된 빛의 세기는 상당히 증가되지만, 전체 광출력은 감소한다. 특별한 용도 이외에는 효율적인 일반 램프가 더 바람직하다(그림 7.7).

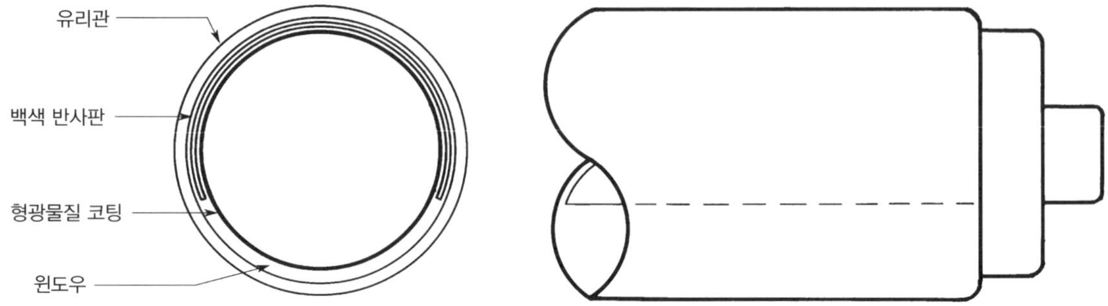

반사판 램프

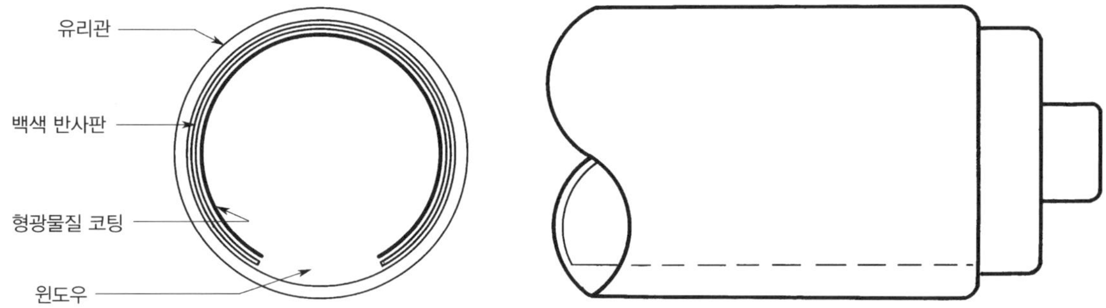

구경 램프

그림 7.7 실제 크기의 1/2인 반사판 램프와 구경 램프

콤팩트 형광 램프 *Compact fluorescent lamps*

콤팩트 형광 램프는 싱글 엔드single-ended 타입인데, 멀티튜브 형광 램프 형태로 발광효율이 높고, CRI 82, 10,000~20,000시간의 수명을 제공한다(그림 7.8). 프리히트와 래피드 스타터 회로 모드에서 작동하며, 대부분 램프 베이스에 장착된 스타터가 있다.

콤팩트 형광 램프는 전통적인 작은 형광 램프보다 단위길이당 상당히 높은 루멘 출력을 갖는다. 이는 지름이 작고 코너가 예리한 멀티 튜브 형태의 전구에 필수적인 높은 형광물질이 도포되어 있기 때문이다. 모든 형광 램프가 그러하듯이 콤팩트 형광 램프는 점등과 작동을 위해 안정기를 필요로 한다.

콤팩트 램프는 앞에서 언급한 T5와 T8에서와 같이 연색성이 높은 희토류RE 형광물질을 사용한다. 색온도는 형광물질의 혼합에 따라 다르며, 2700K의 색온도는 대개 표준 백열 램프의 색채를 구현하기 위해 사용되고, 3000K는 텅스텐-할로겐 램프와 직관형 3000K 형광 램프와 호환된다. 3500K와 4100K는 직관형의 3500K와 4100K의 형광 램프에 각각 호환된다.

콤팩트 형광 램프에는 6가지 종류가 있으며 다음과 같다.

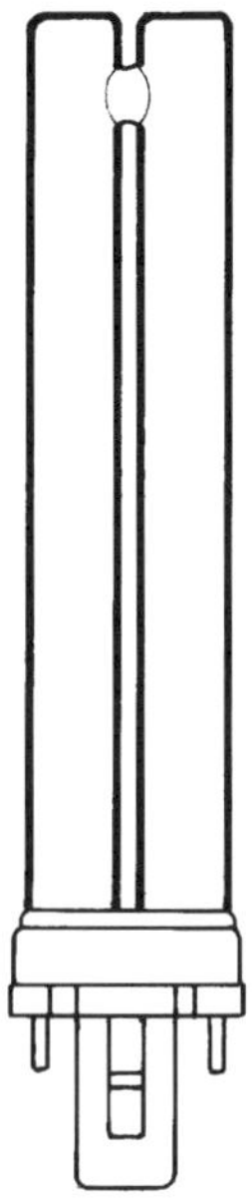

그림 7.8 실제 크기의 1/2인 트윈twin-튜브 콤팩트 형광 램프

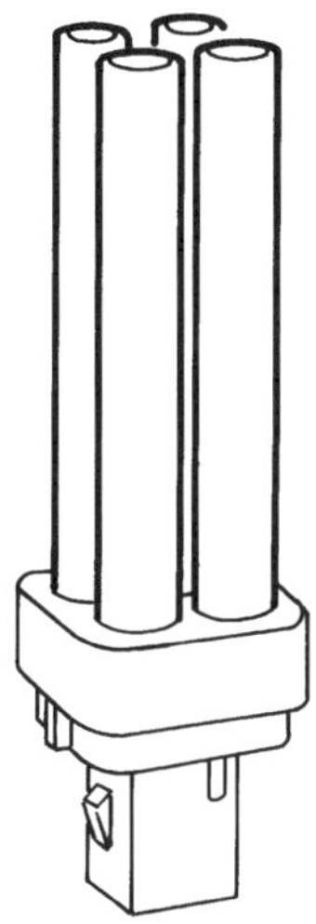

그림 7.9 실제 크기의 1/2인 4중quad-튜브 콤팩트 형광 램프

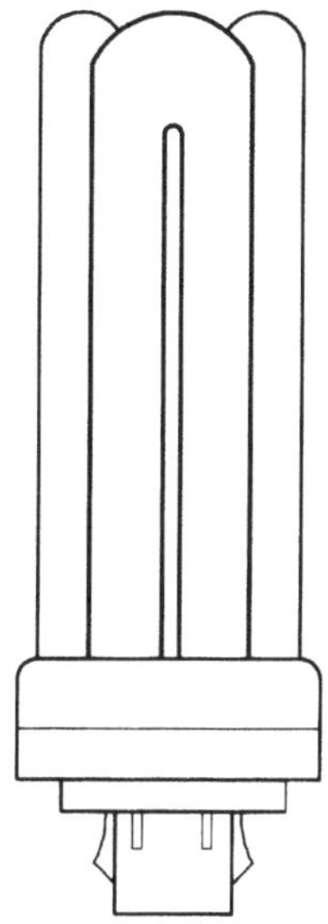

그림 7.10 실제 크기의 1/2인 3중triple-튜브 콤팩트 형광 램프

1. T4(지름 1/2인치)의 트윈twin-튜브 프리히트형 램프에는 램프의 two-pin 플러그 베이스에 스타터 장치가 있다. 이 램프는 경제적인 리액터reactor 안정기로 작동되며 5W부터 13W까지 가능하다(그림 7.8).

2. T4 또는 T5의 4중quad-튜브 프리히트형 램프에는 two-pin 플러그 베이스와 일체형 스타터가 있으며, 13W부터 26W까지 가능하다(그림 7.9). 이 중에는 리액터 안정기를 사용하는 램프도 있고, 오토트랜스autotransformer/리액터 안정기를 필요로 하는 램프도 있다. 더욱 콤팩트하게 디자인된, 높은 루멘을 출력하는 트윈-튜브의 변종은 트윈-튜브 램프에 비해 상당히 증가한 광출력을 제공한다.

3. T4 4중quad-튜브 전기식 램프는 four-pin 플러그 베이스가 있다는 점과 일체형 스타터가 없다는 점을 제외하면 4개-튜브 프리히트형 램프와 유사하며, 13W부터 26W까지 가능하다(그림 7.9). 래피드 스타터형 전자식 안정기로 작동하도록 디자인된 램프는 또한 프리히트형 회로에서도 작동한다. 이들 램프는 조광용 전자식 안정기로 밝기를 조절할 수 있다.

4. T4 3중triple-튜브 래피드 스타터형/프리히트형 램프에는 스타터 없이 four-pin 플러그 베이스가 있으며, 18W부터 70W까지 가능하다(그림 7.10). 작은 패키지에서 높은 루멘 출력을 전달하도록 디자인되어 우리에게 친숙한 백열광원을 위한 다운라이트나 월-워셔wall-washer와 같은 형태의 매입형 조명기구에 자주 사용된다. 이들 램프는 조광용 전자식 안정기로 밝기를 조절할 수 있다.

5. T5 트윈twin-튜브의 "긴long" 래피드 스타터형/프리히

그림 7.11 실제 크기의 1/4인 "긴long" 콤팩트 형광 램프

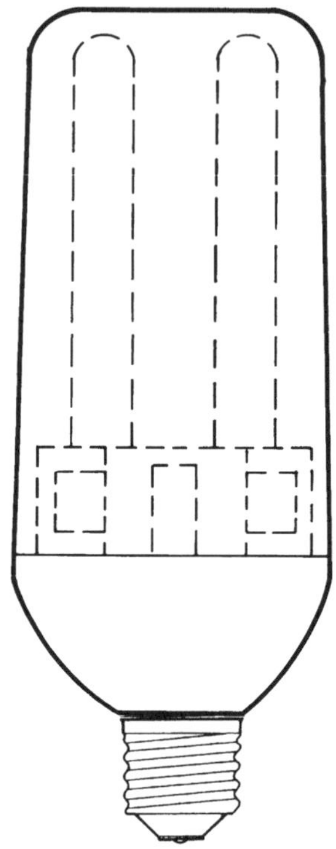

그림 7.12 비모듈형non-modular의 안정기 내장형인 콤팩트 형광 램프

트형 램프에는 스타터 없이 four-pin 일렬형 베이스가 있으며, 18W부터 70W까지 가능하다(그림 7.11). 이들은 더 작은 패키지에서 기존의 형광 램프의 루멘 출력을 제공하도록 디자인되어 보다 더 고출력 램프이다. 이들 램프는 조광용 전자식 안정기로 밝기를 조절할 수 있다.

6. 안정기 내장형 콤팩트 형광 램프는 에너지와 유리관리 측면에서 유리하며 백열 램프 대체용으로 디자인되었다. 이들은 double-folded 콤팩트 형광 램프, 전자식 인스턴트 스타터형 안정기, 외부 확산기, 미디움 스크루 베이스를 포함하는 일체형 시스템이다(그림 7.12). 이 램프는 두 종류, 즉 모듈형(램프 교체형)과 비모듈형이 가능하다. 이 램프의 에너지 소비는 백열 램프의 1/4에서 1/3이고 수명은 10배이다. 미디움 스크류 베이스medium screw base를 갖는 콤팩트 형광등은 다른 콤팩트 형광 램프에 비해 효율이 낮지만, 간단하게 백열 등기구를 대체하여 사용 가능하다.

***광출력** Light output*

형광 램프가 점등된 처음 100시간 동안 5%의 초기 광속 저하를 보이며 그 이후의 광속 감소는 비교적 서서히 일어난다. 결과적으로 형광 램프의 이른바 "초기 루멘"은 처음 점등하고 100시간 후에 얻어지는 빛의 양인 것이다.

램프의 수명이 다하기까지 광속의 감소는 초기 광속의 15% 정도이다. 이는 형광물질이 열화deterioration되고, 음극에 인접한 유리 전구에 흑화 현상을 일으키는 전자 방출 물질이 음극으로부터 기화한 결과이다.

수명이 다하는 시점은 전극의 전자방출이 고갈되는 때이다. 예열에 실패한 램프는 명멸하며 번쩍이거나 소멸된다. 인스턴트 스타터형 램프와 래피드 스타터형 램프는 소멸하거나 깜빡이거나 휘도가 감소된 상태에서 작동한다.

램프의 수명 Lamp life

램프의 수명은 형광 램프의 종류에 따라 다르다. 정격 평균 수명은 실험실에서 여러 개의 램프를 테스트한 수명의 평균값에 기초하며, 그것은 "점등 시간(burning hours)"으로 표현된다. 프리히트형 램프의 정격 평균 수명은 7,500~9,000시간이고, 슬림라인 램프는 7,500~12,000시간, 속시기동형 램프는 14,000~24,000시간, 고출력 램프는 9,000~12,000시간, 그리고 초고출력very-high-output 램프는 10,000~12,000시간이다.

모든 형광 램프는 점등 초기 주변 온도의 영향을 받는다. 저온에서는 안정적인 시동을 위해 보다 높은 전압을 필요로 한다. 대부분의 안정기는 표준 램프의 경우 10°C 아래까지 시동 전압을 제공한다. 램프의 종류에 따라 안정기의 시동 전압이 -18°C에서 -29°C까지도 가능한 경우도 있다.[6]

램프를 켤 때마다 텅스텐의 음극을 격감시키기 때문에 형광 램프의 평균 수명은 점등 회수에 영향을 받는다. 잦은 점등은 수명을 단축시키며, 한번 점등하면 점등 시간이 길수록 수명은 길어진다. 공시된 램프 수명 등급은 점등 후 3시간 동안 점등이 유지된 램프에 대한 수명을 측정한 것이다. 냉음극 램프의 수명은 점등 회수에 영향을 받지 않는다.

에너지 정책법 *EPACT*

1992년 미국 에너지 정책법(EPACT)은 형광 램프에 대한 최소 효율 기준을 제정하였다. 이것의 기준은 와트당 루멘으로 측정된 램프 효율 평균의 최소값과 연색평가지수(CRI)의 최소값을 결합한 것이다. Full wattage를 사용하지 않는 F40, F40/U, F96, F96/HO 램프는 CRI가 69 이상이거나 최소 효율 조건을 만족하지 않는 한 제조되거나 수입될 수 없다.

full-wattage을 사용하는 CW, D, W, WW, WWX 램프는 이제 사용이 불가하며, 에너지 절약형 D와 WWX 램프도 사용이 불가하다. CW, D, LW, W, WW, WWX F96T12와 F96T12/HO 램프는 1994년 4월 30일 이후 미국에서 제조와 판매가 금지되었다. CW, D, LW, W, WW, WWX F40T12와 F40T12/HO 램프는 1995년 10월 31일 이후 미국에서 제조와 판매가 금지되었다(부록 표 3 참조).

CRI82 이상의 램프는 이러한 효율 기준에서 제외된다. 또한, 구경aperture 램프, 네온 램프, 유색 램프, 충격저항 램프, 식물생장 램프, 반사판 램프, 자외선 램프도 이 기준에서 제외된다.

1992년까지 미국 내 건축 조명에 사용된 대부분의 형광 램프는 비교적 저렴한 형광물질과 적절한 연색성을 갖는 T12 램프였으나, 높은 효율과 우수한 연색성 때문에 T8 램프가 현재의 기준이 되었다.

유색 램프 Colored Lamps

유색 형광 램프는 스펙트럼의 특정 부분만 방출하며, 색채는 사용된 형광물질에 의해 결정되는데, 여러 가지 형광물질을 혼합하여 여러 가지 광색을 만들어 낼 수 있다.

또한 어떤 경우에는 색의 채도를 감소시킬 수은 방사를 흡수하기 위해 부가적인 필터링이 요구된다. 적색과

6 전자식 안정기 시동 전압 : -25°C~+50°C (T8 기준)
자기식 안정기 시동 전압 : -20°C~+50°C (T8 기준)

짙은 청색 램프에는 전구 외벽에 필터 코팅이 적용된다.

골드 형광 램프는 황색을 방출하는 형광물질이 없기 때문에 *감법*subtraction으로 그 색채를 얻는다. 튜브 내부의 황색 필터 코팅은 온백색(warm-white) 형광물질로부터 황색 이외의 모든 파장을 흡수한다. 이러한 필터링이 사용될 때마다 흡수된 파장 때문에 조명의 발광효율은 감소된다.

블랙라이트 형광 램프는 일차적으로는 자외선에 가까운 에너지와 소량의 청색 가시광을 방출하는 특별한 형광물질을 사용한다.

유색 형광 램프는 다양한 루멘을 출력한다. 예를 들어, 1개의 녹색 램프에서 출력되는 루멘 값은 25개의 적색 램프의 루멘 출력 값과 동일하다(부록 표 6 참조).

다른 색채의 빛은 주의를 끄는데 있어 각각 그 효과가 다르며, 이는 밝기와는 또 다른 문제이다(부록 표 8 참조).

깜박거림과 스트로보스코픽 효과

Flicker and Stroboscopic Effect

60Hz의 교류에서 작동되는 형광 램프 내의 수은 아크는 초당 120번 점멸한다. 그 램프에서 나오는 빛은 눈에 보이는 것처럼 남아 있는데, 그것은 형광물질에 형광성phosphorescent 또는 "존속하는carry-over" 반응이 있기 때문이다. 즉, 형광물질은 아크가 소진된 후라도 아주 짧은 시간이지만 감소된 양의 빛을 방출한다.

광출력에 있어서 주기의 변동을 *깜박거림*flicker이라고 한다. 60Hz에서 램프 *깜박거림의 비율*flicker rate은 120회/1초이다. 그러나 램프의 끝에 있는 각각의 교체 플래시alternate flash는 상대적으로 약해서 60회/1초의 플래시를 일으킨다.

120회/1초 주기의 깜박거림은 너무 빨라서 눈에 보이지 않는다. 60회/1초 주기는 망막의 주변 시야에 의해서만 감지될 수 있다. 이러한 이유로 램프의 깜박거림은 눈이 램프의 끝부분을 볼 때에만 인지된다.

형광등에 의한 조명 시스템 하에서 신속히 움직이는 물체를 목격할 때, 이따금 흐릿한 "유령" 이미지가 관찰된다. 이는 *스트로보스코픽 효과*stroboscopic effect로 알려져 있다. 이러한 현상 때문에 동일한 속도로 움직이는 물체가 경련을 일으키며 움직이는 것처럼 보이게 된다. 극한 상황에서는 회전하는 물체가 회전 속도와 위치에 따라 가만히 정지해 있거나 심지어 반대 방향으로 회전하는 것처럼 보일 것이다.

현대의 형광물질은 상대적으로 긴 이미지 보존carryover 기간을 갖기 때문에 스트로보스코픽 효과는 그다지 문제가 되지 않는다. 만일 문제가 발생한다면, 삼상회로의 삼상에서 작동하는 다중 안정기가 스트로보스코픽 효과를 감소시킬 것이다. 램프의 1/3만이 주어진 시간 동안 감소된 출력으로 작동하기 때문이다.

고휘도 방전(HID) 램프

HIGH-INTENSITY DISCHARGE LAMPS

"고휘도 방전"이라는 용어는 고밀도 전류high power density가 흐르는 아크 방전 광원에 적용된다. 고휘도 방전 램프에서 빛은 형광 램프나 저압 나트륨 램프와는 대조적으로 높은 압력에서 기체 또는 증기를 통해 전류를 흐르게 하여 생산된다. 조명에 사용되는 HID 램프는 다음의 3가지를 말한다. (1) 수은 램프mecury vapor lamp, (2) 메탈할라이드 램프metal halide lamp, (3) 고압 나트륨 램프high pressure sodium lamp.

HID 램프는 전기적 아크에서 한쪽 전극으로부터 다른 쪽으로 전류를 전달하기 위해 증발되고 이온화되는 2개의 전극과 1개 이상의 금속을 감싸는 내관으로 구성되어 있다. 램프에 전류가 통하게 될 때, 전계가 점등 전극과 주요 전극 사이에 형성되어, 전기적으로 충전되는 점등 기체 개개의 입자를 일으킨다(그림 7.13). 대부분의 HID 램프에서 내관은 유리로 감싸진다.

전류의 흐름을 구성하는 전자나 아크 방전은 놀랄 만한 속도로 가속된다. 그것들이 기체나 증기의 원자와 충돌할 때 원자의 구조를 바꾸고, 빛은 원자가 정상의 상태로 돌아오면서 복사의 형태로 생기는 에너지의 결과이다. 램프가 워밍하는 과정은 주변 온도 상황에 따라 3~7분이 소요된다.

모든 HID 램프는 각각의 고유한 특성을 갖는다. 수은 램프의 경우, 빛은 수은증기를 통과하는 전기방전에 의해 생산된다. 전극은 텅스텐으로 만들어지며, 텅스텐 내에서 방출 물질이 외부 텅스텐 코일에 의해 보호된 내부 텅스텐 코일로 이동한다. 전극은 아크에서 받은 충격 에너지에 의해 전자가 방출될 수 있는 적절한 온도까지

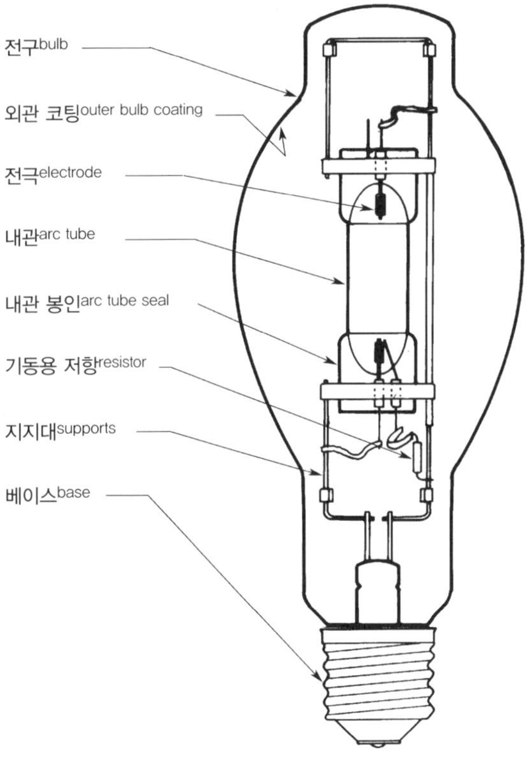

그림 7.13 일반적인 고휘도 방전 램프. 모든 HID 램프에서 빛을 발생시키는 부분은 내관이며, 내관에는 아크를 일으키는 전극과 기체, 금속 증기가 있다. 베이스는 램프를 기계적으로, 그리고 전기적으로 조명기구와 연결해 준다.

가열된다. 아크가 충돌한 후 아크의 열은 수은을 증발시키기 시작하여 CRI 15에서 20인 녹색조의 품질이 좋지 않은 색채의 빛을 만들게 되며(도판 27), 이러한 연색성을 CRI 45에서 50으로 향상시키기 위하여 전구 내부에 형광물질을 코팅한다(도판 28).

메탈할라이드 램프에서, 전기 방전은 혼합 요오드화물과 같이 내관 내부에 채워진 수은 증기와 메탈할라이드의 혼합물을 통과한 것이다. 램프가 완전히 작동되는 온도에 다다를 때, 내관 안의 메탈할라이드는 부분적으로 증발되고 메탈은 스펙트럼을 방사하는데, 이것은 수은 램프보다 광범위하며, 더 좋은 효율과 CRI 65의 보다 나은 연색성을 낸다(도판 29). 전구 내부의 형광물질 코팅은 빛의 확산과 추가적인 연색성 개선을 제공한다(도판 30).

펄스 스타트pulse-start 메탈할라이드 램프의 내관은 일반 메탈할라이드 램프보다 훨씬 고압이다. 이는 전극으로부터 텅스텐 기화를 감소시켜서 내관의 흑화를 줄인다. 그 결과로 펄스 스타트 램프는 일반 메탈할라이드에 비해 더 나은 광속유지, 더 긴 램프수명, 그리고 개선되고 안정적인 연색성을 제공한다.

고압 나트륨high-pressure sodium(HPS) 램프는 수은과 나트륨의 혼합 증기를 통과하는 전기방전에 의한 것이며, 후자인 나트륨이 우세하다. 이는 가로등으로 우리에게 친숙한 CRI 21에서 22인 오렌지 색조의 빛을 만들어 낸다(도판 24). 고압 나트륨 램프 내관은 고온에서 나트륨 충돌에 견디고 녹는점이 높은 세라믹 물질인, PCA(polycrystalline alumina)로 만들어진다. 램프 내부의 기체 압력을 더욱 향상시켜 얻을 수 있는 백색의 고압 나트륨white high-pressure 램프는 양호한 연색성 CRI 85로 2700K의 백열등 같은 색채를 낸다(도판 25).

세라믹 메탈할라이드ceramic metal halide 램프는 고압 나트륨 램프의 세라믹 내관의 원리와 기존의 메탈할라이드 화학작용을 결합한 것이다. 일반 메탈할라이드 램프에 사용된 석영 내관 대신, 세라믹 메탈할라이드 램프에는 PCA(polycrystalline alumina)를 사용한다. PCA

는 램프의 연색성, 출력, 발광효율을 향상시키면서 램프를 높은 내부 온도에서 작동할 수 있게 한다. PCA는 안정적인 연색성과 광속유지를 개선하고, 램프의 수명이 다할 때까지 관 내부의 화학 혼합물을 안정화시키는 화학물질과의 상호작용을 견뎌 낸다. PCA관은 석영관보다 작아서 화학 혼합물이 흩어지는 것을 막아 주어 색채의 일관성을 향상시킨다.

연색성이 높은 많은 HID 램프는 일반 HID 램프보다 수명이 짧고 광출력이 낮지만, 우수한 색채는 사람이 거주하는 영역에서는 중요한 요소이다. 백색의 고압 나트륨 램프는 10,000시간의 수명과 CRI 85를 제공하고, 어떤 것은 prefocus 베이스가 있어서 광학 시스템에서 광원의 명확한 위치를 정할 수 있다. 세라믹 메탈할라이드 램프는 6,000~15,000시간의 수명과 CRI 81~96을 제공하며, 특별한 경우에 조명기구에서 정확한 광초점의 위치를 확보하기 위해 바이핀bipin이나 매입형 싱글 컨텍recessed single-contact 또는 모굴mogul 베이스를 갖는다.

전구의 형태 Bulb shapes

HID 램프는 몇 가지 백열 전구의 형태로 생산된다. 부수적으로 4가지 형태가 HID만을 위해 특별히 디자인되었는데, 그것은 B, BT, E, ED이다. 전구의 형태(그림 7.14)에는 다음과 같은 것들이 있다.

A	Arbitrary 자유곡선형
B	Bulged 볼록형
BT	Bulged-tubular 볼록-튜브형
E	Elliptical 타원형
ED	Elliptical-dimpled 타원-오목형
PAR	Parabolic alumnized reflector 포물선형 알루미늄 반사판
R	Reflector 반사판
T	Tubular 튜브형

HID 램프를 설명하는 약어에는 램프의 종류와 상품명을 식별하는 다중문자 코드와 램프의 와트를 표시하는 숫자가 포함되며, 램프의 형태를 의미하는 접미사, 1/8인치 단위로 된 전구의 최대 지름, 외부 전구의 마감, 작동위치, 베이스, 색채 등이 뒤따른다. HID 램프의 설명을 위한 미국표준협회(ANSI) 코드는 제조사 사이에서 제안된 표준화된 명명법을 제공한다.

예제: CMH100/C/U/MED/830

CMH	세라믹 메탈할라이드ceramic metal halide 램프 또는 CDM(ceramic discharge metal halide), MHC(metal halide ceramic)
H	수은 증기 램프(H는 수은hydrargyrum을 뜻하며, 수은mercury의 그리스어이자 화학 기호인 Hg를 나타낸다.)
M	메탈할라이드 램프metal halide lamp
S 또는 LU	고압 나트륨high-pressure sodium 램프(LU는 HPS 램프를 제조하는 몇 회사의 고유명칭의 줄임말이다.)
SB	안정기 내장형self-ballasted 수은 램프(구형의 백열 램프)
T	자기소화성self-extinguishing 수은 또는 메탈할라이드 램프(이들 램프는 과다한 UV를 방사하여 사람들에게 노출되는 것을 보호하기 위한 외부 전구가 깨지면 작동을 멈추며, 자기소화성 램프가 아닌 경우에는 이러한 명시가 생략되어 있다.)
39	수은 램프의 경우에는, 두 자리 숫자가 전기적 특성과 요구되는 안정기 종류를 나타내며, 같은 숫자가 있는 램프는 전기적으로 호환이 가능하다(43/44와 같은 이중 숫자는 램프가 1개 이상의 안정기에서 작동한다는 것을 가리킨다.).
100	메탈할라이드 램프와 HPS 램프의 경우, 명목상의 램프 와트를 구체화하는 숫자

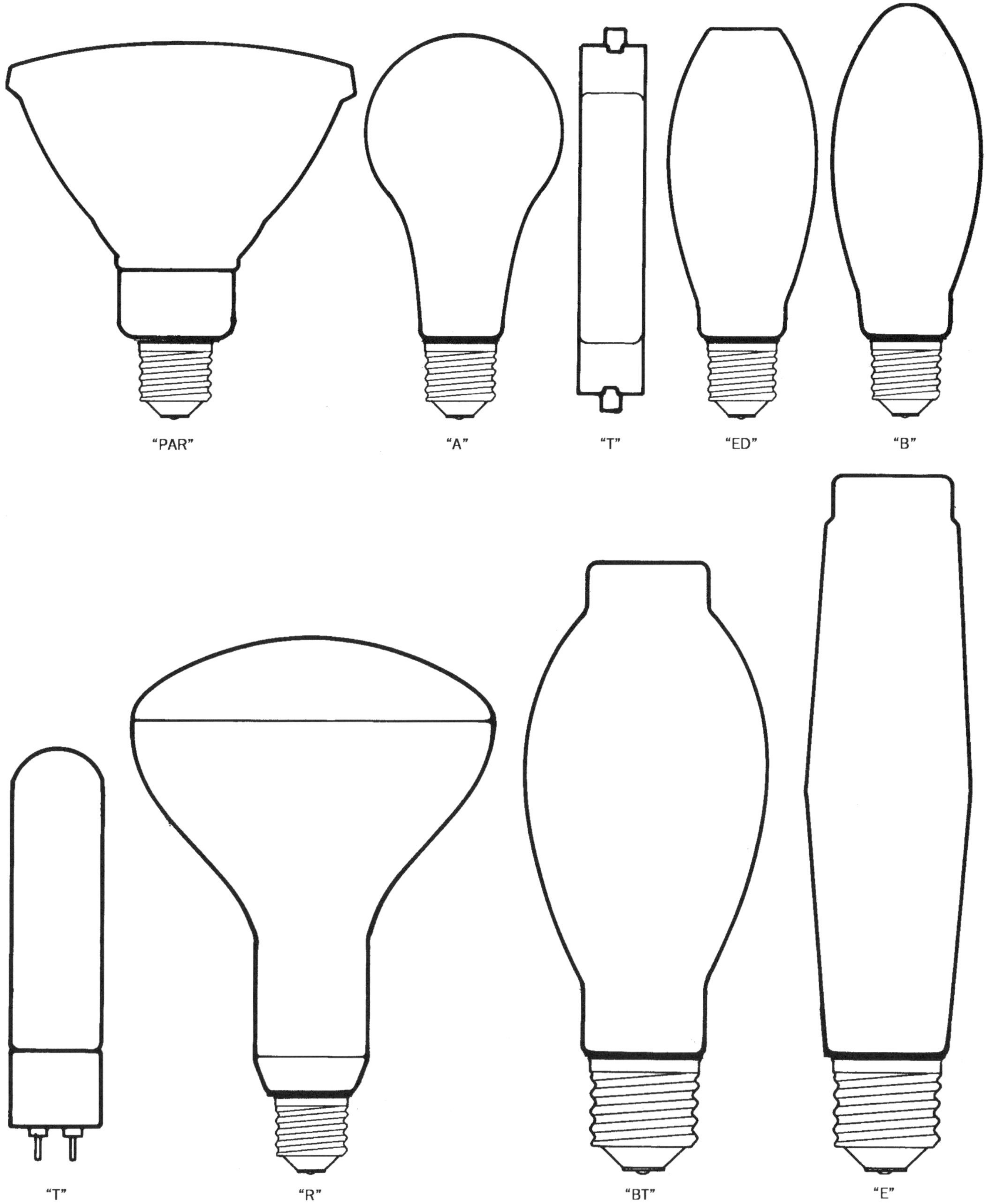

그림 7.14 실제 크기의 1/2인 HIP 램프의 형태

/C	형광물질 코팅(메탈할라이드)
/D	확산기능 코팅(HPS)
/U	제조회사가 명기한 기호가 비스듬한 줄 뒤에 나타나며, 이는 색채나 점등 방향burning position을 표시한다(예를 들어 U=universal 보편적인 점등 방향).
/BD	베이스를 수평 아래로base down to horizontal ±15°
/BU	베이스를 수평 위로base up to horizontal ±15°
/DX	디럭스 백색 인광물질deluxe white phosphor
/HOR	베이스를 수평으로base horizontal ±15°
/MED	미디움 스크류medium screw 베이스
/T	튜브형tubular 전구
/U	보편적인 점등방향universal burning position

광학적 제어를 위해, 투명 램프는 길이가 2⅛인치에서 9½인치인 상대적으로 작은 "점광원"을 제공한다. 형광물질이 코팅된 램프는 광원의 광학적 크기를 전구의 외부 벽까지 확대시킨다. 비록 형광물질 코팅이 램프의 연색성 성능을 향상시킨다 하더라도, 증대된 광학적 크기는 유용한 광학적 제어를 위해 커다란 반사판을 사용하게 한다.

램프의 작동 Lamp Operation

형광 램프처럼 HID 램프는 아크의 전류 흐름을 조절하고 방전에 필요한 전압을 전달해 주는 안정기를 필요로 한다. 전자식 안정기는 더 효율적이어서 램프의 수명 동안 내관전압에 대한 보다 정확한 제어를 공급해 주므로 결과적으로 더욱 일관된 광색과 길어진 수명을 갖게 된다.

HID 램프의 수명이 다하는 것은 다음 3가지 중 하나에 의한다. (1) 주기 절반 이상 동안 전력 중단, (2) 심각한 전압 강하, (3) 계속적으로 불충분한 전압이 공급될 때.

HID 램프는 재점등되기 전에 방전될 수 있는 온도까지 증기 압력을 감소시키기 위해 충분히 냉각되어야 한다. 이 때 소요되는 시간은 조명기구의 방열 능력에 따라 달라지는데 일반적으로 조명기구 내에서 수은 램프는 3~10분 이내에 재점등되고, 메탈할라이드 램프는 10~20분, 펄스 스타트pulse-start 메탈할라이드 램프는 4~8분 이내의 시간이 필요하다. 또한 고압 나트륨 램프는 약 1분 이내에 재점등된다. "인스턴트-스트라이크instant-strike" HPS 램프는 일초 내관이 있어 전력 중단 후 즉각적으로 빛을 생산해 내기도 한다.

광출력 Light Output

램프의 수명 동안 광출력이 저하되는 것은 전자방출 물질과 텅스텐이 음극에서 내관벽으로 빠져나가기 때문에 발생한다. 이는 점등의 빈도에 부분적으로 기인해서 긴 점등 주기는 램프의 수명과 광속의 유지에 도움을 준다. 광속의 유지에 영향을 주는 다른 요소는 안정기에서 생산된 작동 전류와 전류의 파동 형태이다.

메탈할라이드 램프의 광출력은 수은 램프나 고압 나트륨 램프보다 더욱 빠르게 감소한다. 세라믹 메탈할라이드 램프의 경우에는 약 30% 향상되는데, 빈번한 점등은 메탈할라이드 램프에 가장 유해하고, 고압 나트륨 램프에 덜 유해하며, 수은 램프에 가장 적은 영향을 미친다.

수명 Lamp Life

램프 수명은 램프의 종류와 점등 방향에 따라 현저하게 달라진다. 고압방전 램프의 정격 평균 수명은 여러 개의 램프 중 약 50%의 램프가 연소되고 50%는 점등되어 있는 시점이다. 공시된 램프 수명 요율은 스타트 당 10시간을 기준으로 한다.

수은 램프의 정상 모드가 고장 나는 것은 불을 밝힐 수 없는 경우이다. 거의 모든 수은 램프는 24,000+시간 이상의 정격 평균 수명을 갖는다(플러스 기호는 24,000시간이 초과되면 50%의 램프가 "burnout" 된다는 것을 가리킨다.). 그러나 램프는 유용한 광원이었던 시점이 한참 지난 후에도 계속해서 작동하려고 하기 때문에 고장 나는 시점에 이르기 전에 램프를 교체하는 것이 현명하다.

메탈할라이드 램프는 램프 와트에 따라 정격 평균 수명이 7,500~20,000시간이다. 메탈할라이드 램프는 광속유지가 어렵고 내관 내에 요오드화물이 있기 때문에 다른 HID 램프보다 수명이 더 짧다. 정상 모드가 고장 나는 것은 점등 전압의 증가 때문에 일어난다. 메탈할라이드 램프는 잦은 점등에 특히 민감하다. 모든 램프에서처럼 와트를 초과하여 작동하면 수명이 줄어든다.

거의 모든 고압 나트륨 램프는 24,000시간의 정격 평균 수명을 갖는다. 정상적으로 수명이 다하는 것은, 안정기 전압이 램프를 점등 상태로 유지하기에 불충분할 정도까지 램프의 전압이 증가된 결과로, 램프가 주기적으로 꺼졌다 켜졌다 할 때를 말한다. 높은 와트에서의 작동은 전압을 더욱 빠르게 상승시키므로 수명을 줄어들게 하나, 약간 낮은 와트는 램프의 수명에 영향을 끼치지 않는다.

형광 램프에서처럼, 고압방전 램프의 초기 루멘 등급은 점등 후 100시간의 작동 후에 측정된다. 램프 불순물의 정화가 일어나는 처음 100시간 동안 급격한 감쇄가 일어나기 때문에 이러한 "처리seasoning"는 필수적이다.

조광장치 Dimming

어떤 고압 램프는 특수한 안정기를 사용하여 조광이 가능하지만, 전출력full output보다 낮은 상태에서 작동하는 고압방전 램프는 색채전이와 램프 효율의 감소를 보인다. 와트 수가 감소하면 메탈할라이드 램프의 연색성은 수은 램프의 색채에 근접해지며, 고압 나트륨 램프는 저압 나트륨 램프의 노란 호박과 비슷한 색을 낸다. 수은 램프는 연색성의 개선없이 광속의 유지율과 수명은 감소된다.

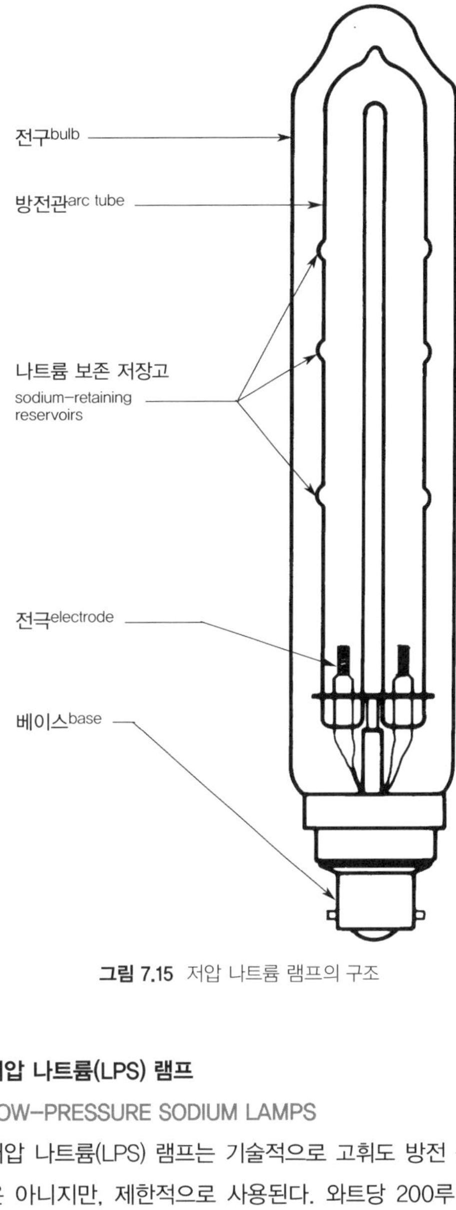

그림 7.15 저압 나트륨 램프의 구조

저압 나트륨(LPS) 램프 LOW-PRESSURE SODIUM LAMPS

저압 나트륨(LPS) 램프는 기술적으로 고휘도 방전 광원은 아니지만, 제한적으로 사용된다. 와트당 200루멘에 이르는 높은 발광효율을 갖지만, 스펙트럼 범위가 극히 적어 실내공간에 사용하는 것은 부적당하다(도판 26).

2개의 겹쳐진 관으로 구성된 이 램프의 내구에는 네온과 아르곤 기체의 혼합물이, 내구와 외구 사이에는 나트륨 메탈이 채워져 있어 처음에는 아크 방전이 네온과 아르곤 기체를 통과하고, 나트륨 메탈이 열을 받아 기화함에 따라 나트륨의 노란 호박 색채가 만들어진다(그림 7.15).

저압 나트륨 램프 아크에 의해 생산된 빛은 가시 스펙트럼의 황색 영역 방사만으로 이루어진 단색조이다. 방전 내에 수은이 없으며, 바깥 전구가 깨지더라도 UV 방사 방출은 우려할 필요가 없다. 저압 나트륨 램프는 특수한 안정기를 필요로 하며, 구형 램프는 존재하지 않는다.

고압 방전 램프와는 대조적으로 저압 나트륨 램프 시스템은 수명 기간 동안 일정한 광속을 유지하고 광출력은 주변의 온도 변화에 영향을 받지 않는다. 정상적으로 수명이 다하는 것은 점등시 혹은 전체 광출력까지 워밍하는 것이 실패할 때에 발생한다.

보조장비 Auxiliary Equipment 8

모든 방전 램프와 저전압 백열 램프는
적당한 전류나 전압을 공급하기 위해 보조장비가 필요하다.

보조장비에는 변압기와 안정기 2가지가 포함되는데, 이러한 보조장비들은 적은 에너지를 소모하고 전력은 증가시키는 역할을 한다.

변압기 TRANSFORMERS

저전압 백열 램프들은 건물에 공급되는 표준전압 220V를 12V로 낮추기 위해 변압기를 필요로 한다. 일반적으로 건물에 공급되는 전압은 215~225V로 일반적으로 저전압 램프들은 6~24V에서 작동한다. 변압기는 조명기구 내에 내장되기도 하고 별도로 설치되기도 한다.

작아진 저전압 램프들은 광원 자체가 작아져 조명기구가 더 작아질 수 있게 한다. 천장 속에 매입하는 형태의 조명기구는 천장 속에 변압기를 숨겨 설치할 수 있다. 면부착형 조명기구나 펜던트형 조명기구는 하우징 내에 변압기를 숨기기도 하는 데 이로 인해 조명기구가 커지기도 한다. 따라서 천장 조건을 고려하여 면부착형이나 펜던트형 조명기구라도 천장 내에 숨기도록 계획한다.

트랙부착형 조명기구는 변압기를 포함하는데. 변압기는 천장이나 기타 공간에 설치하고 트랙의 단위 길이마다 저전압을 공급하기도 한다. 저전압 램프의 높은 전류량 때문에 각 변압기 하나에 연결될 수 있는 조명기구의 수량을 엄격하게 제한하는 것이 중요하다. (W ÷ V = A)

예를 들어, 50W 12V 램프는 500W 120V와 같은 전류를 사용한다. 즉, 20암페어라고 규정된 트랙은 4개의 50W 램프만을 사용해야 하는 것이다. (50W x 4 ÷ 12V = 16.7A) 이것은 50암페어 트랙을 사용하여 줄일 수 있는데, 10개의 50W/12V 램프를 단일회로 트랙에 설치하는 것이 가능하기 때문이다. (50W x 10 ÷ 12V = 41.7A)

만약 조명기구를 간소하게 보이기 위해 변압기를 멀리 설치할 경우 광원과 변압기의 거리가 길어져 생기는 *전압*강하를 막기 위해 전선의 굵기는 굵어진다(부록 표 9 참조).

저전압 램프용 변압기는 2종류가 있는데, 자기식(매그네틱, core-and-coil)과 전자식(일렉트로닉, solid-state)이다.

자기식 변압기는 철심 주위를 구리선으로 감아 자연적으로 전자기를 유도하는 것이다. 이것은 상대적으로 크고 무거우며 램프의 와트 수에 따라 크기가 달라지는

데, 긴 수명을 갖는다는 장점이 있다.

*도넛 형태의*Toroidal 변압기는 더 조용하다는 장점이 있으나 조광기와 같이 사용할 경우 소음을 유발하기도 한다. 소음은 조명기구 수량이 증가하면 더 심해지고 조명기구와 잘 맞지 않는 변압기를 사용하면 그 현상은 더욱 심해진다.

전자식 변압기는 전기회로를 이용하며 자연적으로 용량을 축전한다. 전자식 변압기는 소형이며 가볍고, 소음이 없다. 그러나 수명은 자기식 변압기에 비해 짧으며 조기 노화에 의한 고장이 잦고 일부 조광기와는 호환되지 않는 단점이 있다. 그러나 전자식 변압기의 이러한 결함들은 크기가 작다는 이점 때문에 가려지곤 한다. 설계자들은 변압기와 조광기 간의 호환성을 확인해야 한다.

안정기 BALLASTS

백열 램프 계열을 제외한 모든 램프들은 안정기를 필요로 한다. 모든 방전 램프 계열 광원은 부저항negative resistance의 성질을 갖고 있다. 만약 방전이 일정하지 않은 전압이 공급될 때 직접 발생했다면 순간적으로 무한대의 전류의 양이 흐르고 곧 소멸될 것이다. 여기에서 안정기는 방전 램프와 전력공급원 사이에서 아크 방전을 통해 흐르는 전류량을 제한하게 한다(그림 8.1).

또한 안정기는 방전을 시작하기 위한 올바른 전압을 공급하는 기능을 한다. 즉, 램프에서 필요로 하는, 사용 가능한 기준 전압으로 변화시키는 것이다.

일반적으로 안정기는 호환성이 없다. 대부분의 안정기는 한 종류의 램프에만 적합하게 작동하도록 설계되어 있다. 예를 들어 175W M57 메탈할라이드 램프는 175W H39 수은 램프에 사용되는 안정기로 작동할 수 없고 또 그 반대의 경우도 마찬가지라고 할 수 있다. 좀 더 신기술의 전기식 안정기는 이러한 점을 보완했다. 예를 들어 몇몇 개의 안정기 제조업체들은 2~3개의 형광등을 작동할 수 있는 안정기를 만들어 냈다. 램프의 와트 수는 램프의 고유 성질이 아니라 안정기에 의해 조절된다. 만약 100W HPS 램프가 400W 안정기로 작동되었다면 램프의 효율에 손상을 주더라도 400W로 작동하게 되며, 이는 수명을 단축하는 원인이 된다.

백열 램프 계열 광원과는 다르게 방전등의 정격 와트 수는 그것이 작동할 와트 수가 아니라 작동하도록 설계된 와트 수다. 그러므로 간단하게 램프의 와트 수를 변경하여 방전 시스템의 와트 수를 줄이는 것은 불가능하며, 안정기도 같이 바꾸어 주어야 한다.

이등용two-lamp 형광등 안정기는 안정기 가격 및 설치공사비 단가를 줄이기 위해 자주 사용된다. 그것들은 2개의 램프가 직렬series operation이나 병렬parallel operation로 작동되는 것에 사용된다.

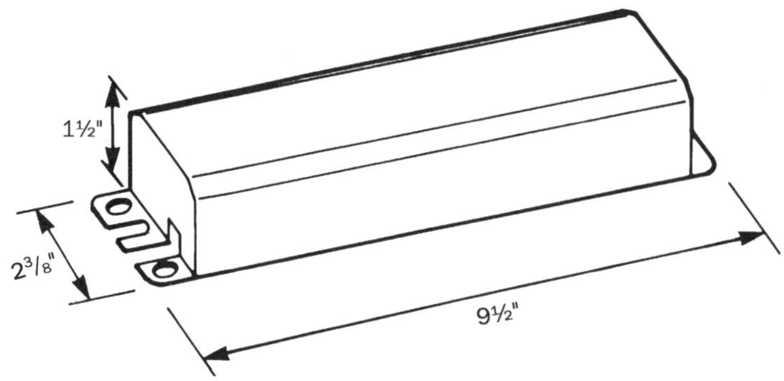

그림 8.1 전형적인 F32T8 120 V 안정기

이등직렬방식two lamp series은 저렴할 뿐만 아니라 작고 가벼워 널리 이용되는데 2개의 램프로의 전력 공급이 하나의 안정기로부터 이루어져 1개의 램프만 소등되더라도 둘 다 소등된다. 이렇게 억지로 소등되더라도 품질이 좋은 램프는 이러한 피해를 입지 않는다.

이등병렬방식two lamp parallel은 2개의 독립된 안정기 회로를 가지기 때문에 이등직렬방식보다 비싸다. 3개 혹은 6개의 램프에 전력이 안정기로부터 공급되며 한 램프가 나가더라도 두 번째의 램프는 영향을 받지 않고 그대로 켜져 있다.

자기식 안정기 Electromagnetic ballasts

1980년대까지 모든 방전 램프의 안정기는 자기식이었다. 자기식 안정기는 2개의 구리선 혹은 알루미늄 선이 철심을 감고 있는 구조였다. 이것은 램프에 공급되는 전력을 균일화하고 기동하기 위한 적당한 형태로 바꾸어 준다. 안정기는 일반적으로 변압기, 유도코일, 그리고 축전기를 포함한다. 변압기는 조명회로에 공급되는 전압을 램프에서 요구하는 전압으로 바꾸어 준다. 유도코일inductance coil은 램프가 사용할 수 있는 전류를 제한한다. 축전기는 전압과 전류 간의 단계별 위상관계를 재조정한다. 즉, 전력을 소비하지 않고 조절하는 기구인 것이다.

축전기는 안정기의 역률을 개선하여 좀더 효율적으로 에너지를 사용하게 한다. 축전기와 같이 설치된 자기식 안정기를 고역률 안정기high power-factor ballast라고 한다.

역률 Power factor

안정기의 역률이란 공급되는 전압과 전류가 얼마나 효율적으로 램프의 빛에너지로 사용되었는가에 대한 정도이다. 즉, 완벽한 위상관계phase relationship는 역률 100%이다.

$$\text{역률} = \frac{\text{투입전력}^{\text{Input watts}}(\text{W})}{\text{표준 전압}^{\text{Line volts}}(\text{V}) \times \text{표준 암페어}^{\text{Line amps}}(\text{A})}$$

유도 회로inductive circuit의 역률과 용량 회로compacitive circuit의 역률은 상호 보완적이다(그림 8.2). 따라서 방전등이 단순한 유도 안정기들의 접속에서 작동된다면 전체적인 역률은 50~60% 정도에 불과할 것이나, 축전기에 남아 있는 지전류를 보완한다면 역률을 증가시킬 수 있다.

안정기는 다음 3가지로 분류된다.

고역률 안정기High power factor: 90% 이상

역률보정 안정기Power factor corrected: 80~89%

저역률 안정기Low (normal) power factor: 79% 이하

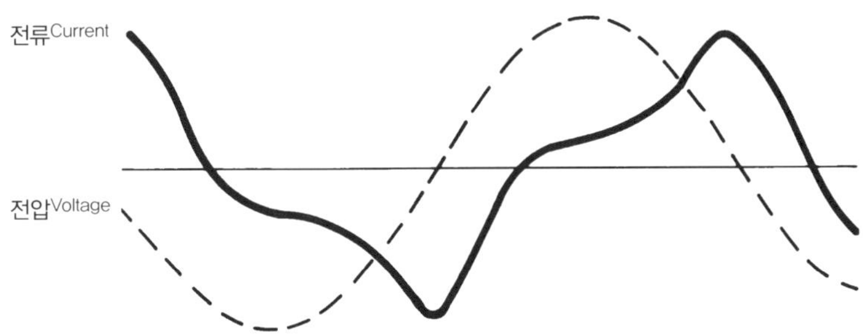

그림 8.2 역률Power factor

고역률high-power-factor 안정기는 특정한 필요한 전력을 위해 가장 낮은 레벨의 전류를 사용한다. 이것은 가지회로상에 더 많은 조명기구들을 설치할 수 있어 배선에 소요되는 비용을 줄인다. 저역률Low-(normal)-power-factor 안정기는 보다 높은 레벨의 전류를 사용하는데 — 거의 고역률 안정기에서 필요로 하는 전류보다 2배 이상 — 이는 적은 수의 조명기구를 설치할 수 있어 배선 비용이 증가한다.

역률은 안정기가 빛을 만들어 내는 능력을 표시하는 것은 아니며, 역률의 측정은 공급되는 전기에너지를 이용하는 능력에만 상관한다. 즉, 역률은 광출력률light output value을 결정하는 가치와는 다른 것이다.

안정기 효율 Lamp-Ballast System Efficacy

초기 광속과 램프 제조회사에서 등재하는 평균 정격 루멘mean lumen rating은 기준 안정기로 램프를 작동했을 때를 근거로 한 것이다. 이것은 기본사항이나 참고 조건을 만들어 내기 위한 것이고 타 안정기와 비교할 수 있는 참고자료가 된다.

어떤 안정기는 그것이 제시하는 자료보다 더 효율적으로 램프를 작동하게 하고, 또 어떤 것들은 훨씬 그에 못 미치기도 한다.

실제로 램프가 시판되는 안정기에 의해 작동될 때 보통 명시된 정도보다는 훨씬 적게 광속을 낸다. 자기식 안정기에서 전류가 코아 - 코일을 통하며 생기는 전기저항 때문에 약간의 전력은 열로 변환된다. 이렇게 잃어버린 힘 — 안정기 손실ballast loss이라고 하는데 — 은 램프에서 빛을 내는데에 사용되지 않는다.

기준 안정기에 의한 빛과 상용 안정기에 의한 빛 사이의 차이를 안정기 인자ballast factor라고 한다. 즉, 안정기 인자ballast factor란 실험을 통하여 제안된 기준안정기를 사용했을 때 얻어진 램프의 광속값과 상용안정기에 의한 램프의 광속값의 비이며, 식으로 나타내면 다음과 같다.

$$\text{안정기 인자} = \frac{\text{상용 안정기와 작동하였을 때 램프의 광속}}{\text{기준 안정기와 작동하였을 때 램프의 광속}}$$

안정기 인자는 안정기 고유의 성질이며 실질적으로는 램프와 안정기라는 시스템의 특성인 것이다. 어떤 안정기들은 각기 다른 램프에 대하여 다른 특성을 나타낸다. 다시 말해서, 하나의 안정기가 일반 램프를 작동하기 위한 안정기 인자와 고효율 램프를 작동하기 위한 안정기 인자, 2가지를 가질 수 있는 것이다.

안정기 인자는 1보다 크지 않다. 상용 안정기는 램프가 권장조건에서 작동될 때 보다 더 많은 광속을 내는 방식으로 램프를 작동하게 한다.

안정기 효율 인자ballast efficacy factor는 안정기에 투입된 와트 수에 대한 안정기 인자 간의 비이다. 이것은 다양한 램프와 안정기 시스템의 효율을 비교하는 데 이용된다. 안정기 효율 인자는 단지 같은 종류와 양의 램프를 작동한다는 가정하에 여러 종류의 안정기들의 효율을 비교할 때만 의미가 있다.

$$\begin{matrix}\text{안정기 효율 인자} \\ \text{Ballast efficacy factor}\end{matrix} = \frac{\begin{matrix}\text{안정기 인자} \\ \text{ballast factor}\end{matrix}}{\begin{matrix}\text{안정기 투입전력} \\ \text{ballast input watts}\end{matrix}}$$

주어진 조명 시스템에서 안정기 인자ballast factor는 램프와 안정기의 조합에 의해 만들어질 수 있는 빛의 양을 표시한다. 즉, 투입된 와트 수는 소비된 전력를 표시한다.

예를 들어 투입 전력 60w를 사용하는 ballast factor가 0.88인 안정기는 안정기 유효화 인자가 1.47(0.88 x 100 ÷60 = 1.47)이다. 같은 투입 전력을 사용하는 ballast factor 0.82인 안정기의 안정기 효율 인자는 1.37(0.82 x 100 ÷60 = 1.37)이다. 즉, 첫 번째 안정기가 더 높은 안정기 효율 인자를 갖기 때문에 더 효율이 좋다고 할 수 있다.

자기식 안정기는 교류식 광원에서 작동시킬 때 허

밍이라는 소음을 유발한다. 허밍의 정도는 안정기에 따라 달라지며 올바른 안정기 선택을 위하여 제조회사는 A(가장 조용한 단계20~24 decibels)에서 F(가장 소음이 큰 단계 49 decibels이상)에 이르는 소음에 대한 정도를 안정기에 표시하여야 한다.

전자식 안정기 Electronic Ballasts

전자식 안정기는 자기식 안정기와는 완전히 다른 기술에 근거하는데, 전통적인 코일과 코어의 조합이 아닌 전자 구성요소에 의해 램프를 켜지게 하고 전류를 고르게 조절하는 것이다. 전자식 안정기에 의해 작동되는 조명 시스템은 자기식에 비해 더욱 효율적으로 전력을 빛으로 변환한다.

이는 더 많은 빛을 만들어 낸다기보다는 같은 양의 빛을 만들도록 계획되었을 때 전자식 안정기는 일반적으로 자기식보다 더 적은 전력을 이용하여 에너지 비용을 줄인다.

고압방전 램프용 전자식 안정기는 전류와 전력의 산출량, 투입전압의 변동, 그리고 램프 와트 수의 변화에 대하여 매우 안정적이다. 이것은 색에 관련된 성질(연색성이나 색온도)이나 광속 산출에 있어서도 고른 성질을 보인다. 자기식과 비교해 볼 때 고압방전 램프용 전자식 안정기는 점등이나 평상시, 그리고 재작동에 있어서 개선된 것을 볼 수 있다.

허밍소음은 자기식 안정기의 코어와 코일에 있는 철 적층구조물의 떨림에서 비롯되는 것인데, 전자식 안정기는 적층구조의 코어나 코일을 갖지 않기 때문에 A등급의 자기식 안정기보다 75% 더 소음이 없다.

전자식 안정기는 자기식보다 더 높은 주파수에서 형광 램프를 작동하기 때문에 깜박거림은 줄고 램프의 효율은 증가한다.

이러한 장점들은 램프의 형광물질이 높은 주파수에서 계속적으로 자극이 되기 때문이다.

전자식 안정기는 더 작고 더 가벼운 장점을 갖는다. 특히 무게는 자기식보다 2배 이하인데, 전기 구조물이 코아와 코일이 조합된 철 구조물보다 더 가볍기 때문이다. 전자식 안전기는 자기식 안정기보다 적은 와트 수를 소비하기 때문에 발생하는 열도 적다. 이것은 실내의 에어컨으로 인한 소비전력 비용을 줄이는데에 큰 도움을 준다.

에어컨디셔닝 Air-Conditioning

조명 때문에 발생하는 에어컨디션 용량은 램프와 안정기를 포함한 전체적인 조명 시스템에서 비롯된다. 조명 시스템에 의해 소비되는 전기량은 1kw당 에어컨디션의 부하량에 3412btu(British thermal units)를 더한다. 에어컨디션 1톤은 12,000btu로, 조명 3.5kw마다 에어컨디션 1톤이 필요하다.

$$\frac{12,000}{3,452} = 3.5\text{kw}$$

형광 램프 조광 안정기 Fluorescent Dimming Ballasts

전기식 형광 램프 조광 안정기는 T5, 고효율 T5, T8, T12 형광등을 빛출력률 1%까지 조광한다. 이는 눈으로 볼 때 약 10%이며 측정되는 빛의 산출량은 눈에서 지각되는 빛과는 다르다(143쪽 참조).

4핀 컴팩트 형광 램프들(t4 quad tube, t4 triple tube, T5 long tube)은 전기식 조광 안정기에 의해 5%까지 조광되는데, 이것이 눈으로 지각되는 것은 약 22%이다. 새 램프들은 처음 명시된 수명과 적당한 조광을 위하여 조광하기 전에 총전력으로 100시간 동안 작동되어야 한다.

형광 히터 차단 안정기 Fluorescent Heater-Cutout Ballast

히터 차단 자기식 안정기는 램프가 점등하여 작동된 후에 래피드 스타터형 형광등에서 전극의 히터에 공급되는 전압을 제거하는 전자회로를 갖는다. 히터 차단 안정기는 일반 자기식 고효율 안정기보다 20% 더 적은 투입 전력을 필요로 하고, 루멘 산출량은 약 12% 줄어든다.

기타 안정기 Other Ballasts

일반 안정기 외에 몇몇 개의 에너지 절약형 안정기들이 있다. 이것들은 크게 2가지로 나뉘는데, (1) 빛 산출량 및 소비 전력을 줄여 에너지를 절약하는 안정기와 (2) 디자인적으로 우수한, 안정기 자체에서 손실되는 전력을 줄임으로써 저렴하게 에너지를 줄인 안정기가 있다.

P 등급의 안정기들은 자동으로 온도조절이 되는 장치가 장착되어 있다. 이런 것들은 과열을 방지하기 위해 UL에서 제한한 온도를 넘을 경우 자동적으로 전력이 꺼지고 안정기의 열이 식으면 재작동된다.

UL 표시는 Underwriters Laboratories가 표본을 추출하고 시험하여 안전기준에 적합하다고 판명된 조명기구에 적용되며, 알맞게 설치되었을 때 안전하게 작동한다는 것을 표시한다. UL 라벨은 안정기나 변압기에도 그것이 기준에 적합하다는 것을 나타내기 위하여 적용하기도 한다. (UL 라벨이 조명기구와 컴포넌트 둘 다에 적용되었을 때 그 조명기구 시스템이 전체적으로 안전하다고 할 수 있으며, 여러 가지 안전에 대한 기준으로 다양한 라벨이나 마크가 사용되지만, UL 마크는 가장 포괄적인 의미로 사용된다.)

9 조명제어 Lighting Control

지향성 광원, 일반적으로 AR, MR, PAR, 그리고 R 램프와 같이 반사경을 가진 램프들은 광학적인 시스템이 내장되어 있다. 나머지 모든 전기 광원들은 건축조명에서 필요로 하는 빛을 내기 위하여 빛의 배광특성을 바꾸기 위한 외부적인 도구들이 필요하다.

이러한 보정은 2가지 목적을 갖는데, 원하는 곳으로 빛을 향하게 하기 위한 것과 원하지 않는 곳으로 향하는 빛을 차단하기 위한 목적, 즉 눈부심을 일으킬 수 있는 방향에서 램프를 가리기 위해서이다. 빛의 방향의 조절은 반사와 투과, 그리고 굴절의 3가지 방법으로 이루어진다.

반사 REFLECTION

반사는 표면으로부터 빛이 되돌아오는 것으로 바닥에 부딪힌 공이 튀어오르듯이 표면에 떨어진 빛의 일정한 비율의 양이 되돌아오는 것이다. 빛과 관련된 3가지의 반사형태는 정반사specular, 준반사semi-specular, 그리고 확산반사diffuse이다.

정반사 *specular reflection*

거울처럼 매끈하고 매우 반짝거리는 표면은 변화없이 빛의 방향을 변화시킨다. 반사되는 각도는 입사각과 일치하며 이러한 특성은 정교한 빛의 제어가 필요한 곳에 이상적이다. 정반사면은 실질적으로 거울 면과 같아서 그 표면 자체의 특성은 보이지 않는다. 다만, 관찰자의 위치나 반사된 이미지의 조명기구에 따라 어둡거나 밝게 보일 뿐이다.

준반사 *semi-specular (spread)reflection*

주름지거나 망치로 두들기거나 잔털들이 있거나 모래나 약품을 이용하여 표면을 가공하는 등과 같은 방법에 의해 만들어진 불규칙한 표면은 반사된 빛을 분산시킨다. 그러나 가장 강한 세기의 빛이 반사되는 각도 주위에 반사되는 빛의 양이 가장 많다(그림 9.2).

준반사 물질은 배경이 어두울 경우 강한 밝기의 빛 패턴 혹은 하이라이트를 나타낸다. 실내공간에서 그것들은 종종 반짝거림으로 이용되기도 한다. 조명기구에서 준반사 재료들은 빛 패턴이 아닌 부드럽게 조절된 빛을 만들어 낸다.

확산반사 *diffuse reflection*

거칠거나 윤택이 없는 표면은 입사하는 빛의 방향성을 없애 버린다. 빛은 모든 방향으로 반사되고 수직하는 면으로 최대의 세기를 보인다(그림 9.3). 해변의 모래는 확

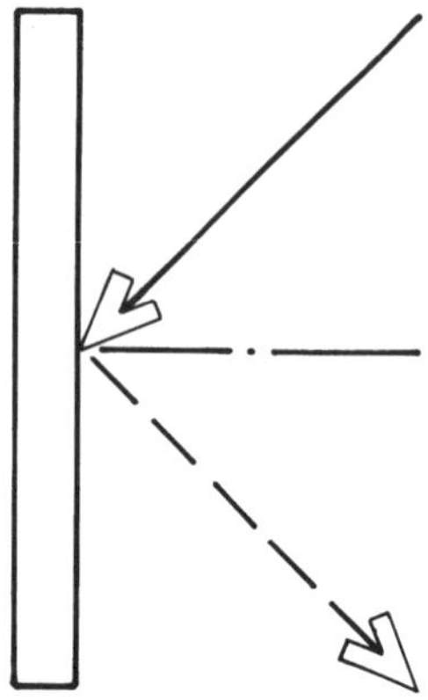

그림 9.1 정반사

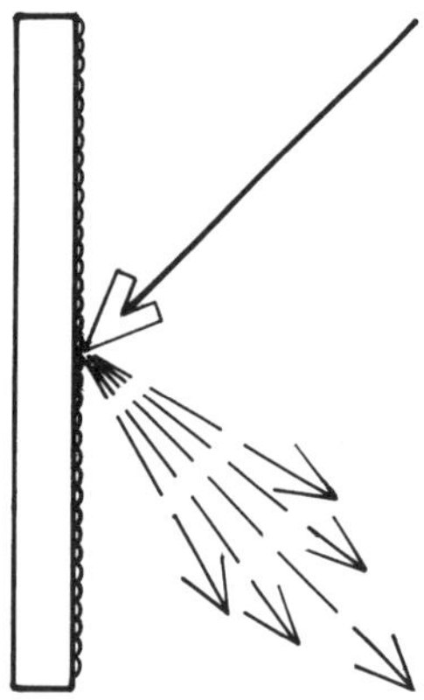

그림 9.2 준반사

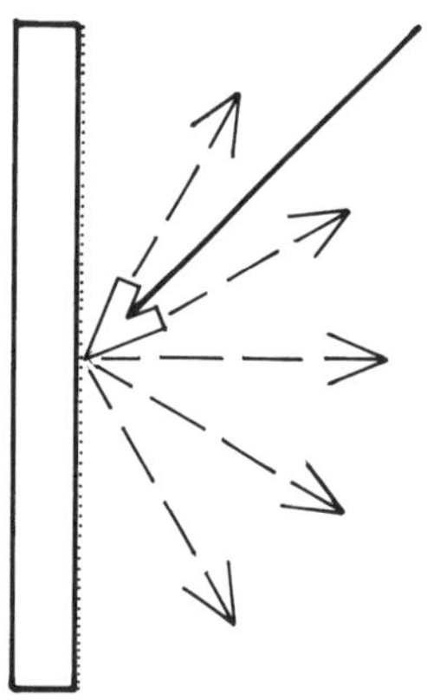

그림 9.3 확산반사

산반사하는 표면의 좋은 예이다. 반사된 표면에는 더 밝은 곳도 없고 모든 방향에서 볼 때 고르게 보인다. 실내공간에서 이러한 특성은 벽이나 천장, 작업대에 적합하다. 조명기구에서 확산반사하는 재료는 빛을 넓게 퍼지게 한다.

반사판의 형태 Reflector contours

정반사, 준반사 면들은 빛을 제어하기 위해 투사각이 반사각과 일치하는 반사의 법칙을 이용하여 기하학적인 형태로 만든다. 이것은 당구공을 완충물에 부딪혀 되돌아오게 하여 조절하는 방식과 같다. 정반사는 광원에서 나오는 빛의 방향을 조절하고 변형시키는 가장 기본적인 기술이다. 정반사는 조명기구 내부에서 소멸되거나 눈부심을 유발하는 각도에 만들어지는 빛을 공간이나 유용한 방향으로 바꾸어 이용한다. 이렇듯 효율을 높이는 것 외

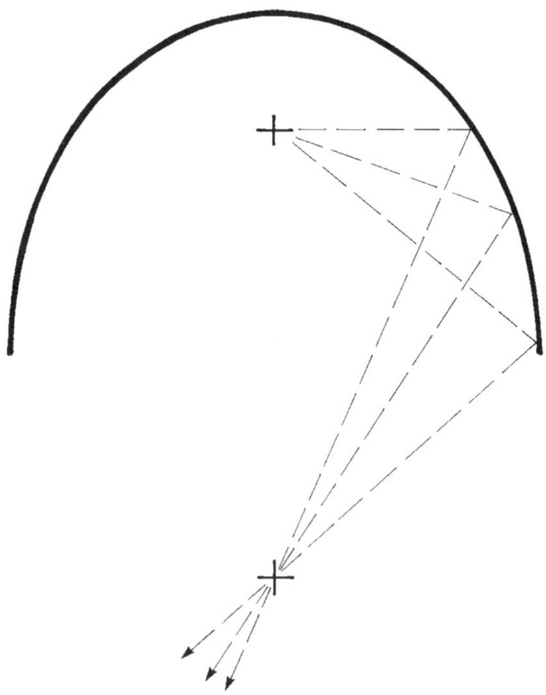

그림 9.4 타원형 반사판

에 적절한 형태의 반사판의 적용은 조명기구를 통해 얻어 낼 수 있는 빛의 분포를 예측할 수 있고 공간 내의 밝기 패턴을 조절할 수 있게 한다. 정반사판의 형태는 일반적으로 기본적인 형태 그대로 혹은 변형된 타원형, 포물선형, 원형으로 조명기구에 이용된다.

타원형 *elliptical contour*

타원은 2개의 중심점을 갖는다. 하나의 중심점에서 시작된 광선은 두 번째 중심점으로 반사된다. 이것은 빛을 다른 중심점으로 모으는 효과를 만들어 내고 중심점을 지난 후의 배광특성은 2개의 중심점들 사이의 거리에 따라 달라진다(그림 9.4). 대부분의 다운라이트는 정확한 혹은 변형된 타원형의 반사판을 사용한다. 이러한 형태의 반사판을 이용하는 특별한 방법 중 하나는 천장면과 같은 높이의 작고 눈에 잘 띄지 않는 개구부를 통해 나오는 빛을 만들어 내는 것이다.

포물선형 *parabolic contour*

포물선형은 2개의 중심점이 멀리 떨어져 있는 특별한 형태의 타원이다. 완벽한 포물선 형태의 중심점에서 시작된 빛은 반사판의 축에 평행한 방향으로 반사되며 평행한 광선을 만든다(그림 9.5). 필라멘트 혹은 광원은 결코 하나의 실제의 중심점이 될 수 없다. 결과적으로 반사판의 지름과 광원의 크기에 따라 빛 퍼짐의 각도가 정해진다.

포물선형 반사판은 서치라이트searchlights, 스포트라이트spotlights, 정교한 빛의 각도가 필요한 지향성 기구, 빛의 퍼짐을 제한해야 하는 기구에 이용된다.

빛은 종종 난반사 혹은 굴절 렌즈를 통과하며 더욱 넓게 퍼지는데, 대부분의 반사판을 이용하는 램프들이 사용하는 방법이기도 하다.

원형 *circular contour*

원형 역시 타원의 특별한 형태 중의 하나로 2개의 중심점이 우연히 하나로 만난 경우이며 포물선형과는 반대 개념이라고 할 수 있다. 원형 반사판에서는 중심점에서 출발한 빛이 같은 지점으로 되돌아 반사된다. 이것은 분리해서 혹은 복합형이라고 하는 반사판과 같이 조합하여 사용하는데 그렇게 하지 않으면 빛이 다시 퍼져 나가지 않고 잘못된 방향으로 가거나 갇혀 버리기 때문이다.

기타 *other reflector contours*

복합형 반사판은 작은 크기와 형태로 비대칭의 빛 퍼짐이나 가장 넓은 빛 퍼짐을 얻기 위해 사용하는데 빛이

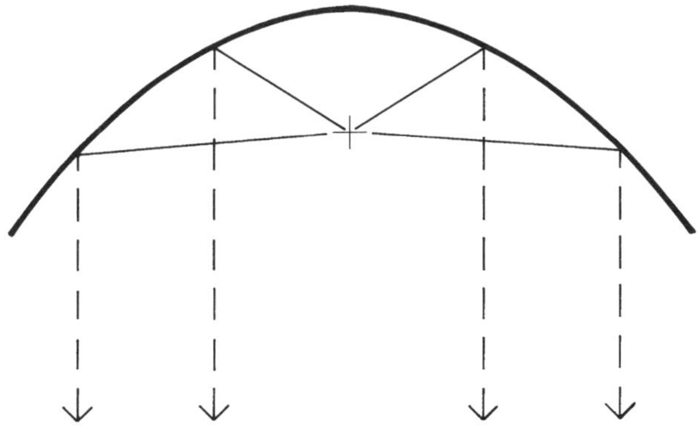

그림 9.5 포물선형 반사판

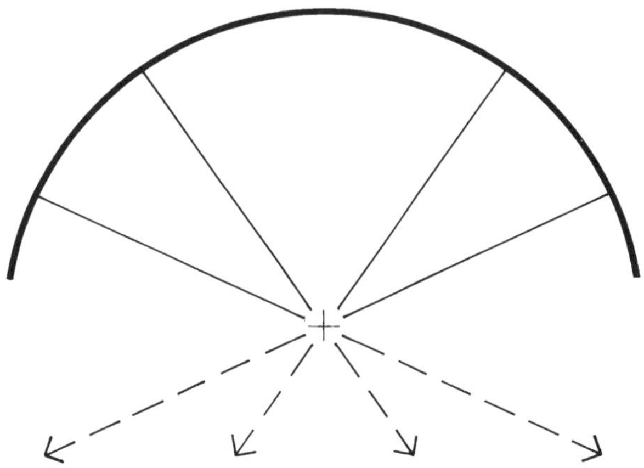

그림 9.6 원형 반사판

비추는 면에 기구가 가까울 경우 — 예를 들면 천장고가 낮은 공간과 같이 — 고른 빛 패턴을 얻을 수 있다(그림 9.7).

이외에도 무수한 다른 형태의 반사판이 수학적으로 정해지고 재단되어 특수한 목적으로 사용될 수 있으며 이러한 반사판들은 특별히 정해진 하나의 중심점을 갖지는 않는다.

반사판 Reflectors

경면반사판 specular reflectors

거의 모든 반사판은 중심 혹은 그외의 정해진 하나의 지점에 위치한 작은 점 광원이나 선 광원을 기준으로 하여 디자인된다. 가장 작은 단위의 광원은 투명한 전구 내의 백열 필라멘트를 말하고, 가장 큰 광원은 빛의 퍼짐에 의한 것으로 아크튜브나 형광물질이 발린 전구나 관에 빛이 방사된 램프이다.

이러한 경우, 필라멘트보다는 전구나 관 자체가 실제의 광원이 된다. 이런 종류의 램프는 초점과는 멀리 떨어진 큰 광원이거나 난반사 방사체인데, 이것들은 난반사되거나 정확하게 정해지지 않은 곳으로 빛이 퍼지게 되고, 이는 투사거리를 줄인다.

인공 조명기구를 위한 첫 번째 반사판은 실험과 실수 혹은 복잡한 수학계산에 의해 계획되었다(그림 9.8). 오늘날 컴퓨터프로그램에 의한 반사판 설계방식은 광원의 모든 특징을 감안하여 반사판의 형태를 만들어 낸다.

준반사판 semi-specular reflectors

경면반사판 속의 투명한 백열등이 효율적인 빛을 낸다 하더라도 빛의 퍼짐에 있어서 불규칙한 것은 부드럽게 해 주어야 한다. 이러한 빛 패턴은 필라멘트의 코일의 이미지가 나타나는 것이고 빛을 약간만 난반사시키면 없어질 수 있는데, 이것은 (1) 램프의 안쪽에 희뿌연 처리를 하거나 (2) 반사판 면을 에칭 혹은 해머링하거나 (3) 확산 렌즈를 사용할 수 있다.

확산반사판 diffuse reflectors

완전히 확산반사하는 평평한 표면으로부터 반사된 빛은 여러 방향을 향하며 원형의 빛 퍼짐 분포를 보인다. 반사

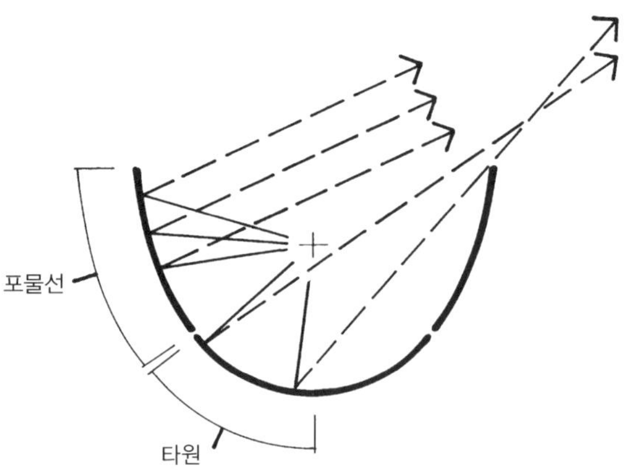

그림 9.7 최대 빛 퍼짐 각도를 위한 복합형 반사판
(종종 비대칭의 빛 퍼짐을 보이기도 한다.)

되는 각도는 투사되는 빛의 방향과 아무 관련이 없다. 빛이 여러 방향으로 분산되어 빛 퍼짐은 넓게 일어난다(그림 9.9). 이는 방향을 조절하지 못하기 때문에 먼 거리를 투사하는 것으로는 적당하지 못하다.

확산반사판의 형태는 빛의 방향이나 분산각도에 거의 영향을 주지 않는다. 이것은 공간에 전반적인 빛을 고른 밝기로 공급하는 조명기구에 주로 사용하며 작업대와 같이 빛을 필요로 하는 특정한 표면을 향한 빛을 얻을 수는 없다.

반사판 재료 Reflector materials

반사판 재료로 알루미늄이 가장 흔히 사용된다. 그것은 찍기, 잡아당겨 늘이기, 화학물에 의한 변형, 압출성형 등의 다양한 방법으로 거의 모든 형태를 만들어 낼 수 있다. 더욱 반사도를 높이기 위해 화학약품 혹은 전기의 과정을 거치며 반사 정도를 다양하게 하기 위해 화학약품이나 모래로 미세한 요철을 만들기도 한다.

아노다이징 과정(금속의 양극처리)은 단단하며 내구력이 강한 투명한 표면층을 덧씌워 알루미늄 반사판 표면의 긁힘이나 마모를 막아 주어 청결함을 유지하여 실용적이게 한다.

투과 TRANSMISSION

빛이 어떤 표면을 투과할 때 2가지의 영향을 받는다. (1) 재료 표면에서 일어나는 반사도와 (2) 재료 내부로의 흡수와 확산(111쪽 참조). 거울면과 윤기가 없는 표면, 그리고 확산되는 면이 반사의 정도를 만들어 내듯이 빛은 완전히 투명한 면과 반투명한 면, 그리고 맑지만 뿌옇게 되어 있는 표면 등 그 표면에 따라 다른 정도의 투과를 한다.

직접 투과 Direct transmission

투명한 재료는 빛의 분산에 변화를 주지 않는다(그림 9.10). 그것들은 적외선이나 자외선을 흡수하거나 반사하기 위해 차단용 커버로 사용되며 빛의 퍼짐은 그대로 유지한 채 색만 변하는 경우가 대부분이다. 광원이 보이기 때문에 투명한 유리와 플라스틱과 같은 재료는 눈부심을 제어하는 효과는 없다.

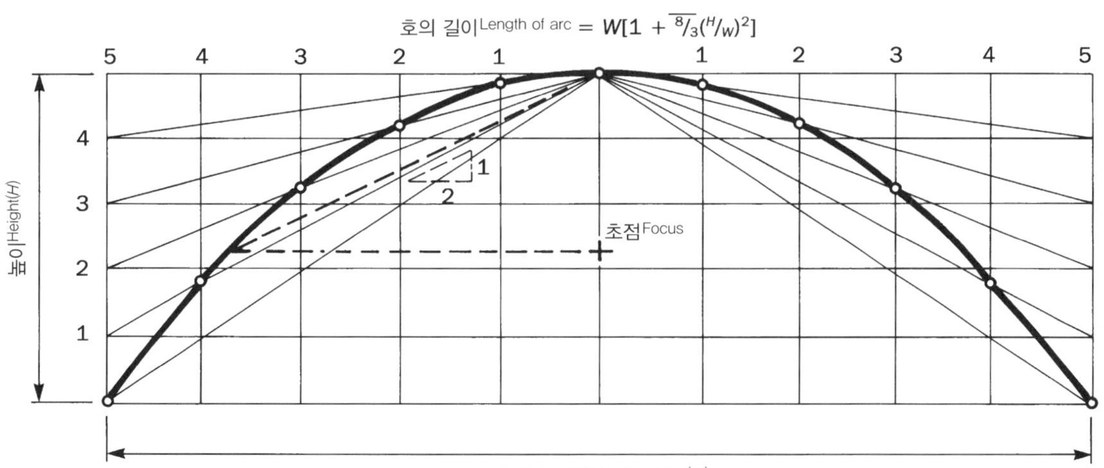

그림 9.8 포물선형 반사판 제작 지침

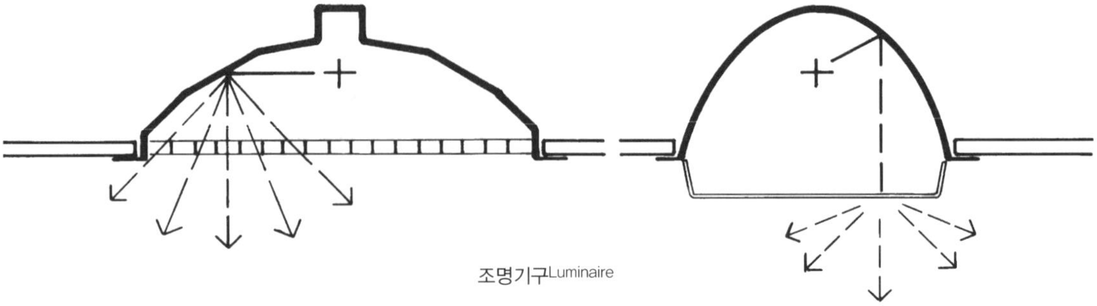

조명기구Luminaire

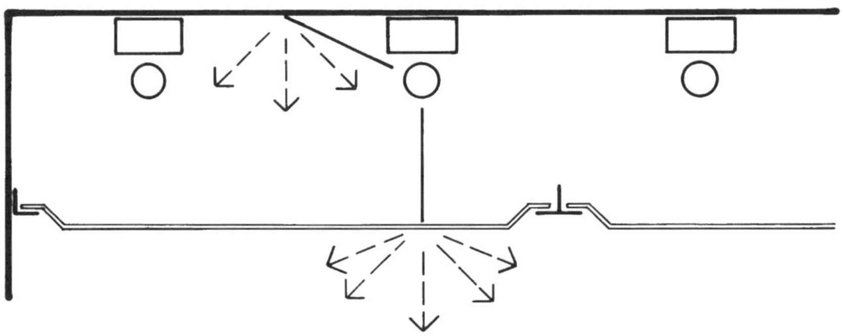

자체 발광 천장과 벽Self-luminous ceiling and walls

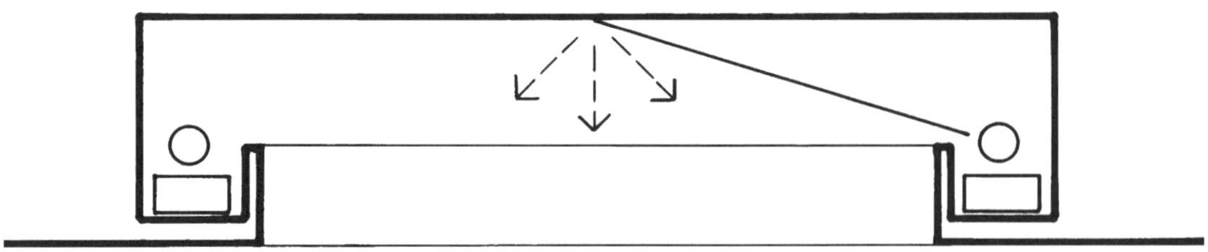

등박스와 코브Coffers and coves

그림 9.9 확산반사 기법

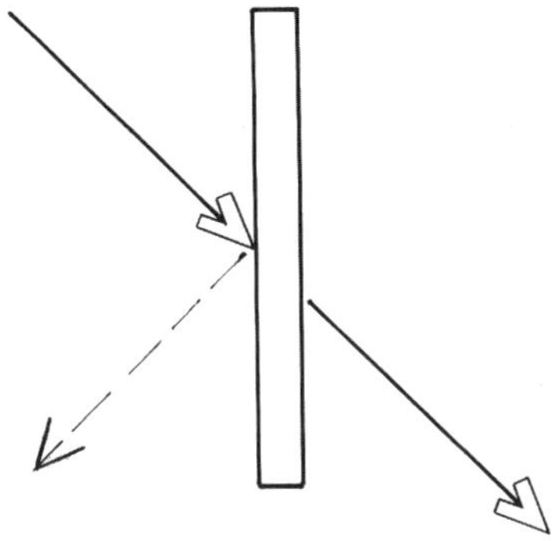

그림 9.10 직접 투과(빛이 처음으로 만나는 매질에서 빛의 투과와 반사는 대부분 같이 일어난다.)

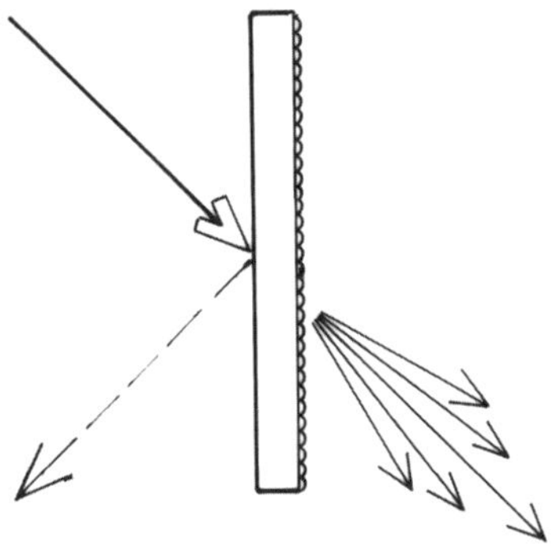

그림 9.11 반확산투과

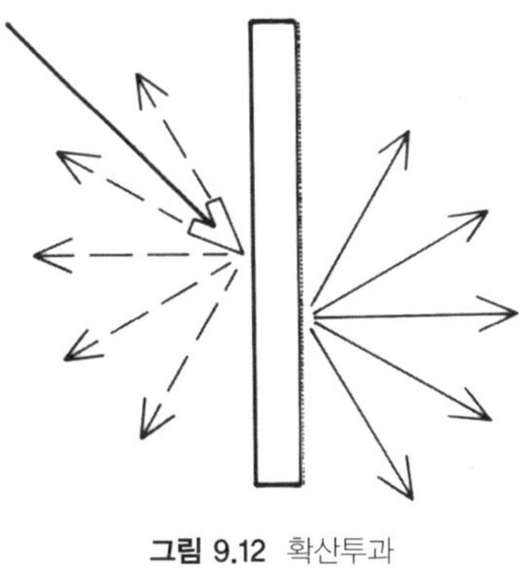

그림 9.12 확산투과

반확산투과 *semi-diffuse(spread) transmission*

반투명 재료들는 적어도 한쪽 면의 형태 때문에 넓은 각도의 빛 퍼짐이 생기게 한다(그림 9.11). 투과한 빛이 미세하게 방향을 재설정하는 것은 얇은 막이나 홈과 같은 표면의 불규칙함 때문에 생기는 것이며 그것은 결함과 빛의 패턴을 부드럽게 해 준다. 또한 에칭이나 샌드블라스트, 햄머링, 그리고 광택을 없애는 스프레이를 외부 표면이나 내부에 처리하여 빛의 퍼짐 각도를 더 넓게 하여 확산효과를 극대화할 수 있다. 반확산 재료들은 램프를 숨기고 눈부심을 제어하는 역할을 한다.

확산투과 *diffuse transmission*

확산투과된 빛은 모든 방향으로 빛을 퍼지게 하며 빛의 방향성을 없애 준다(그림 9.12). 완벽한 확산은 미세한 입자들로 구성된 유백색 유리나 플라스틱에 의해 이루어지며, 투과된 빛은 모든 방향으로 전달된다.

굴절 REFRACTION

빨대가 컵에 꽂혀 있을 때 물에 닿는 부분은 구부러진 것 같이 보인다. 이것은 빛의 속도가 공기 중과 물속이 다르기 때문인데, 이러한 현상을 굴절이라고 한다.

이와 유사한 현상은 빛이 유리나 플라스틱과 같은 물체의 표면을 통과할 때도 보인다. 이러한 투과물질은 프리즘이나 렌즈를 만드는 재료로 이용하며, 이들은 빛의 방향을 조절하여 결과적으로 빛의 퍼짐을 의도할 수 있게 한다.

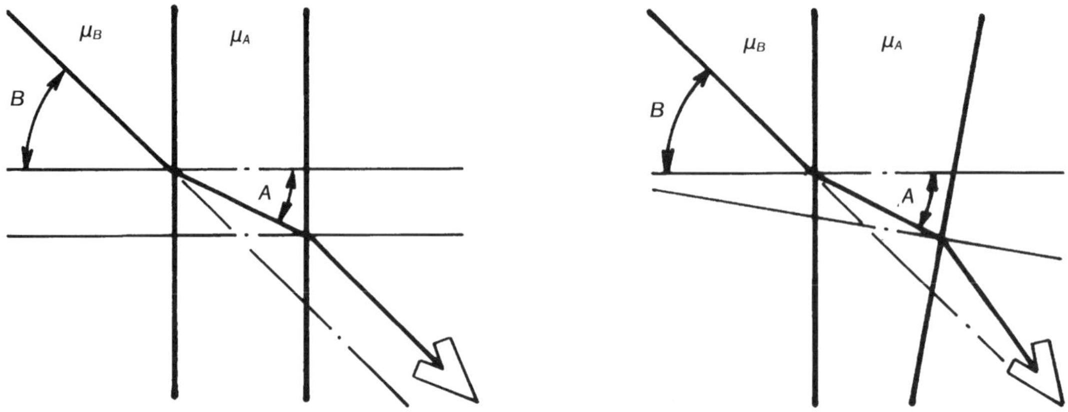

(a) (b)

$$\mu = \textit{Index of refraction}$$

$$\sin B = \left(\frac{\mu_A}{\mu_B}\right)\sin A$$

그림 9.13 a와 b 굴절률은 빛의 공기 중에서 빛의 입사각과 다른 매체(예를 들면 물, 유리, 플라스틱)를 통해 굴절된 각의 사인 값의 비이다.

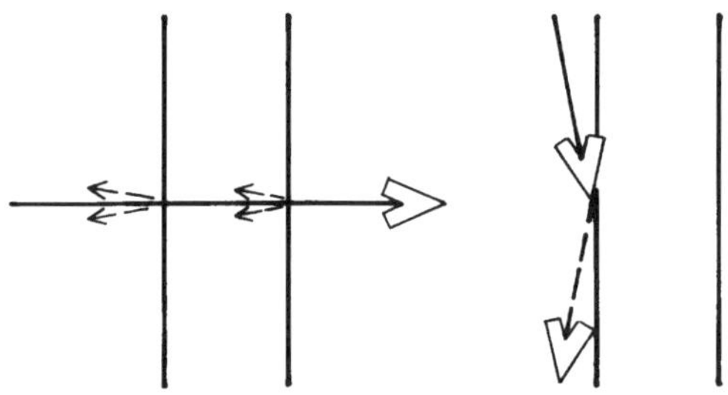

그림 9.14 굴절률의 편차

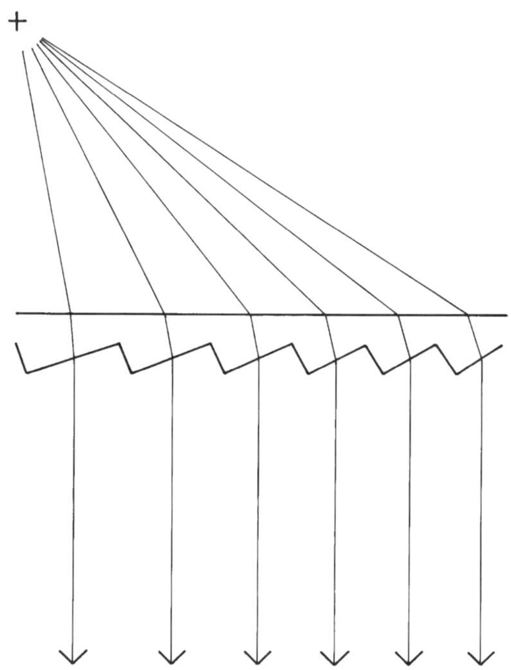

그림 9.15 프리즘 현상

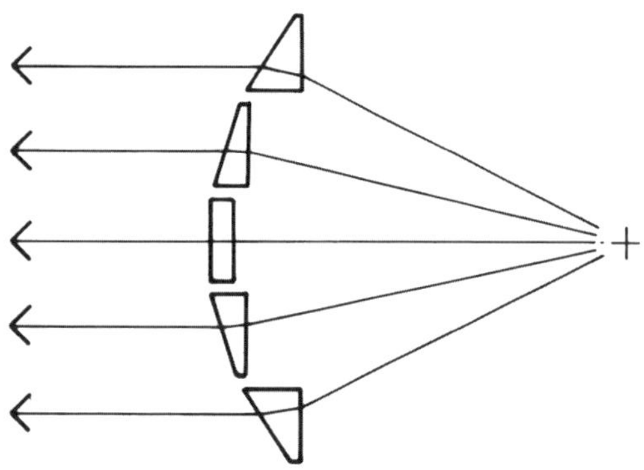

그림 9.16 렌즈는 하나의 프리즘 시스템이다.

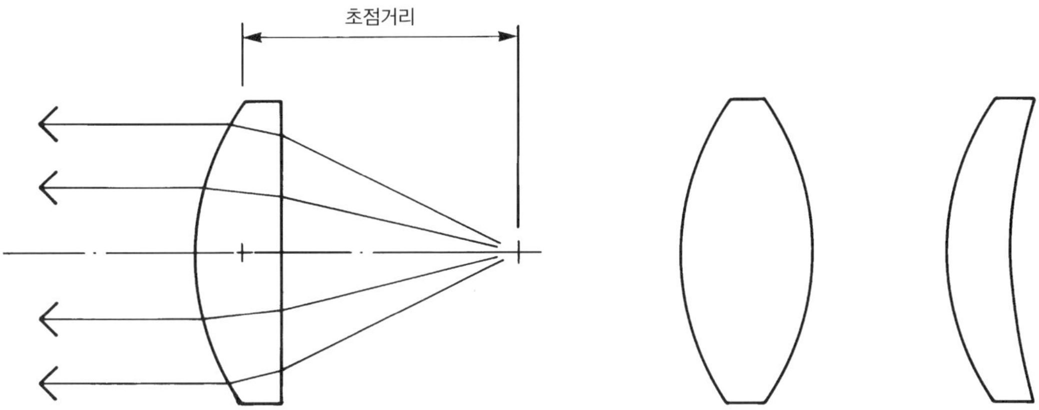

그림 9.17 볼록렌즈

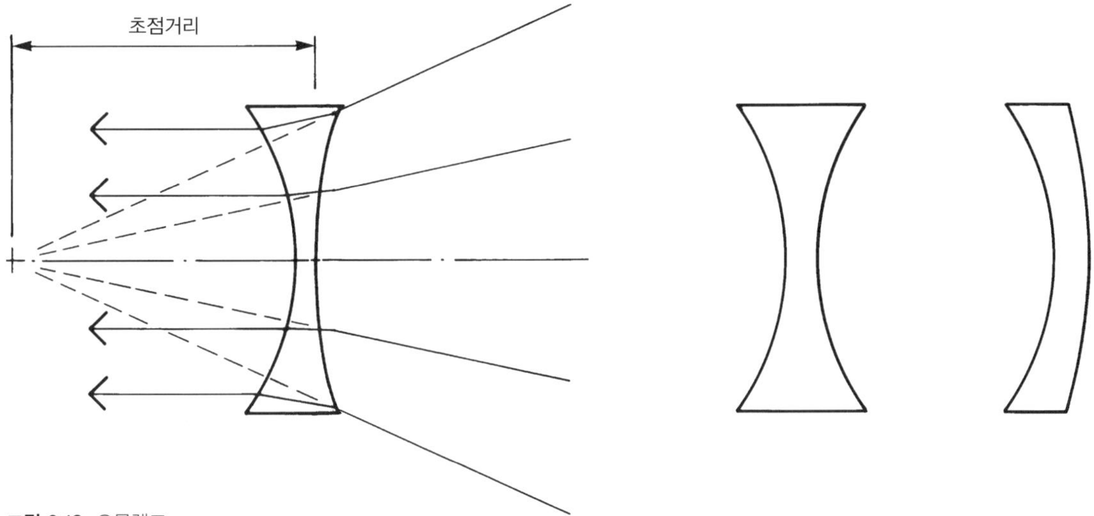

그림 9.18 오목렌즈

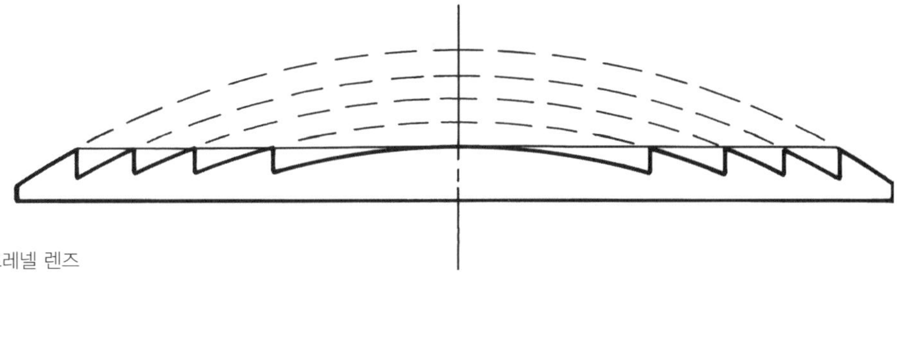

그림 9.19 프레넬 렌즈

프리즘 Prisms

빛은 통과하는 표면에서 그 위치가 달라지게 된다. 만약 재료 2개가 평행하게 정면으로 서 있다면 이러한 빛의 방향 변화는 각각에서 일어나 결과적으로는 아무런 변화가 일어나지 않을 것이다. 즉, 각도의 변화없이 통과 위치만 달라질 것이다(그림 9.13a). 한편, 다른 한 면이 평행이 아니라면 굴절이 일어나 그 빛의 방향은 달라질 것이다(그림 9.13b). 빛의 광선은 굴절률이 큰 재료에 입사될 때에는 수직 방향으로 변경하고, 굴절률이 작은 재료에 입사될 때에는 수직 방향으로부터 멀리 퍼져 나간다(그림 9.14). 프리즘은 2개의 평행하지 않은 면들로 조합된 투명한 물체로 하나의 면을 통과한 빛은 다른 하나의 면을 통과하면서 방향을 바꾸어 비추게 된다. 즉, 프리즘면 사이에 적절한 각도를 주어 원하는 방향으로 빛을 얻어 낼 수 있다(그림 9.15).

렌즈 *Lenses*

렌즈는 2개의 반대되는 굴절면으로 구성되는데, 이 굴절면들은 하나의 공통된 축을 갖는다. 즉, 잘 정돈된 빛의 퍼짐을 만들어 낼 수 있는 각도를 가진 프리즘을 연속적으로 여러 개 나열한 것과 같이 생각할 수 있다(그림 9.16).

2가지 기본 렌즈 형태는 볼록렌즈와 오목렌즈이다.

볼록렌즈(positive, 수렴렌즈converging)는 가장자리 부분보다 중앙 부분이 두껍다. 볼록렌즈의 중심은 축 선상에 있고, 축 선상의 점 광원에서 여러 방향으로 퍼져

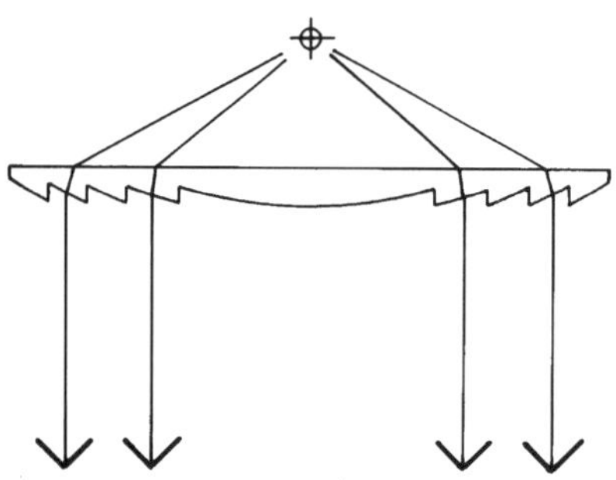
렌즈의 초점거리에 광원이 위치했을 경우

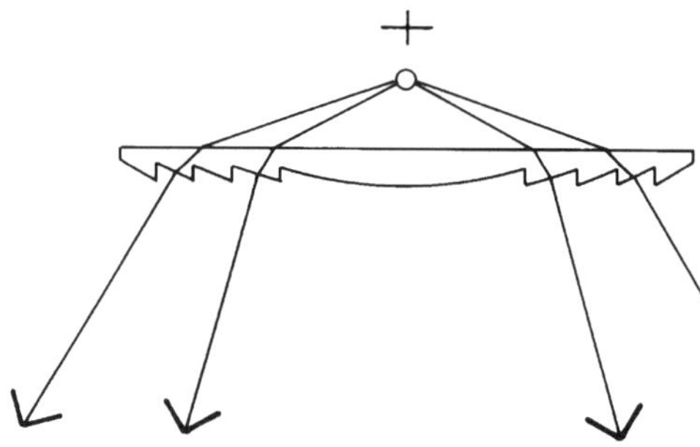
렌즈의 초점거리보다 광원이 가까울 경우

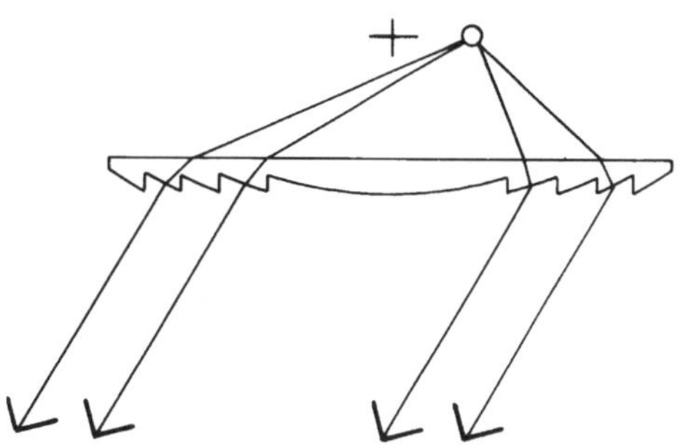

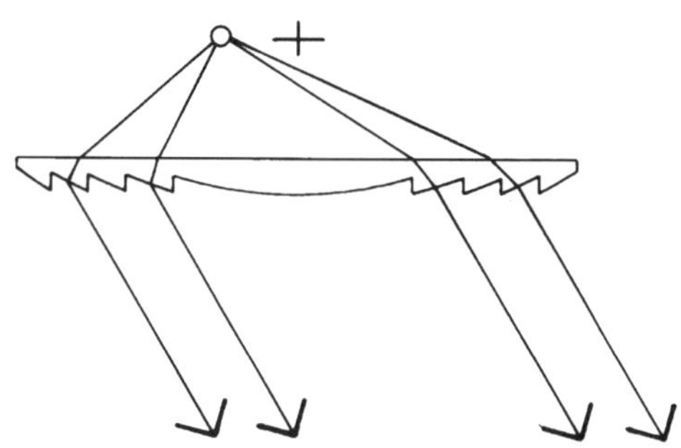
렌즈의 초점에서 광원이 비껴 있을 경우

그림 9.20 프레넬 렌즈를 통과한 빛의 퍼짐

나온 빛은 굴절되어 평행하게 된다(그림 9.17).

오목렌즈(negative, 발산렌즈diverging)는 가장자리가 가운데 부분보다 얇아 평행한 빛을 여러 방향으로 퍼지게 한다. 초점은 가상의 중심점이라고 부르는데, 발산된 빛의 광선을 렌즈의 역방향으로 직선으로 통과하여 만나게 되는 가공된 점이다(그림 9.18).

굴절은 물질의 표면에서 일어나기 때문에, 표면 사이에서 빛의 방향이 변하지 않으면 광학적으로 영향을 주지 않고 표면을 제외한 통과 부분은 제거될 수 있다. 즉, 유리의 단면을 제거하여 더 가볍고 얇은 오목렌즈를 만들 수 있다.

프레넬 렌즈는 이러한 원리를 이용한 것으로, 점점 작아지는 동심을 가진 렌즈를 평면으로 연결한 것이다(그림 9.19). 프레넬 렌즈는 프랑스의 과학자 어거스틴 장 프레넬Augustin Jean Fresnel(1788~1827)의 이름에서 유래하였으며, 그는 등대에 이용할 렌즈로써 고안해 냈다. 조명기구에서 프레넬 렌즈는 분산된 빛을 한 곳으로 모이게 하나, 광원의 밝기를 줄이고 눈부심을 제어하는 각도로 비추게 한다.

프레넬 렌즈는 초점거리가 짧으며 초점에 있는 광원은 단일하고 평행한 빛 퍼짐 패턴을 보인다. 광원이 초점과 다르게 위치하면 램프 굴절 정도에 따라 넓게 혹은 비대칭으로 빛이 퍼져 나가게 된다(그림 9.20).

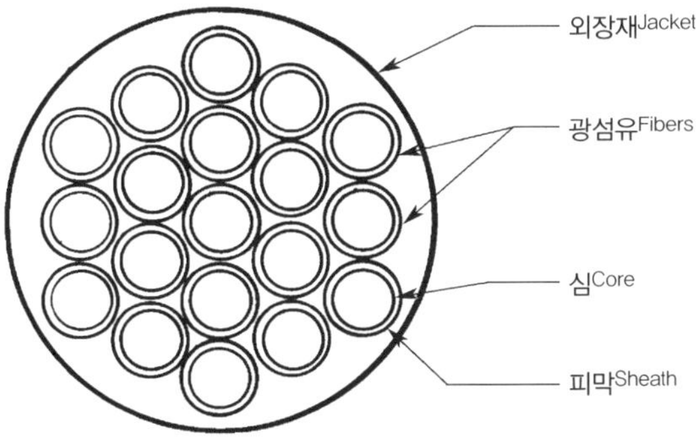

그림 9.21 광섬유 확대 단면

작은 프리즘 혹은 그밖의 굴절 재료를 일정한 패턴으로 혼합한 유리와 플라스틱을 프리즈매틱 렌즈라고 한다. 그것들은 프레넬 렌즈와 같은 방식으로 빛을 집중시키지는 않는다. 프리즈매틱 렌즈는 빛을 넓게 분산시켜 휘도를 줄이고 눈부심을 제어한다.

모든 내부 반사 Total Internal Reflection

모든 내부의 반사는 빛이 유리나 플라스틱과 같은 투명한 매질 속으로 들어갈 때 특정한 각도에서 일어나고 좌우로 반복해서 반사를 일으키며 매질 속을 여행한다. 가장자리 조명이나 막대를 통과하는 빛은 이러한 현상의 예이다.

광섬유 Fiber optics

유리나 플라스틱으로 된 광학섬유의 한쪽 끝으로 들어간 빛은 내부의 반사를 이용하여 다른 한쪽 끝으로 전달된다. 정해진 각도에서 코어를 비추는 빛의 줄기는 코어 내부에서 전후로 반사되고 지그재그로 통과하여 다른 끝으로 여행한다.

이것을 사용하는 데에 있어서 단가닥의 굵은 광섬유는 구부리기 어렵기 때문에 비실용적이다. 유연성을 늘이기 위하여 굵기가 가는 광섬유를 여러 가닥 묶어서 사용하는 것이 좋다. 광섬유 간에 빛이 새는 것을 막기 위하여 각각을 광섬유보다 굴절률이 작은 투명한 커버로 코팅하기도 한다(그림 9.21). 이런 과정은 광섬유의 표면을 보호하고 다른 재료 속에 끼워 넣어질 때 버려지는 빛을 없애 준다.

광섬유는 밀착형과 분산형(coherent, incoherent) 2종류로 나눌 수 있다. 밀착형은 빛이 들어가는 지점과 나오는 지점이 일치한다. 각각의 광섬유가 묶음의 동일한 끝지점에 빛 패턴을 보이기 때문에 이미지는 묶음을 통하여 전달된다. 분산형은 이미지가 아닌 빛을 전달하기 위해 이용될 수 있도록 일정하지 않게 배치한다. 전형적

그림 9.22 배플 - 빛 차폐장치

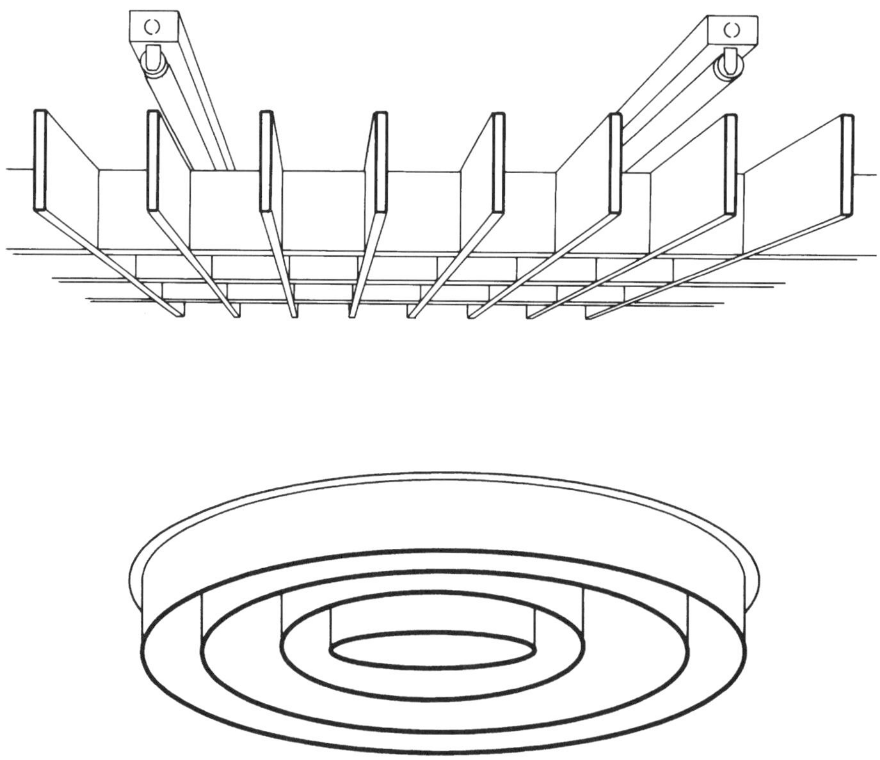

그림 9.23 루버

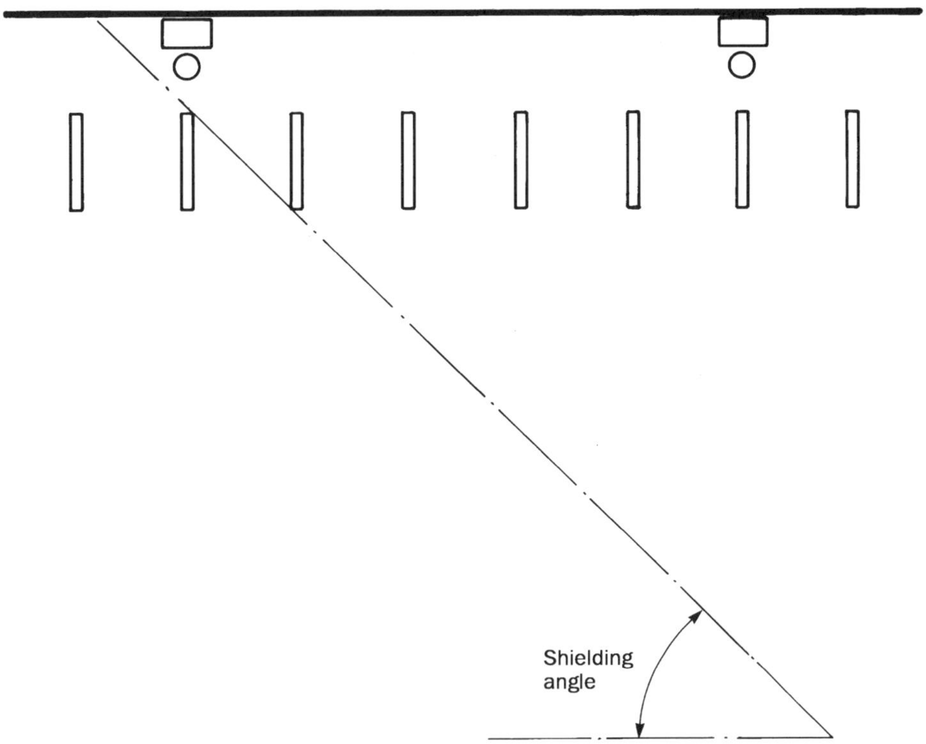

그림 9.24 차폐각shielding angle

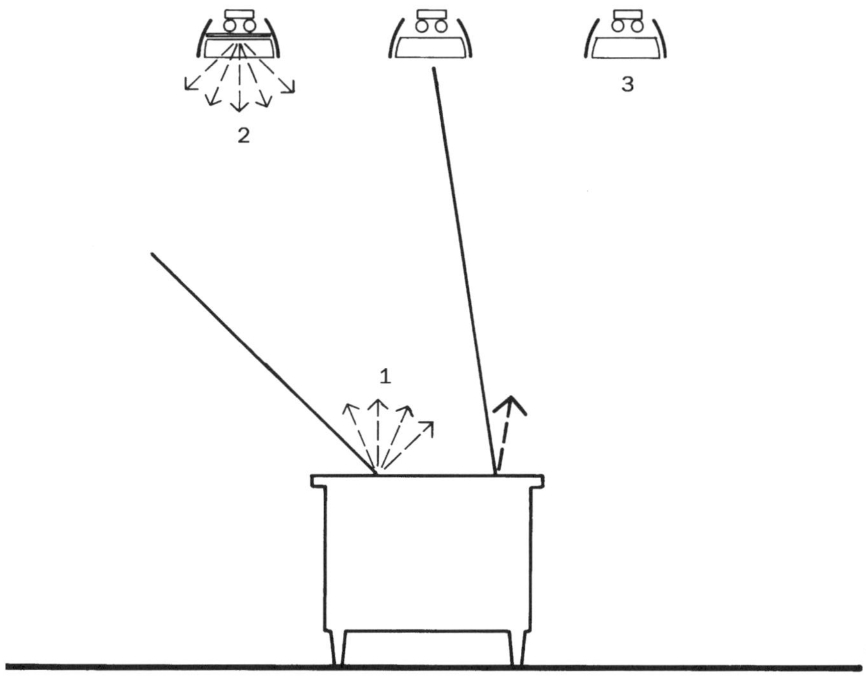

1. 작업면의 광택을 줄인다.
2. 광원의 확산반사를 증가시키는 장치를 광원에 덧붙인다.
3. 시각적으로 눈부심을 일으키지 않은 범위로 조명기구를 배치한다.

그림 9.25 조정방법

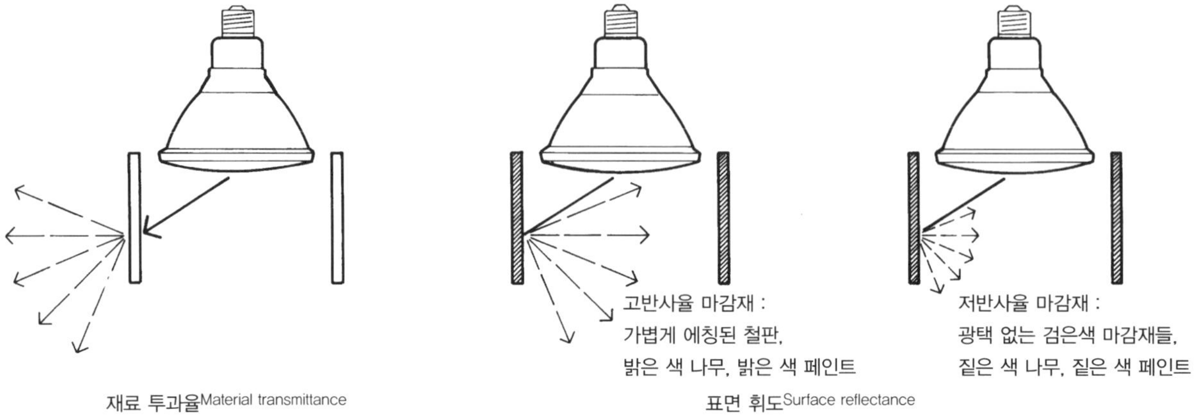

그림 9.26 투과하는 재료들: 반투명의 흰색, 그리고 색 있는 플라스틱 혹은 유리, 타공철판

인 광섬유 시스템은 (1) 프로젝터, (2) 텅스텐 할로겐이나 메탈할라이드 광원, (3) 광섬유 장치, (4) 각각의 묶음의 고정장치, (5) 광섬유로 구성된다. 실리콘 고무로 된 커버는 형태를 유연하게 하며 묶음을 보호한다.

눈부심 제어 GLARE CONTROL

빛을 조절하는 렌즈나 반사판은 램프를 가려 눈부심을 제어하는 기능을 수반한다.

배플과 루버 Baffles and Louvers

배플과 루버는 일반적으로 보이는 각도에서 일어나는 눈부심을 막아 주어 시각적으로 편안하게 한다. 배플은 단일축을 따라 한 방향으로만 빛을 차단한다(그림 9.22). 개구부가 작은 조명기구는 개구부 주위의 배플이 모든 방향으로부터 가려 준다. 루버들은 배플이 연속으로 설치되거나 기하학적인 패턴으로 놓인 차폐장치들인데, 빛의 퍼짐에 최소한의 영향을 주고 여러 방향으로부터 가려 준다(그림 9.23).

차폐장치는 램프를 가리고 차폐각 내의 눈부심을 제어한다. 차폐각이란 차폐장치 상부의 광원이 보이지 않는, 그러나 시각이 도달할 수 있는 지점과 수평면이 이루는 최대의 각도를 말한다(그림 9.24).

비록 배플과 루버가 이러한 일정한 영역 내에서 직접적인 시선으로부터 광원을 가린다고 하더라도 수평의 작업면은 여전히 직접적으로 광원에 노출되어 있다. 광원의 반사된 이미지는 광택 있는 종이나 사진, 유리 뒤편의 물체, 그리고 광택 있는 테이블의 상판에서 반사되어 눈부심을 일으킨다(그림 9.25).

배플과 루버는 검은색이나 반사되는 혹은 투과하는 재료로 만들어진다. 눈으로 들어오는 빛의 세기는 이러한 표면의 휘도에 의해 결정된다. 재료의 선택은 시각적

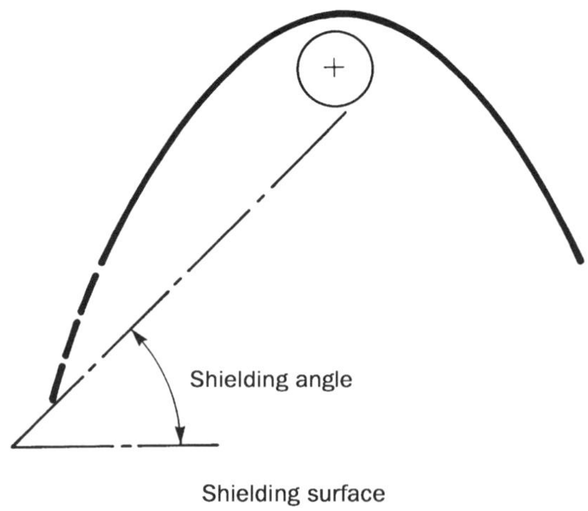

그림 9.27 차폐각은 반사판 형태에 의해 영향을 받는다.

편안함과 공간과의 조화를 이루는 디자인 등 다양한 요소들을 고려하여 이루어진다(그림 9.26).

가장 쉽게 램프를 가림으로써 방사되는 빛으로부터의 눈부심을 제어하기 위해서는 개방된 루버나 난반사되는 유리나 플라스틱을 약간 기울여 사용한다. 빛의 확산이 반사에 의한 것이든지 투과에 의한 것이든지 빛의 퍼짐은 같다.

반사판 reflectors

빛을 차단하는 오목한 형태의 반사판는 배플의 역할을 하여 광원을 가린다. 또한 이러한 반사판은 실내의 마감면이 어떻게 보이는가에 영향을 주기도 한다. 만약 빛이 눈 쪽으로 다시 방향을 바꾸면 높은 휘도와 불쾌한 눈부심을 일으키지만, 아래를 향하거나 눈으로부터 멀어지면 휘도가 낮아지고 눈부심을 피할 수 있다. 가장 효율적인 반사판 디자인에 있어서 광원 차폐는 형태와 관련이 있다. 이것은 필요한 차폐를 제공하기 위해 반사판 표면을 늘이는 것을 뜻한다(그림 9.27). 반사판의 깊이가 깊어지면 전체 발광효율은 반사판 표면에서 흡수되어 생기는 손실 때문에 줄어든다. 많은 빛의 양이 제어나 방향 재설정으로 전환되기 때문에 조도나 이용 가능한 광속은 증가한다.

포물선형 반사판은 눈부심 제어를 위해 자주 사용된다. 대부분의 빛이 아래쪽으로 반사되고 약간의 빛만이 눈 쪽으로 향하기 때문에 시선으로 반사되는 휘도가 거의 없다. 이것은 일반적인 시선각도에서는 어두운 인상을 준다(그림 9.28). 반사판 표면의 확산 성질은 더 많은 빛이 눈을 향하게 하는 원인이 된다. 결과적으로 휘도는 반사판이 에칭이나 브러쉬 등 확산반사되는 성질을 가질 때 증가한다.

포물선형 반사판 디자인은 반사판과 배플에 둘 다 적용될 수 있다. 그림 9.29는 루버 위쪽에서 시작하는 빛이 반사되는 패턴을 보여 준다. 이론상으로 빛은 가려지는 각도와 같은 각도로 반사된다. 잘 설계된, 정반사의 포물선형 루버는 검은색 혹은 회색 루버만큼 혹은 훨씬 더 훌륭히 눈부심을 제어하며, 흡수되는 빛이 적어 훨씬 효율이 좋다.

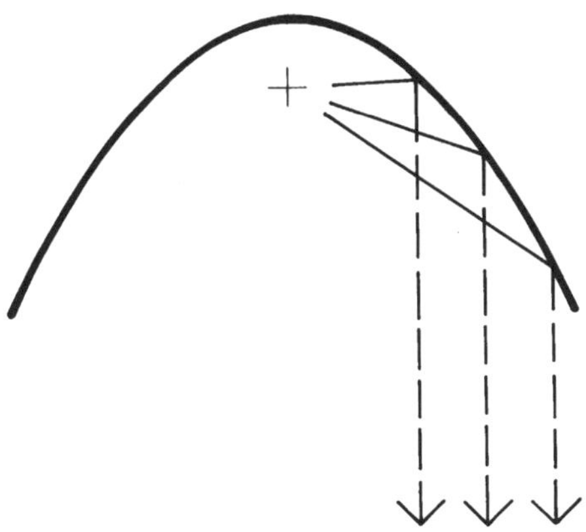

Reflector action

그림 9.28 눈부심 제어를 위해 사용되는 포물선형 반사판

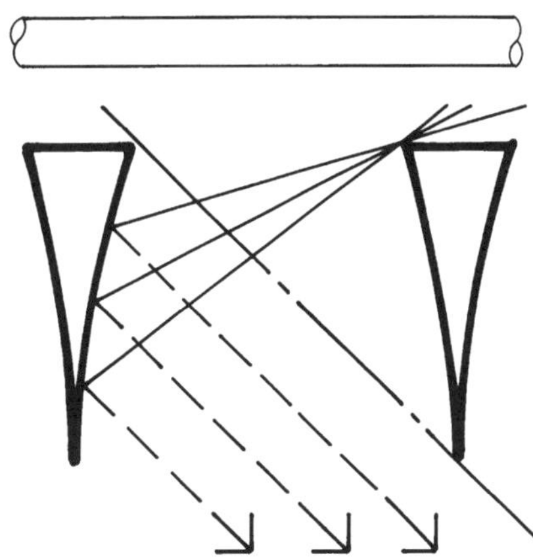

Louvers and baffles

그림 9.29 루버와 배플을 위한 포물선형 반사판 디자인

포토메트릭스 Photometrics 10

조도는 사람의 눈에 들어오는 빛의 양이 아니다. 우리가 지각하는 밝기는 주변환경에 대한 눈의 순응휘도(시감휘도)와 표면의 조도, 반사도, 관찰자의 시각정보에 대한 민감한 정도가 모두 복합적으로 관계하여 자각되는 것이다.

빛의 척도 MEASUREMENT OF LIGHT

측광은 빛의 양을 측정하는 과학이다. 일반적으로 5가지의 용어가 빛의 양을 나타내는데, 광도(빛의 세기) intensity, 광속flux, 조도illuminance, 휘도luminance, 그리고 광속발산도 exitance이다.

1. **광도(빛의 세기)**intensity는 광원에서 어떤 특정한 방향으로 나오는 빛에 대한 개념으로 광도luminous intensity라고 하며, 주어진 방향의 단위 입체각 내의 광속으로 정의되며 단위는 칸델라candelas(cd)이다.
   모든 방향에 대한 광도를 연속하여 표기하여 배광곡선을 만든다(그림 10.1).

2. **광속**flux은 광원에서 방사되는 모든 빛의 양을 말하며 광속luminous flux이라고 하고, 단위시간 동안 측정된 빛의 방사량으로 단위는 루멘lumen(lm)이다.

3. **조도**illuminance는 표면상의 어느 한 지점 위의 빛의 조밀도에 대한 것이다. 표면에 입사된 광속의 밀도라고 정의할 수 있으며, 단위는 풋캔들fc[7] 혹은 럭스lx이다.

4. **광속발산도**exitance는 방사되어 표면에서 모든 방향으로 반사되거나 투과된 빛의 총량을 이르는 말로, 표면을 떠난 광속의 조밀도로 정의되고 단위는 lm/ft^2 혹은 lm/m^2를 쓴다.

5. **휘도**luminance는 표면에서 눈으로 되돌아오는 빛을 포함하는 개념으로 주어진 방향에서 반사된 빛의 세기라고 정의할 수 있으며, 단위는 lm/ft^2 혹은 cd/m^2를 쓴다.

측광의 한계 Measurement Limitations

조도는 가장 쉽고 간단하게 측정할 수 있는 단위이기 때문에 자주 건축공간에서 빛의 양을 측정하는 데 이용된다. 우리가 보는 것은 휘도인데 표면에 떨어진 빛의 양과

7 $1fc = 1lm/ft^2 = 10.764lx$

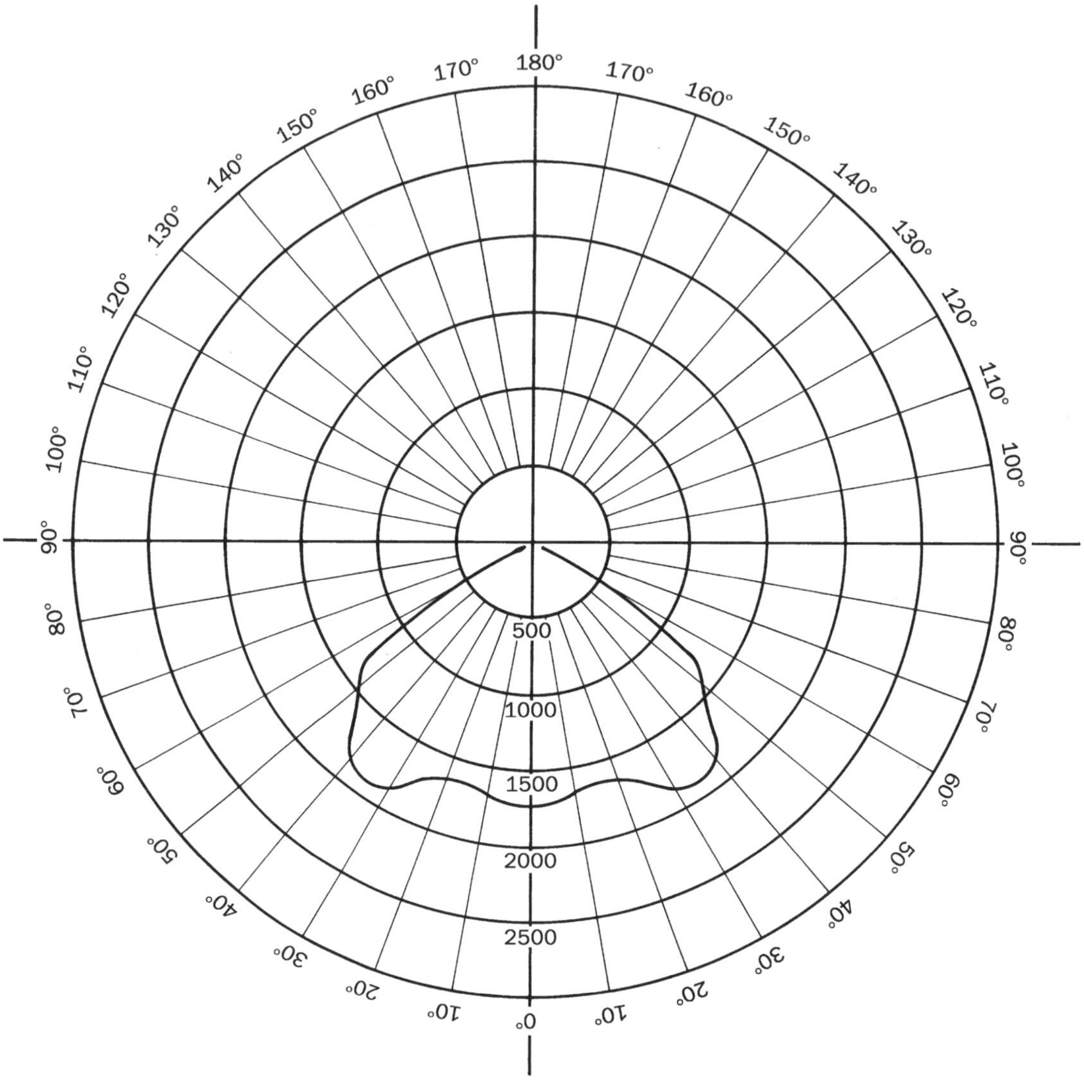

그림 10.1 광도 분포곡선

표면의 성질(반사율) 때문에 반사된 빛을 말한다. 우리는 빛이 물체나 표면으로부터 반사되어 나오거나 그것이 스스로 빛을 방사할 때에만 그것(발광체)을 보게 된다.

밝기는 사람이 지각하는 것으로 다양한 개개인의 특성에 따라 다르게 지각되는 개념이다. 반사된 빛은 전에는 footlambert(fl)로 표기했으나 밝기가 보는 각도에 따라 달라지기 때문에 footlambert라는 용어는 IESNA(북미 조명학회)에서는 사용하는 것을 반대하고 있다. 지각된 밝기는 이제 광속발산도로 측정한다. 그러나 광속발산도로 측정하는 것은 빛의 양이 관찰자의 위치나 방향에 관계없이 거의 변하지 않을 경우에만 의미 있는 것으로, 완전 확산면, 람베르시안lambertian에서 — 독일의 물리학자면서 철학자인 Johann Heinrich Lambert의 이름을 딴 것으로, 바라보는 방향에 관계없이 모든 방향으로의 휘도가 동일한 발광면 — 측정된 광속발산도만 타당하다.

조도는 인간의 시지각에 관여하는 심미적, 정신적, 신체적 변수를 포함하지 못한다. 지각되는 휘도를 측정할 수 있다면 위의 요소들이 감안된 가장 완벽한 측광이 될 것이다.

표면 휘도의 지각은 사람의 시각이 적응하는 능력에 근거한다. 조도가 낮을 때 홍채는 열리고 조도가 높으면 홍채는 닫힌다. 눈은 명순응보다 암순응이 더 오래 걸린다. 우리가 햇볕이 강한 날 어두운 극장 안으로 들어갈 때 낮은 조도에 완전히 적응하기까지 20~30분 걸린다. 그러나 극장을 떠나 외부로 나올 때 높은 조도에 적응하기까지 불과 수초가 걸릴 뿐이다.

눈은 우리가 다양한 조도의 물체를 보거나 여러 종류의 빛 환경의 공간을 돌아다니는 동안 계속해서 적응하고 있다. 심지어 측정된 휘도는 눈의 적응능력 때문에 명백한 밝기를 나타내는 것은 아니다. 즉, 측정된 휘도는 사람이 주변환경에 순응한 결과를 포함하여 지각하는 밝기를 나타내는 것이 아니다.

이러한 현상은 상대적인 휘도에 대한 결과이고 표면에 떨어지는 조도값은 아니며 이러한 것들이 성공적인 조명계획을 결정짓는 요소가 된다. 그러므로 조도는 디자인 단계에서 행하여지는 것이 아니라 램프와 조명기구의 선택 혹은 조명설계를 평가하기 위한 기준으로만 이용해야 한다.

배광곡선 Luminous intensity Distribution Curve

배광곡선은 광원이 광원의 중심점으로부터 각각의 방향으로 빛을 방사하여 얻어진 광도를 표현한 것으로 광원에서 나오는 빛의 패턴을 알 수 있다.

배광곡선은 조명기구 제작회사에서 공급하며 제조사의 기구에 대한 데이터에 포함된다.

배광곡선을 작성하는데는 보통 극좌표가 사용되며 집광성이 강한 스포트라이트와 같은 조명기구는 직각좌표계를 이용해서 작성하기도 한다. 극좌표계에서(그림 10.1) 조명기구는 좌표축의 중심에 위치하고, 조명기구의 0°(가장 낮은 점)로부터 일정한 각도로 돌아가며 표시된다. 동심원들은 점점 커져가는 광도를 칸델라값으로 표현하는데 수직의 축 위에 그 숫자를 표시한다.

이 조명기구의 30°에서의 광도를 알아보기 위해서 조명기구의 중심점으로부터 30° 각도를 나타내는 점을 잇는 선을 찾는다. 그 선을 따라가다 좌표계의 선과 만나는 곳에서 다시 동심으로 따라가서 만나는 수직의 축에 표시된 숫자를 읽는다. 이렇게 그림 10.1의 극좌표를 보이는 조명기구는 0°에서 30° 떨어져 있는 지점에서 1,850칸델라의 광도값을 갖는다.

대칭의 배광을 보이는 조명기구는 주좌표계의 반쪽만을 이용하여 배광곡선을 작성한다. 왜냐하면 다른 한쪽이 똑같은 대칭의 이미지를 보이기 때문이다.

형광 램프 다운라이트와 같이 비대칭의 배광을 보이는 조명기구는 배광을 정확하게 나타내기 위하여 여러 겹의 곡선으로 그린다. 일반적으로 하나의 곡선은 조명기구에 평행 방향이고 다른 하나는 수직 방향이다. 여기에 45°의 3차원면 혹은 22.5° 간격의 면이 더해지기도 한다(그림10.2).

반사판을 포함하는 램프들 혹은 집광성의 조명기구, 급하게 빛 퍼짐을 차단하는 조명기구, 광도가 협각 내에서 빠르게 변하는 것 등은 극좌표계로 나타내기 어렵다. 이러한 경우 수직의 혹은 직각 그래프가 광도를 표현한 것으로 대체할 수 있다(그림 10.3).

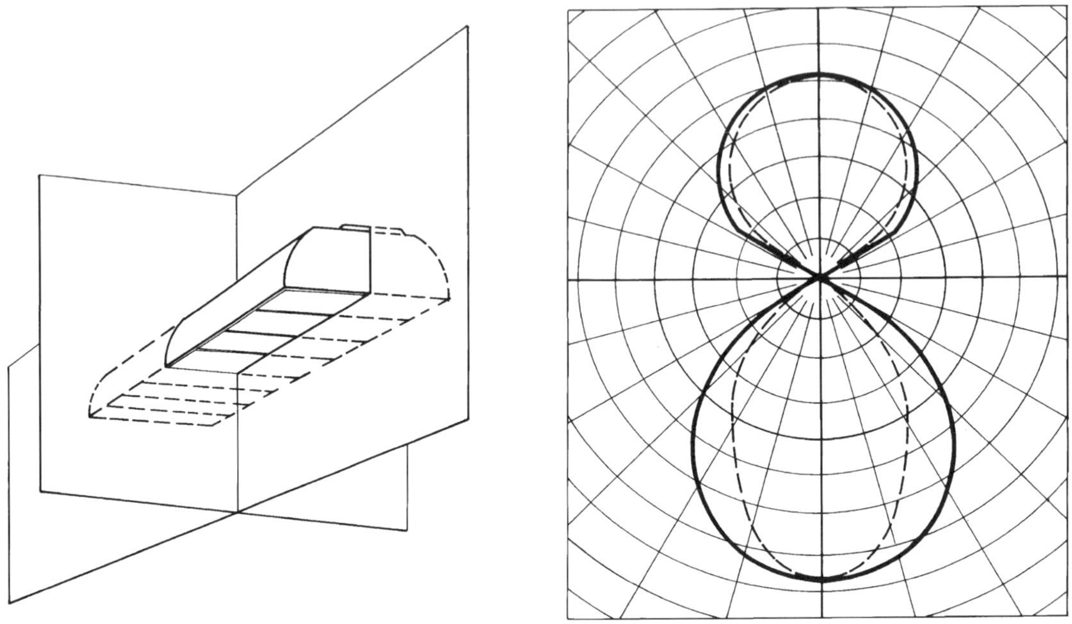

그림 10.2 형광등의 극좌표계

이 그래프에서 수평축은 각도를 나타내고 수직축은 광도를 칸델라값으로 나타낸 것을 의미한다. 그림 10.3 오른쪽 그래프를 살펴보면 중심점으로부터 10° 떨어져 있는 곳에 약 3,000칸델라의 빛이 비추고 있다.

공간에 적용할 조명기구를 선택할 때 제안된 조명기구와 광원이 제조사의 광학적 실험 자료대로 보여지는지 세심하게 확인하라. 다양한 광원이나 반사판 마감에 대한 포토메트릭 자료가 포함되어 있지 않다면 다른 광원이나 반사판에 대한 데이터로부터 그것의 자료를 추측하는 것은 정확하지 않다.

권장조도기준 RECOMMENED ILLUMINANCE VALUES

권장조도기준은 작업면에서의 조도기준이다. 여기에서 작업면이란 상업공간 혹은 업무공간에서 바닥 마감면으로부터 75cm 위의 수평면 — 일반적인 책상면의 높이 — 을 말하며, 비록 공간이 책상이 없는 농구장이나 복도라 하더라도 같은 기준으로 제시한다. 기억해 두어야 할 것은 이 기준은 수평면에 대한 조도라는 것이고 그것들은 우리가 실제 환경을 이해했을 때 우리에게 제한적으로 의미가 있는 것이다. 벽면의 밝기나 강조점, 그림자, 스파클, 그리고 색과 같은 요소들은 조명에 의한 사람의 감정에 큰 영향을 미친다. 이러한 요소들은 특히 평이하고 어두침침한 환경에서 사람들이 불만족스러워 하는 경향이 많기 때문에 낮은 권장 조도를 갖는 캐주얼한 공간에서 특별히 중요하다. 실제의 요구 조도는 작업의 시각적 난이도, 작업자들의 연령과 시각, 그리고 일의 완성에 대한 속도와 정확도에 따라 다양하다. 일반적인 조도는 부록의 표 15에서 볼 수 있다. 사실 여기에서 제안하는 조도값은 정확한, 그리고 편안한 시각 환경 조성을 위해 작업면에 필요로 하는 조도에 대한 가이드라인 정도를 제안한다. 라이팅 핸드북 제9판에서 IESNA는 조도 선택 과정에서 조명기구 사양 적용을 위한 권장 수평 조

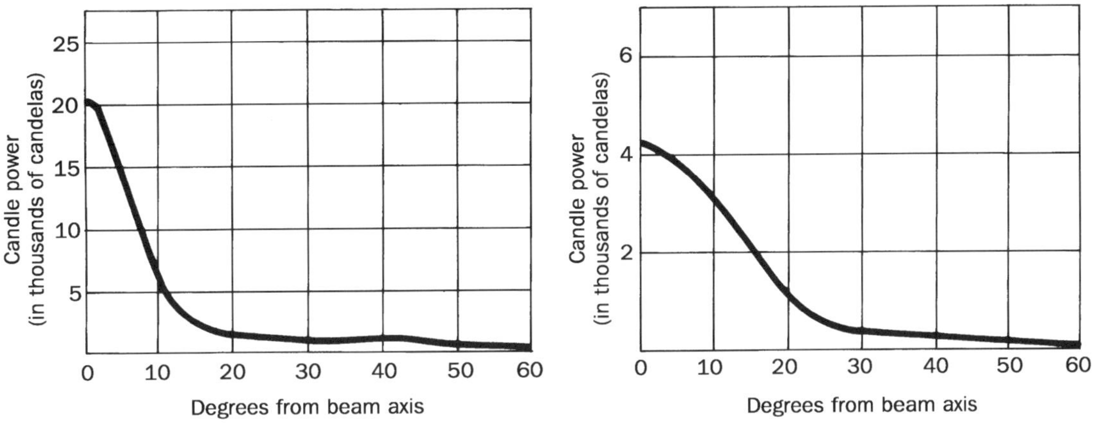

그림 10.3 직각좌표계로 표시한 60PAR38/HIR 협각램프(좌)와 60PAR38/HIR 광각램프(우)의 배광곡선

도를 발표했다. 그 후 다른 지각에 영향을 주는 요소들 — 실내디자인의 외형, 색의 표현과 대비, 자연광의 유입, 눈부심, 수직조도, 마감재의 특성, 질감, 밝기대비, 그리고 입체감의 표현, 스파클의 유무 등 — 을 고려한 디자인 지침이 보완되었다. IESNA 수평면 권장 조도의 통합된 목록은 부록의 표 16을 참조한다. 이는 다양한 작업을 반영하여 7가지로 권장 조도를 구분하고 있다.

카테고리 A, B, C는 전체 공간에서 일어나는 간단한 활동들을 포함한다. 예를 들어 호텔 로비나 사무실 건물 복도와 같은 이동공간에서 시각기능은 전체의 공간에서 연속적으로 일어나고 50lx 정도의 조도가 필요하다. 카테고리 D, E, F는 하나 이상의 특정한 위치에서 고정으로 일어나는 일반적인 작업들에 적용된다. 이러한 값들은 알맞은 작업영역에만 적용되며 같은 공간에서 일어나는 몇 개의 다른 종류의 일들까지 허용한다. IESNA는 비시각영역, 즉 보는 행위가 그다지 중요하지 않은 공간의 수평조도를 최저 200lx로 권장하고 있다.

카테고리 G는 매우 특별히 세심한 시각행위가 요구되는 공간을 위한 권장값이다.

이러한 작업을 위한 조명 시스템은 세밀한 분석을 필요로 한다. 권장 조도값은 작업용 조명으로 보충하여 그 값에 도달하게 하며 3,000에서 10,000lx 정도의 범위에 이른다.

나이 Age

IESNA 권장 조도는 공간을 이용하는 사람의 나이를 고려한 것은 아니다. 노인들의 시지각적 요구는 젊은 사람들과는 2가지 면에서 다르게 접근해야 하는데, 첫 번째는 수정체의 조절능력이 떨어져 다양한 거리에 초점을 맞춘다든지 형태의 변화를 지각하는 능력이 줄어든다는 것이고(그림 1.6) 두 번째는 눈동자의 크기가 줄어 망막상에 도달하는 빛의 양이 적어진다는 것이다. 노인들은 같은 작업에 대하여 더 높은 조도를 요구하는데, 예를 들어 60세의 노인은 20세의 젊은이들보다 3배의 조도를 요구하고 동시에 눈부심에 대한 민감도도 현저하게 증가한다.

조도계산 ILLUMINANCE CALCULATIONS

사람들이 보는 것은 조도가 아니라 휘도의 대비를 보는 것이라고 하지만 어느 정도의 빛이 작업을 위해서 필요할 것인가에 대한 질문은 반드시 답이 필요하다. 조도 계산은 램프나 조명기구가 얼마만큼의 일을 할 것인가에 대한 정보를 얻기 위해서, 그리고 디자인에 대한 대안을 평가하거나 특별한 디자인을 세밀하게 만들기 위해 설계과정에서 수행한다. 다음은 간단한 조도 계산 방법에 대한 설명인데 어떤 한 지점의 조도나 특정한 면에 대한 평균 조도를 계산한다.

점조도 Illuminance at a Point

점광원에서 나오는 빛이 만들어 내는 한 지점에 대한 조도를 알아내기 위하여 거리제곱 반비례 법칙이 이용된다. 이 방법은 광원으로부터의 거리가 적어도 광원 크기의 5배 이상이어야 실효성이 있는 조도 계산이 된다.

광원이 목표물을 향하고 있을 때

Source aimed at a target

조도는 주어진 방향에 대한 광원의 광도에 비례하고 광원으로부터의 거리에는 반비례한다. 광원에서 수직하는 면을 향하는 조도를 계산하기 위하여

$$Lx = I / D^2$$

여기에서 I는 광원의 목표하는 점 방향의 광도(칸델라값)이고, D는 광원과 목표하는 지점 간의 거리이다(그림 10.4).

예 Example

백열등 60PAR/HIR/SP10 램프가 3.6m 떨어진 표면의 한 점을 향하고, 램프의 광도 차트에서 이 램프가 0° 방향으로 20,000cd를 만들어 낸다고 하면:

$$Lx = 20000/3.6^2 = 1540$$

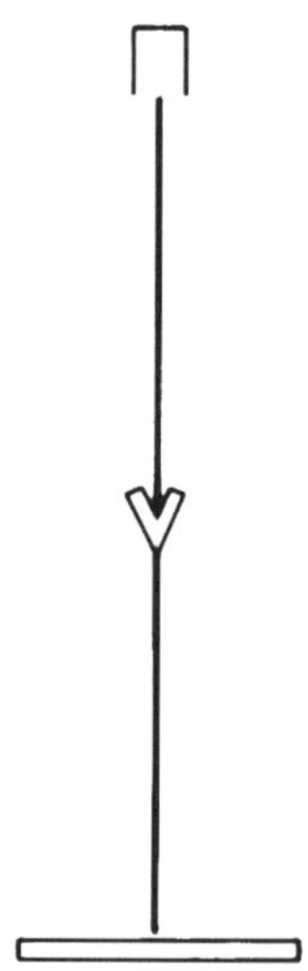

그림 10.4 광원에 대한 수직면의 조도

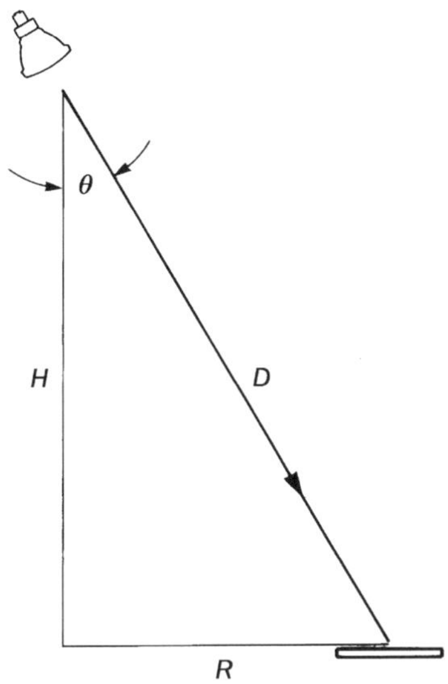

그림 10.5 경사진 광원에 의한 수평면에 대한 조도

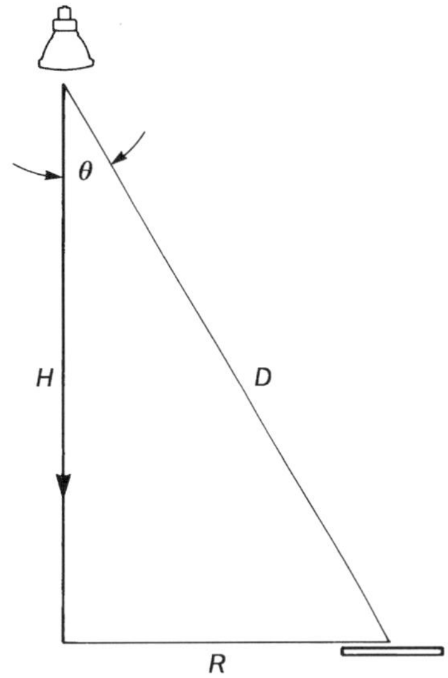

그림 10.6 광원과 경사진 방향의 수평면에 대한 조도

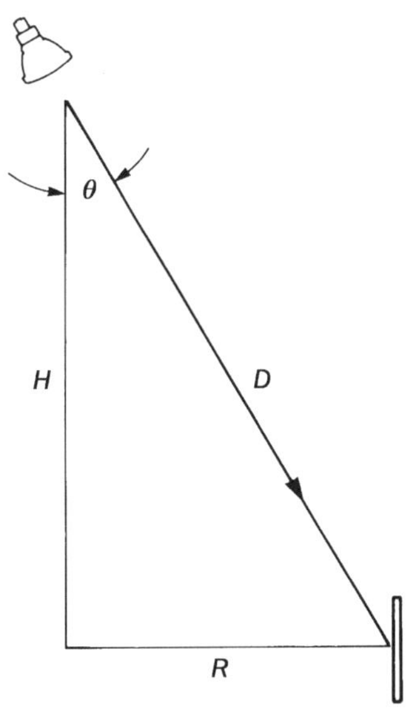

그림 10.7 경사진 광원에 의한 수직면에 대한 조도

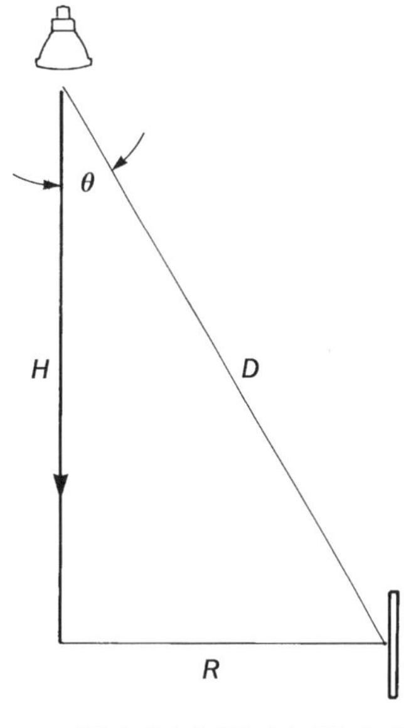

그림 10.8 광원과 경사진 방향의 수직면에 대한 조도

광원이 수평면을 경사지게 향하고 있을 때

Source aimed at an angle to a horizontal surface

만약 광원이 평면이 아닌 각도를 가진 면의 목표물을 향하고 있다면 빛은 훨씬 더 넓은 영역으로 퍼지게 되어 특정한 지점의 조도는 줄어들게 된다. 수평면에 비해 줄어든 정도는 입사각 혹은 경사진 정도의 코사인 값과 같다. 즉, 경사진 면에 대한 광원의 조도를 계산하면 다음과 같은 식이 성립된다.

$$Lx = \frac{I}{D^2} \times \cos\theta$$

I는 광원이 향하는 방향의 광도(단위: 칸델라)이고, θ는 빛이 비추는 방향과 바닥 면이 이루는 경사의 각도, D는 목표하는 지점과 광원 사이의 거리이다(그림 10.5). 그림 10.5에서 H는 목표지점과 광원이 수직으로 이루는 거리이며, R은 목표점과 광원 간의 수평선상의 거리이다.

예 *Example*

60 PAR /HIR/SP10 램프가 3.6M 떨어지고 수직의 바닥면과 30° 기울어진 면에 빛을 비추고 있다고 할 때 그 면의 조도를 구하기 위해 다음과 같은 단계를 거쳐야 한다.

1. 광원의 광도 차트(그림 10.3 왼쪽)에 의하면 60 PAR /HIR/SP10 램프는 0° 방향으로 20,000cd를 낸다는 것을 알 수 있다.

2. 삼각함수표(부록 표 10)에서 코사인 30°의 값이 0.866임을 알아낸다.

$$Lx = \frac{20{,}000}{3.6^2} \times 0.866 = 1330$$

광원이 수직 하부면을 향하고, 목표지점은 수평면 한쪽에 치우쳐 있을 때 Source at nadir, target on horizontal surface located to one side

광원이 수직 하부면을 향하고 목표지점은 중앙에서 한쪽으로 치우쳐 있을 경우, 수평면의 목표지점에서의 조도는 광원으로부터 목표지점 간의 수직 하부에 떨어지는 빛의 광도에 비해 코사인 각도만큼 감소할 것이다. 이러한 경우 조도 계산을 위하여 상기와 같은 공식이 사용된다.

$$Lx = I / D^2 \times \cos\theta$$

I는 광원이 빛을 비추는 방향으로 내보내는 광도(단위: 칸델라)이고, θ는 수직면과 목표지점이 이루는 경사의 각도, D는 목표지점과 광원 사이의 거리이다(그림 10.6).

예 *Example*

60 PAR /HIR/FL 30 램프가 수직면을 비추고 있을 경우 3.6M 떨어져 있는 바닥면에 10° 방향으로 목표지점이 있다고 할 때 그 지점의 조도를 구하기 위해 다음과 같은 단계를 거쳐야 한다.

1. 광원의 광도 차트(그림10.3, 오른쪽)에서 60PAR/HIR/FL30 램프가 10° 방향으로 2,800cd를 낸다는 것을 알아낸다.

2. 삼각함수표(부록 표 10)에서 코사인 10°의 값이 0.985임을 알아낸다.

$$Lx = \frac{2800}{3.6^2} \times 0.985 = 210$$

광원이 수직면을 경사지게 향하고 있을 때

Source aimed at an angle to a vertical surface

광원이 수직면에 위치한 목표지점을 경사지게 향하고

있을 경우 목표지점의 조도는 경사각의 사인 값만큼 감소한다.

$$Lx = I / D^2 \times \sin\theta$$

I는 광원이 향하는 방향의 광도(단위: 칸델라)이고, θ는 수직 방향과 목표지점이 이루는 각도, D는 목표지점과 광원 사이의 거리이다(그림 10.7). 그림 10.7에서 H는 수평면과 광원이 수직으로 이루는 거리이며, R은 목표점과 광원 간의 수평선상의 거리이다.

***예** Example*

60PAR/HIR/SP10 램프가 수직의 바닥면과 30°의 경사를 이루고 수직으로 3.6m 떨어진 곳에 빛을 비추고 있다고 할 때 그 면의 조도는 다음과 같이 구한다.

1. 광원의 광도 차트(그림 10.3 왼쪽)에서 60PAR/HIR/SP10 램프가 0° 방향으로 20,000cd를 낸다는 것을 알아낸다.

2. 삼각함수표(부록 표 10)에서 사인 30°의 값이 0.500임을 알아낸다.

$$Lx = \frac{20{,}000}{3.6^2} \times 0.5 = 770$$

***광원이 수직 하부면을 향하고, 목표지점이 치우쳐 있는 수직면에 있을 때** Source at nadir, target on vertical surface located to one side*

광원이 수직 하부면을 향하고 목표지점이 한쪽으로 치우쳐 있을 경우, 수직면상의 목표지점에서의 조도는 광원이 향하는 수직 하부면과 목표지점이 이루는 각도의 사인값만큼 감소한다. 이러한 경우 조도는 상기의 경우와 같은 공식을 사용하여 구할 수 있다.

$$Lx = I / D^2 \times \sin\theta$$

I는 광원이 빛을 비추는 방향으로 내보내는 광도(단위: 칸델라)이고, θ는 광원이 향하는 수직 하부 방향과 목표지점이 이루는 경사의 각도, D는 목표지점과 광원 사이의 거리이다(그림 10.8).

***예** Example*

60PAR/HIR/FL30 램프가 수직 하부면을 향하고 있을 경우 3.6M 떨어져 있는 10° 방향의 수직면에 목표지점이 있다고 할 때, 그 지점의 조도를 구하기 위해 다음과 같은 단계를 거쳐야 한다.

1. 광원의 광도 차트(그림 10.3, 오른쪽)에서 60PAR/HIR/FL30 램프가 10° 방향으로 2,800cd를 낸다는 것을 알아낸다.

2. 삼각함수표(부록 표 10)에서 사인 10°의 값이 0.174임을 알아낸다.

$$Lx = \frac{2800}{3.6^2} \times 0.174 = 40$$

문제점 Shortcomings

거리제곱법칙은 조도에 대한 매우 대략적인 아이디어를 줄 뿐이다. 예를 들어 물체와 주변환경 간의 조도의 비를 비교할 경우 등에 이용된다. 심지어 여기는 공간 내에서 마감재에 의한 상호반사와 같은 가치들은 밝기를 지각하는 데에 관찰자의 위치와 마감면의 반사율에 따라 상당히 달라짐에도 불구하고 거의 반영되지 않는다.

평균조도 계산법 Average Illuminance Calculations

적절한 조도가 넓은 영역에 공급되는 것을 확인하기 위하여 광속법lumen method 혹은 구역공간법zonal cavity calculation이 이용된다. 이 계산법들은 사람 혹은 컴퓨터에 의해 행해질 수 있고, 이를 통해 작업면과 같은 수평면에 입사되는 평균 조도를 예측하게 한다.

수평면에 대한 대략적인 조도의 계산은 아래에서 설명하고 있는 광속법을 간소화한 형태를 사용한다 해도 그 결과는 만족할 만하다. 이것은 공간의 표면에서 일어나는 상호반사와 여러 개의 광원에 의해 달라지는 것을 감안하여 시간이 흐르면서 유지되는 조도값을 나타내 주며 램프의 수명 때문에, 그리고 외부환경에 의해 발생한 오염 등으로 생기는 손실을 포함하였다.

그러나 이 계산법이 보다 정교한 계산법을 대신하지는 않는다. 주로 조명설계과정에서 간단한 분석을 위한 가이드로 이용된다.

수평면에 떨어지는 평균 조도를 구하기 위하여 다음과 같은 식을 이용한다.

$$Lx = \frac{\text{램프의 개수} \times \text{초기램프광속} \times \text{광손실률} \times \text{조명률}}{\text{면적}}$$

램프의 개수 1개의 램프를 사용하는 기구의 경우 램프의 수는 주어진 영역의 등기구의 수와 같다. 만약 등기구가 1개 이상의 램프를 사용한다면 기구 내의 램프 개수만큼 영역 내의 등기구 수에 곱해야 한다.

초기램프광속 초기램프광속은 램프제작회사에서 제공하는 정보로, 제공되는 카탈로그에서 찾아볼 수 있다.

손실률 램프는 사용시간에 따라 빛을 방사하는 양에 있어서 자연적인 손실을 보인다. (텅스텐 할로겐램프의 경우는 거의 손실이 없다.) 또한 공간의 먼지나 기타 오염물질이 램프에 쌓이기도 한다. 그외의 손실을 일으키는 요소들은 실온도나 투입되는 전력, 안정기, 방전 등 계열 램프의 설치 환경 등이 있고 램프가 수명을 다하는데 영향을 미치는 요소들이 있을 수 있다. 그러나 이 중에서 2가지 중요한 요소들, 광손실률(LLD:lamp lumen depreciation)과 기구오염률(LDD:luminaire dirt depreciation)만 감안한다.

- **광원의 광손실률(LLD: lamp lumen depreciation)** 필라멘트의 훼손이나 텅스텐의 침전, 그리고 형광물질의 분해 등으로 램프의 수명이 다하여 발생하는 빛 산출량의 감소를 말하는 것으로, 대부분의 광원들의 손실률은 부록 표 11에서 찾아볼 수 있다. 카탈로그 목록에 평균 램프 루멘스 혹은 디자인 루멘스라고 표기될 경우에는 광손실률을 별도로 식에 대입할 필요가 없다.

- **기구오염률(LDD: luminaire dirt depreciation)** 반사판이나 빛 투과 렌즈면에 먼지나 그 밖의 오염물이 쌓여 빛 산출량이 감소하는 것으로 공간의 청결도나 등기구 청소주기, 그리고 등기구가 오염에 노출될 수 있는 정도(예를 들어 상부가 열려 있는 등기구는 닫혀 있는 등기구보다 먼지가 쌓일 수 있는 확률이 높다.)에 크게 영향을 받는다. 어떤 등기구들은 환기를 위해 어떤 패턴을 갖고 있는데 여기에 먼지가 쌓여 공기의 흐름이 느려지기도 한다. 부록의 표 12.13을 참조하도록 한다.

손실률은 손실률 = 광손실률 x 기구오염률의 방법으로 구할 수 있으며, 일반적인 개방형 등기구의 경우(루버와 같은) 손실률은 매우 청결한 공간에서 0.85, 일반적으로 청결한 공간에서 0.75, 보통의 공간에서 0.65, 그리고 오염이 심한 공간에서 0.55이다.

조명률 CU CU는 Coefficient of Utilization의 줄임말이며, 공간의 등기구로부터 기대되는 빛의 산출량에 대한 백분율을 표시한 것으로 등기구의 효율, 즉 램프에서 공급하는 루멘값에 대한 작업면에 도착하는 루멘값의 비에 의해 설명될 수 있다. 이것은 가둔 빛이 아니라 내부적으로 없어진 빛의 양이며 또한 조명률은 투입되는 빛이 공간의 표면에 부딪혀 상호 반사되거나 재반사되는 정도를 포함하기도 하는데, 반사도뿐만 아니라 공간의 비례에도 영향을 받는다.

천장이 낮고 넓은 공간은 천장이 높고 좁은 공간보다 효율이 크다. 넓고 천장이 낮은 공간의 경우 빛의 양이 벽에 의해 거의 영향을 받지 않고 작업면으로 그대로 전달된다. 반면, 천장이 높고 좁은 공간에서는 투입된 빛의 대부분이 작업면에 도달하기 전에 적어도 한번씩은 벽에 부딪히게 되고, 때로 여러 면 사이에서 반사를 일으킬 수도 있다.

이러한 다양함은 각각의 등기구에 대하여 무한 개의 조명률 값을 갖게 할 수 있기 때문에 일반적인 실의 비례나 반사도를 적용하여 현실적으로 쓰일 수 있도록 하였다.

실지수 *Room Cavity Ratio* 조명률표는 등기구 제조회사의 카탈로그에 있으며 그것은 등기구의 데이터 뒤에 첨부되는 것이 일반적이다. 조명률표를 사용하기 위하여 우선적으로 실지수를 계산해야 한다.

실지수는 공간비례에 대한 효율을 나타낸 것으로 다음과 같은 식으로 구해진다.

$$\text{실조명률} = \frac{5 \times h\,(l + w)}{l \times w}$$

여기에서 h는 작업면으로부터 천장까지의 높이이고, l는 실의 길이, w는 실의 너비이다. 작업면은 일반적으로 마감면으로부터 700mm 정도로 간주한다(그림 10.9).

부록 표 14에서 컴팩트형광등을 광원으로 하는 개방형 리플렉터 다운라이트의 조명률표를 볼 수 있다.

예 *Example*

4.5m x 9m, 천장이고 2.4m의 사무공간에서 작업면의 평균 조도를 계산해 보자. 조명기구는 8개가 일률적인 배치로 설치되어 있으며, 각각의 등기구는 2개의 26w 컴팩트형광등을 사용한다.

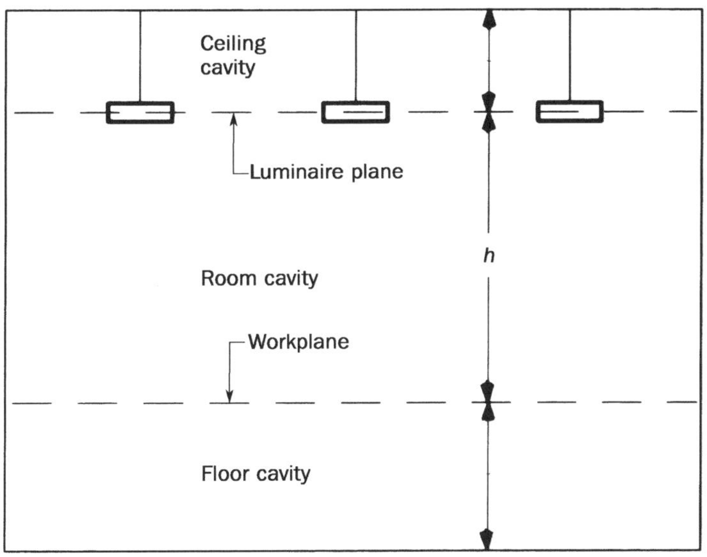

그림 10.9 간략한 광속법 또는 구역공간법에 사용되는 실지수

$$Lx = \frac{\text{램프의 개수} \times \text{초기램프광속} \times \text{광손실률} \times \text{조명률}}{\text{면적}}$$

위의 식에 따라

1. 램프의 개수(2개의 램프 x 8개의 조명기구) = 16개

2. 램프 카탈로그에서 26w 컴팩트형광등의 초기광속을 찾아본다. 1,800lm

3. 손실률 LLF = 광손실률 LLD x 오염손실률 LDD
   ① 광손실률 LLD: 표 11에서 형광등 중 컴팩트형의 광손실률은 0.85이다.
   ② 오염손실률 LDD: 표 12에서 불투명하며 하부마개는 없고 틈이 없는 상부마개를 가진 다운라이트트는 카테고리 4에 속함을 알 수 있고, 표 13에서 6개월에 한 번 주기로 청소하는, 매우 청결한 조건의 실에서 이 등기구의 오염손실률값은 0.96임을 알 수 있다.
   ③ 0.85 x 0.96 = 0.82
4. 조명률값을 구하기 위하여 우선 실지수를 구한다.
   ① h는 2.4m에서 책상면까지의 높이 0.7m를 뺀 값으로 1.7m이다.

$$\text{실지수} = \frac{5 \times 1.7\,(4.5 + 9)}{4.5 \times 9} = 2.83$$

   ② 기구업체에서 제공한 표 14에서 개방형 반사판을 가진 다운라이트는 천장 80%, 벽 50%, 바닥 20%의 반사율의 공간에 대하여 실지수(RCR) 3일 때 조명률(CU)값은 0.68이다.

$$\text{실지수} = \frac{16 \times 1{,}800 \times 0.82 \times 0.68}{4.5 \times 9} = 400$$

즉, 이 사무공간의 책상 위 조도는 평균 400lx이다.

비록 광속법이 보여 주고 있지는 않지만, 모든 공간에서 조도값은 공간의 중앙 부분이 더 높고 벽면에서 흡수되는 빛 때문에 벽 쪽으로 갈수록 떨어진다.

문제점

어떠한 방법으로 계산하든지 광속법은 공간에서 일어나는 조도의 범위를 제공하지는 못하며 조명기구의 차이가 만들어 내는 값들을 나타내지는 못한다. 따라서 조도가 일률적이지 않거나 작업을 위한 전반조명의 경우에는 부정확하다. 또한, 이 방법은 빛의 질이나 시각적인 편안함의 정도, 공간 내에서의 빛의 패턴 등을 제공하는 것도 불가능하다. 광속법은 주로 일반적인 전반조명 시스템에서 수평조도를 예측하기 위해 이용하는 것이 바람직하다.

컴퓨터에 의한 계산 Computer Assistance

완벽한 구역공간법(zonal-cavity method)은 북미조명협회(IESNA) 발행 조명지침서 9회판 9과에서 자세히 설명하고 있고 개인용 컴퓨터 이용자들을 위하여 소프트 웨어로도 나와 있다. 컴퓨터에 의한 포인트 계산법은 공간 전체 중 지정한 포인트에 대한 조도만 산출한다. 그것 역시 평균값과 최대치, 최소치, 조도값의 표준 편차, 방표면의 휘도, 그리고 빛의 세기의 밀도(watt/ft^2)를 제공한다. 결과물은 일반적으로 계산된 값들에 대한 표, isofootcandle plot 혹은 조도의 범위를 회색의 밝기 톤으로 표시한 평면도 등이다. 이 소프트웨어는 비록 대부분의 경우에 대한 조명 계산이 가능하다 하더라도 완벽하게 난반사하는 표면으로부터 반사되는 것만을 모델링할 수 있다.

컴퓨터가 산출해 낸 광선추적계산법(ray-tracing calculation)은 컴퓨터로 조도를 계산하는 방법 중 가장 정확하다. 각각의 빛의 줄기를 추적하여 실제 조도 패턴을 묘사함으로써 공간 마감면과 칸막이, 가구, 장식된 예술작품, 윤이 나는 표면에서의 반사와 반투명 물체의 굴절을 나타낸다.

결과물은 랜더링이나 비디오 이미지의 형태인데, 이 프로그램을 위한 요구되는 하드웨어는 그 어떤 방법보다 많고, 적어도 큰 용량의 이미지 화일을 위한 컴퓨터가 있어야 한다.

북미조명협회는 연간지 *Lighting Design + Application*에서 조명을 위한 소프트웨어에 대하여 조사한 내용을 발표하였는데, 결과물에는 특성별 분석, 적용, 결과물, 사용자 특이사항, 하드웨어 요구조건, 그리고 가격에 대한 자세한 검토가 포함되어 있다.

표면반사도 SURFACE REFLECTANCE

실내의 표면들이 빛을 조절하는 도구는 아니라고 하더라도 그것들의 반사율은 조명디자인에 있어서 근본적인 요소이다. 이러한 면들로부터 반사된 빛의 방향과 양은 초기 빛 퍼짐의 효율뿐만 아니라 사람들이 표면의 밝기를 지각하는 데에도 영향을 준다.

벽, 천장, 그리고 바닥면은 공간에 다시 빛을 퍼지게 하는 거대한 반사판인 것이다. 흰색과 같이 반사도가 높은 마감은 빛의 효과를 최대화로 증대시킨다. 반대로 어두운 마감면은 빛을 흡수하거나 차단한다.

빛이 벽과 천장에서 반사되어 작업면에 도달하기 때문에 조명 시스템의 효율은 방의 마감면의 반사도에 의해 부분적으로 달라진다. 이것은 특별히 전체적으로 확산되거나 간접일 경우 더욱 그 결과가 달라지며, 빛의 대부분이 방사 초기에 천장이나 벽 혹은 양쪽으로 향하게 되는 경우이다.

사무실이나 공장 혹은 카페테리아(여기에서 "작업"이란 음식이나 사람을 보는 행위)와 같이 작업 위주의 공간은 효율적인 빛의 이용을 위하여 표면에 대한 마감재의 반사율을 다음과 같이 제안한다.

20~50%	바닥
50~70%	벽
70~90%	천장

부록에 첨부된 표 15, 16의 조도치는 상업적인 기능의 공간일 경우 반사율(commercial reflectance) 바닥 20%, 벽 50%, 천장 80%를, 산업적인 기능의 공간은 바닥 20%, 벽 50%, 바닥 50%를 기준으로 한 것이다.

가구나 기계류, 칸막이, 그리고 작업면의 적절한 반사율은 다음과 같다.

25~45%	가구, 기계류
25~50%	작업면

방의 마감재의 반사율은 일반적으로 페인트나 벽지, 천장 타일, 그리고 바닥 마감재 제조사에서 공급한다. 다음의 방에 대한 적절한 반사율이다.

흰색, 회색빛 흰색, 엷은 파랑이나 갈색	70~90%
중간 녹색, 노랑, 갈색, 회색	30~60%
짙은 회색, 중간 파랑	10~20%
짙은 파랑, 갈색, 짙은 녹색, 나무 마감	5~10%

전기 Electricity

11

전기의 기본 법칙에 대한 지식은 조명회로, 전기의 분배, 전력의 소비, 유지관리비용, 점등회로의 제어, 그리고 조광 제어에 대한 이해를 위해 필요하다.

전기의 법칙 PRINCIPLES OF ELECTRICITY

대전된 입자들을 전자라고 하고 그것은 원자의 핵을 중심으로 회전하는데, 전자는 한 곳에서 다른 곳으로 흐르게 만들 수 있다. 이것은 충돌에 의해 충전된 물체에서 관찰되는 자연스런 현상이며, 번개는 전기의 거대한 불꽃이다. 전기의 흐름을 전류라고 하는데, 그 양은 *암페어*라는 단위로 측정된다(Amps, A). 전위차에 의해 전류가 흐르게 되고 이 전위차를 *볼트*라고 하며 측정단위는 V를 쓴다.

물은 이 개념을 설명하는데 도움이 된다. 파이프 안에서 흐르는 물이 갖는 압력은 볼트라고 설명할 수 있고, 암페어는 초당 흐르는 물의 양, 즉 파이프를 통과하는 물의 정도를 측정한 것과 비슷한 개념이다.

파이프는 전도체 혹은 전선이고 파이프의 벽은 절연체, 그리고 물이 나오는 곳은 저항 혹은 제동장치이다. 파이프가 굵을수록 흐를 수 있는 전류의 양은 커진다. 전류의 흐르는 통로를 *회로*라고 한다. 통로에 아무런 틈이나 결함도 없을 경우 *완성회로complete circuit*라고 하고(그림 11.1), 회로에 결함이 생겼을 때 *회로의 단절break in the circuit*이라고 한다. 저항은 전류의 흐름을 방해하고 재료의 구성에 따라 빛이나 열로 변하여 나타난다. 저항기는 전류의 흐름에 특정한 저항의 양을 만들어 내기 위하여 설치하는 장치이다. 만약 전기의 흐름이 저항에 의해 감소하거나 스위치가 개방되면 전력 값이 높다고 하더라도 전류 값은 거의 없을 것이다.

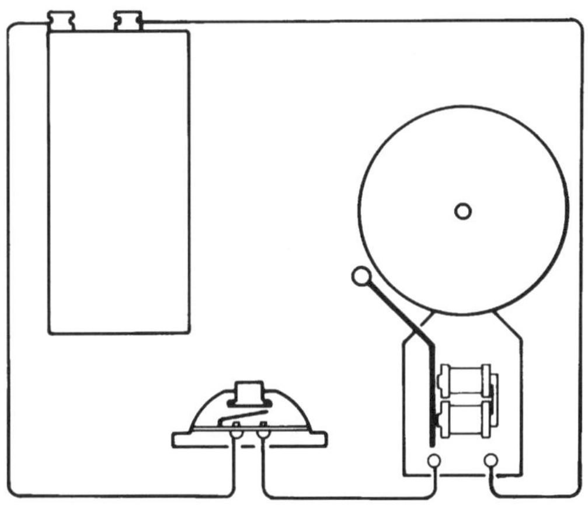

그림 11.1 완성회로complete circuit

배선 Wiring

전기가 잘 흐르는 물체를 도체 혹은 전도체라고 하고, 전기가 쉽게 통하지 않는 물체를 절연체라고 한다. 모든 금속은 우수한 도체이다. 은은 가장 좋은 도체이지만 전기배선을 목적으로 사용하기에는 너무 비싸다. 구리는 가장 널리 사용되는 도체이다. 거의 모든 전선은 절연체로 싸여 있는데, 이 절연체는 금속성의 도체에만 전류가 흐르도록 하는 역할을 한다. 고무나 합성폴리머와 같은 절연체로 싸여 있는 전선을 절연선이라고 한다. 결선작업은 절연전선의 절연체 부분을 제거하는 것이다.

절연전선은 건물에 설치할 때 종종 전용 배관 내에 넣어 보호한다. 비금속의 외장케이블 로멕스 전선roomex과 금속 외장케이블BX은 주택에 주로 사용하며, 상업용 건물에는 플렉시블 전선관greenfield이나 금속제 전선관EMT에 수용하여 전선을 연결한다.

회로 Circuits

*직류*는 항상 한 방향으로만 흐르는 전류이다. *교류* 역시 한 방향으로만 흐르지만 그 방향은 일정한 간격으로 바뀐다. 오늘날 널리 사용되는 것은 교류이다(그림 11.2). *주기cycle*는 교류의 흐름이 한 차례 완전히 되풀이되는 것을 말하고, *헤르츠Hertz*(Hz)는 1초당 주기가 일어나는 횟수를 측정한 단위인데, 이것을 *주파수frequency*라고 부른다. 미국 및 한국의 전력시스템은 60Hz이며 대부분의 세계 다른 나라에서는 50Hz이다.

***직렬회로** Series circuit*

어떤 크리스마스 나무용 조명기구는 하나의 램프가 꺼지면 남은 램프들이 모두 꺼져 버린다. 각각의 필라멘트가 다른 램프로 전류를 전달하는 회로의 한 부분이기 때문에 한 램프의 필라멘트가 끊어지면 그 회로 전체가 끊어지게 되는 것이다. 이러한 방식으로 연결된 램프들을 직렬회로라고 한다. 직렬회로에서 모든 램프들은 반드시 같은 와트 수를 사용해야만 한다. 만약 다른 와트 수의 램프를 쓰면 나머지 램프들은 더 밝아지거나 더 어두워진다(그림11.3).

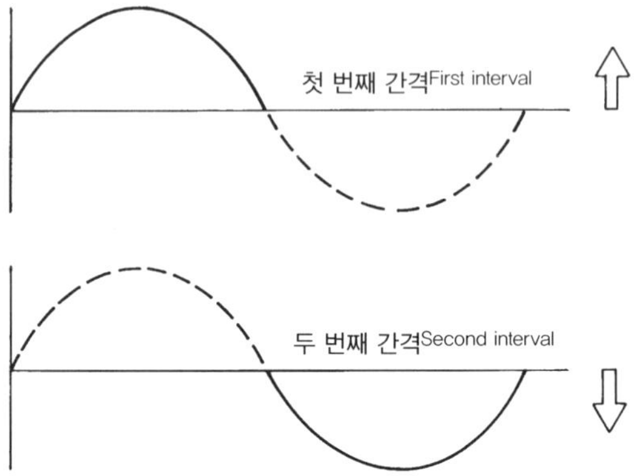

그림 11.2 교류

***병렬회로** Parallel circuit*

그림 11.4에서는 하나의 램프가 꺼져도 다른 나머지 램프들은 그대로 켜져 있다. 즉 한 램프가 단선되어도 나머지 램프에 흐르는 전류는 차단되지 않는다. 이 램프들은 병렬로 연결되어 있기 때문이다. 회로의 전력이 회로의 모든 가지를 통과하며 흐르기 때문에 여러 개의 서로 다른 부하를 가진 램프들이 (예를 들어, 60w의 램프와 100w의 램프) 같은 회로에 연결될 수 있는 것이다.

전류는 항상 가능한, 가장 쉬운 길을 따라 흐른다. 회로의 전선이 절연되어 있지 않고, 서로 닿아 있다면 전류는 의도한 대로가 아닌, 더 쉽고 더 짧은 통로인 다른 곳으로 흘러가 버릴 것이다. 이러한 경우를 단락되었다고 한다.

그림 11.5의 왼쪽 그림에서 전류는 스위치를 통과하지 않고 가장 짧은 길을 이용하여 배터리로 돌아갈 것이다. 회로에 연결된 벨은 스위치의 동작 상태에 관계없이 계속 울릴 것이다. 오른쪽 그림에서는 벨이 울리지 않

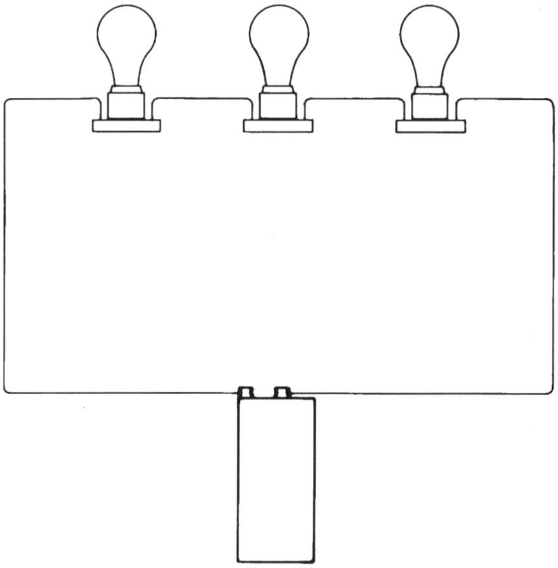

그림 11.3 직렬회로

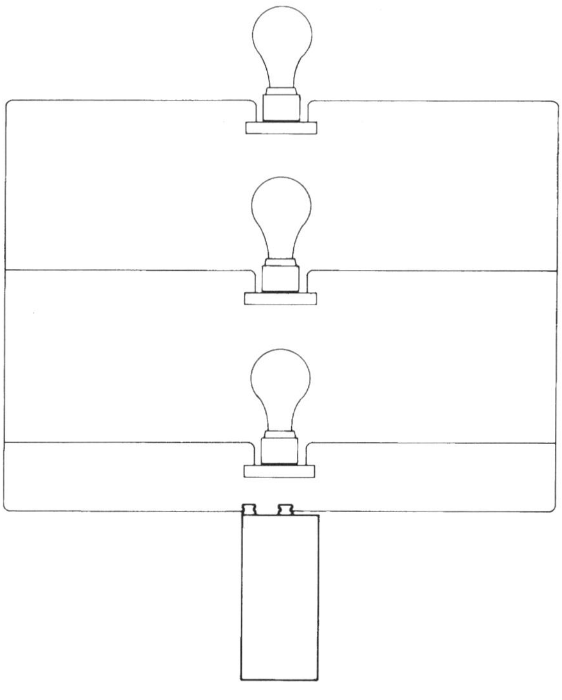

그림 11.4 병렬회로

는다. 벨이 단락된 채로 밖에 있어서 전류가 흐르지 않기 때문이다.

단락될 경우의 전류는 전선을 통하여 흐르는 일반적인 전류보다 더 크다. 이러한 과전류는 과열의 원인이 된다. 퓨즈나 누전차단기는 전선이 과열되어 화재가 발생하기 전에 회로를 끊어 주는 안전장치이다. 퓨즈는 과열될 경우 녹아서 회로를 차단한다. 누전차단기를 사용하면 합선으로 인한 과다 전류 때문에 차단기는 열리게 되고 이는 전류의 흐름을 끊게 된다.

전력 분배 Electrical Distribution

전기가 만들어져 장치에 의해 전달된 후 배전을 통하여 건물 속으로 들어가게 되는데, 그 방식은 220V 단상삼선식 배전 계통으로 구성되어 인입구(entrance panel)에 연결된 전선이 전체 건물로 전력을 분배한다. 전선에는 저항요소가 있기 때문에 선로가 길어질수록 전압 강하가 커지게 된다. 이렇게 전압 강하가 커지게 되면 램프의 불빛이 흐려지거나 점등 자체가 되지 않기도 한다. 이러한 현상은 저항이 적은, 굵은 전선을 사용하여 개선할 수 있다.

보다 높은 전압을 걸어서 전류를 흐르게 하면 이

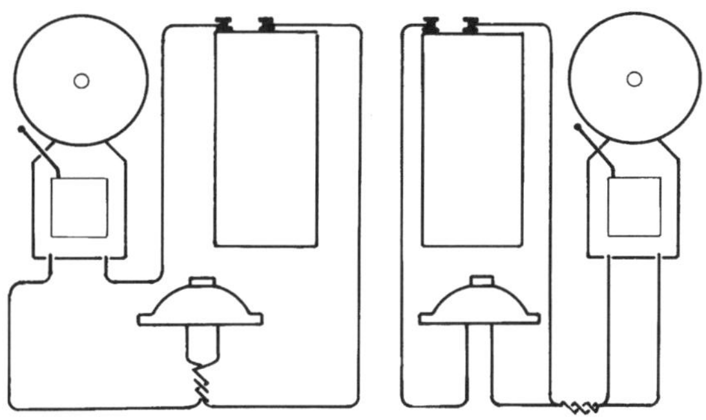

그림 11.5 2가지의 단락회로. 이 전기회로에 사용된 전선은 나선 bare wire이다. 전선이 꼬여 있는 부분에서는 전류가 도체로 흐르게 된다.

러한 전선의 저항에 의한 손실을 줄일 수 있다. 그래서 220V보다 380V를 사용하기도 한다.

건물의 인입 부분부터 각각의 부하에 개별적으로 배선을 하여 전기를 공급하려면 전압 강하도 일어나고 고가의 보다 굵은 전선을 사용해야 한다. 이런 문제를 해결하기 위해 전기 인입 지점부터 분전반panel board까지는 간선으로 굵은 전선을 이용하여 연결하고, 분전반에서 조명기구의 각 부하까지의 연결은 분기회로branch circuits(급전회로)에 의해 전기를 공급한다.

소비 전력 Power Consumption

와트(W)는 빛이나 열과 같이 다른 형태로 변화되는 단위 시간당의 전기에너지를 가리키는 것으로, 와트로 나타나는 소비전력은 전압(V)과 암페어(A)의 곱으로 계산할 수 있다. 이론적으로 120V에서 작동하는 20암페어 회로는 최대 2400W의 부하를 갖게 된다(20 x 120 = 2400). 에너지는 단위시간 동안 소비되는 전력량으로 kWh(kilowatt-hours)로 측정한다. 1kW는 1000W이므로 kWh = kW x 사용한 시간이다. 예를 들면, 150W 램프는 0.15kW와 같고 40시간 작동하는 데에 6kW/h가 소요된다(0.15kW x 40hrs = 6kW/h).

방전등과 저전압 백열 램프를 위한 연결 부하를 계산할 때 안정기나 변압기에 의해 소비되는 전력을 반드시 포함해야 한다.

단위면적당 조명용 소비전력량을 구하려면 주어진 공간에 설치된 모든 조명기구의 소비전력을 면적으로 나눈다.

생애주기비용 Life Cycle Costs

램프와 조명기구 및 설치에 소요되는 비용은 조명기구 시스템의 전체 생애주기비용 측면에서 보면 일부분일 뿐이다. 전기요금(작동하는 데에 드는 비용)이 가장 많이 소요되는 비용이고, 주택의 경우를 제외하면 램프를 교환하거나 조명기구를 청소하는 것과 같이 유지관리하는 데에 소요되는 비용이 두 번째로 크다. 따라서 조명 시스템은 생애주기비용을 검토해야만 한다.

일반적인 비용분석은 램프와 조명기구를 위한 초기 투자비용을 포함한다. 설치비용과 전기요금은 1년간 사용되었던 시간에 근거하는데, 오염으로 조명기구를 청소하기 위한 인건비, 초기 투자 원금에 대한 이자 등이 포함된다.

하나의 시스템과 다른 시스템의 생애주기비용을 비교할 때 효율적인 에너지 관리를 위하여 더 많이 초기 투자비용이 드는 것은 항상 에너지 비용에서 절약이 되기 때문에 어느 정도 일정한 시간이 흐른 뒤에야 보상될 수 있다. 이러한 원금회수의 기간은 시스템에 따라 달라진다.

각기 다른 조명 시스템을 비교하는 데에 있어서 빛의 질을 가격으로 가치를 따지는 것은 불가능하다. 예를 들어 직접조명방식은 일반적으로 수평 작업면 위에 같은 빛의 질을 만들어 낸다고 할 때 간접조명방식보다 비용이 덜 들지만 빛의 질은 대단히 다르다.

비용 비교는 동등한 질의 동일 조도에서 만들어진다. 만약 연결되는 부하가 다르면 큰 부하를 조절하기 위한 에어컨디셔닝에 대한 비용을 추가적으로 검토해야 한다.

점등회로 제어 SWITCH CONTROL

전류는 어떤 경로 내의 두 지점 사이에서 일어나는 전자의 흐름이다. 만약 그 경로에 방해물이 생기면 전류는 흐르지 않는다. 스위치가 개방된 상태에서는 회로에서 전기의 흐름을 막고, 연결된 상태에서는 흐르게 한다.

수동 스위치 Manual Switches

손으로 작동되는 토글 스위치는 금속 조각을 접촉하게 하여 작동된다. 수은 스위치는 수은을 포함하고 있는데 수은이 켜짐(ON)의 위치에서 전극 사이의 흐름이 일어나게 하여 작동하며 소음이 생기지는 않는다. 온오프형 스위치는 켜짐일 경우 위로, 꺼짐일 경우 아래로 위치를 이동하도록 설계되었다(그림 11.6).

단극단투 스위치*single pole, single throw switch*는 조명기구와 전력공급원 사이의 어느 지점에서나 연결될 수 있다. 그것은 회로의 한 부분이 개방되어 있기 때문에 단극single-pole이라 하고, 개방된 부분과 폐쇄된 부분 사이를 한 방향으로만 흐르기 때문에 단투single-throw라고 한다. 이것은 조명기구와 벽의 콘센트를 제어하기 위해 가장 일반적으로 이용하는 방법이다.

단극쌍투 스위치*single-pole, double-throw switch*는 두 방향으로 전류를 향하게 하여 하나의 스위치로 2개의 조명기구를 교대로 제어할 경우에 — 예를 들어, 어두운 실내에서 보안등과 일반조명을 제어하는 경우 — 사용된다. 스위치의 위치가 위up일 경우 하나의 조명기구를, 그리고 아래down에서는 다른 하나의 조명기구를 제어하게 한다. 때론 선택적으로 중간의 위치에 꺼짐의 기능을 넣기도 한다.

쌍극단투 스위치double-pole, single-throw switch는 한 번에 전류를 두 방향으로 흐르게 할 수 있어, 조명기구와 환풍기를 동시에 작동시키는 것과 같이 2가지의 기구를 동시에 제어하는 데에 이용된다. 즉, 2개의 온오프 스위치를 동시에 제어하는 것과 같다.

3로 스위치*three-way switch*는 2개 지점에서 on/off를 제어한다. 이것은 2개의 회로 중 하나를 사용한다(두 곳에서 제어하는 스위치를 three-way라고 부르는 이유에 대하여는 여러 가지 해설들이 있다. 비록 이러한 설명들이 억지스럽지만 이 말은 아직도 습관처럼 쓰인다).

4로 스위치four-way switch는 3개 지점에서, 그리고 5로 스위치five-way switch는 4개 지점에서 회로를 제어한다. 여러 다른 지점에서 제어가 이루어지기 위해서는 저전압 제어 시스템을 사용한다.

타이머 Timers

타이머는 필요할 때 자동으로 조명이 켜지고 꺼지게 한다. 타이머는 복잡한 정도에 따라 단순 내장형 타이머 *simple integral timer* (spring wound)에서부터 동시에 몇 년 동안의 이벤트를 반복적으로 프로그램할 수 있는 마이크로프로세서microprocessor까지 다양하다. 단순 내장형 타이머에서 부하는 미리 정해 놓은 시간 동안 — 수분에서 12시간 내 — 스위치가 켜진 상태에서 충전되어 있는 것이다.

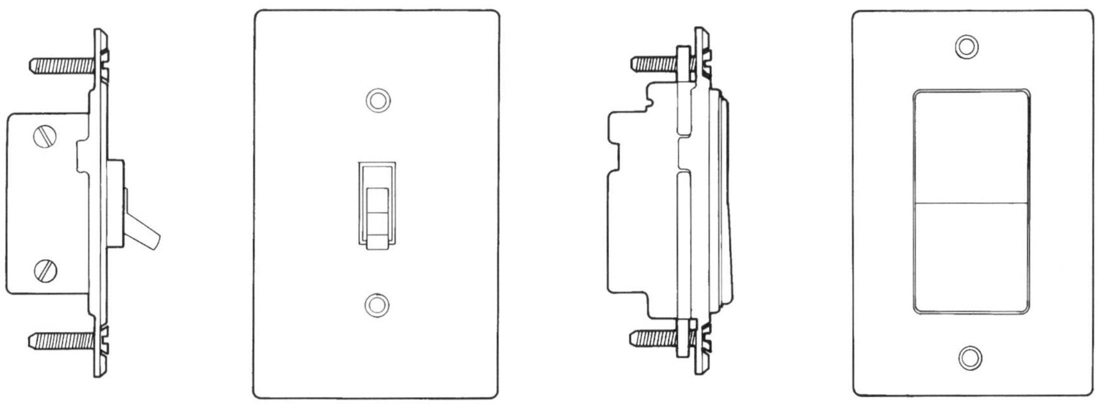

그림 11.6 toggle switch와 rocker switch

전자시계장치electromechanical time clock는 전기모터에 의해 구동되는데, 기계적인 정지나 시계 전면에 부착된 도구에 의해 작동된다. 전기시계장치는 여러 개의 스위치의 역할을 프로그램화하여 하나로 작동하게 하며, 일반적으로 주(7일) 단위로 제어프로그램을 입력하여 사용한다. 전자, 그리고 전기시계장치는 24시간에서 7일의 시간 제한이 있고 계절의 변화를 반영한 천문학적 보정astronomical correction을 포함한다.

인체감지 센서 Occupancy Sensors

인체감지 센서(혹은 모션센서motion sensor)는 에너지의 사용을 줄이기 위하여 자동으로 조명기구를 켜고 끌 때 사용한다. 이것은 사람의 움직임에 따라 작동하며 조명기구의 점등시간을 제한하여서 전력소비를 감소시킨다.

인체감지는 4가지 방식, 즉 소리, 초음파, 적외선, 광학 등 여러 가지 방식을 사용할 수 있으며 센서는 매입하거나 천장이나 코너 혹은 벽면 위에 부착한다. 이를테면 벽의 스위치를 대신하기도 하고 콘센트에 연결(plug in)하기도 한다. 개개의 센서가 커버할 수 있는 바닥 면적은 사무실이나 작업실 등 개인용도의 공간 넓이로, 약 13m^{2}에서 넓게는 약 185m^{2}까지다. 면적이 커지면 센서의 수가 더 추가되어야 한다.

수용센서는 수동의 스위치나 타이머 주광조명 센서daylighting sensor, 조광기dimmer, 그리고 중앙조명제어 시스템과 조합하여 사용하는 것이 일반적이다. 신중한 제품을 선택하는 것과 최적의 센서 위치를 정하는 일은 공간 바깥쪽의 사람들의 움직임이나 공간 내의 의도하지 않은 움직임에 반응하는 오류 때문에 발생하는 불편함을 피하기 위해 매우 중요하다.

광센서 Photosensors

광센서(혹은 주광센서daylight sensor)는 자연광의 가시광선을 전기신호로 변환하는 기능을 사용하는데, 이것을 이용하여 조명기구를 제어한다. 광센서는 다른 요소들을 포함하여 완전한 시스템을 형성한다. 포토셀(photocell, photo electric cell의 줄임말)은 포토센서 내의 빛에 반응하는 요소만을 말하고, 광센서란 외함과 렌즈, 전기부품, 그리고 포토셀을 모두 포함한다. 광센서의 출력은 빛의 양을 제어하는 기기에 보내는 제어신호이다. 제어신호는 다음의 2개 구동모드를 작동시킬 수 있다. 1) 온오프 스위치 혹은 계전기, 2) 계속적으로 조명의 출력을 조정하는 제어기에 보내는 다양한 출력신호.

다른 광센서는 실내용과 옥외용으로 제작된다. 북반구에서 옥외용 광센서는 일반적으로 북측을 향해 설치하는데, 직사광선을 피할 수 있어 더욱 일정한 조도의 빛을 센서에 보낼 수 있기 때문이다.

무선 원격 제어기 Wireless Remote Control

라디오 콘트롤 시스템 radio controlled systems

어떤 시스템은 무선 원격 제어가 가능하고 시청각 장치와 주택이나 상업공간의 다른 시스템과 서로 연결할 수 있다. 라디오 콘트롤 시스템은 센서나 프로세서, 그리고 콘트롤끼리 무선으로 연결하기도 한다. 라디오 주파신호를 통해서 제어 시스템과 소통하고, 제어 시스템은 조명시스템을 차례로 조절한다. 이러한 시스템은 여러 곳을 제어하는 데에 적합하며 송신기를 사용한다. 그러나 많은 소스들로부터 오는 라디오 주파수는 이 기기들이 최적으로 작동하는 데에 간섭하는 단점이 있지만, 제어할 조명기기가 접근하기 어려운 곳에서는 유용하다. 따라서 배선이 어렵거나 설치비용이 많이 드는 경우에 적용할 수 있다.

적외선 프리셋 제어기 Infrared preset controls

적외선 프리셋 제어기는 스테레오 튜너나 수신기에 AM/FM을 정하거나 취소하는 것과 같은 방법으로 조명기구를 위해 세팅을 만들기도 하고 취소할 수도 있다. 무선제어기handheld remote controller는 적외선 신호를 벽에 부착된 스위치나 조광기의 적외선 감지 창에 보내는데, 제어할 조광기의 수량이 많아져도 문제없다.

일반적으로 적외선 프리셋 제어기는 직선거리 약 15m까지 도달하며 표준의 배선방식을 사용하고 기존의 배선을 이용하며 스위치나 조광기를 대체할 수 있다. 질 좋은 적외선 제어기는 라디오와 오디오, 그리고 비디오 기기들에 의해 거의 간섭 받지 않는다.

조광 제어 DIMMING CONTROL

조광기는 광원의 다양한 빛의 세기를 제공한다. 전체 조광full-range dimming이란 시각적인 끊김 없이 0%에서 최대 밝기가 나올 때까지 점차적으로 밝기의 변화가 일어나는 것을 의미한다.

모든 조광 시스템은 광원에 전기의 흐름을 억제하기 위하여 2가지 방법을 사용하는데, 전압에 변화를 주는 방법과 전류가 흐르는 시간을 조절하는 방법이다.

저항 조광기 Resistance Dimmers

저항 조광기는 처음에 시도되었던 가장 원시적인 방법으로, 20세기 초에 주로 극장에서 사용되었다. 저항 조광기 혹은 가감 저항기rheostat resistance는 고저항 전선을 다양한 길이로 회로에 도입하여 전압을 조절하였다. 전선이 길수록 저항은 커져 전압이 낮아지고 램프의 광도도 낮아진다. 조광기가 충분히 기능하기 위하여 저항선은 길어야만 하고, 그래서 코일 형태로 만들게 된다. 전류는 코일의 한쪽 끝으로 흘러 들어가 증가된 저항선을 따라 흐른다. 이런 식으로 조광은 깜박임 없이 연속적으로 제어할 수 있게 된다. 이런 식의 조광에서 큰 결점은 빛으로 만들어져야 했던 전류의 대부분이 열로 변해 조광을 한다 해도 에너지를 절감하지는 않는다는 것이다. 즉, 조광으로 산출된 빛의 양은 줄었지만 소비전력은 변하지 않는다. 게다가 이러한 조광기는 부피도 커서 결과적으로 이제는 사용하지 않게 되었다.

자동변압 조광기 Autotransformer Dimmers

자동변압 조광기는 조광하는 방법을 개선하여 더 이상 위와 같은 문제들이 생기지 않는다. 전압을 조정하는 과정에서 사용되지 않는 전류가 열로 변환되는 것이 아니라 자동변압기는 표준전압 전류를 저전압 전류로 변환하여 5% 정도의 전력 손실이 생기게 한다.

변압기는 2개의 코일을 갖는데, 각각의 코일은 철심에 감겨 있고 2개의 철심에 감겨 있는 코일의 감겨진 횟수에 비례하여 전압이 변화하게 된다. 자동변압기는 단순히 가변전압 변압기여서 1차 코일은 고정이나, 2차 코일은 감긴 횟수를 바꿀 수 있다. 전력은 2차 코일에 따라 달라지기 때문에 같은 변압기에서 다른 전압을 얻을 수 있다.

자동변압기가 빛의 세기를 줄임으로써 열로 에너지를 변화시키는 것은 아니기 때문에, 열 발생이 적고 저항 조광기보다 컴팩트하게 만들 수 있다. 자동변압 조광기는 수천 와트까지 다양한 규격이 가능하다.

정지형 조광기 Solid-State Dimmers

정지형 조광기는 오늘날 가장 널리 사용되는 조광기이다. 제한된 전류의 흐름을 이용한 것으로 실리콘 제어 스위치silicon controlled switch(SCS-6kWh 이하에서 사용)나 실리콘 제어 정류기silicon controlled rectifier(SCR -6kWh 이상에서 사용)와 같은 전력을 조절하는 기기는 완전한 전압에서만 전류가 흐르는 것을 허용한다. 즉 전류가 흐르는 시간을 제한하는 것만이 전류의 양을 제한하는 것은 아니다. 적은 전압이 공급될 경우 램프는 어두워진다(그림 11.7).

조광곡선 Square Law Dimming Curve

조광에 따른 램프의 빛 출력 변화를 그림으로 표현한 것이 조광곡선이다. 최대 밝기에서 최소 밝기까지 조광에 의한 변화가 램프에서 소모되는 전류의 변화와 유사할 때 그 조광기는 선형제어가 되는 조광기라고 말한다.

사람의 눈은 밝은 곳에서의 밝기 변화보다 어두운 곳에서의 밝기 변화에 민감하다. 사람이 느끼는 밝기와 실제 빛의 양 간의 관계는 제곱의 법칙에 따른다(그림 11.8).

램프는 비례관계가 아닌 비선형적인 형태로 반응한다. 즉 전압의 81%에서 조명의 출력은 50%이다. 만약 조광기의 전기 출력이 직선 형태로 변한다면 광원은 낮은 광도에서 더 빨리 어두워질 것이고 높은 광도에서는 서서히 어두워질 것이다.

이것을 보정한 좋은 품질의 조광기가 제곱의 법칙을 나타내는 곡선의 특징을 갖는 것이다. 조광 제어기는 지속적인 속도로 움직여 높은 광도에서 더 빨리 어두워지고 낮은 광도에서 더 느리게 어두워지는 효과를 낸다. 그리하여 우리가 눈으로 보는 결과는 광도가 연속의 비율로 변화한다.

백열 램프 Incandescent Lamps

백열 램프를 조광하면 그 수명이 늘어난다. 그러나 백열 램프와 텅스텐-할로겐 램프 모두 조광 상태에서 빛의 색이 스펙트럼 끝부분의 황적색 쪽으로 변이되는 것을 경험할 수 있다. 이렇게 낮은 광도에서 램프가 따뜻한 색으로 보이는 경향이 많다고 하더라도 사람들은 따뜻한 붉은색을 더 선호하기 때문에 긍정적인 결과라고 말하곤 한다(그림 11.9).

백열 램프의 광효율은 광원이 정격전압보다 낮은 상태에서 점등될 때 필라멘트의 온도가 낮아지기 때문에 떨어지게 된다. 그러나 비록 램프가 빛을 만들어 내는 효율은 떨어지더라도 에너지는 매우 절약된다(그림 11.10).

간혹 일반적인 조광기의 작동이 필라멘트의 윙윙거리는 소음을 일으키기도 한다. 이러한 경우는 낮은 와트 수의 램프나 크기가 작은 램프들, 질이 떨어지는 램프, 저소음 무대용 램프 등을 사용할 때 일어날 수 있고, 램프 소음방지용 코일lamp debuzzing coil은 이러한 소음을 줄이는 데에 도움을 준다.

램프 소음방지 코일은 별도의 부품으로 그것 역시 작동되는 동안 소음의 원인이 될 수 있어 이러한 소음이 허용될 만큼 멀리 떨어진 장소 — 예를 들면 옷장 속이나 인접한 다른 실 — 에 두는 것이 좋다.

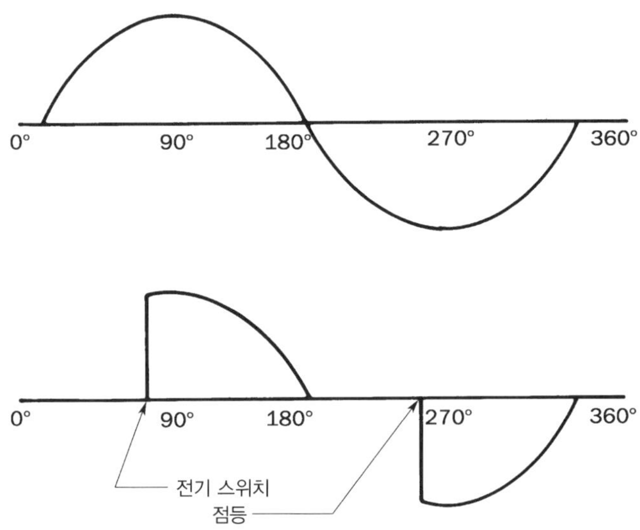

그림 11.7 정지형 조광기solid-state dimming control

저전압 램프 Low-voltage lamps

백열 계열의 저전압 램프를 위한 조광기는 저전압 변압기의 120V에 설치된다. 2가지의 변압기가 저전압 램프를 위하여 만들어지는데 1) 자기식magnetic, coil-and-coil과 2) 전자식electronic, solid-state이다.

조광기를 선택하기 전에 어떤 변압기가 램프에 사용될지 결정해야 한다. 각각의 변압기는 각각 호환이 되는 조광기를 필요로 한다.

자기식 저전압 조광기에는 자기식 변압기를 사용한다. 이 조광기는 직류전압으로부터 램프를 보호하고 자기식 변압기가 민감하여 전류가 갑자기 많이 흐르는 것을 막아 준다. 자기식 저전압 조광기는 특별히 직류전압이 변압기에 가해지는 것을 막아 전압의 스파이크나 전류의 급증을 견디게 한다.

전자식 변압기에 공급되는 기기들은 전자식 저전압 조광기를 사용해야 한다. 즉 전자식 저전압 조광기는 전자식 변압기를 위하여 특별히 고안되었다. 그것들은 자기식 저전압 조광기가 전자식 변압기와 사용되었을 때 조광기와 변압기 간의 상호작용에서 생겨난 문제들 — 조광기나 변압기의 소음, 램프의 깜박거림, 그리고 라디오 주파수의 간섭 등 — 을 없애 주었다.

전자식 변압기와 같이 사용된 전자식 저전압 조광

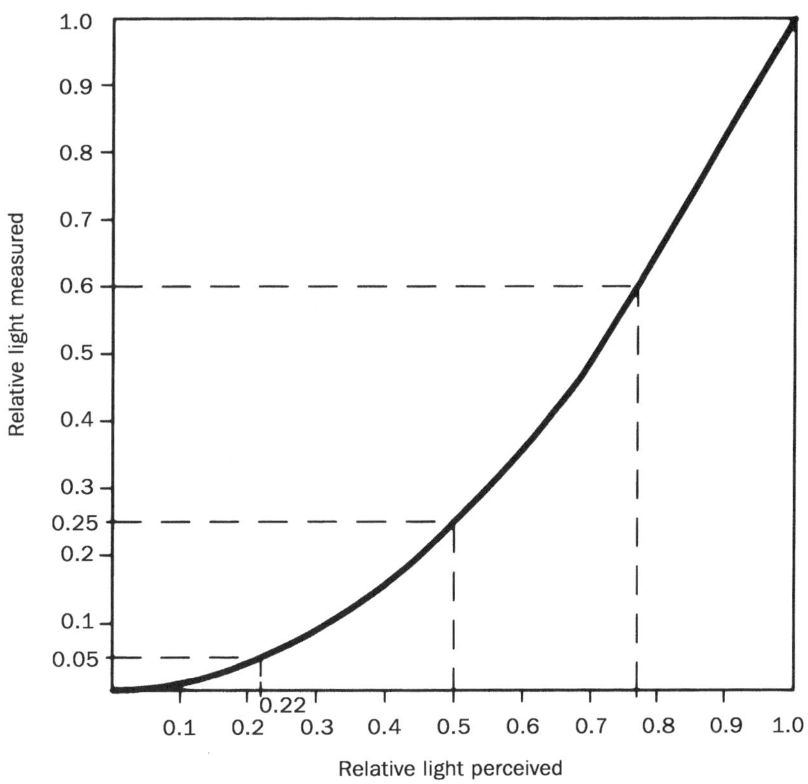

그림 11.8 제곱법칙곡선: 지각된 조도와 측정된 조도 간의 관계

기(150w 이하)는 자기식(10000w 이하)보다 용량은 작으나 소음 없이 작동한다는 장점을 갖는다.

형광 램프 Fluorescent Lamps

형광 램프를 조광하기 위해서는 조광용 안정기가 요구되는데, 그것은 표준 안정기를 대체하면서 조광 제어 시스템과 잘 맞아야 한다. 래피드 스타터형 형광 램프만이 조광이 가능한데 전압이 연속으로 전극에 공급되기 때문이다.[8] 특정한 안정기는 조광될 때 전극에 전압을 유지 시켜 전극이 확실하게 적절한 램프 구동을 할 수 있도록 열을 유지시켜 준다. 인스턴트 스타터형과 프리히트 스타터형 형광 램프의 전극들은 램프가 켜진 다음 꺼지기 때문에 조광이 불가능하다.

형광 램프는 "꺼짐off" 상태까지 조광될 수 없다.[9] 만약 너무 낮은 밝기까지 조광하게 되면 깜박거리게 되거나 나선형의 빛 패턴이 형광등 관 안에서 보이게 된다.

많은 시스템들이 90cm 혹은 120cm의 형광 램프를 조광한다. 최적의 성능을 내기 위해서는 하나의 회로에

8 모든 형광 램프는 타입에 맞는 디밍 안정기와 디머를 설치하여 조광이 가능하다.

9 형광 램프는 1~100%까지 조광이 가능하며, "꺼짐" 상태에서는 조광이 불가능하다.

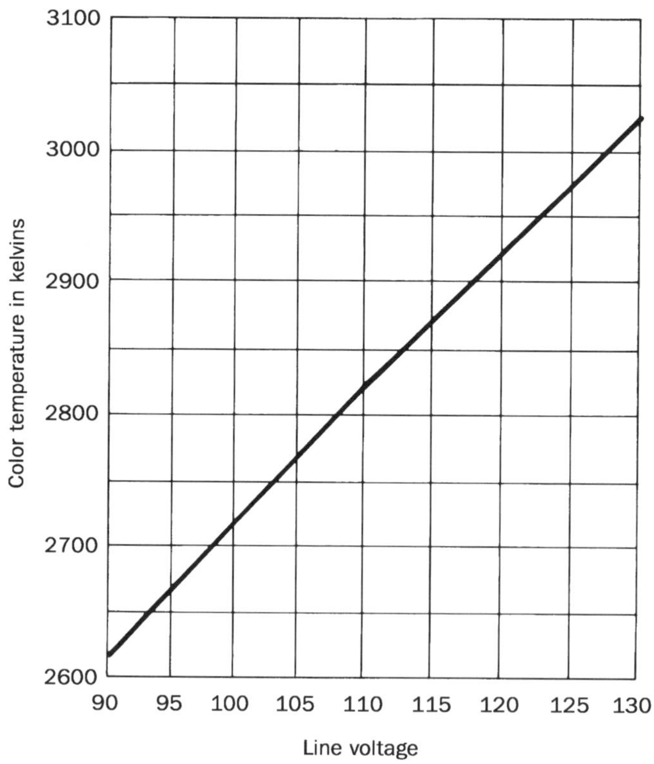

그림 11.9 백열 램프와 텅스텐-할로겐 램프의 조광은 스펙트럼 끝부분의 붉은색으로 빛이 변하게 한다.

다양한 종류의 형광 램프(T4, T5, T8 혹은 T12)를 섞지 않아야 한다. 또한 하나의 조광기에 연결되는 램프의 길이는 길이가 다를 경우 조광되는 정도도 달라지기 때문에 같게 쓰는 것을 권한다.

추운 환경에 설치되거나 공조설비와 연동하는 형광 램프를 조광할 경우 빛의 출력이나 색에 있어 다양한 결과가 나올 수 있는데, 그것은 램프벽의 온도를 변하게 하는 원인이 되기 때문이다. 색의 변이는 경미하게 일어나며, 조광한 램프들은 일반적으로 더 차갑게 보이는 경향이 있다.

형광 램프의 수명은 조광 시스템에 의해 줄어들지만, 형광 램프에 의해 절약되는 에너지 비용을 감안하면 약간의 수명이 줄어드는 것은 조광에 의해 얻어지는 절약과 상쇄된다.

고압 방전 램프 HID lamps

기술적으로 고압 방전 램프를 조광하는 것은 가능하지만 그것을 위한 안정기는 흔하지는 않다. 램프가 작동을 시작하기까지 오랜 시간이 걸리고 다시 시작하는 것은 더욱 늦어지며 색의 변이가 일어나 사용에 제한이 된다. 다단계 안정기multilevel ballast가 단계별로 빛의 산출량을 변하게 하여 좀 더 자주 쓰인다.

조광된 방전 램프에는 눈으로 식별할 수 있는 색의 변이가 일어난다. 그러나 수은등mercury lamp에서는 이러한 약간의 색 변화는 무시해도 좋다. 왜냐하면, 이미 수은 램프에서 나오는 빛의 색은 사물의 색을 적절하게 표

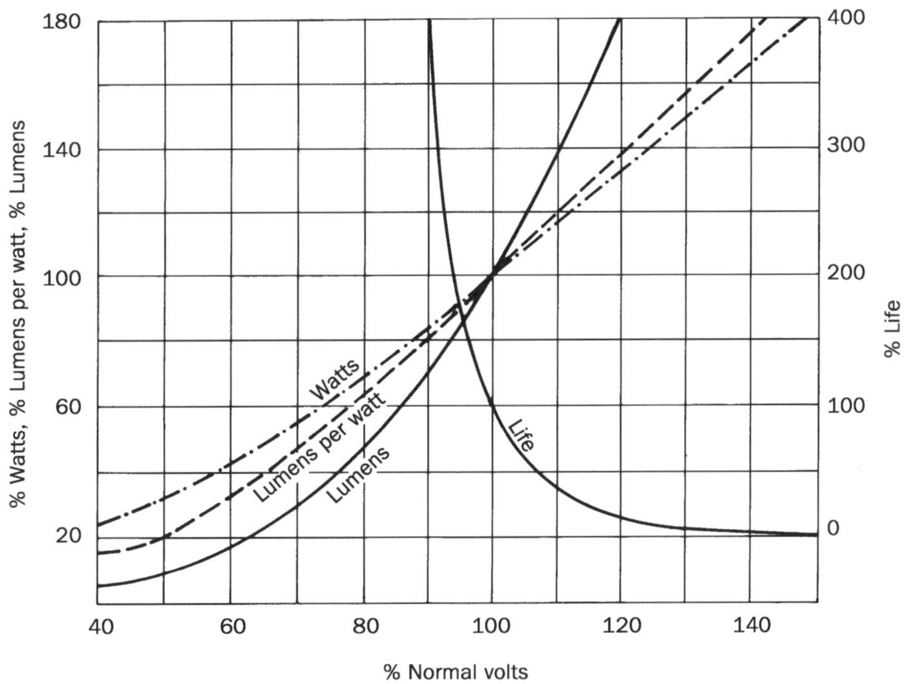

그림 11.10 전압 변동에 의한 백열전구의 효율의 변화

현하기에는 부적합하기 때문이다. 투명한 메탈할라이드 램프는 수은등의 색과 유사하게 청록색 계열로 빠르게 변화한다. 인광물질로 코팅된 메탈할라이드 램프도 같은 경향을 보이지만 덜 뚜렷하게 보인다. 고압 나트륨 램프HPS는 저압 나트륨 램프LPS의 특성인 오렌지색 계열로 천천히 변해 간다.

방전 램프는 조광을 하면 수명이 줄어든다. 형광 램프처럼 더 줄어든 수명은 조광을 함으로써 절약되는 에너지와 상쇄된다.

중앙조명제어장치

CENTRAL LIGHTING CONTROL SYSTEMS

규모가 작은 단일 공간에 대한 조명제어는 일반적으로 여러 개의 스위치가 달린 하나의 조절기 혹은 많은 전력을 조절하는 매뉴얼 슬라이더로 구성된다. 조광할 수 있는 전력은 시스템의 용량에 의해 정해지게 된다. 이러한 국부적인 시스템은 쉽게 여러 개의 공간으로 늘려지기도 하고 매뉴얼, 프리셋, 지정조절, 시간조절 장치를 조합하여 제공하도록 제작되기도 한다. 그것들은 인체감지센서occupancy sensors나 광센서photosensor와 같은 에너지를 줄이는 제어장치들과 같이 사용되기도 하고 비상전력기능을 조절할 수 있다.

전체 건물 시스템은 가정이나 상업건물에서 모든 조명기구를 제어하기 위하여 작은 모듈화된 조광기와 중앙컴퓨터, 그리고 중앙제어장치master control station를 사용한다. 대다수의 이러한 시스템은 모터로 구동하는 쉐이드, 선풍기, 에어컨디션, 난방기, 오디오와 같은 전기기기들을 작동하게 하고 그것들은 보안 알람, 스마트 빌딩 시스템, 그리고 다른 전기컨트롤 시스템과 간단하게 공유된다.

중앙집중식 시스템에서 마이크로프로세서는 데이터를 이해하여 어떠한 변화가 일어날지에 대한 요구를 결정하고 그 변화에 대응하게 한다. 보다 합리적인 프로세서는 공간에서 여러 개의 조명조건에 반응하고, 전력과 사용 에너지에 대한 데이터를 모으고 빌딩 관리자와 임대인들을 위해서 종합적인 보고서를 제공하기도 한다. 프로세서들은 제어장치의 마이크로칩에서 대용량 컴퓨터에 이르기까지 매우 넓은 범위를 보인다.

여기에는 3가지 종류의 프로세서인 국부식local, 중앙식central, 분산식distributed이 주로 사용된다. 국부식은 프로세서가 제어하는 기기 근처에 위치하는 것으로 센서의 정보는 신호처리기signal conditioner로 가고 그 다음 프로세서에 들어간다. 중앙식 프로세서는 모든 정보를 받고, 데이터를 분석하여 모든 시설물에 위치한 제어기에 지시를 보낸다. 분산식 프로세서에서는 그때그때 일어나는 결정은 국부 제어기에 맡겨 두고 중앙시스템은 전체의 시스템을 제어하는데, 하나의 프로세서가 고장나더라도 전체의 시스템에 영향을 미치지는 않으며, 단지 국부 프로세서가 변화에 적응하기 위하여 다시 프로그램될 뿐이다.

저전압 제어 시스템 Low-Voltage Control System

저전압 스위치와 조광 제어는 조명기구 배선 회로에 설치된 계전기를 작동하는 저전압 배선에 의해 이루어진다. 계전기는 조명기구 가까이에 부착되거나 멀리 떨어진 곳에 설치되기도 한다. 저전압 전선이 작고 거의 전력을 소비하지 않기 때문에 그것을 많이 사용하는 것이 가능하다. 그것들은 금속 절연체에 쌓이거나 지역법규의 요구조건에 맞출 필요 없이 필요로 하는 곳에 설치될 수 있다.

저전압 스위치 시스템으로 분기회로의 배선이 조명기구에 직접 연결될 수 있어 벽 스위치의 위치에 전선관을 설치하는 비용을 줄여서 서너 군데의 스위치가 필요한 곳에 고려해 볼 만하다. 일반적으로 스위치들은 하나의 조명기구만을 제어하지만, 마스터 스위치는 하나의 스위치가 많은 조명회로를 제어하기도 한다.

전력선을 이용한 조명 제어 시스템 Power Line Carrier Systems

전력선을 이용한 조명 제어 시스템power line carrier system or carrier current system은 저예산으로 용이하게 설치 가능한 제어 시스템으로써 건물의 배선(전력선)을 통하여 신호를 전달하고 작동하는 것이다. 스위치는 신호를 발생시켜 전달하는 기능을 한다. 조명기구나 전기기기에 위치한 수신기는 적당한 신호를 감지했을 때 회로를 켜거나 꺼지게 한다.

건물에서 송신기와 수신기가 같은 전기에 연결되어 있으면 제어를 위한 배선은 필요하지 않다. 수많은 조명기구가 1개 혹은 수만 개의 수신기에 연결될 수 있고 수많은 송신기가 수많은 수신기에 연결될 수 있다. 많은 변화에 대응이 가능하다는 것이 이 시스템의 고유한 특성이다.

그러나 이 시스템은 고장이 잦다. 자동 차고 개폐기나 비행기의 의사전달 시스템은 의도하지 않은 켜짐과 꺼짐이 일어나는 조명기구와 가전기기 때문에 전력운반 시스템과 같은 주파수로 작동될 수도 있다.

낡은 건물에서 기존의 배선 시스템은 센서와 프로세서, 그리고 제어기 사이의 효과적인 소통의 폭을 줄이기도 한다. 게다가 전체 용량과 속도에 제한적이다.

에너지 관리 제어 Energy Management Controls

이전의 사무공간에서 조명 제어는 조명환경의 변화를 제공하기 위해 사용되었다. 오늘날, 그것들의 주된 적용 목적은 에너지 관리이다. 포토셀이나 타임센서, 점유센서와 같은 단순한 제어는 필요할 때 자동적으로 켜고, 필요없을 경우 자동적으로 끄게 한다. 보다 큰 시설물에서 에너지 관리 제어 시스템은 냉난방과 같은 건물 내의 다른 에너지 사용처와 조명을 통합하여 계획한다.

이러한 제어의 적당한 적용의 주안점은 적합한 제어기기의 선택뿐만 아니라 언제, 그리고 어디에 제어가 필요한가에 대한 세심한 계획이다. 2개의 기본적인 제어 방식이 가능한데, (1) 필요한 곳에 빛이 있도록 제어하는 것과 (2) 필요한 때에 빛을 공급하거나 시간을 제어하는 것이다.

자연광의 제어는 전기에 의한 빛을 미리 정해 놓은 정도가 유지되도록 자동조절하는 포토센서를 이용한다. 자연광이 글레어 없이 작업면을 비출 정도로 알맞을 때에는 전기에 의한 조명기구들은 조광되거나 꺼진다.

광속 유지 제어lumen-maintenance controls는 시간이 흐르면서 자연스럽게 광택을 잃어 가는 공간의 마감재와 먼지 등 환경에 의해 혹은 자연 상쇄되는 조명 시스템 효율에 대한 보정을 목적으로 하며 자동으로 시스템에 전력을 증가하게 하여 빛의 출력을 일정하게 유지한다.

자연광과 개개인의 업무 영역, 그리고 창문의 에너지 유지관리를 위한 제어 시스템을 사용하는 것은 권장할 만하다. 업무공간에서 각각의 제어는 결국 에너지 보존을 향한 노력이며 사용자로 하여금 인접한 환경을 제어할 수 있다는 감정을 느끼게 한다는 것은 매우 중요하다.

조명기구 Luminaires 12

거의 모든 램프는 눈부심을 줄일 필요가 있으며,
또한 많은 램프들이 배광을 조절할 방법을 필요로 한다.

"*조명기구*"는 램프를 물리적으로 지지하는 역할을 해 줄 뿐만 아니라, 전력을 제공해 주며, 또한 배광 제어를 할 수 있게 해 준다. 이상적인 조명기구는 사람들이 정상적인 시선에서 보았을 때 램프가 직접 눈에 보이지 않아야 하며 사람들이 보고자 하는 대상물을 적절하게 비추는 기능을 해야 한다.

조명기구는 각각 다양한 역할을 하는 요소들인 하우징(*housing*), 배광 제어 요소, 그리고 눈부심 조절 요소로 이루어져 있다. 설계의 요구조건과 원하는 시각적 컨트롤에 따라 이들 중 일부 요소들을 조합하여 조명기구를 완성한다.

하우징 HOUSING

램프를 위한 전기 연결과 물리적인 지지는 하우징housing이라는 부분을 통해 이루어진다. 때에 따라서 그것의 보조기구도 함께 사용하는데, 설치하는 방법에 따라 매입형, 반매입형, 면 부착형, 펜던트형, 그리고 트랙 부착형의 다섯 범주로 나뉜다.

*매입형*recessed *하우징*은 마감된 천장면 위에 부착하며, 겉으로 드러나지 않게 설치한다. 어떤 매입형 하우징은 벽, 바닥, 땅 등에 매입한다.

건물 배선과 조명기구 사이의 전기 연결은 "단자함"에서 시작되며, 단자함은 종종 하우징과 연결되어 있다(그림 12.1). UL 기준에 의거하여 조명기구가 설치된 후에 조명기구와 분기회로의 연결 부분에 대한 점검이 가능해야 하며, 이 접근은 주로 조명기구의 개구부를 통해 이루어진다.

*반매입형*semi-recessed *하우징*은 일부분이 천장 상부로 숨기고 나머지 부분이 하부에 노출된다. 대개는 하우징 일부분이 벽 안에 설치되고 나머지는 밖으로 돌출되지만, 바닥면 속에 이런 방식으로 설치되는 경우는 매우 드물다.

*면 부착형*surface-mounted *하우징*은 주로 천장, 벽, 그리고 드물게 바닥면에 부착된다. 천장과 벽 구조가 허락할 경우에는 단자함이 부착된 면 안에 매입되는데, 이

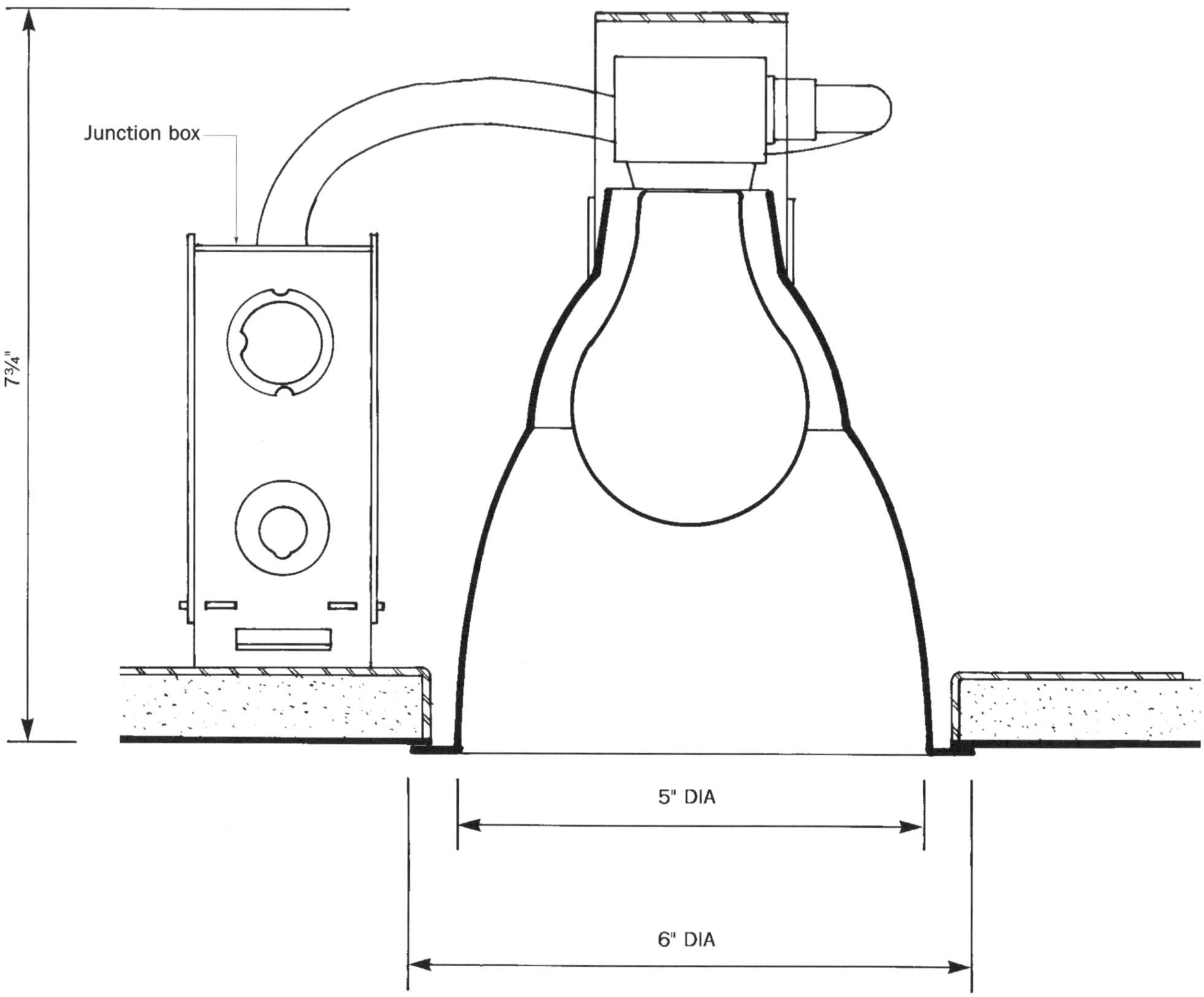

그림 12.1 매입형 백열 다운라이트와 단자함

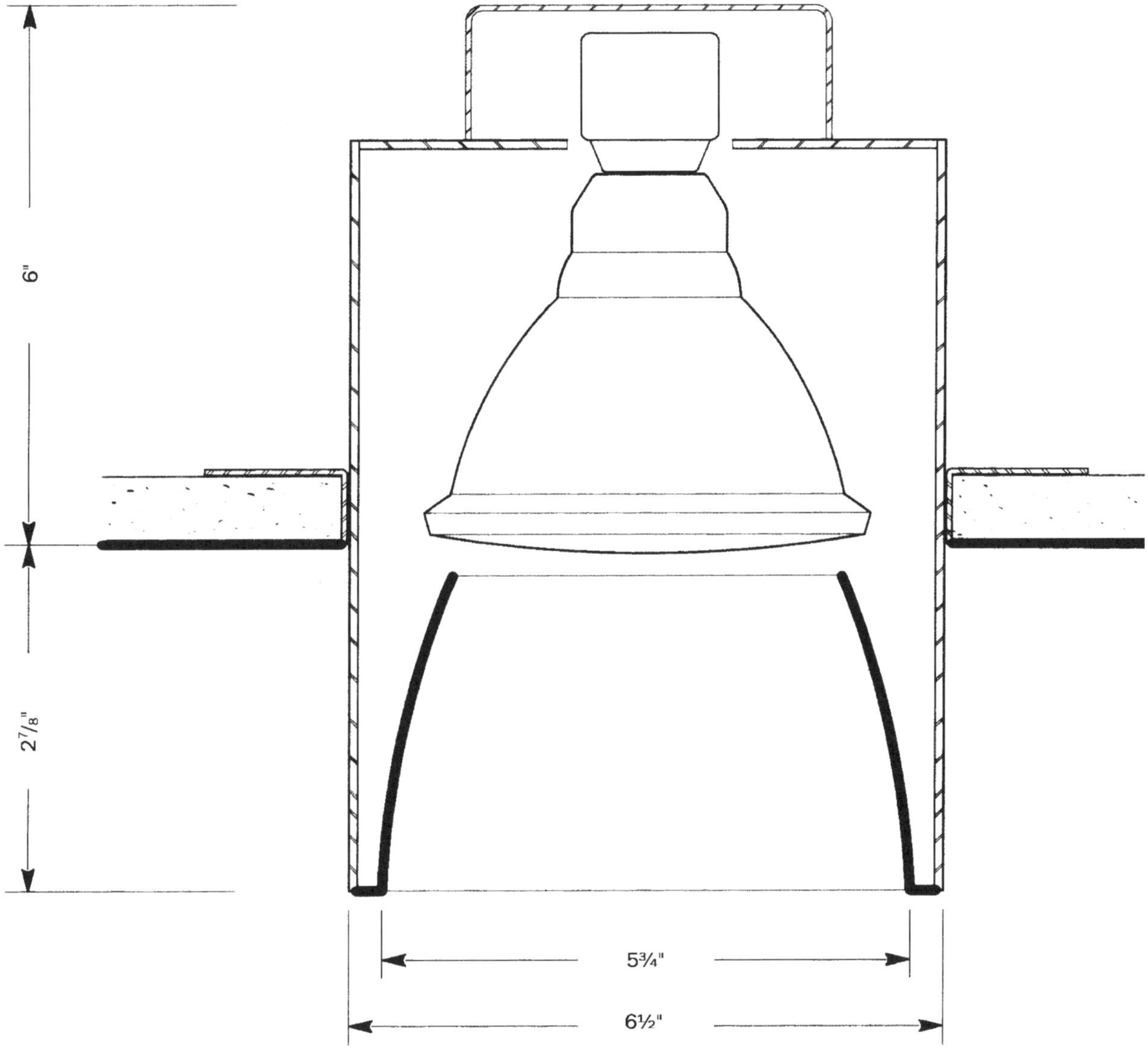

그림 12.2 반매입형 백열 다운라이트와 단자함

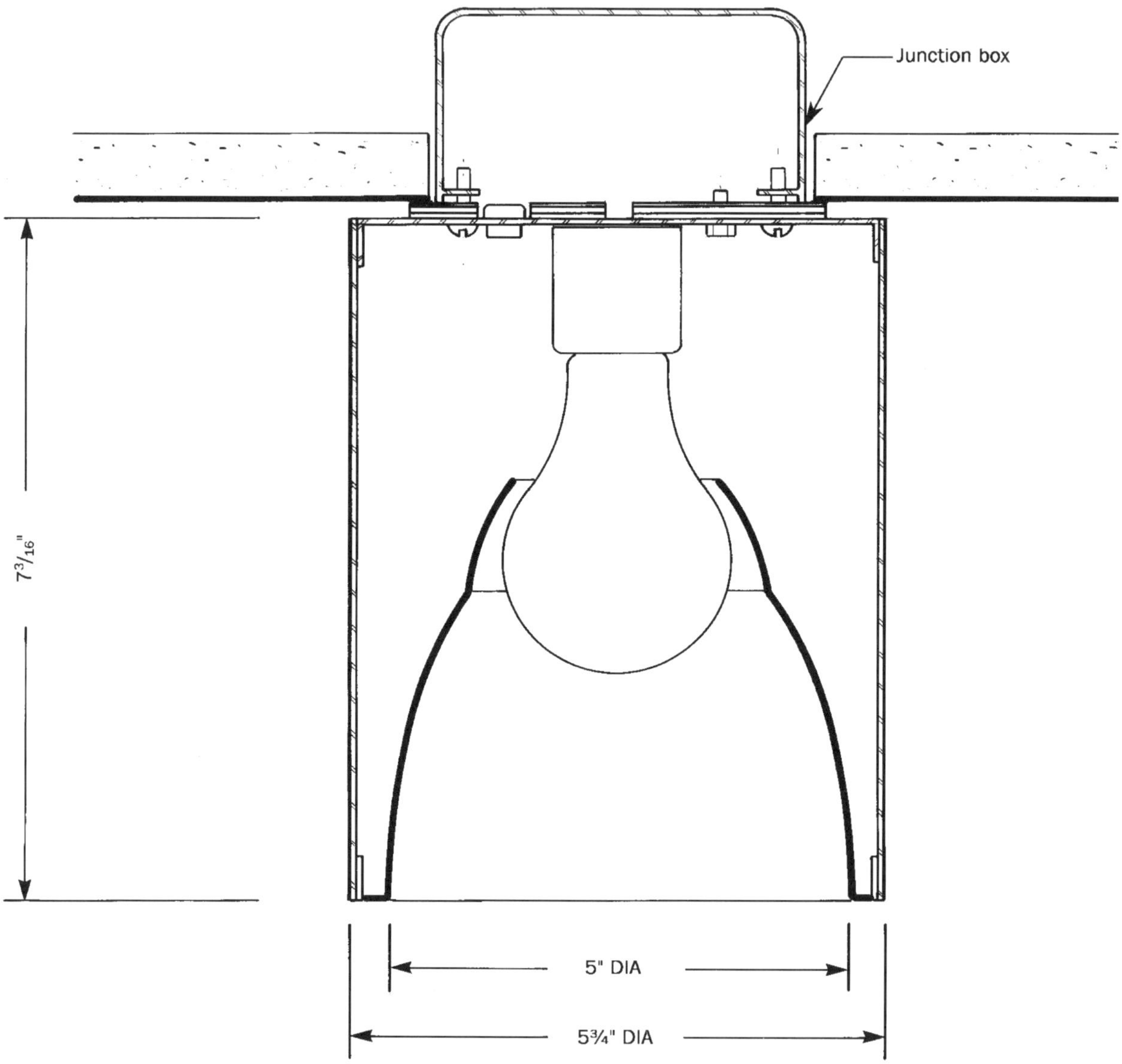

그림 12.3 면 부착형 백열 다운라이트와 매입된 단자함

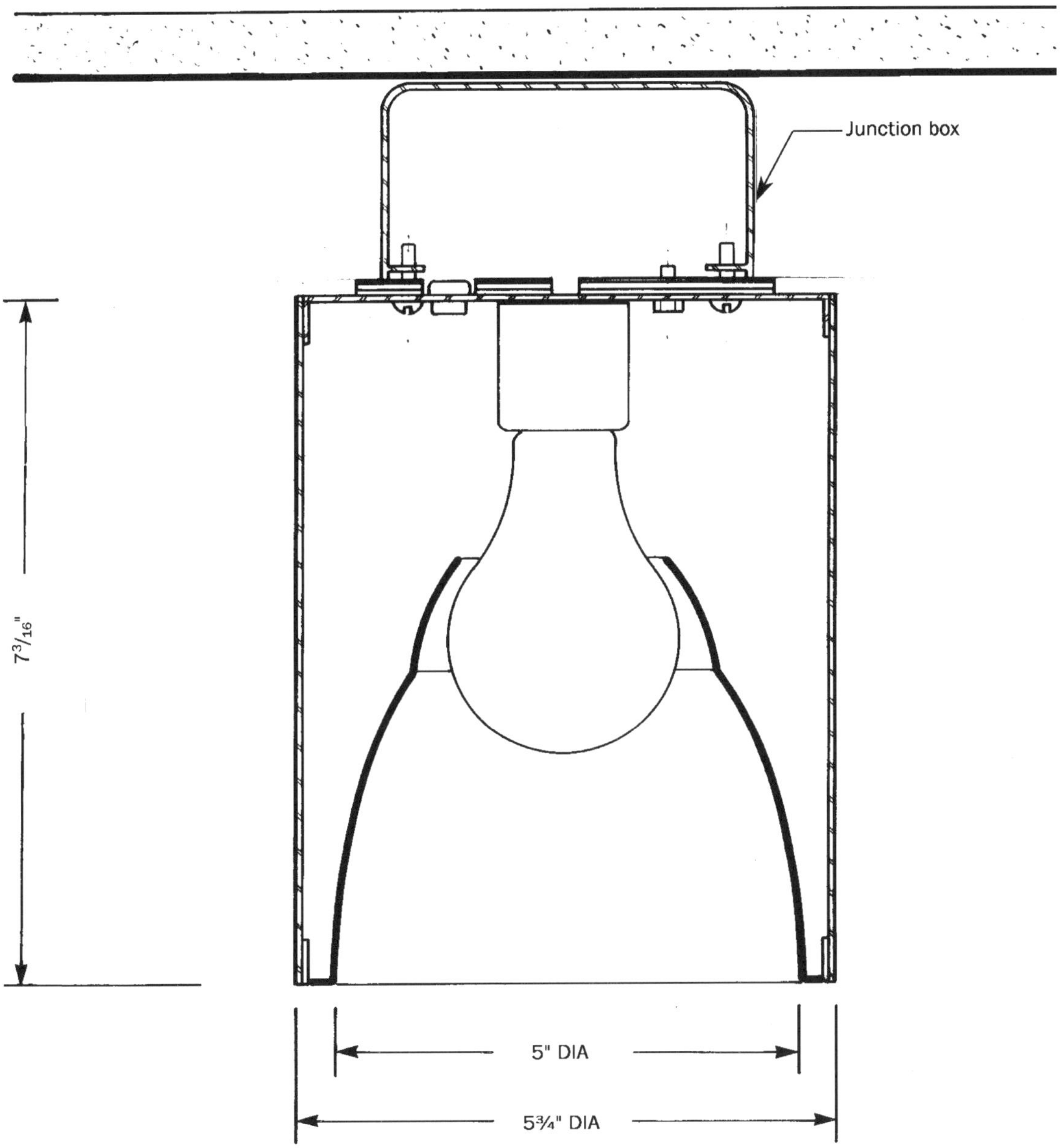

그림 12.4 면 부착형 백열 다운라이트와 면부착된 단자함

로 인해 외관이 더 깨끗해질 수 있다(그림 12.3). 그렇지 못한 경우에는 단자함이 천장과 벽 표면에 기대어서 부착된다.

이 두 경우 하우징은 단자함을 부분적으로 혹은 완전히 숨기는 역할을 한다. 면 부착형 조명기구의 하우징은 드러나기 때문에 공간에서 하나의 디자인 요소로 이용되기도 한다.

*펜던트형pendent-mounted 하우징*도 천장 속에 매입되거나 부착된 단자함을 전기연결 통로로 이용한다. 그러나 스템, 체인, 코드 등의 달아매는 도구가 조명기구와 천장을 분리시켜 주는 역할을 하고, 이 경우 단자함은 캐노피가 숨겨 준다(그림 12.5).

펜던트형 조명기구들은 천장면에 상향 빛을 공급해 주거나 빛을 작업이나 활동이 일어나는 곳으로 더 가깝게 가져다 준다. 또한 샹들리에처럼 장식 효과를 위해 선택하기도 한다.

종종 천장이 높은 공간이더라도 광원을 바닥에 더 가까이 가져다 주는 것이 불필요한 경우도 있다. 조명 요소를 바닥에 가깝게 늘어뜨리기보다는 천장면에 집중된 빛이 조명요소를 덜 눈에 띄게 만들어 준다.

트랙 부착형track-mounted 조명기구들은 트랙이 매입되거나 마감된 천장면에 부착되어 조명기구 위에 위치한 어댑터를 통해 지지와 전기를 연결하는 역할을 한다.

트랙의 가장 큰 장점은 가변성이다. 트랙은 빛이 비추는 면이나 물체가 자주 혹은 가끔씩 위치가 변하거나 더해지거나 제거되는 경우, 예를 들면 박물관이나 갤러리 같은 장소에 이용된다. 또한, 트랙은 프로젝트 리모델링이나 개보수를 할 때 전력을 필요로 하는 곳에 저렴하게 공급하는 역할을 하기도 한다.

빛과 글레어 제어 LIGHT AND GLARE CONTROL

조명기구는 각자 수행하는 조명 기능에 따라 다운라이트downlights, 워시 라이트wash lights, 오브젝트 조명object lights, 작업 조명task lights, 다용도 조명multidirectional lights 등의 다섯 범주로 나뉜다.

다운라이트 Downlights

*다운라이트*는 직접 조명기구의 한 종류로 하향, 대칭의 배광을 보인다. 다운라이트는 주로 복합적인 목적으로 사용되는데, 전반적인 밝기를 넓은 공간에 제공하기도 하고, 집중된 밝기를 바닥면이나 작업면과 같은 수평면 위에 제공하기도 한다(그림 12.6).

점광원 다운라이트 Point source downlights

무방향성 광원의 경우 빛을 의도하는 방향으로 집중시키고 광도를 높이기 위하여 조명기구 내에 반사판을 설치한다. 개방형 반사판 다운라이트*open– reflector downlight*에서는 늘이거나 사출성형한 반사판이 2개의 목적을 모두 만족시킨다. 일반 백열 램프용 다운라이트들은 저렴하고 쉽게 사용할 수 있는 광원을 효과적으로 사용할 수 있도록 해 준다(그림 12.7).

텅스텐-할로겐(그림 12.8), 콤팩트 형광 램프(그림 12.9), 그리고 방전 램프를 위한 개방형 반사판 다운라이트(그림 12.10)들은 모두 일반 백열 램프 다운라이트와 같은 원리이다. 형광 램프용 다운라이트와 방전 램프용 다운라이트의 개구부는 텅스텐-할로겐 램프의 기구보다 더 큰데, 그것은 광원이 더 크기 때문이며 주어진 광원에 대하여 개구부가 클수록 조명기구의 효율도 크다.

개방형 반사판 다운라이트의 저가의 변형체들 — "하이해트high hat"나 "깡통can"이라고 불리는 것들은 빛을 아래쪽으로 향하게 하기 위하여 부정확한 형태의 반사판을 사용하며, 밝기 조절을 위해 검은색의 여러 겹으로 주름진 배플이나 흰색의 퍼지는 링을 사용한다. 이런 조명기구들은 주로 눈부심이 과다하게 발생하며, 특정한 수평면으로 빛을 하향시키는 것에 부적합하다. 초기 투자비는 적을지 모르나 짧은 기간밖에 사용하지 못하여 결국에는 같은 양의 빛을 내기 위하여 더 많은 전력을 소비하게 되는 것이다.

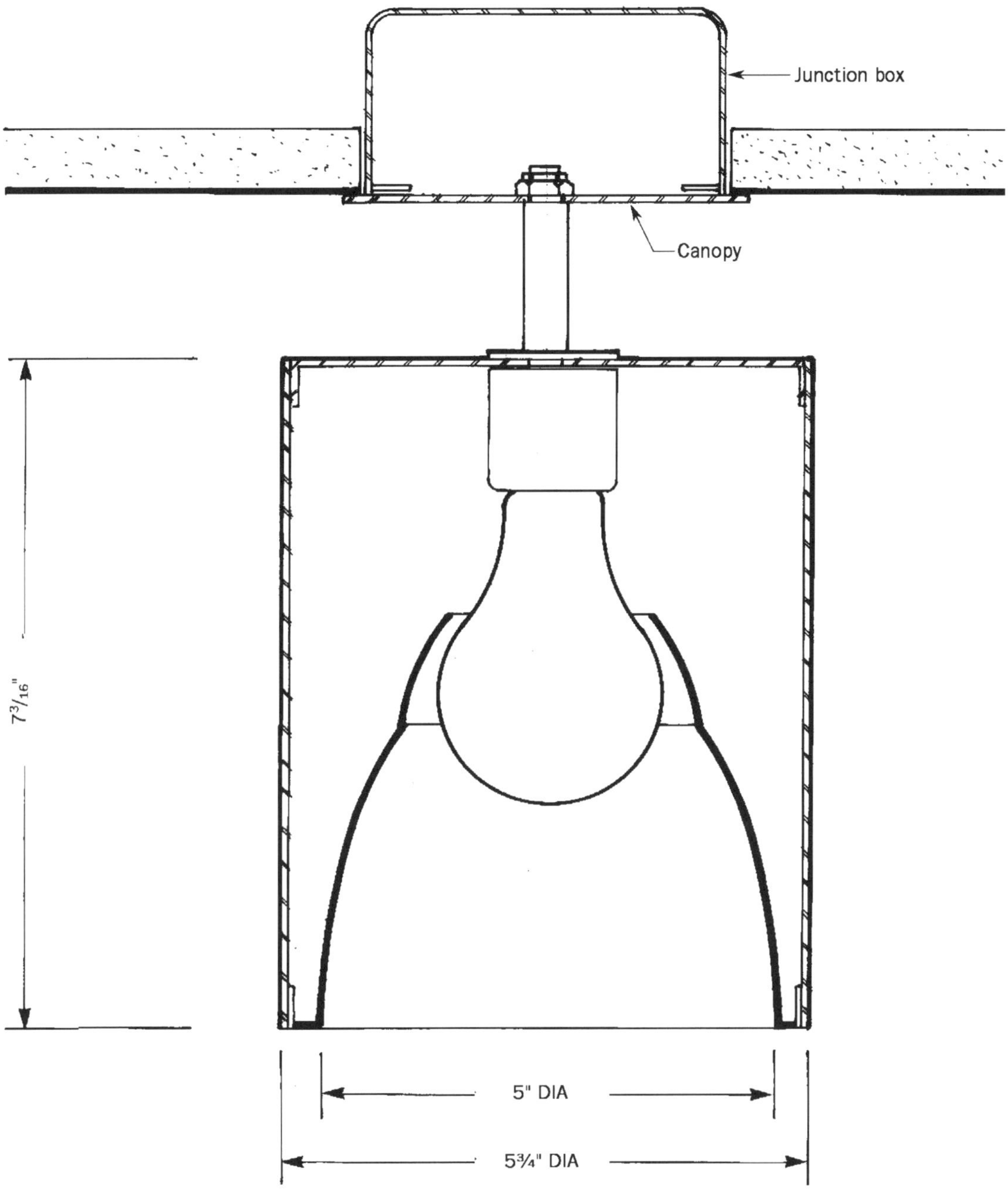

그림 12.5 펜던트형 백열 다운라이트와 캐노피에 가려진 매입된 단자함

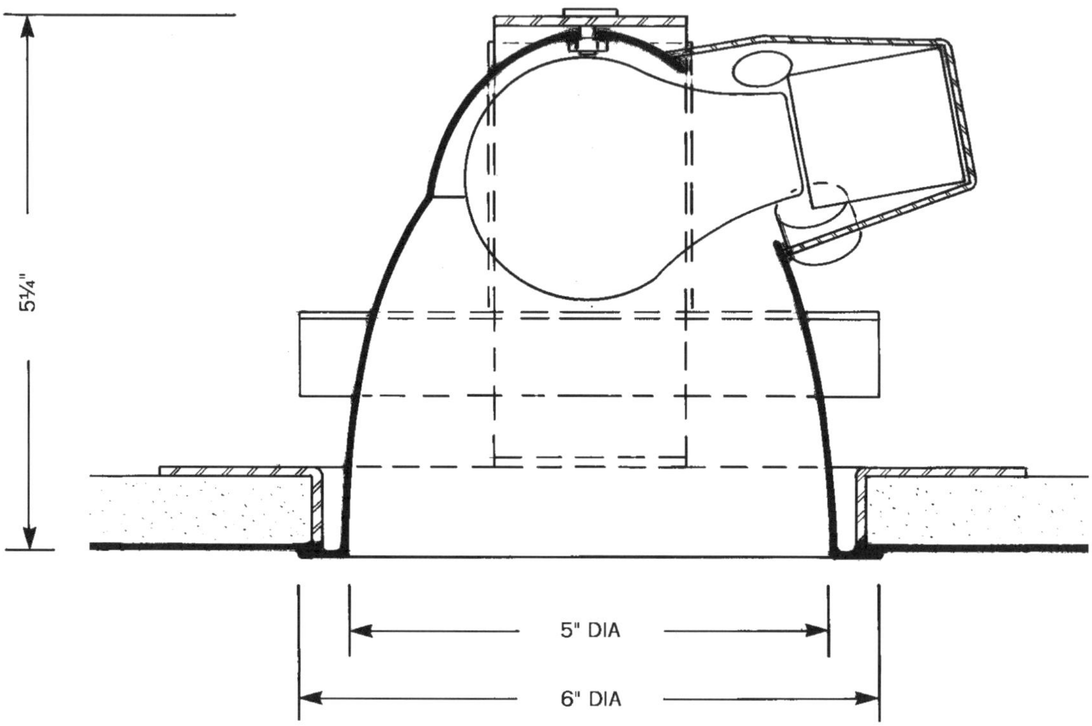

그림 12.6 램프가 측면에 고정된 얇은 다운라이트

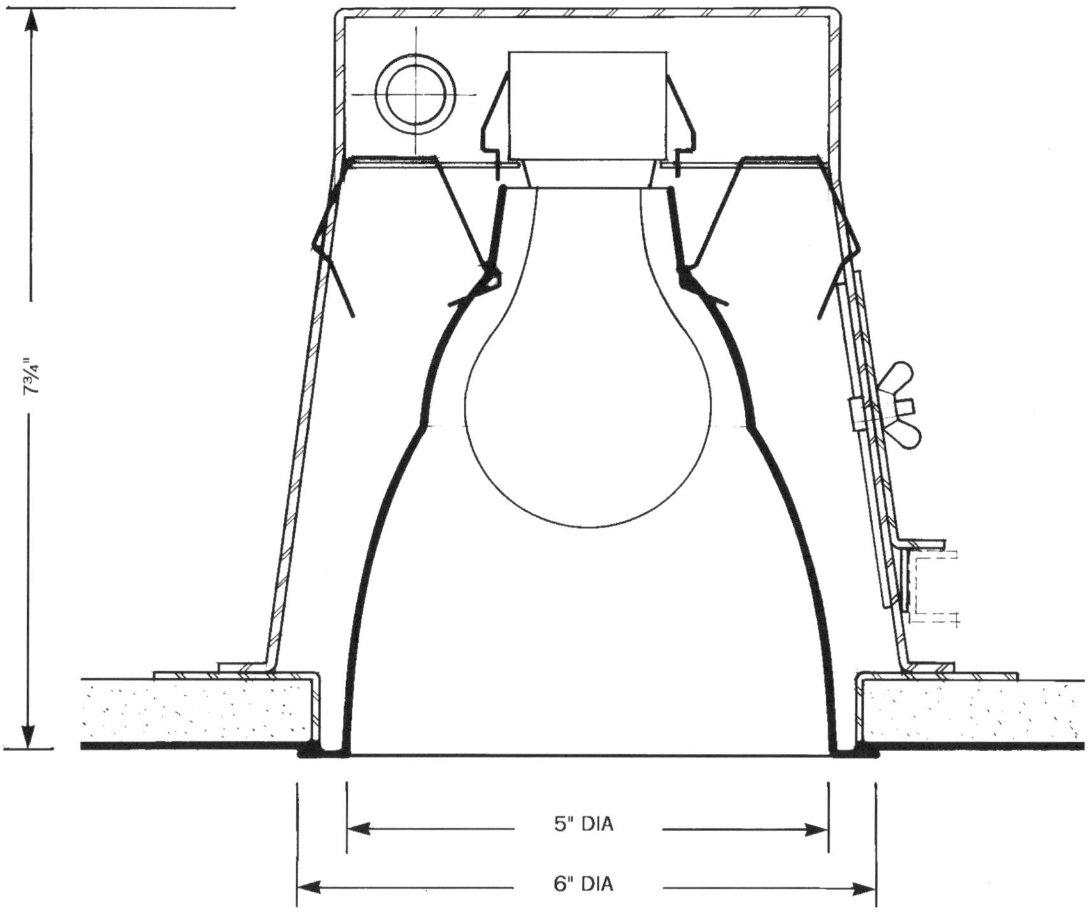

그림12.7 백열 램프용 포물선형, 개방형 반사판 다운라이트, 구경 5인치

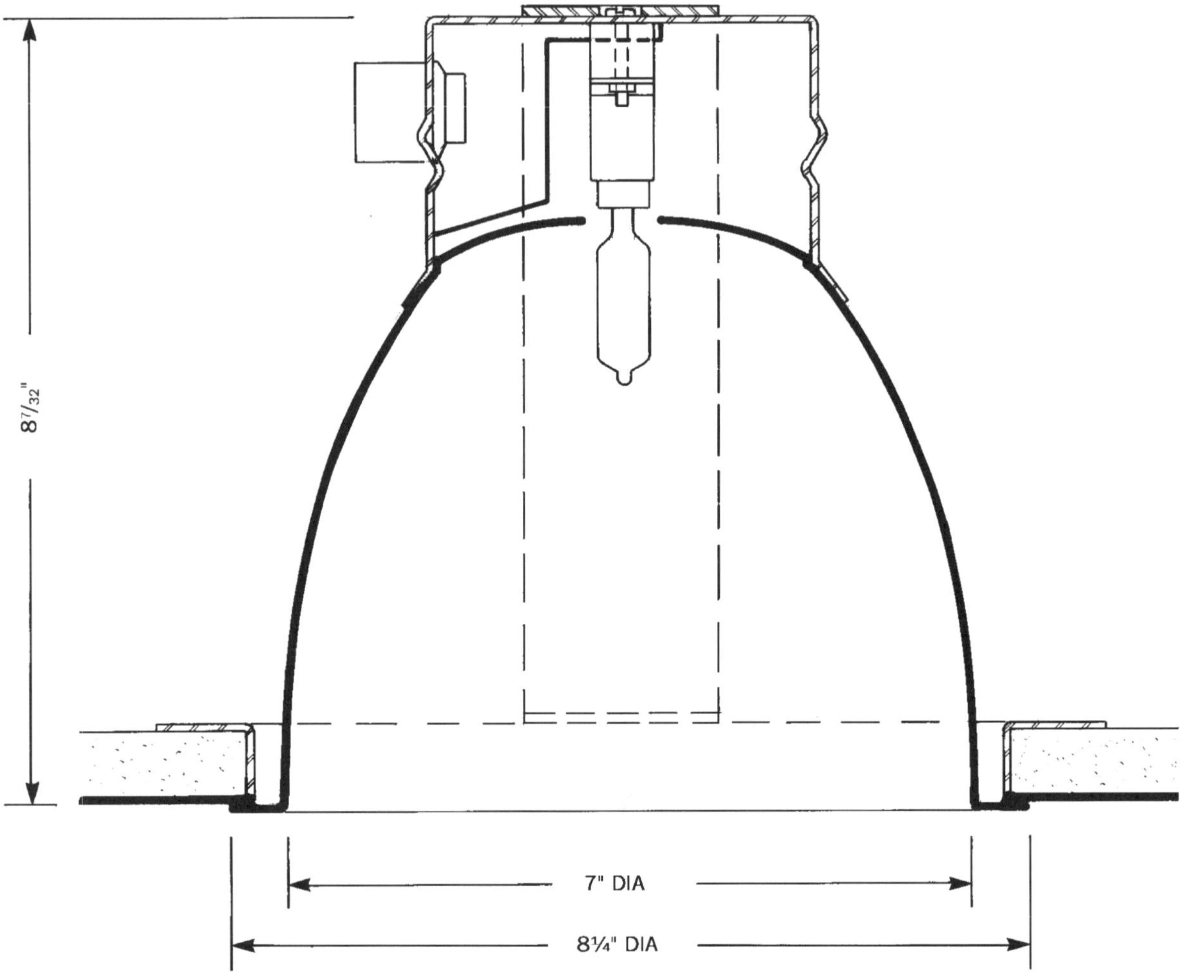

그림 12.8 텅스텐-할로겐 램프용 포물선형 개방형 반사판 다운라이트, 구경 7인치

타원형의 다운라이트 Ellipsoidal downlights는 조명기구 개발 초기에 램프에서 방사되는 빛을 부드럽게 확산시켜 휘도를 낮추기 위해 사용되었던 것이다. 가끔 실버 보울 램프silver-bowl lamps를 사용하기도 하였으며, 다운라이트 개구부의 밝기를 감소하는 데에는 효과적이었으나 빛을 특정 방향으로 하향시키는 것에는 역시 취약하였다. 이 다운라이트들은 비교적 큰 편이었는데, 이는 타원형의 반사판이 포물선 형태보다 크기 때문이다. 오늘날에는 거의 사용하지 않는 조명기구이다(그림 12.11).

*깊이가 얕은 형태*Shallow-contour*의 다운라이트*는 천장고가 낮을 경우 올록볼록한 알루미늄 반사판을 부착하고 실버 보울Silver-bowl 램프를 사용하여 실내 전체를 위

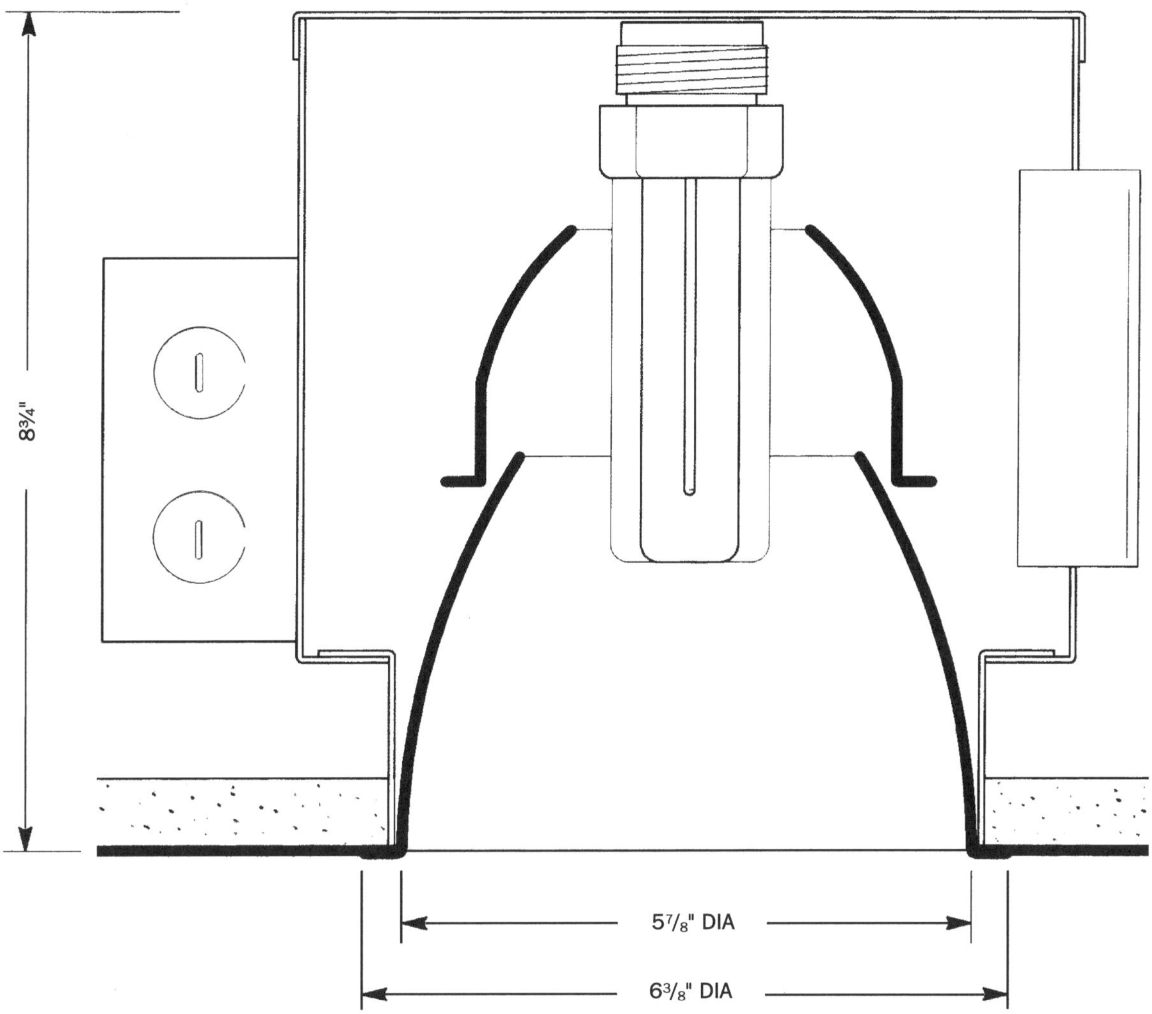

그림 12.9 콤팩트 형광 램프용 포물선형 개방형 반사판 다운라이트, 구경 6인치

한 확산조명으로 사용한다. 램프에서 위로 향한 빛은 기구 내의 반사판에 의해 다시 하향하게 되며 실내를 조명하게 된다. 반사 램프를 사용하는 조명기구는 그 자체로 눈부심이 제어되는 것이다(그림 12.12).

지향성 광원의 다운라이트 *Directional-source downlights*는 AR, MR, PAR 혹은 R 램프가 그 역할을 하기 때문에 배광 제어를 별도로 할 필요가 없다. 단지 눈부심을 제어하는 요소만 필요한데, 가장 효율적인 것은 개방된 포물선 형태의 반사판이다. 이 조명기구들은 광원 주위에 먼지가 쌓일 염려가 없고 광원을 교체하면 전체의 빛을 내는 시스템이 교체되는 것이므로 비교적 유지관리가 용이하다(그림 12.13).

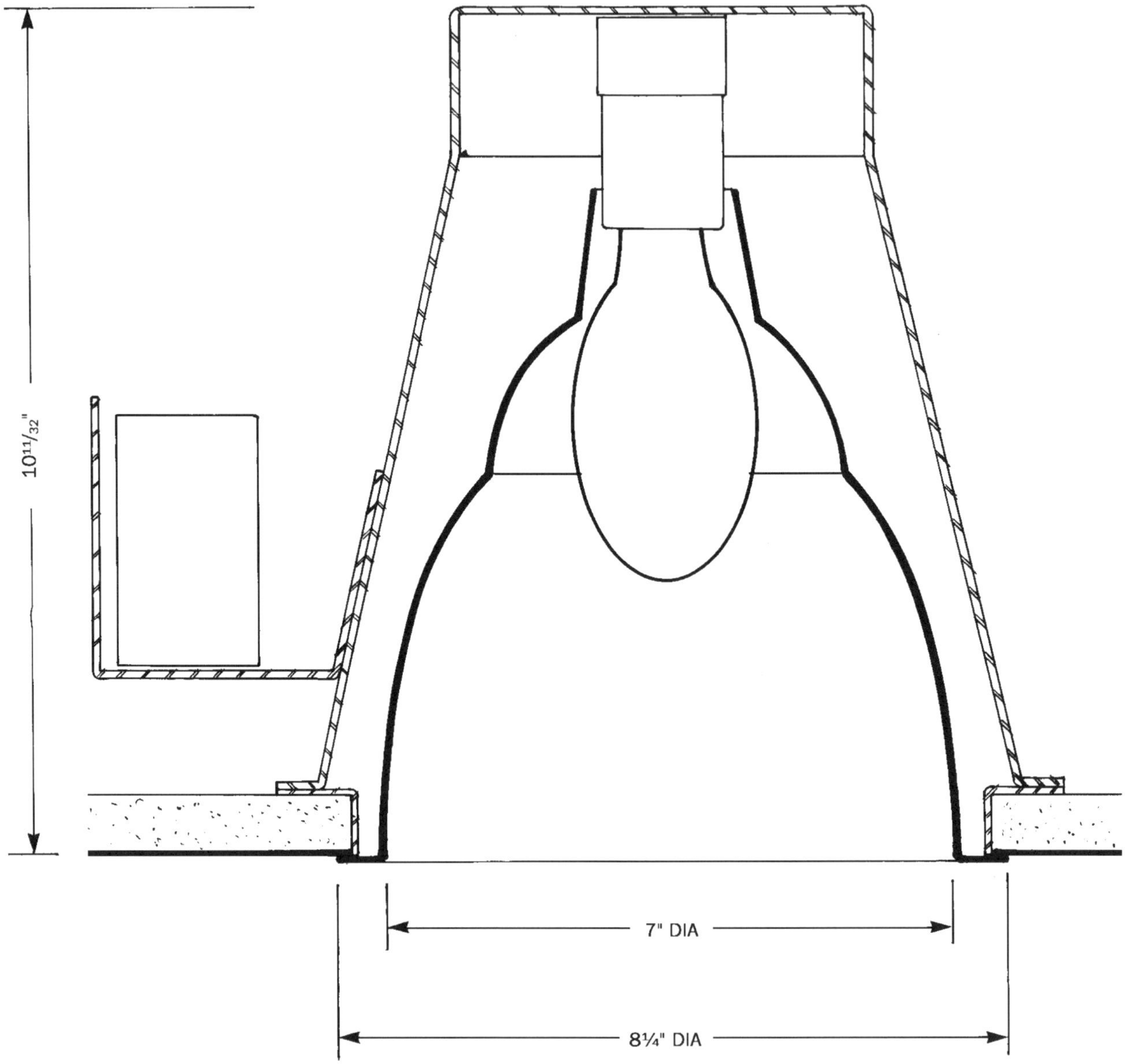

그림 12.10 저전력 메탈할라이드 램프용 포물선형 개방형 반사판 다운라이트, 구경 7인치

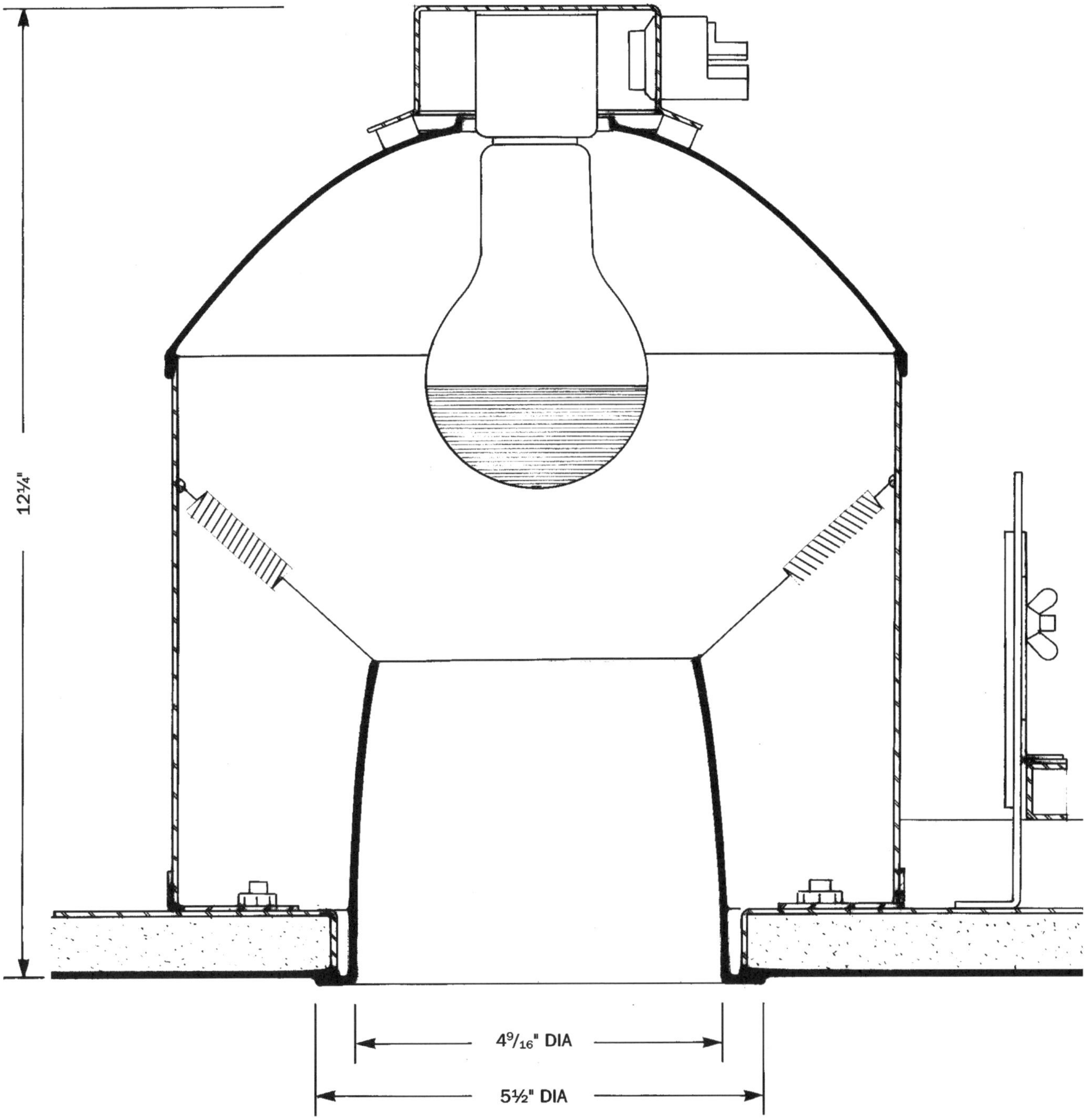

그림 12.11 백열 램프용 타원형 개방형 반사판 다운라이트, 구경 4½인치

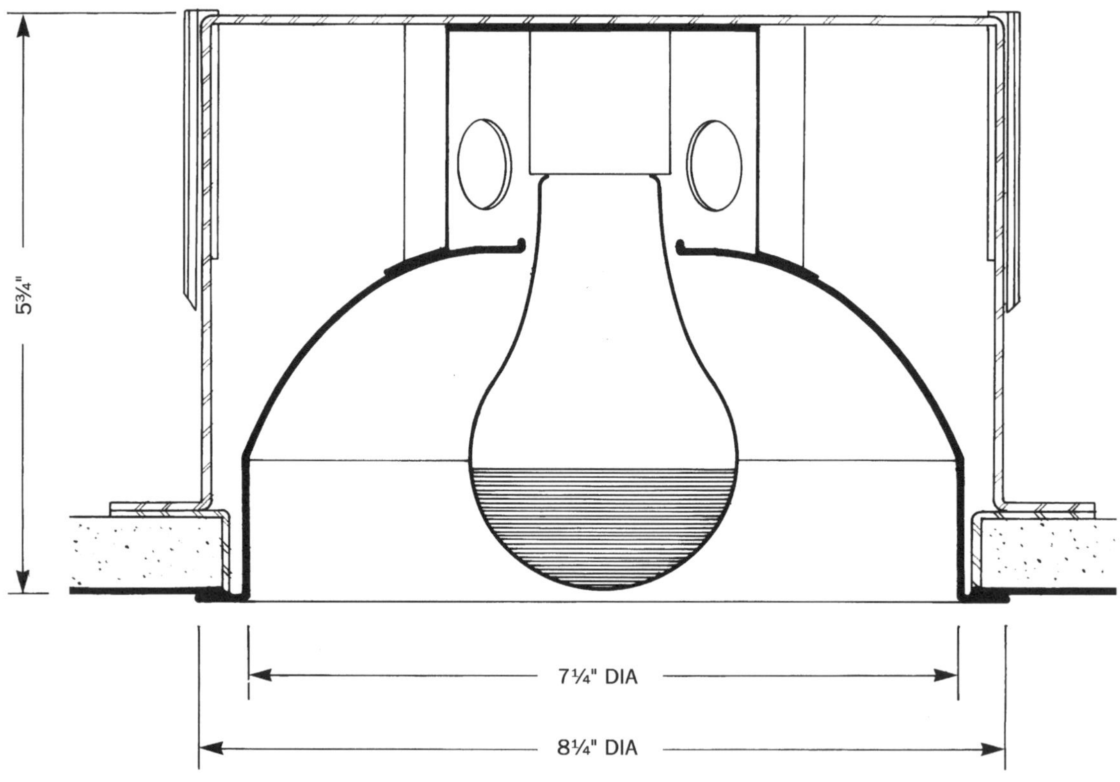

그림 12.12 백열 램프용 얕은 형태의 실버 보울형 개방형 반사판 다운라이트, 구경 7¼인치

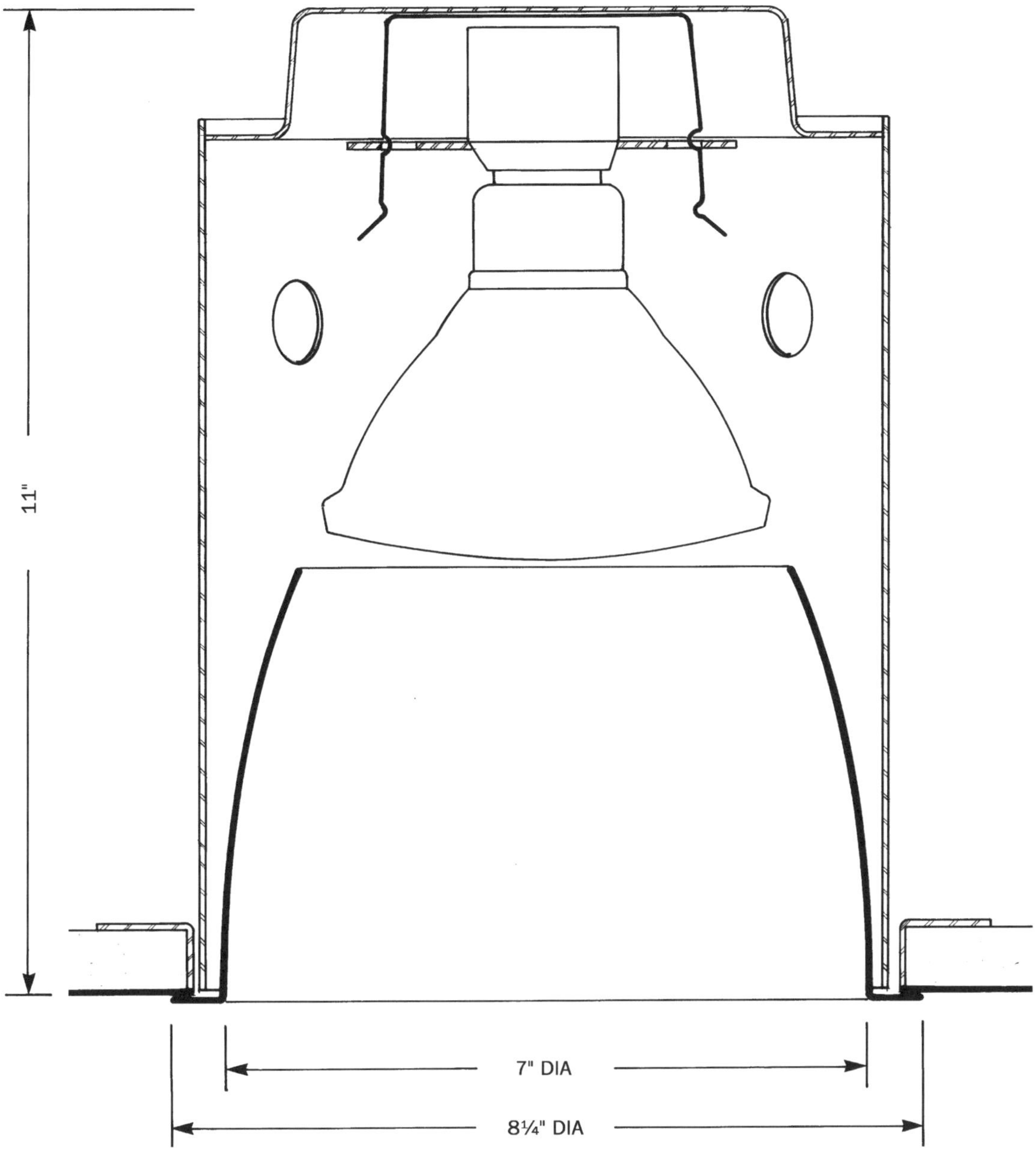

그림 12.13 PAR 램프용 포물선형 개방형 반사판 다운라이트, 구경 7인치

R14 혹은 R20 다운라이트는 천장면에 최소의 타공구를 원할 경우 이용되기도 하지만(그림 12.14), PAR16이나 PAR20 램프가 효율면에서는 좀 더 뛰어나다.

R30과 R40 다운라이트는 거의 사용되지 않는데, 빛이 넓게 퍼지는 R 광각 플러드flood 램프는 일반 백열램프로 대체 가능하고, 이는 보다 효율적이고 가격도 더 저렴하다(그림 12.15).

좀 더 협각의 배광을 가진 지향성 빛을 원할 경우 PAR 램프는 보다 효율적이고 같은 비용으로 주어진 전력에서 더 많은 빛을 낸다. PAR 램프 다운라이트는 다른 어떠한 다운라이트보다 수평면을 강조하는데 우수하다(그림 12.13). 이러한 거대한 빛의 세기를 펀치punch라고 부른다.

거의 모든 개방형 반사판 다운라이트는 원형의 구경을 갖는다. 반사판은 테두리와 겹쳐지거나 천장의 건축 디테일과 같은 높이가 되기도 한다. 테두리와 겹쳐진 타입overlap flange은 천장 타공부의 고르지 않은 모서리를 감추기 위해 석고보드나 흡음천장타일에 사용된다. 천장면과 같은 높이로 계획하는 경우는 깨끗한 마감flush detail이 드러나는 플라스터 천장면에 적용하는데, 천장

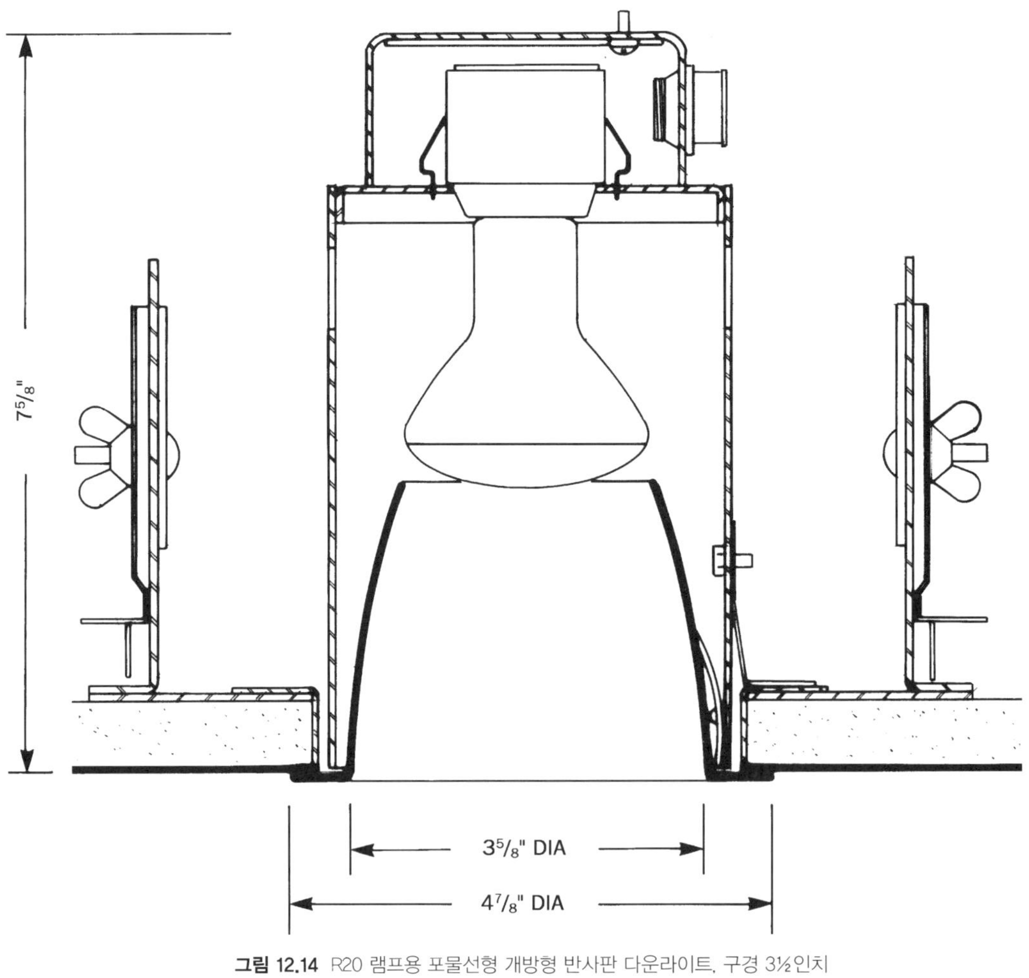

그림 12.14 R20 램프용 포물선형 개방형 반사판 다운라이트, 구경 3½인치

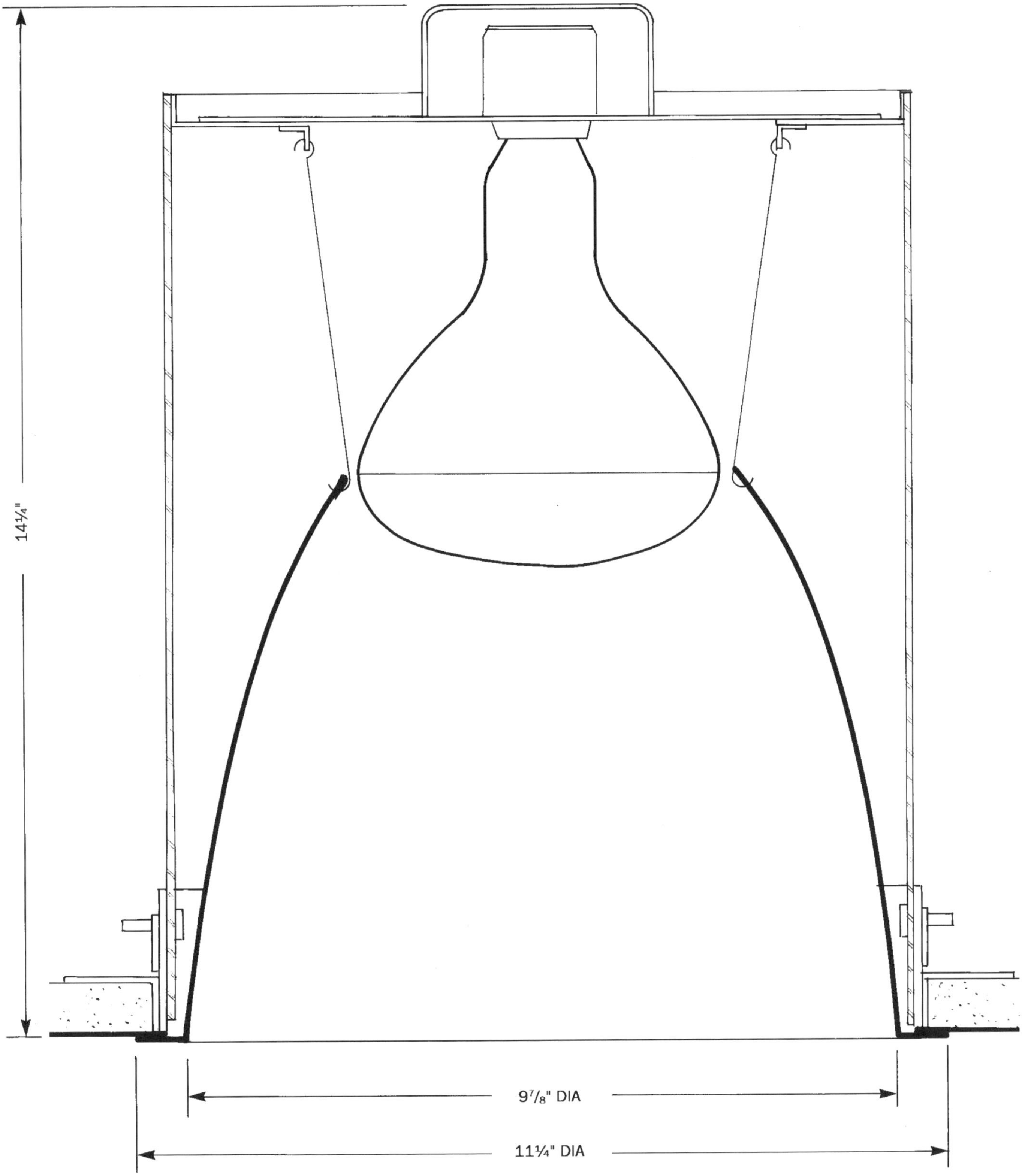

그림 12.15 R40 램프용 포물선형 개방형 반사판 다운라이트, 구경 10인치

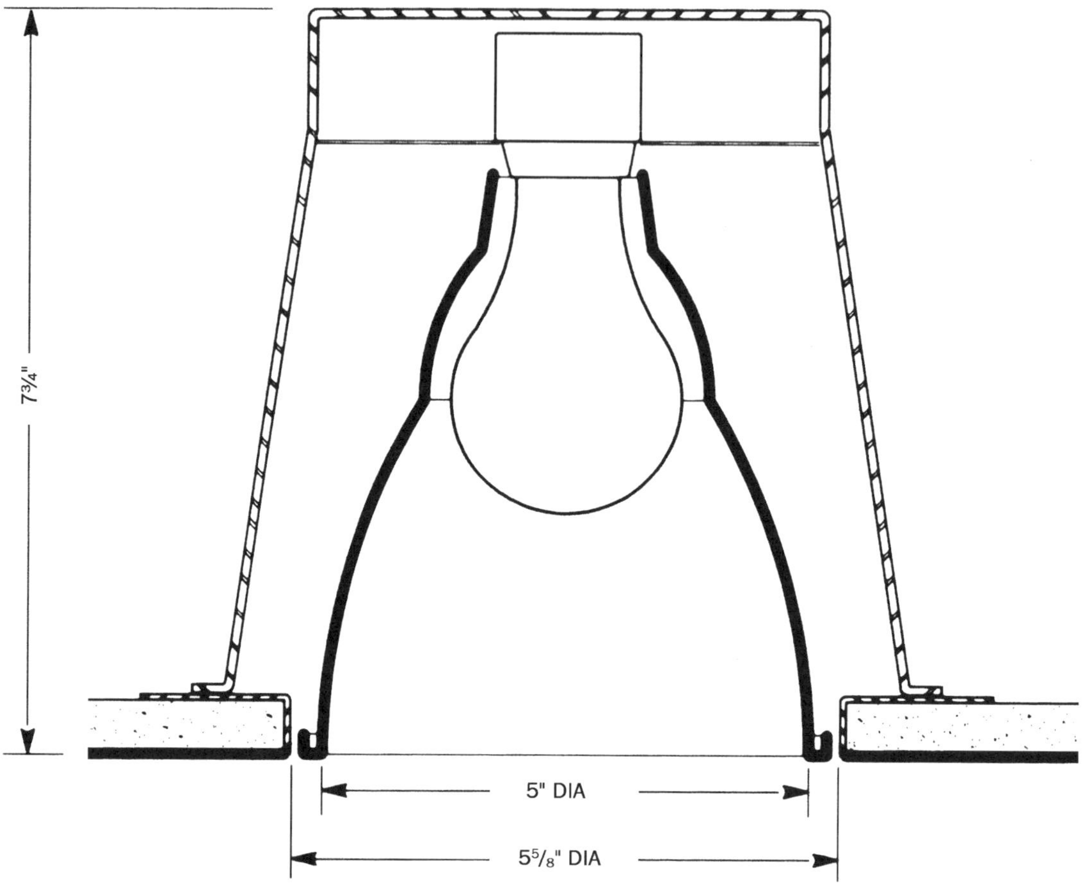

그림 12.16 포물선형 개방형 반사판 다운라이트, 면 일치형 테두리flush-flange

타공구에는 플라스터 링을 설치하거나 프레임의 가장자리를 석고 반죽으로 마감한다(그림 12.16).

반사판 Reflectors

유광 알루미늄 반사판들은 보다 효과적으로 빛을 제어한다. 반광택의 반사판은 다소 효율이 줄어들지만 램프 자체의 특성상 생기는 불규칙함이나 필라멘트의 코일 혹은 램프의 형광물질이 반사되어 생기는 이미지를 없애 준다. 비록 반사판에서 일어나는 확산반사로 유광 반사판만큼의 휘도를 얻을 수는 없지만 반광의 반사판은 천장면을 보았을 때 낮은 휘도를 보여 준다.

유광 혹은 반광의 알루미늄 반사판은 유리면과 같이 세심하게 관리해야 한다. 먼지나 손자국, 그리고 긁힘은 반사판의 성능을 떨어뜨리거나 빛의 제어를 망친다. 따라서 공사시 특별히 조심스럽게 다루어야 하며, 일단 설치한 것은 부드러운 천이나 유리클리너로 닦아 주거나 가정용 그릇 세정기 혹은 공장용 세정기를 이용하여 닦아 준다.

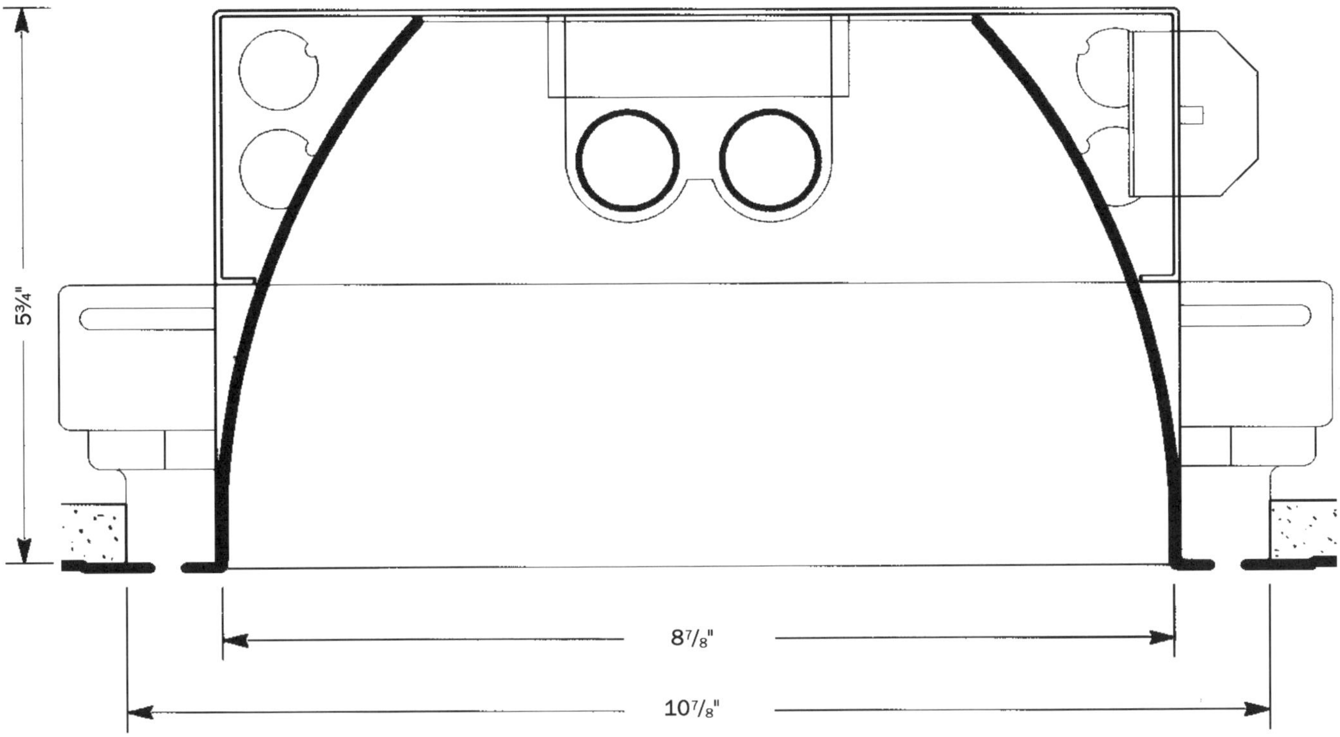

그림 12.17 1ft x 4ft 형광 램프 8셀 파라보릭 다운라이트

직선형 형광 램프 다운라이트

Rectilinear fluorescent downlights

형광 램프 다운라이트도 백열 램프와 같은 원리이며 일반적으로 래피드 스타터형 T8, T12 혹은 길이가 긴 콤팩트 형광 램프를 사용한다. 래피드 스타터형 형광 램프 다운라이트의 일반 크기는 30cm x 120cm, 60cm x 120cm, 60cm x 60cm이다. 이러한 등기구들은 원형 다운라이트 등기구에 비해 천장 면적을 넓게 차지하기 때문에 공간 디자인뿐만 아니라 천장면을 어떻게 보이게 하는지가 중요한 요소가 된다(그림 12.17).

달아매는 천장 시스템에는 쉽게 설치할 수 있는 60cm x 120cm 크기의 형광 램프 다운라이트를 주로 사용한다. 콤팩트 형광 램프용 정사각 형태의 30cm x 30cm, 45cm x 45cm 기구는 천장면의 작은 부분을 차지하는데, 콤팩트한 크기이면서 에너지 효율에서 우수한 등기구라고 할 수 있다.

차폐 Shielding

형광 램프를 사용하는 조명기구는 형광 램프의 밝은 면이 직접적으로 보이는 것을 막기 위해 램프를 가리는 것이 중요하다. 형광 램프용 다운라이트의 디퓨져나 렌즈, 루버, 반사판 등 기타 차폐재료들의 목적은 눈부심을 일으킬 수 있는 영역에서 작업면이 있는 영역으로 빛을 다시 향하게 하는 것이다.

*프리즘 렌즈prismatic lenses*는 휘도를 낮추어 눈부심을 차단하기 위한 것으로 작은 프리즘의 패턴이나 그외 빛을 굴절시킬 수 있는 요소들을 하나로 일체화한 것이다. 그러나 다른 대부분의 형광 램프용 등기구의 렌즈는 VDT 스크린에 밝은 이미지를 만들지 않고 글레어를 없애 줄 만큼 충분히 휘도를 줄이지는 못한다. 또한, 렌즈와 천장면 간의 과도한 휘도 대비는 시각적으로 불편하게 느껴진다.

*달걀판 형태의 루버egg-crate louver*는 곧은 수직의 날들을 교차시킨 형태로 글레어가 발생하는 각도의 빛을 막아 휘도를 줄여 준다. 그것들은 반투명 혹은 불투명의 플라스틱 혹은 페인트 칠이 되어 있는 금속판으로 만들어지는데, 이것은 빛을 투과하거나 글레어를 조절하거나 VDT 스크린의 반사를 막기에는 그리 효과적이지 않다.

*파라보릭 루버parabolic louver*는 정확하게 휘도를 제어한다. 파라보릭 반사판으로 된 여러 개의 셀로 구성되며 이것들은 광택 혹은 반광택의 성질을 갖는다. 셀들의 크기는 약 1cm에서 30cm까지 다양하다.

작은 셀의 파라보릭 루버는 휘도를 줄이는 대신 조명기구의 효율은 떨어진다. 효율을 극대화하기 위해 고광택의 마감을 쓰기도 하는데, 이것은 전체 천장면의 휘도를 낮추어 방 전체를 어둡고 침울해 보이게 하기도 한다.

깊은 셀의 개방형 파라보릭 루버는 차폐와 효율에 가장 바람직한 조합이라고 말한다. VDT 스크린에 반사되는 글레어를 없애기 위해 IESNA는 등기구의 평균 휘도가 수직 방향으로부터 55°까지는 850cd/m^2, 65°까지는 350cd/m^2, 75°까지는 175cd/m^{2}보다 낮게 할 것을 권하고 있다.

등기구 제작회사의 포토메트릭 데이터는 수직 0° 방향에서 45° 이상까지의 밝기에 대한 값을 표로 만든 휘도 개요를 포함해야 한다. 이것은 업무공간에서 등기구와 VDT 간의 적합성을 판단하는 데에 사용될 것이다. 푸트램버트footlambert(fl)의 사용을 장려하지는 않지만, 몇몇의 제작회사들은 아직도 평균 휘도 데이터값을 cd/m^2 대신 fl로 제공한다. 이럴 경우 fl값에 3.42를 곱하면 cd/m^2 값을 얻을 수 있다.

등기구 간격 Spacing criterion

등기구 제조회사들은 대부분 다운라이트 기구의 설치 간격에 대한 자료를 제공한다. 이것은 고른 수평면 조도를 공급하기 위한 등기구 간격으로 작업면 위 등기구 설치 높이를 기준으로 한 비율로 계산하는 것이다. 이는 가장 기본적인 수준의 척도이고, 이것의 목적은 디자이너들이 간단히 수평면의 고른 조도를 공급하기 위한 다운라이트 등기구 수를 계산하는 데에 도움을 주기 위한 것이다.

업라이트의 경우 드물게 SC값이 제공되기도 하나 월-워셔, 국부조명, 그리고 멀티조명기구는 고른 밝기를 공급하기 위해 사용하지는 않기 때문에 SC값이 제공되지 않는다.

광천장 Luminous ceilings

광천장 역시 직접 아래 방향을 향하는 빛을 공급하며, 이는 형광등을 일정한 간격으로 배열하고 반투명의 유리나 플라스틱을 달아매어 평평한 면으로 구성하고, 종종 전체 공간의 천장을 이러한 방식으로 계획하기도 한다. 달아맨 천장의 재료는 그대로 마감재가 되며 이러한 방식은 1950년대와 1960년대에 크게 유행하여 고른 밝기의 전반조명의 역할을 했었다(그림 12.18).

조명면 상부의 공간은 방해물이 없어야 하고, 모든 표면은 흰색 페인트와 같이 높은 반사율(80~90%)을 가진 재료로 마감한다. 광천장 조명은 간접조명 방식이 갖고 있는 단점을 그대로 갖고 있다. 즉, 확산광만 존재하므로 입체감을 더해 줄 수 있는 그림자나 모델링 효과가 없다. 이는 마치 구름 낀 흐린 날과 같은 무미건조한 효과를 준다.

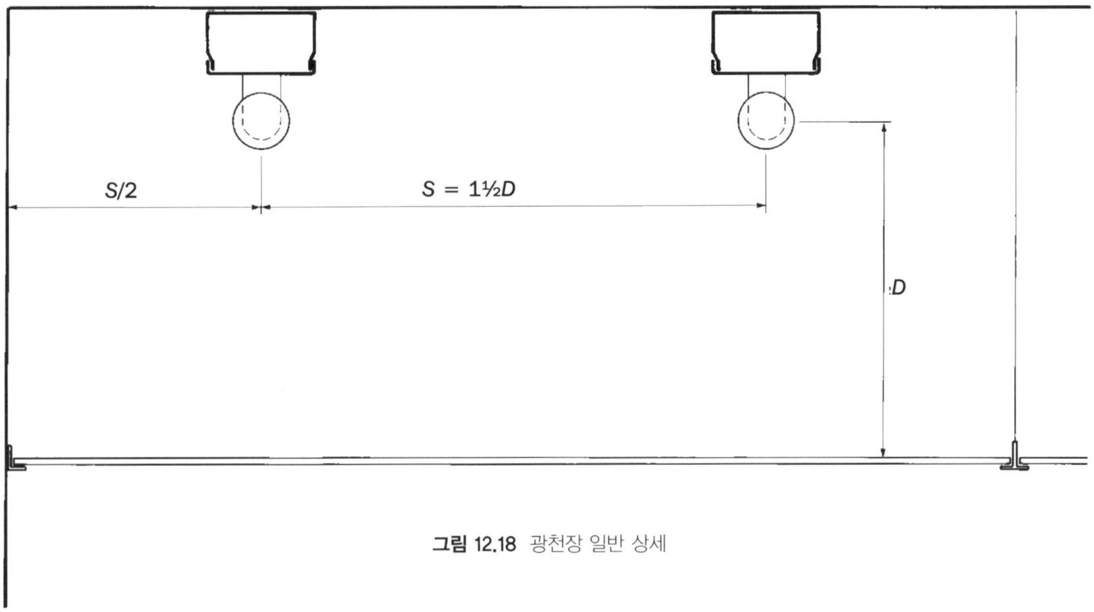

그림 12.18 광천장 일반 상세

워시 라이트 Wash lights

워시 라이트는 일반적으로 벽과 같은 수직면을 — 간혹 천장면에 적용되기도 하지만 — 고르게 씻어 내리듯이(wash) 빛을 비추는 조명기구이다. 일반적인 크기의 공간에서 벽은 중요한 볼거리이기 때문에 워시 라이트로 비추는 벽은 창의적인 빛 환경을 만들어 내는 데에 가장 중요한 기법이 될 것이다.

빛이 비추는 수직면의 상부에 생기는 글레어를 최소화하기 위하여는 필히 무광택으로 마감이 되어야 한다. 거울이나 유광의 대리석과 같이 광택이 있는 마감면은 빛을 바닥면으로 반사하기 때문에 워시 라이트에 의한 감동적인 효과가 생길 수 없다.

벽은 2가지 방법으로 빛을 비출 수 있는데 (1) 비대칭의 빛 퍼짐을 보이는 조명기구 각각을 천장고의 1/3만큼 떨어진 거리에 같은 거리만큼씩 떨어뜨려 벽과 평행하게 배치하는 방법, (2) 선형 광원을 사용하는 시스템을 사용하거나 지향성 광원을 벽에 근접한 홈 내부에 촘촘하게 부착하는 방법이다.

비대칭 월-워셔 Asymmetric wall-washers

비대칭 월-워셔는 벽을 비추는데 사용하는 것으로, 때로는 벽에 설치된 아트워크를 위해, 그리고 가끔은 공간에 전반적인 밝기를 공급하기 위해 사용한다. 모든 비대칭형의 월-워셔는 반사판과 방향성의 광원을 모두 사용하거나 적어도 둘 중 하나를 사용하며, 빛을 한편으로 퍼지게 하면서 부드럽게 해 주는 렌즈를 조합하여 사용하기도 한다. 이러한 것들을 2가지의 범주로 나누어 (1) 다운라이트 월-워셔downlight wall-washer, 그리고 (2) 리플렉터 월-워셔reflector wall-washer라고 부른다.

다운라이트/월-워셔 Downlight/wall-washer

다운라이트와 월-워셔의 조합은 특별한 사양으로 포물선형 반사판 다운라이트에 킥커kicker라고 불리는 타원형의 반사판을 덧붙인 형태이다(그림 12.19). 이러한 덧붙여진 반사판은 벽의 상부로 빛을 향하게 하고 일반적으로 형성되는 스캘럽 형태의 빛 패턴을 없애 주는 역할을 한다.

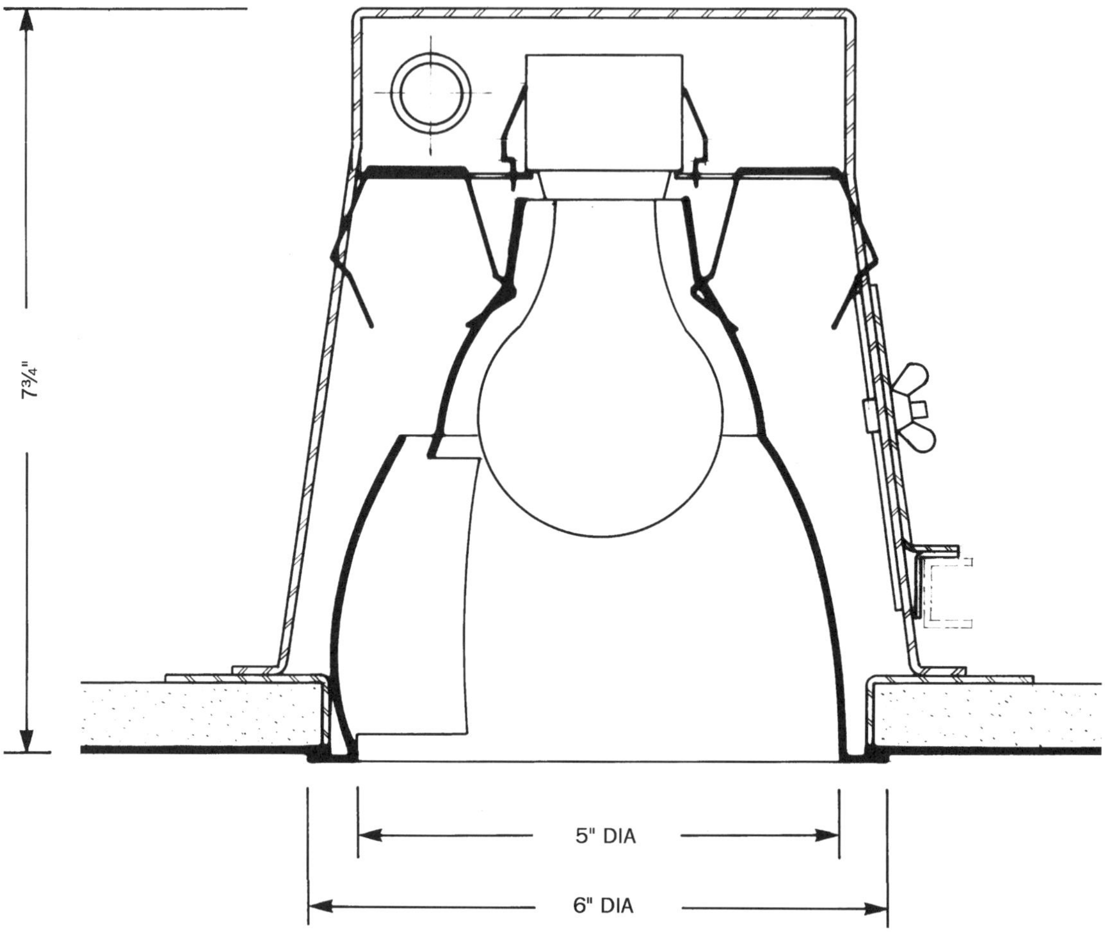

그림12.19 포물선형 개방형 반사판 다운라이트/월-워셔. 구경 5인치

다운라이트 월-워셔는 같은 크기의 구경을 가진 개방형 반사판 다운라이트와 거의 유사하게 보인다. 이것은 공간에 다운라이트의 기능을 하여 전반적인 밝기를 공급하고 근접한 벽 쪽으로는 월-워셔의 역할을 하는 것이 가능하다. 다운라이트/월-워셔 조명기구는 일반 백열등, 텅스텐-할로겐, 콤팩트 형광 램프, 수은 램프, 메탈할라이드, 그리고 고압 나트륨등을 사용한다. 다양한 종류의 다운라이트 월-워셔가 (1) 구석진 부분에 근접하여 형성된 벽을 비추거나(코너 월-워셔downlight/corner wall-washer) (2) 복도의 반대편 벽을 비추기 위해(더블 월-워셔downlight/double wall-washer), (3) 문을 통해 빛이 새어 나오거나 글레어가 발생하지 않고 출입구 옆의 벽을 비추기 위해(하프 월-워셔downlight/half wall-washer) 개발되었다(그림 12.20).

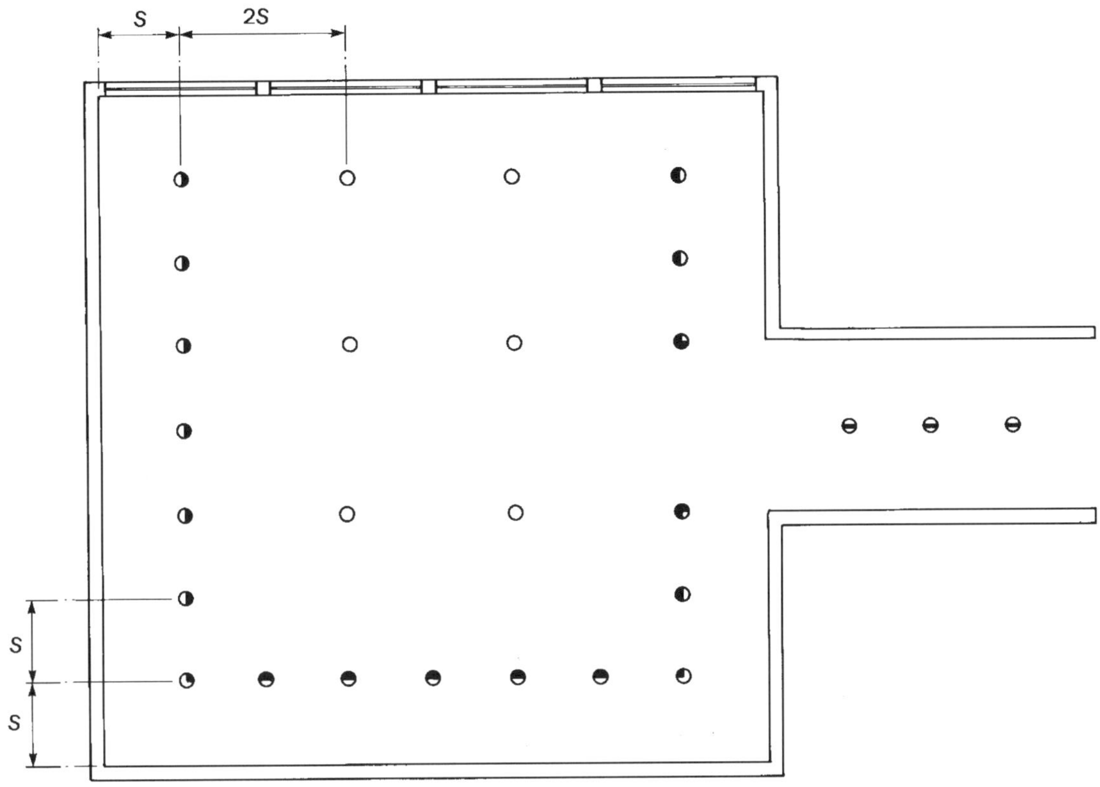

그림12.20 다운라이트와 여러 가지의 월-워셔를 이용한 일반적인 조명배치도

다운라이트/월-워셔 조명기구는 킥커 반사판에 의해 변하지 않는 실질적으로 3가지 방향의 빛 퍼짐이 있다. 그것들은 약 9m 폭을 가진 사무공간 정도의 작은 방에서 다운라이트는 공간 사용자의 얼굴을 제대로 표현해 주기 위한 빛을 공급하고, 반대쪽의 벽에 빛을 비출 때 더욱 효과적이다. 빛이 닿은 수직면은 적당히 비추고 수평면과 나머지 수직면들은 상대적으로 동등하게 강조되어 보이게 된다.

리플렉터 월-워셔 Reflector wall-washers

수직면을 더욱 강하게 강조하기 위해서는 다른 방향으로 향하는 빛 없이 벽을 향하는 빛만 제공해야 한다. 리플렉터 월-워셔는 휘도를 제어한 빛 퍼짐을 제공하는 합리적인 시스템을 이용하도록 만들어져 있다. 리플렉터 월-워셔에는 2가지 종류가 있는데, (1) 렌즈형 월-워셔lensed wall-washers와 (2) 개방형 월-워셔open reflector wall-washer이다.

렌즈형 월-워셔는 방향성 있는 광원과 내부의 킥커 반사판, 빛의 퍼짐을 위한 렌즈, 그리고 글레어를 차단하기 위한 밝기조절용 반사판이 포함되어 있어 더욱 바람직하다(그림 12.21~12.24). 렌즈형 월-워셔에는 텅스텐-할로겐 램프, MR, PAR, 콤팩트형 형광 램프, 메탈할라이드, 고압 나트륨 램프를 적용할 수 있다.

원형이나 포물선형 혹은 쌍곡선의 형태가 아닌 반사판을 무초점 반사판이라고 하는데, 개방형 월-워셔는 포물선형과 타원형의 조합과 같은 복합적인 형태나 중심

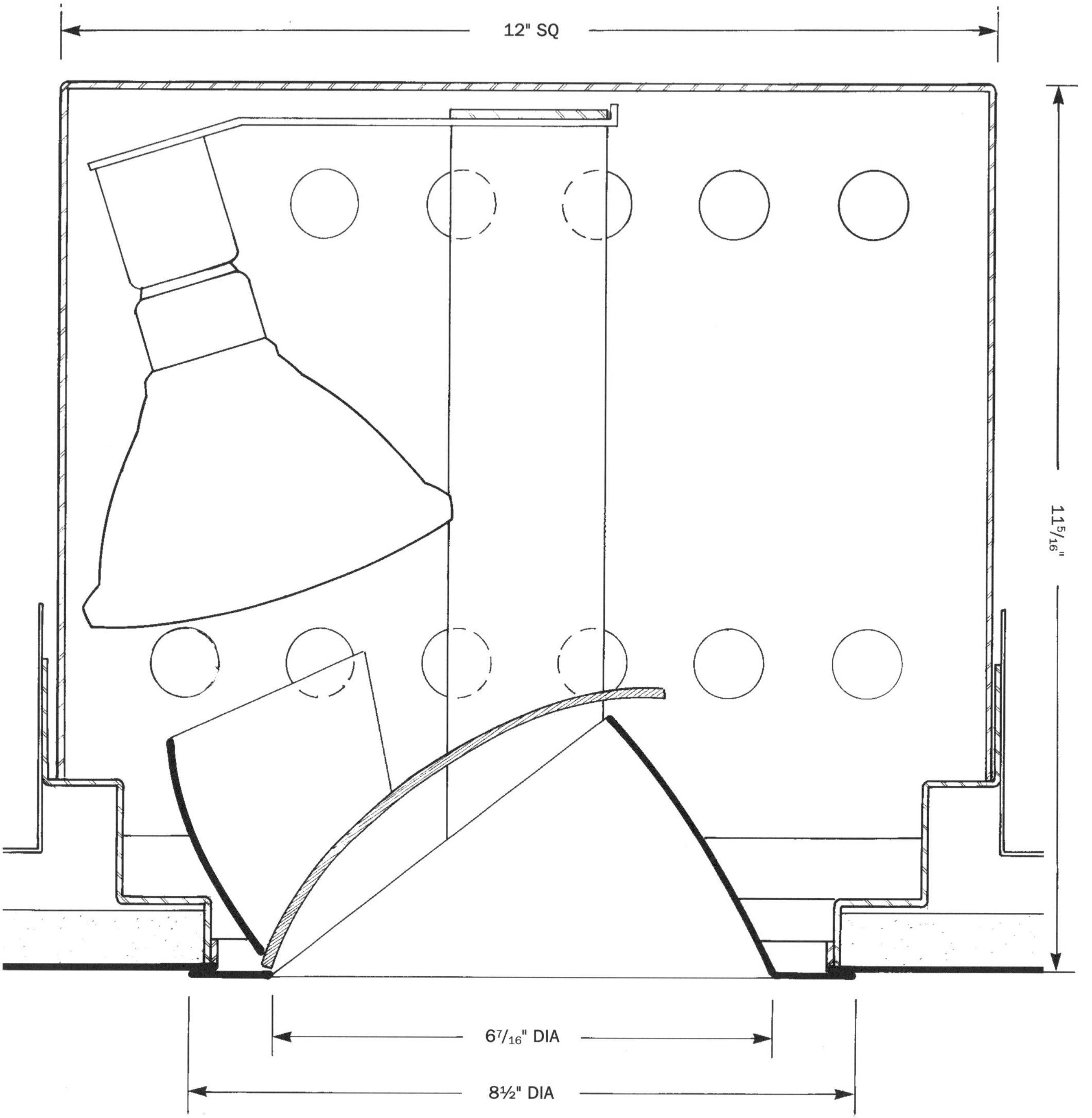

그림 12.21 매입형 PAR38용 렌즈형 월-워셔

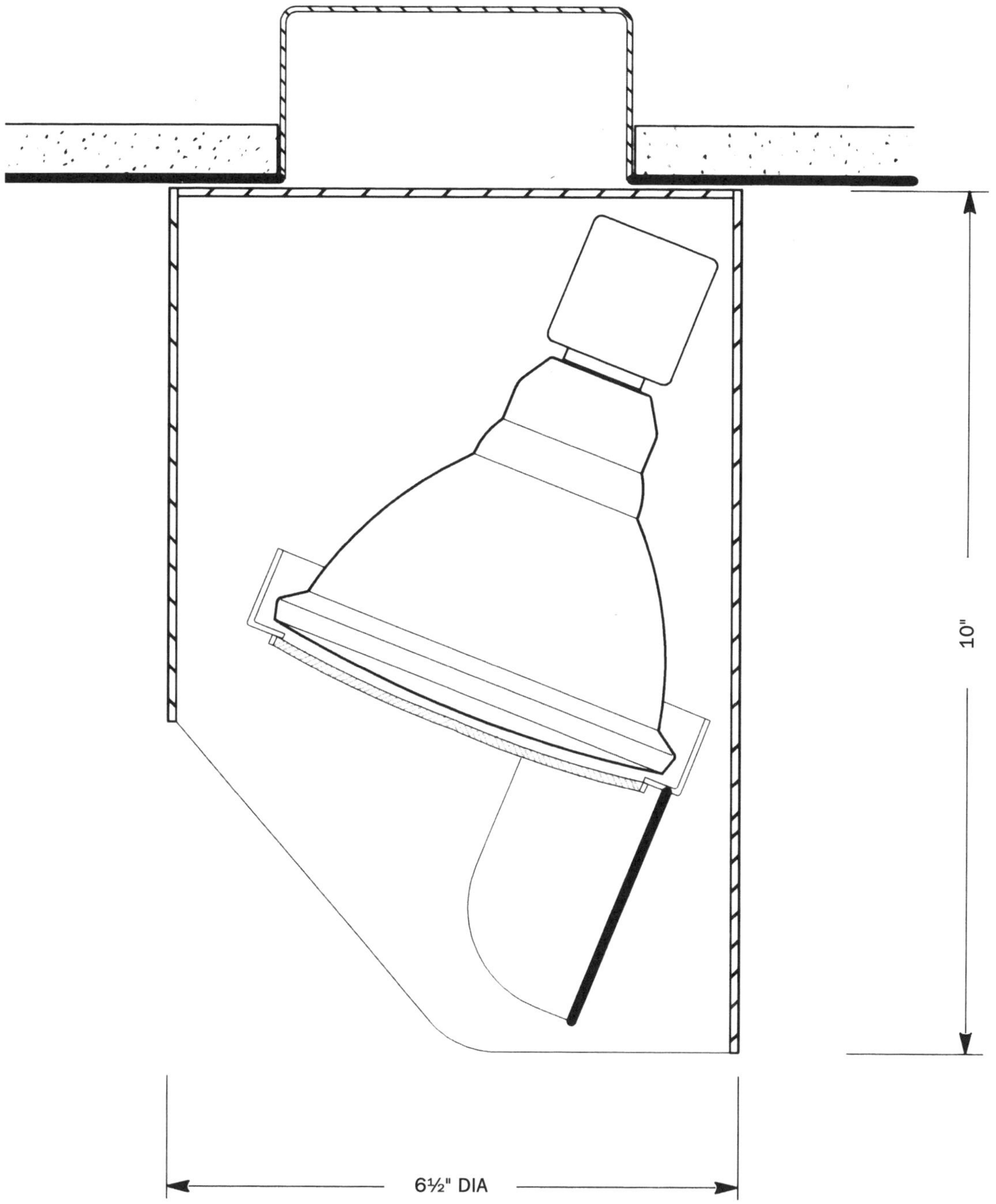

그림 12.22 면 부착형 PAR38용 렌즈형 월-워셔

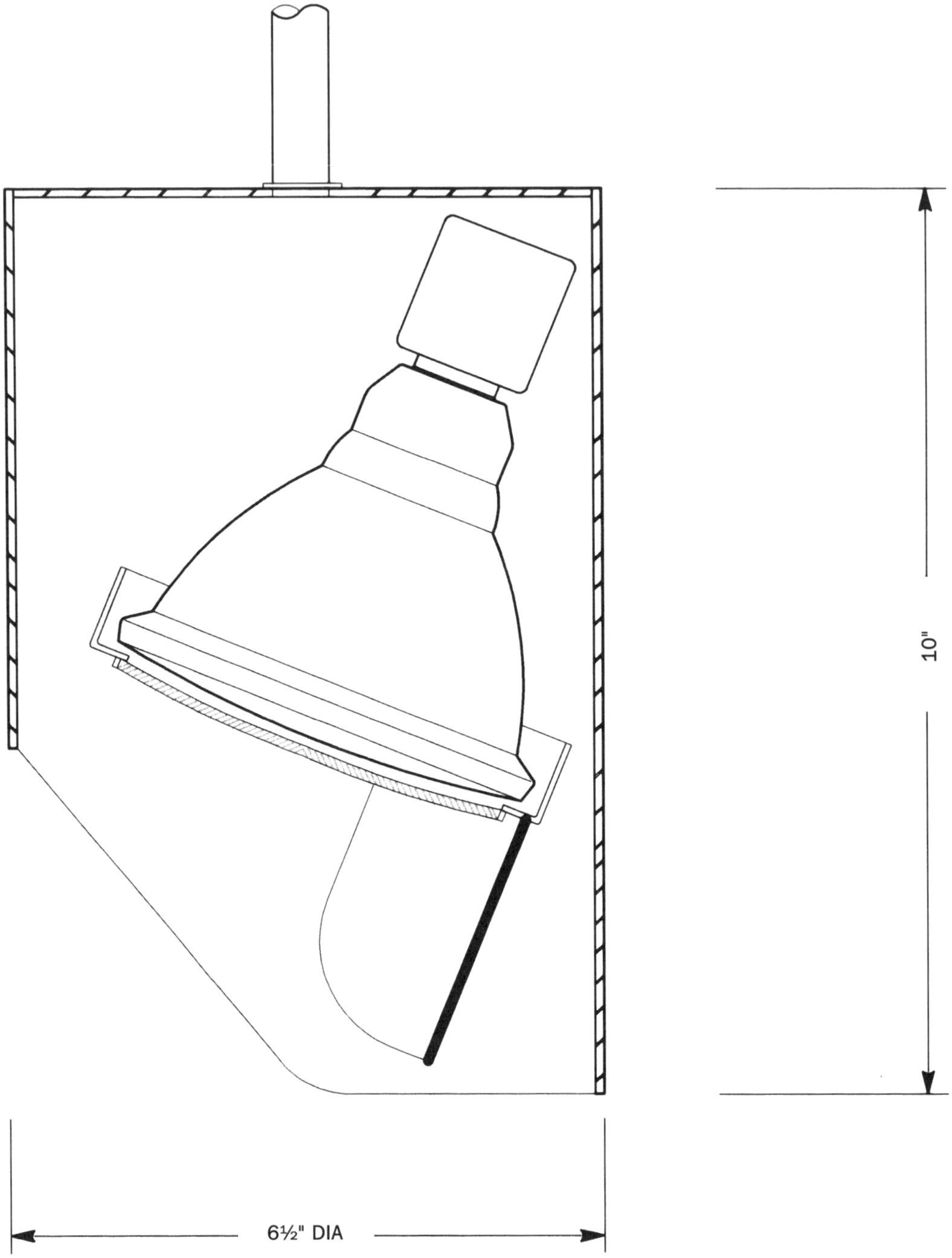

그림 12.23 펜던트 부착형 PAR38용 렌즈형 월-워셔

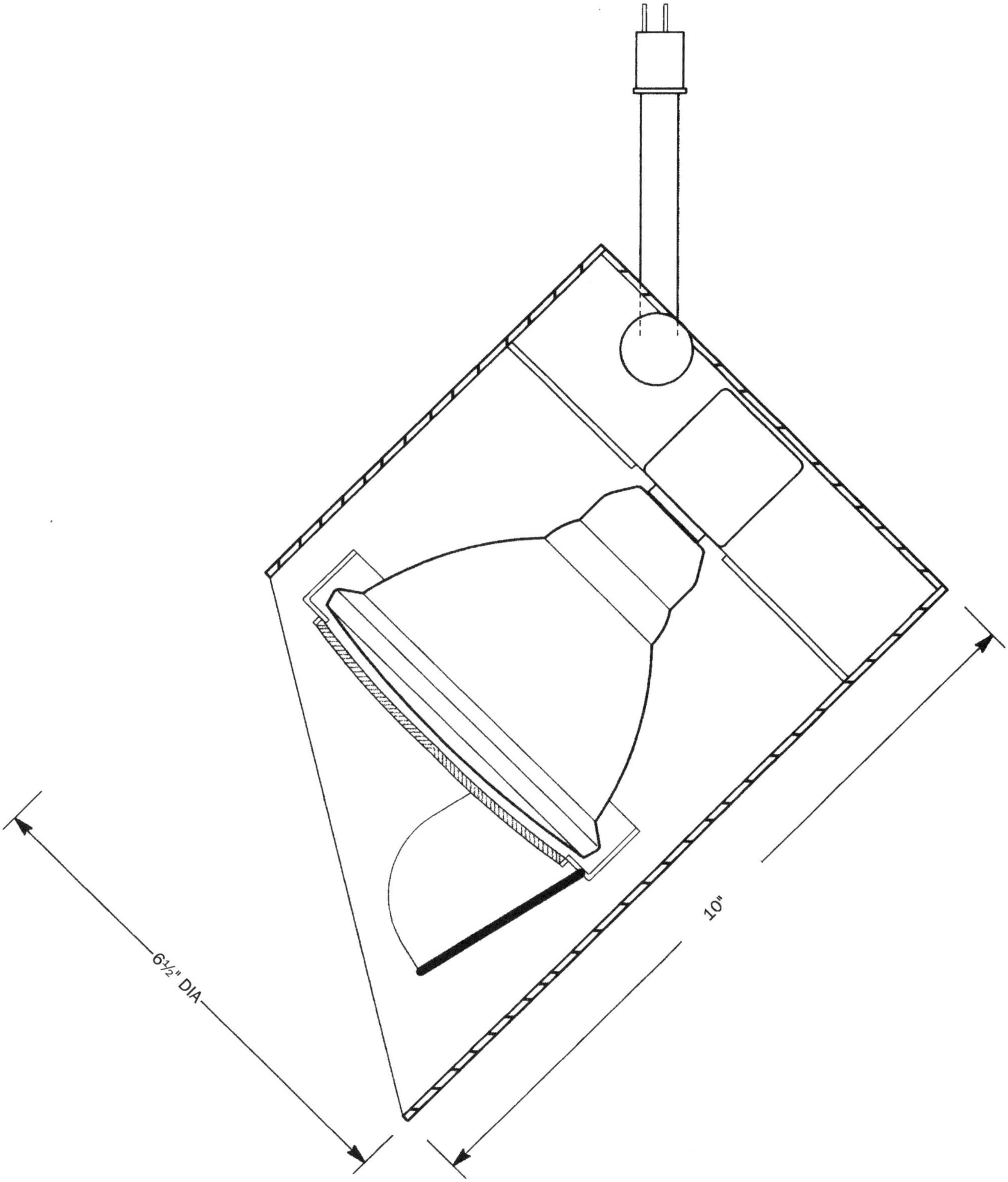

그림 12.24 트랙 부착형 PAR38용 렌즈형 월-워셔

점이 없는 형태의 반사판을 갖는다(그림 12.25~12.27). 개방형 월-워셔는 텅스텐-할로겐 T3, T4 혹은 메탈할라이드 T6와 같이 콤팩트한 필라멘트를 갖는 램프 타입을 필요로 한다.

다운라이트 기능 없이 사용된 렌즈형과 개방형 월-워셔는 그림자 없는, 낮은 대비의 환경이 되어 공간 내의 사람들이 빛이 비추는 벽으로부터 멀리 떨어져 있는 경우에는 평면적으로 보이고 벽에 가까울 경우에는 실루엣으로 보이게 된다. 그러나 이러한 문제들은 다운라이트를 추가하여 없앨 수 있다.

월-워시는 형광등과 같이 빛을 난반사하는 광원을 이용한 월-워셔 시스템도 가능하나, 난반사 광원들은 벽의 하부를 향하여 강한 빛을 비추고, 상부에는 밝은 영역을 만들며, 결과적으로는 등기구의 기능이 빠르게 저하된다. 넓은 구경을 가진 합리적인 리플렉터 시스템은 이러한 문제를 해결하는데 도움이 되며(그림 12.28), 페리미터perimeter라고 불리는 형광 램프용 월-워셔 시스템은 백열등 계열에 의한 시스템보다 에너지 소비에 있어서 효율적이다.

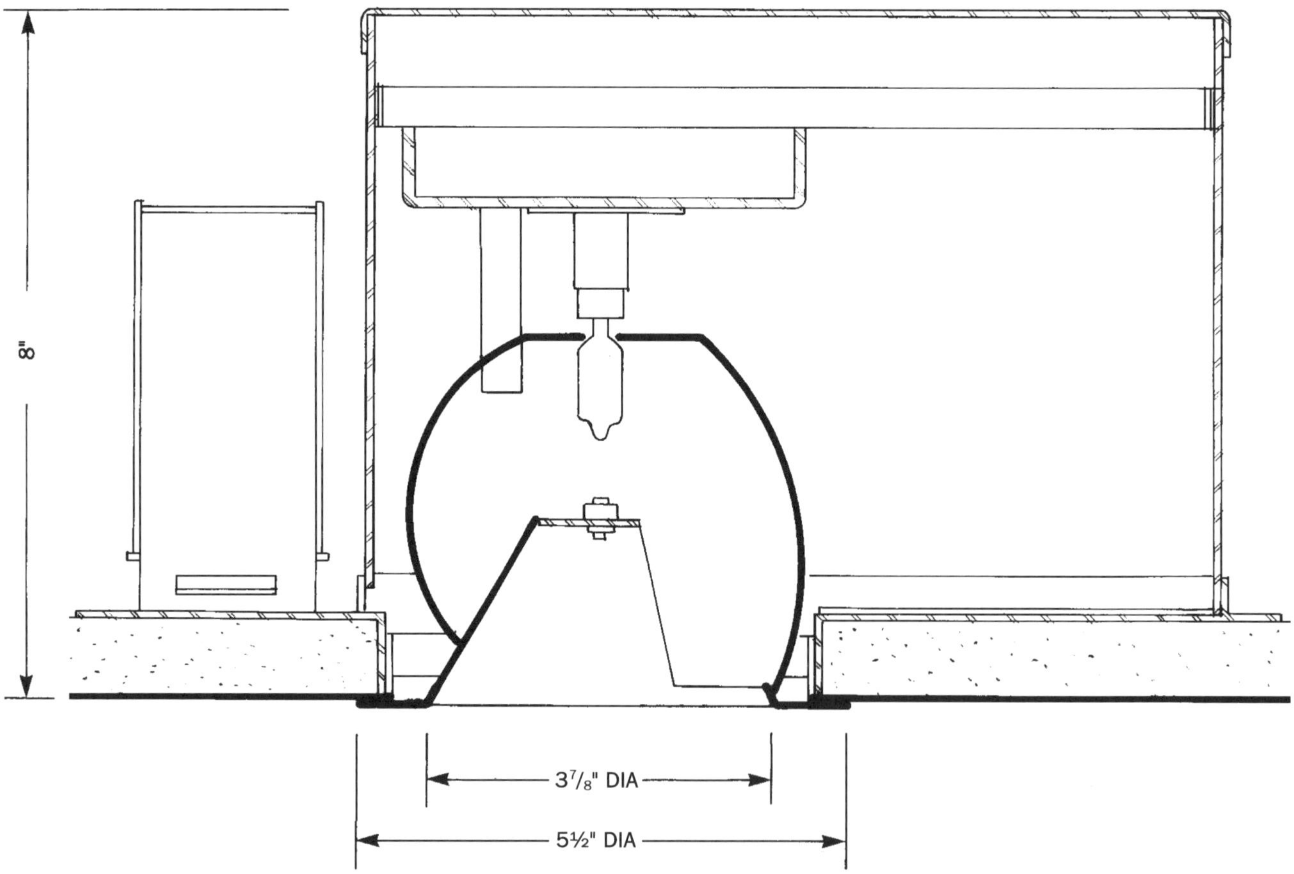

그림 12.25 매입형 T4 텅스텐-할로겐 램프용 월-워셔

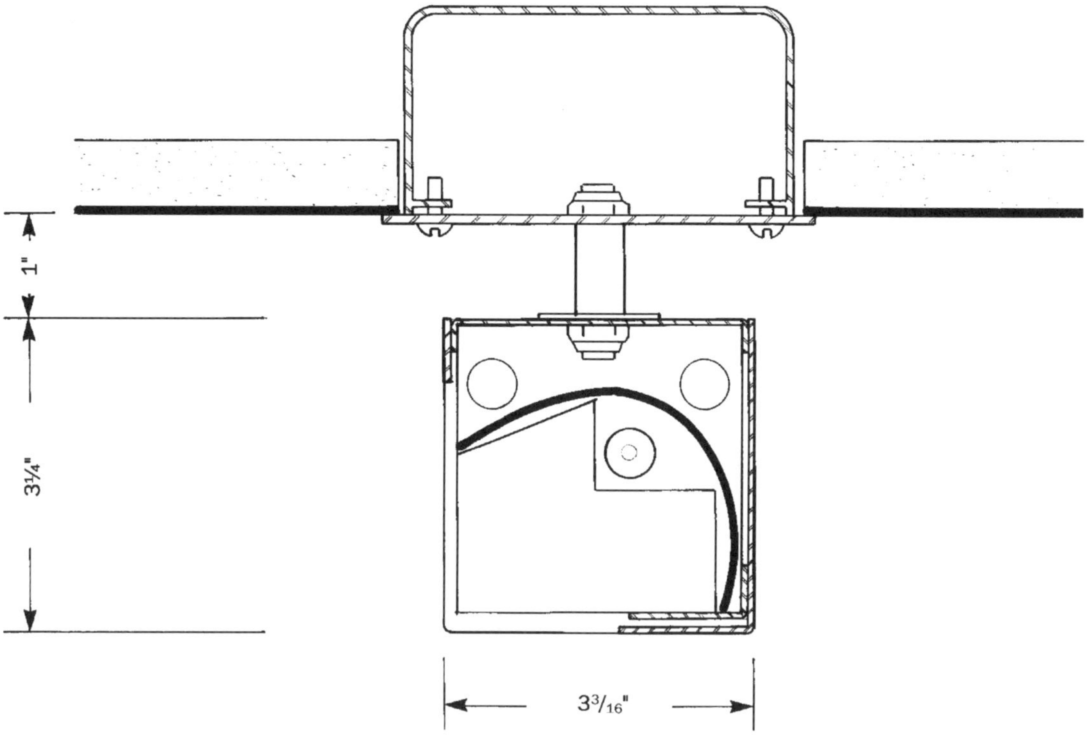

그림 12.26 면 부착형 T4 텅스텐-할로겐 램프용 월-워셔

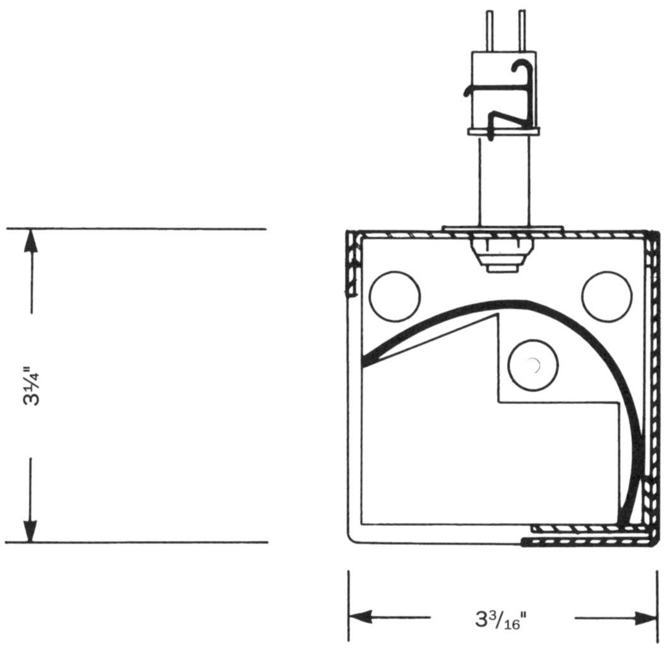

그림 12.27 트랙 부착형 T4 텅스텐-할로겐 램프용 월-워셔

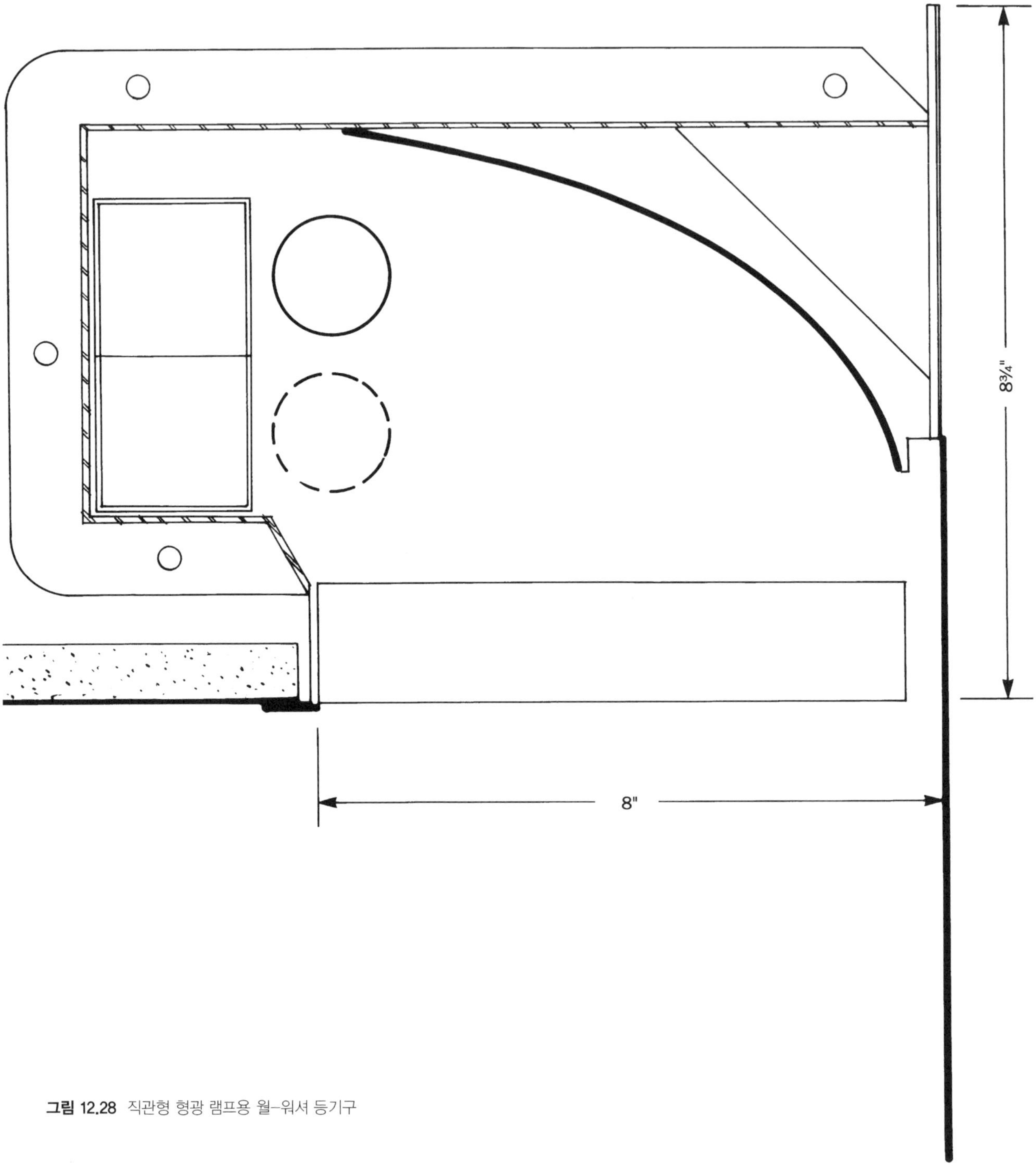

그림 12.28 직관형 형광 램프용 월-워셔 등기구

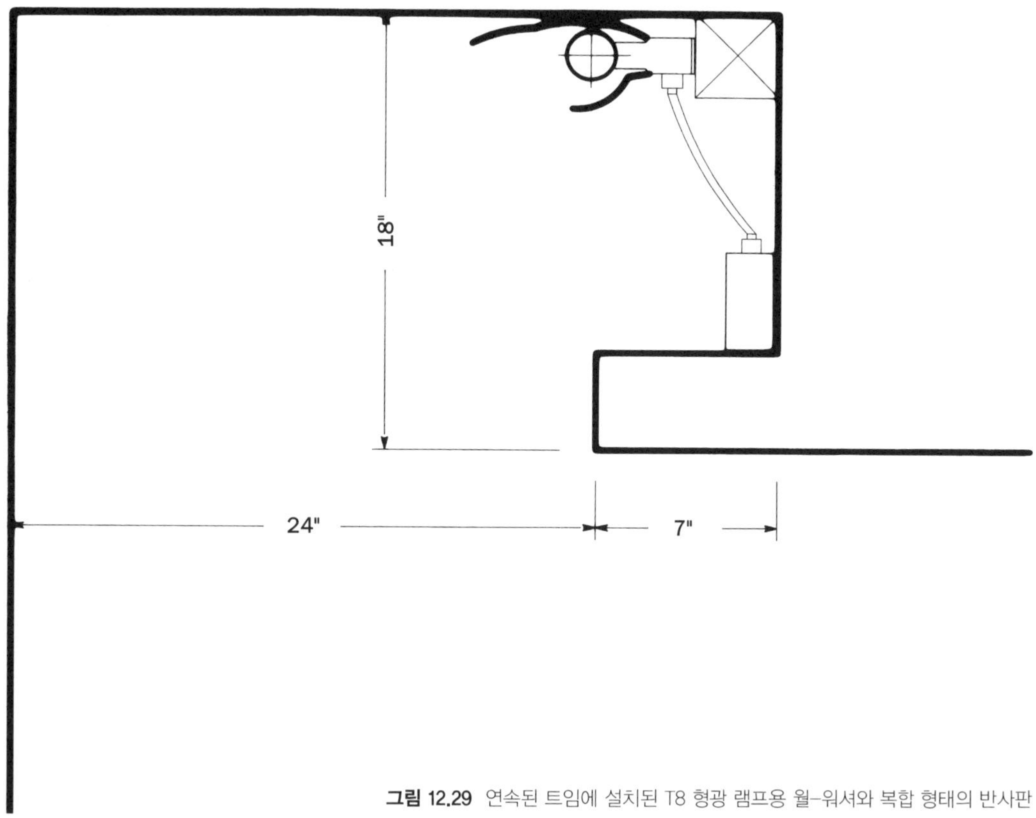

그림 12.29 연속된 트임에 설치된 T8 형광 램프용 월-워셔와 복합 형태의 반사판

선형 월-워셔 *Linear wall washers*

연속적인 건축의 트임이 벽과 만나는 천장에 위치하고 월-워시하는 등기구가 감추어져 설치된다(그림 12.29). 천장은 덜 강조되고 반면에 벽이나 벽화, 그리고 커튼과 같은 수직적인 면이 두드러지게 표현된다.

백열등기구 시스템 Incandescent systems

월-워시는 연속적인 직선형으로 반복하여 설치된 지향성 램프에 의하여 공급된다. 이러한 시스템은 벽 높이 이상으로 빛을 비출 수 있는 지향성 점광원을 사용해야 한다(그림 12.30과 12.31). 램프를 반복하여 겹침으로써 생기는 복합적인 빛 퍼짐은 벽의 폭 전체를 고르게 밝게 한다.

램프들은 일반적으로 빛이 비추는 표면에 근접하게 설치한다. 벽과 광원과의 거리와 광원 간의 거리는 1:1 크기의 모형을 통하여 결정된다. 광원 간의 간격이 지나치게 넓어지면 포물선형의 빛 퍼짐 패턴이 보일 수 있다. 이러한 빛 패턴을 최소화하려면 다음과 같은 최대 간격을 정하기 위한 가이드를 이용한다.

PAR 광각 램프의 경우 : 최대 간격은 0.8 × 벽으로부터의 거리

R 광각 램프의 경우 : 최대 간격은 1.0 × 벽으로부터의 거리

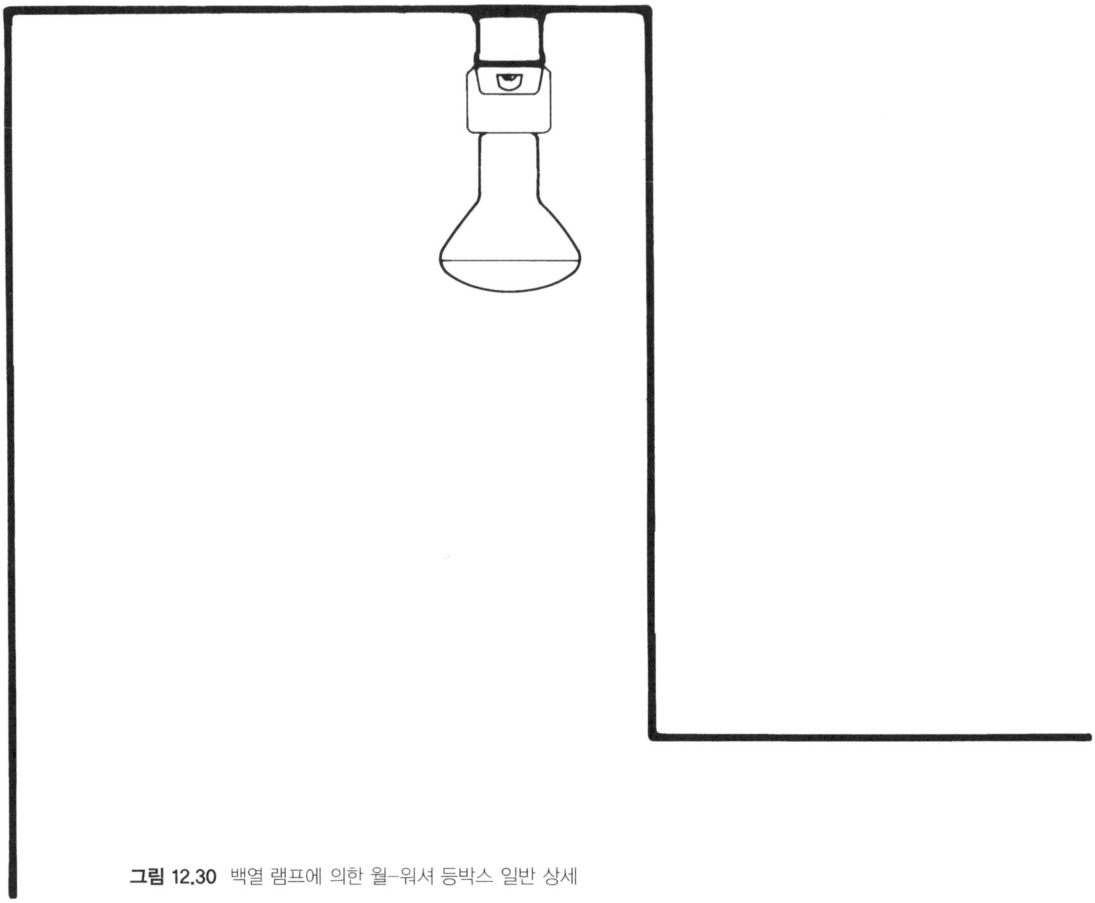

그림 12.30 백열 램프에 의한 월-워셔 등박스 일반 상세

형광 램프 Fluorescent lamps

사람의 눈으로 식별이 가능한 최소한의 휘도 변화는 약 2:1이다. 아무리 정교하게 만들어진 반사판을 이용한다 하더라도 형광등으로 벽의 하부까지 동일한 빛을 보내는 것은 어렵다. 다음의 가이드는 직관형 T5, T8, T12 형광등으로 시각적으로 고른 밝기를 공급하는 데에 도움이 될 것이다.

벽이나 전시용 보드 혹은 커튼 등을 비추기 위하여 일반적인 반사판 기구에 형광등을 사용할 때 기구를 벽의 높이의 1/4 거리를 두고 설치한다(그림 12.32). 하부의 밝기는 상부 밝기의 1/10 정도가 될 것이다. 많은 사례에서 근접하는 부분과의 밝기의 고른 정도는 우수하게 평가되었다.

벽 높이의 1/4보다 가깝게 배치된 조명기구들은 그레이징 라이트glazing light라고 부르는데, 표면의 질감이나 빈약한 부조면의 볼륨감을 강조해 준다. 그러나 이것은 빛이 비추는 면이 고르지 않고 마감면의 울퉁불퉁함을 더 드러나게 할 수도 있다. 이러한 문제는 직접적 혹은 간접적으로 정면에서 빛을 비추는 조명을 더하여 불규칙하게 보이는 문제를 해결할 수 있다.

반대 방향에서 2개 혹은 4개의 빛을 비출 경우 형광등기구는 빛을 비추는 벽으로부터 벽의 높이의 1/6을

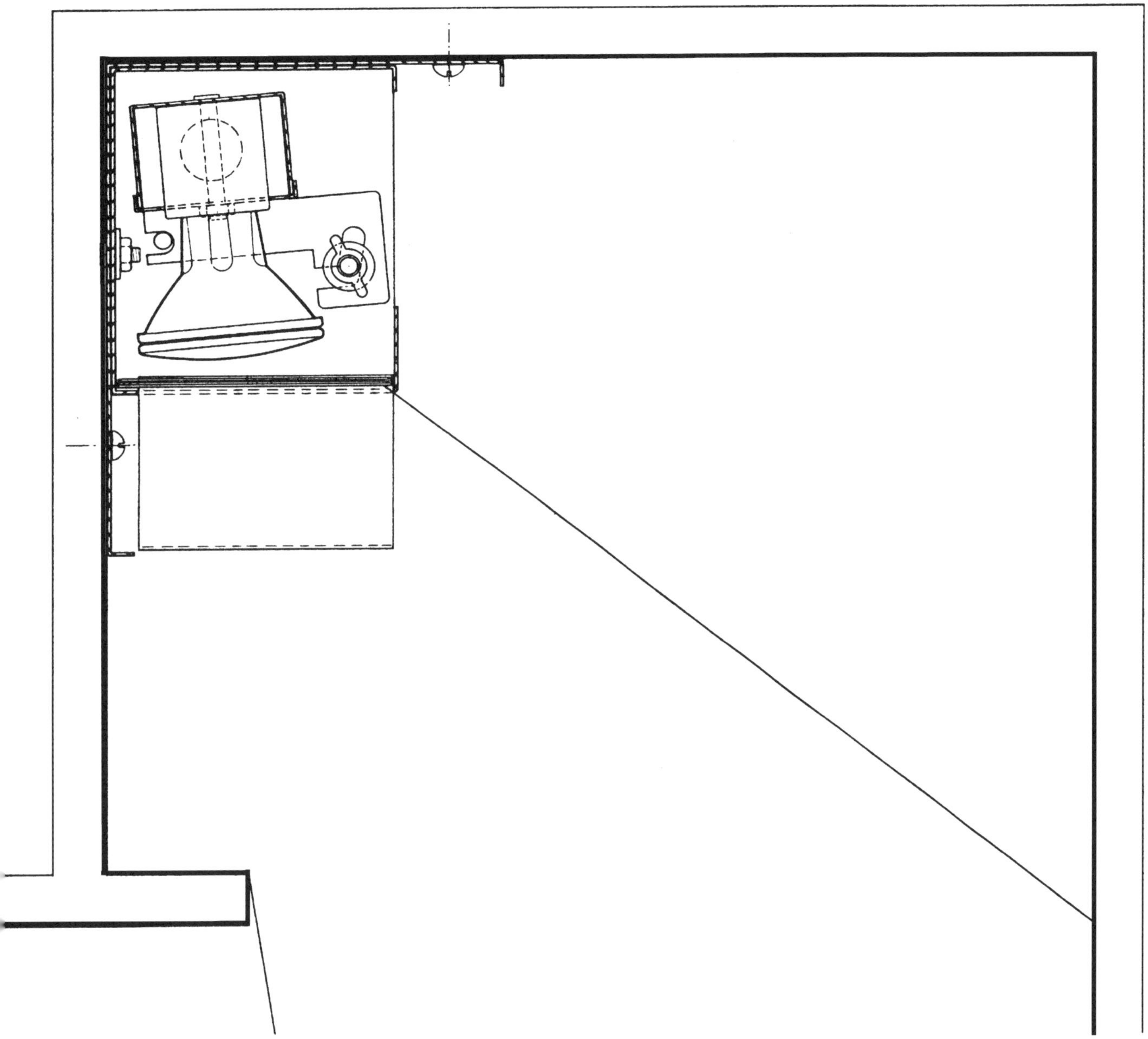

그림 12.31 고른 빛 퍼짐을 위한 스프레드 렌즈와 램프를 가려 주는 배플이 설치된 상품화된 직선형 월-워셔 시스템

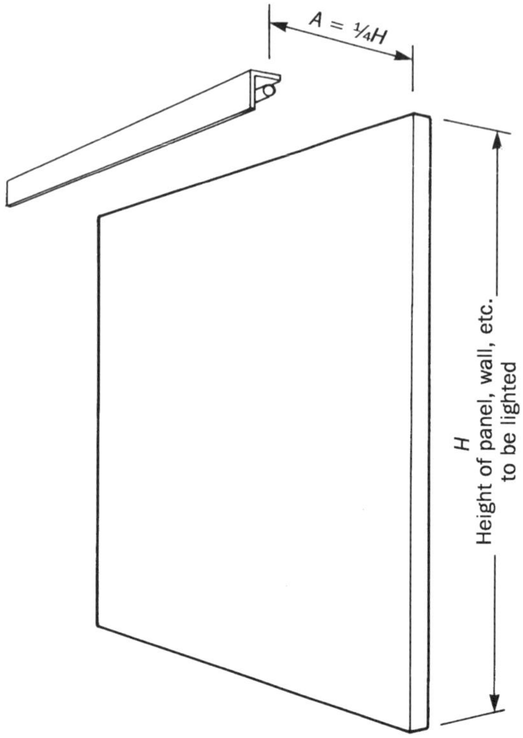

그림 12.32 균제도는 바닥이나 벽의 경계 부분이 높은 반사도를 가질 때 다소 개선될 수 있다.

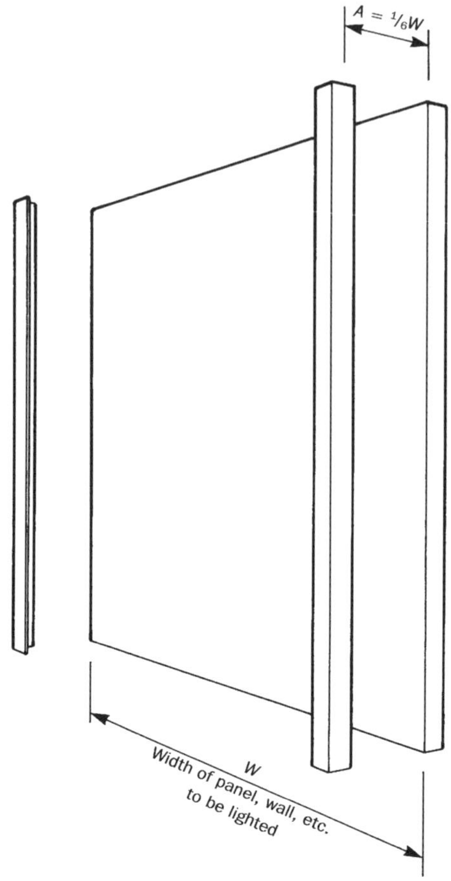

그림 12.33 수직으로 설치된 형광등기구로 양쪽에서 비추는 경우, 형광 램프를 사용할 때 안정기를 멀리 떨어진 곳에 배치하여 등기구의 길이를 좀 더 줄일 수 있다.

띄고 설치한다. 1/4과 1/6의 설치비율은 형광등기구가 수직으로 부착되는 경우에도 적용된다(그림 12.33).

천장고가 낮은 공간 혹은 상부에 등기구 설치가 어려운 경우 형광등기구를 수직으로 부착하여 빛을 워시시켜 사용한다(그림 12.33). 이 경우 글레어 발생을 최대한 조심해야 한다. 수직의 광원이 보이지 않도록 가리는 가림막의 각도는 수평 등박스나 수평 가림막보다 훨씬 중요한 부분이다. 광원이 가깝게 설치되면 광원에 가까운 벽은 훨씬 밝아지게 된다. 형광등기구에 의한 등박스와 수직으로 설치된 등기구는 고르지 않은 밝기가 허용될 수 있는 경우에 사용 가능한 방법이다.

천장면 조명 *Lighting the ceiling plane*

빛을 워시한다는 것은 워시할 면의 경계에 일렬로 연속된 조명기기를 배치하는 것으로, 일반적으로 천장면은 워시되지 않는다. 천장은 업라이트나 간접 조명에 의해서 비추는 것으로(그림 12.34), 조명기구는 긴 파이프나 케이블로 천장에 매달기도 하고 눈높이 이상의 가구의 상부 혹은 벽이나 기둥, 플로어 스탠드floor stand의 상부

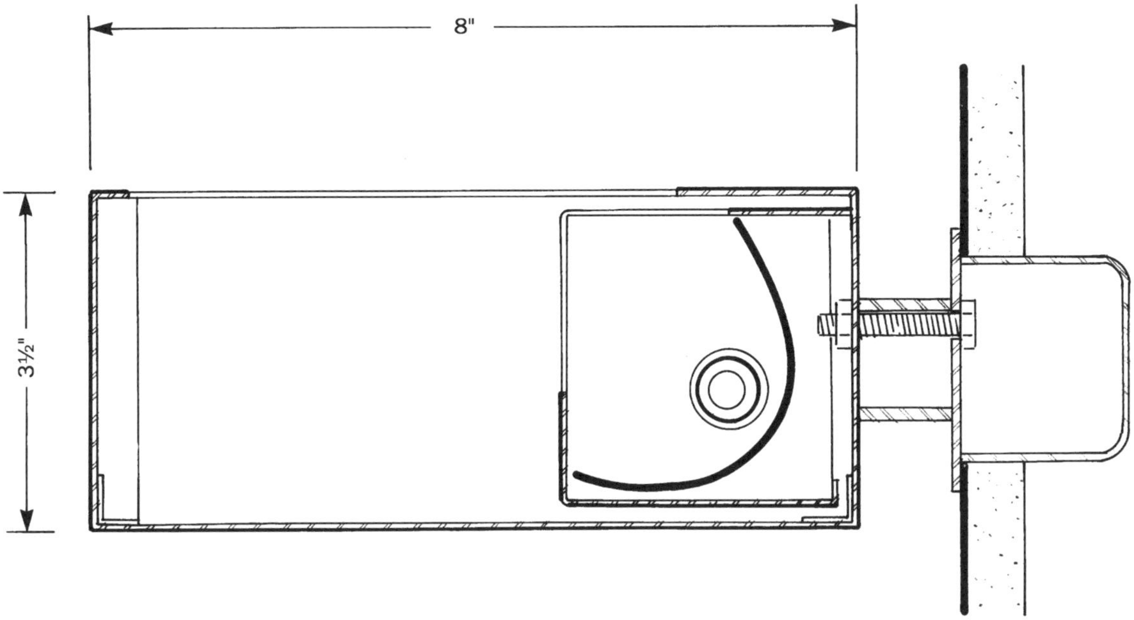

그림12.34 일반적인 텅스텐-할로겐 램프용 업라이트

등에 부착한다. 이 중 몇몇은 간접적인 빛만 공급하거나 아니면 보통 선형 등기구에 부착되고 다운라이트형 기구를 포함하기도 한다.

업라이트 Uplight

점광원 간접 조명기구는 종종 T2½, T3, T4 텅스텐-할로겐 램프, ED18, T6, T7, T15 메탈할라이드 램프, 그리고 ED18, T15 고압 나트륨 램프와 같은 선형의 광원을 사용한다. 확산광원 간접조명은 콤팩트형 T5, T8, T12 형광 램프를 사용한다.

형광 램프용 업라이트(그림 12.35)는 원래 매입된 광천장(그림 12.18)과 같이 천장면을 고르게 비추기 위해 개발되었다. 즉, 밝기의 변화가 없는 천장면을 비추겠다는 의도와 동일한 것이다.

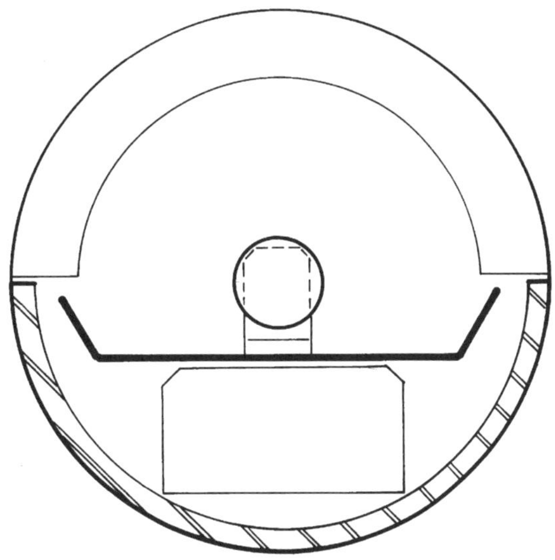

그림 12.35 일반적인 형광 램프용 업라이트(간접 조명기구)

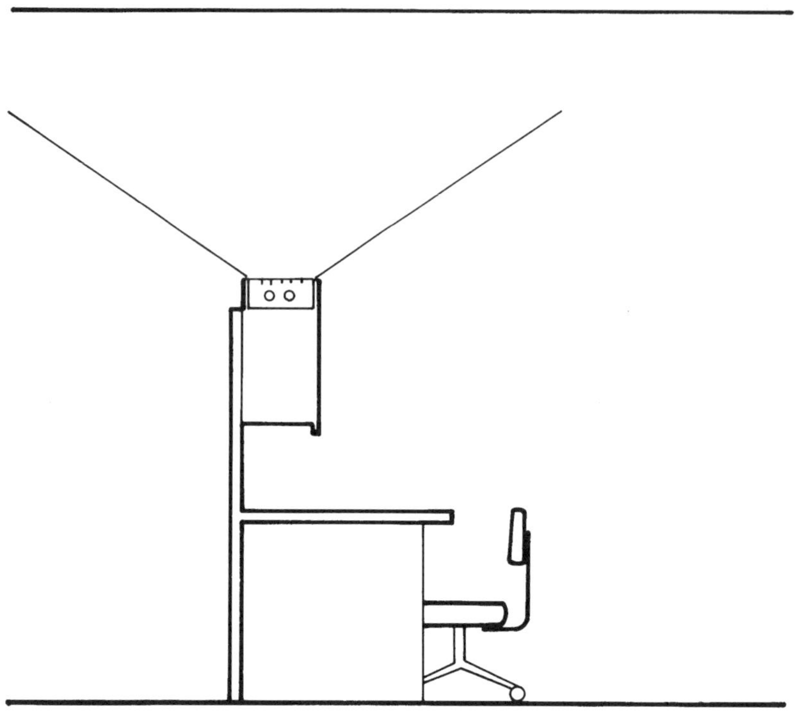

그림 12.36 가구 부착 간접 조명기구

업라이트는 특히 천장고가 높은 공간에 적당한데, 천장면으로부터 충분한 공간을 두고 설치하여 천장면에 과하게 밝은 스폿hot spot을 만들지 않는다. 만약 이것들을 천장면에 가깝게 설치하면 천장면에서 보이는 밝음과 어두움의 변화가 불쾌함을 유발할 것이다.

조명 연구자들은 사람들이 조명기구의 광원을 볼 때 더 많은 양의 빛을 지각한다는 것을 증명해 냈다. 아래쪽에서 밝기를 제공하는 펜던트형 업라이트 형광등기구는 밝기가 더 증가된 것처럼 보이게 한다. 하부가 완전히 가려진 혹은 어두운 업라이트는 더 낮은 조도를 내는 것처럼 보인다.

가구에 부착된 업라이트는 가구나 파티션의 상부에 간접 조명기구로 덧붙여진다(그림 12.36). 그것들은 글레어를 막기 위하여 바닥 마감면으로부터 약 165cm 이상으로 평균 눈높이보다 높게 설치된다. 천장면의 고른 조도를 확보하기 위해 가구나 파티션의 배치는 조명기구의 배치 간격을 고려하여 결정한다.

벽 혹은 천장면 부착형 업라이트 조명기구는 벽이나 기둥에 설치하는데(그림 12.37), 이것들은 월-워셔와 같이 광원으로부터 근접한 곳으로 빛이 흘러나가거나 과밝기의 스폿이 생기는 것을 피하고, 전체 천장면에 빛을 고르게 퍼뜨리기 위하여 비대칭의 배광이 일어나게 한다.

코브 조명 Architectural coves

코브는 천장고가 높은 공간에서 전반적인 밝기를 제공하기 위한 또 하나의 방법이다(그림 12.38). 그것들의 조명기구는 빛이 직접 천장면을 향하고 그것은 벽을 워시하는 것과 같이 넓은 면적을 가진 확산반사 광원이 된다.

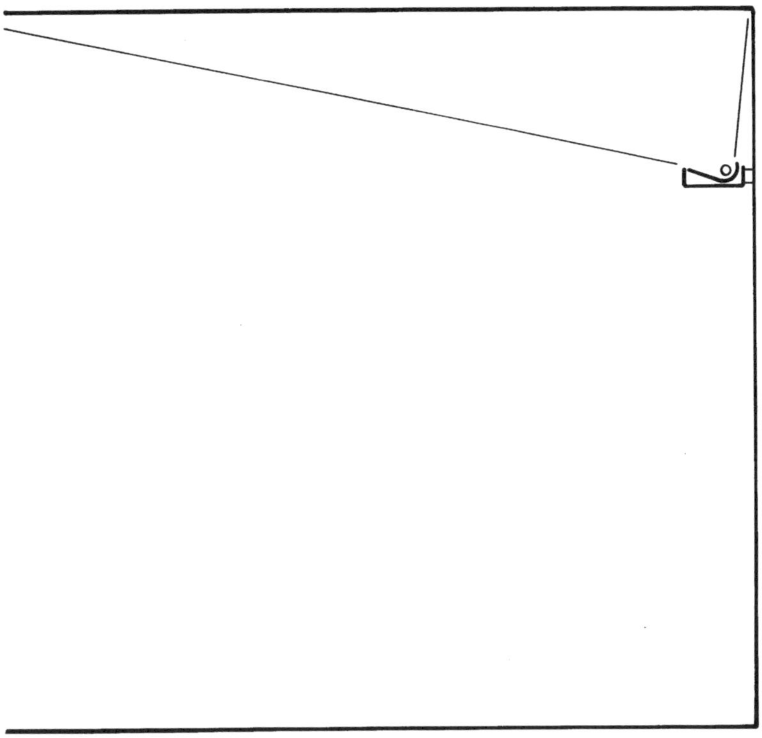

그림 12.37 기둥 부착 간접 조명기구

그림 12.38에서 보이는 배치 비율은 눈으로 보았을 때 거의 고른 밝기를 내기 위한 것으로 만약 천장면이 높은 반사율을 가진다면 정반사가 일어나 눈부심이 발생할 수 있지만 반광택 마감이라면 글레어는 최소화되어 적절한 효과를 얻을 수 있다. 일반적인 코브의 크기는 그림 12.39에서 보는 바와 같다.

현장에서 계획되는 코브는 나무나 플라스틱 혹은 금속으로 제작되는데, 하부를 유리나 플라스틱으로 만들면 반짝거리는 빛의 면을 조성할 수 있다.

형광등 혹은 콜드캐소드 램프는 에너지 효율면에서 우수하고 직선형의 광원이기 때문에 흔히 사용된다. 모든 광원들은 같은 색이어야 하고 빛이 비춘 면에서 이색지는 것을 방지하기 위하여 같은 제조회사에서 제작된, 같은 관경을 갖는 광원을 사용하는 것이 가장 이상적이다. 단위 길이당 비슷한 빛의 출력을 내는 램프 역시 밝기의 변화가 없게 고려되어야 한다.

램프를 잡고 있는 부분과 램프 자체가 끝으로 갈수록 출력이 저하되기 때문에 램프를 설치하는 기구의 끝과 끝이 만날 때 빛이 줄어들어 알아차릴 정도의 밝기의 차이가 생기는 것을 볼 수 있다. 이러한 그림자는 램프를 엇갈려 배치하여 해결할 수 있는데, 이 때 적어도 7cm 이상을 겹쳐야 한다. 2개의 램프를 엇갈려 배치할 수 있도록 제작된 조립식 형광등용 기구를 사용할 수도 있다(그림 12.40).

코브를 계획하는데 있어서 광원을 위한 공간이 제한되어 있거나 협소하여 광원을 지나치게 가깝게 설치할

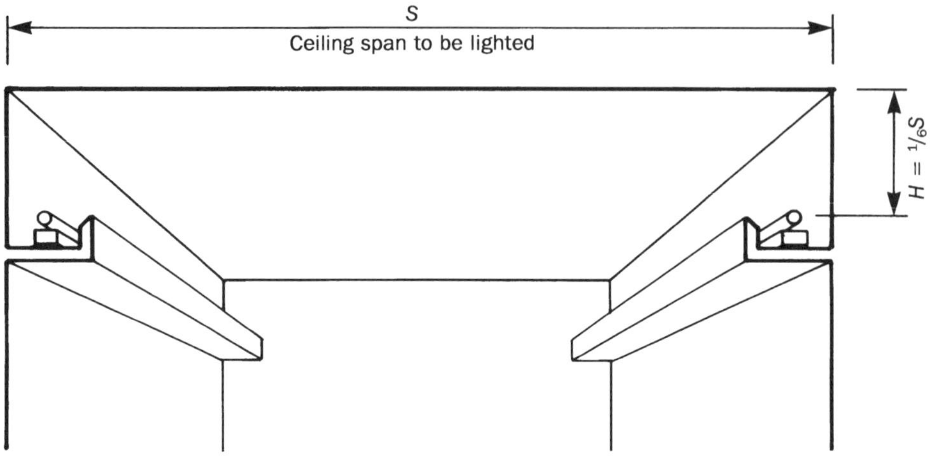

그림 12.38 한쪽 면에서 빛이 비출 경우 배치 간격은 1:4, 양쪽 혹은 사면에서 빛이 비출 경우에는 1:6의 배치 간격에 대한 비를 적용한다.

경우 빛을 받는 면은 매우 밝아진다. 이 경우 반사판을 사용하여 빛을 가리거나 방향을 상향 조정하기도 한다. 상부의 벽은 코브의 벽에서 반사된 빛에 의해 비추게 되고 천장은 밝기의 변화가 줄어들게 된다(그림 12.41).

천장면의 밝기를 고르게 하기 위해서는 램프의 중심에서 천장까지의 거리가 속점등형 램프일 경우 최소 30cm, 고효율 램프일 경우 45cm가 되어야 한다. 코브로부터 근접한 면이 곡선의 형태를 이룬다면 점차적으로 부드럽게 밝기가 줄어들게 될 것이다(그림 12.42).

립lip이라고 불리는 코브의 수직 가림막 높이는 시야 분석에 의해 결정된다. 코브의 단면도에서 가능한 가장 먼 위치에 있는 사람의 눈과 코브의 립 사이를 연결하는 선을 긋는다(그림 12.43). 코브의 립은 일반적인 시각도에서 램프를 가리도록 계획하지만 천장에 빛을 퍼지게 하는데 방해가 되어서는 안 된다(그림12.44).

지향성 백열 램프를 일렬로 배치하여 사용할 경우 빛 퍼짐의 축은 비출 천장면의 2/3 지점을 향하게 하면 비교적 고른 밝기를 얻을 수 있다(그림 12.45).

오브젝트 조명 Object Lights

각도 조절이 가능한 오브젝트 조명은 하나 혹은 여러 개의 특정한 시각대상물을 향하여 빛을 비춘다. 그것들은 AR, MR, PAR, 그리고 R 램프와 같이 지향성 광원을 사용하며 스폿 조명spot light이라고도 하는데, 밝은 중심이 있어 배경과 밝기의 대비가 되게 한다.

매입하는 각도 조절형 오브젝트 조명은 램프가 회전할 때 전선이 엉키지 않도록 회전하는 수평 방향으로 멈춤 장치가 있다. 수직 방향의 조절은 0°~35° 혹은 45°까지 가능하다(그림 12.46). 면 부착형, 펜던트 부착형, 트랙 부착형 기구들은 매입형 기구들보다 더 큰 회전 범위를 갖는다(그림 12.47, 그림 12.48). 가장 우수한 트랙 부착, 각도조절형 오브젝트 조명은 거의 360° 회전하도록 계획되었다. 그보다 떨어지는 기구들은 300°에서 350°의 제한된 수평회전반경을 갖는다.

부착방법에 상관없이 오브젝트 조명기구의 하우징은 일반적으로 지향성 광원의 빛 패턴이 부적당한 간섭을 만들어 내지 못하도록 광원이 직접적으로 보이지 않도록 계획한다.

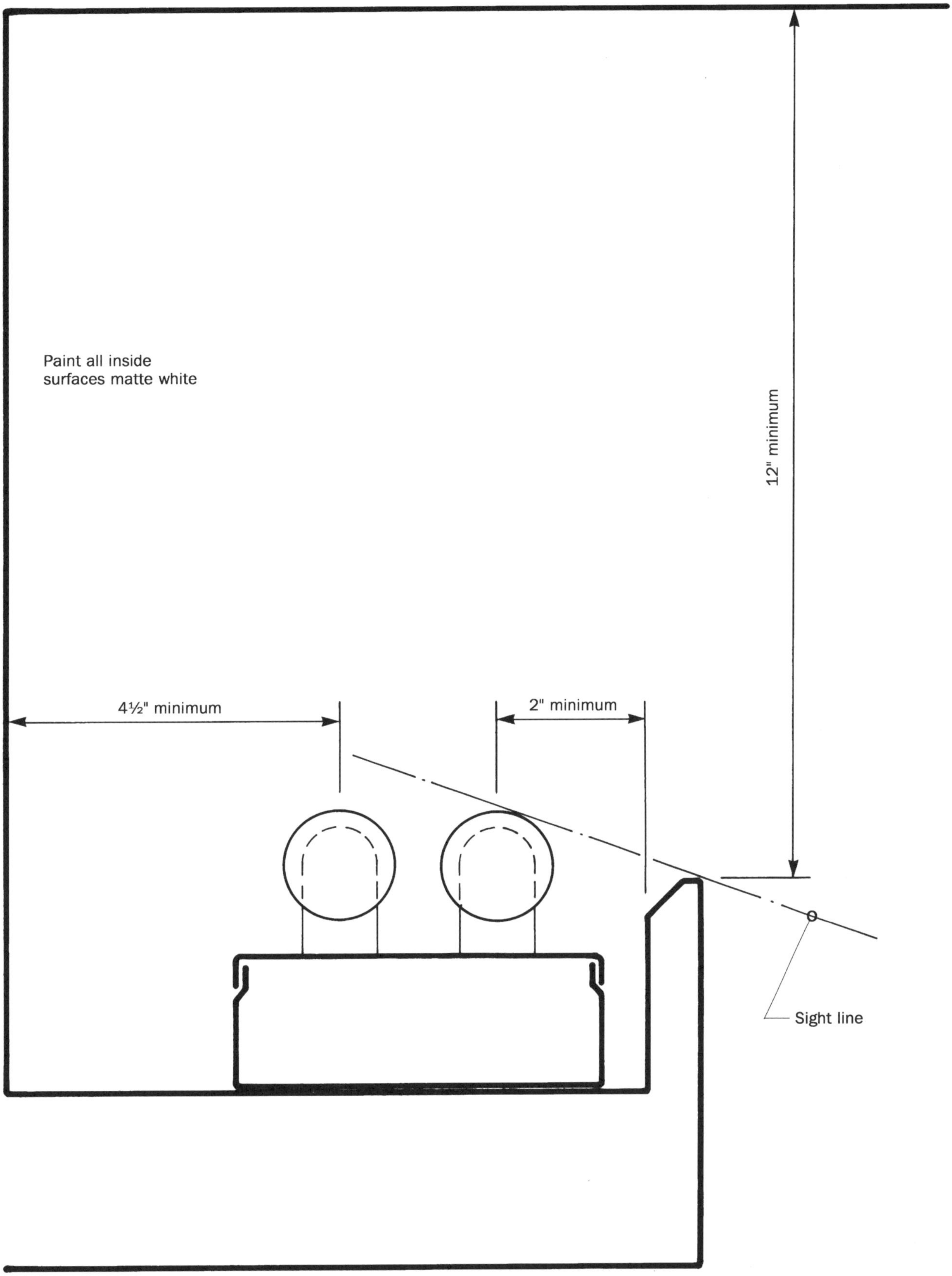

그림 12.39 일반적인 형광 램프 이등용 코브 등박스의 크기

Section view

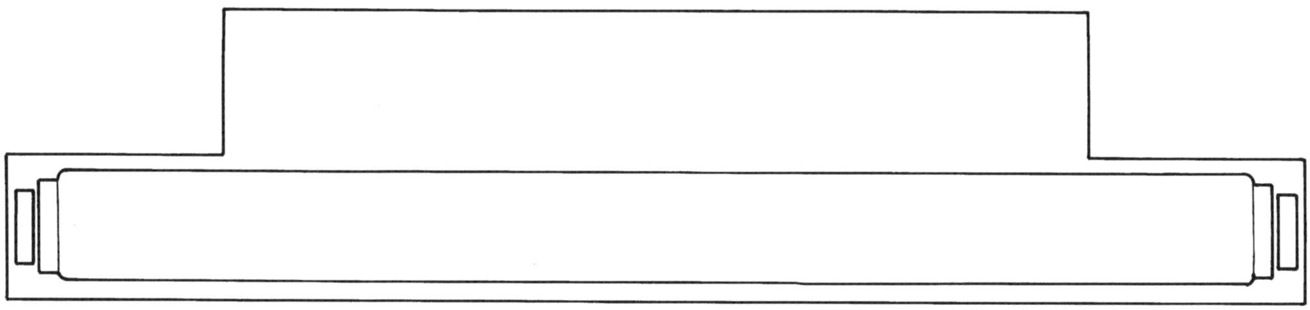

Plan view

그림 12.40 스태거 타입 일등 형광 램프 설치기구

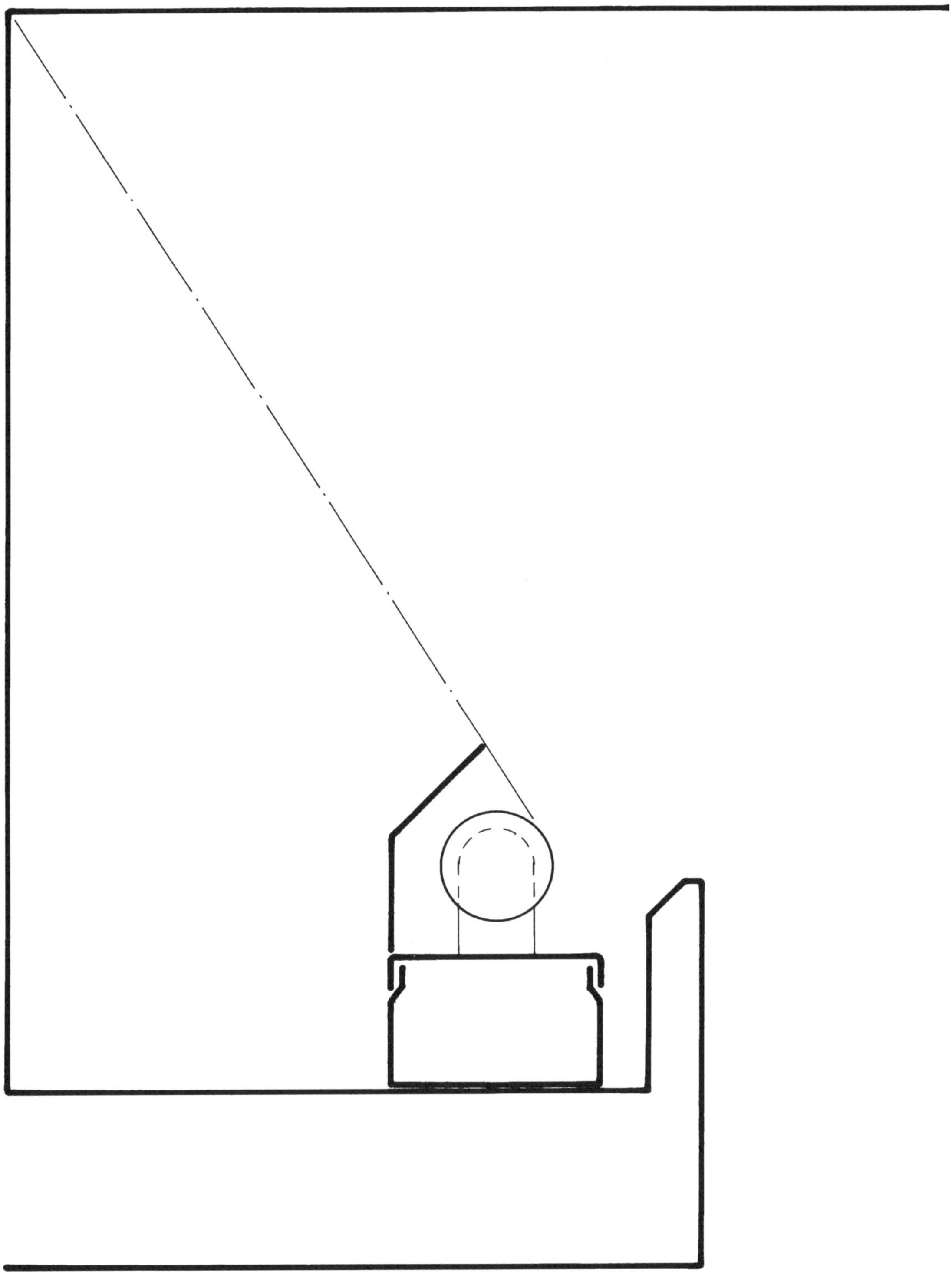

그림 12.41 상부벽에 비치는 빛을 차단하기 위한 외부차폐장치

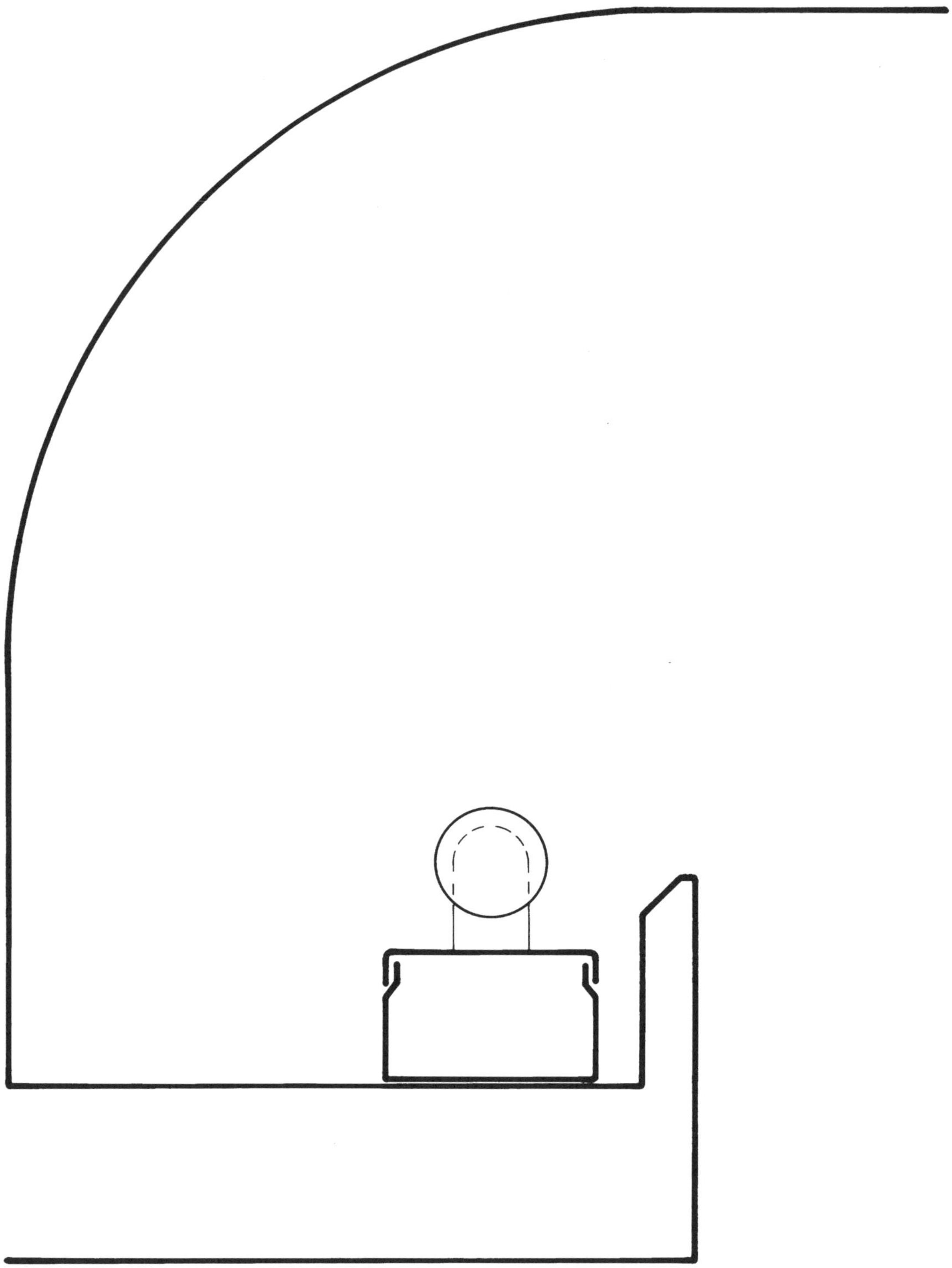

그림 12.42 건축 코브 조명을 위한 곡선형 상세

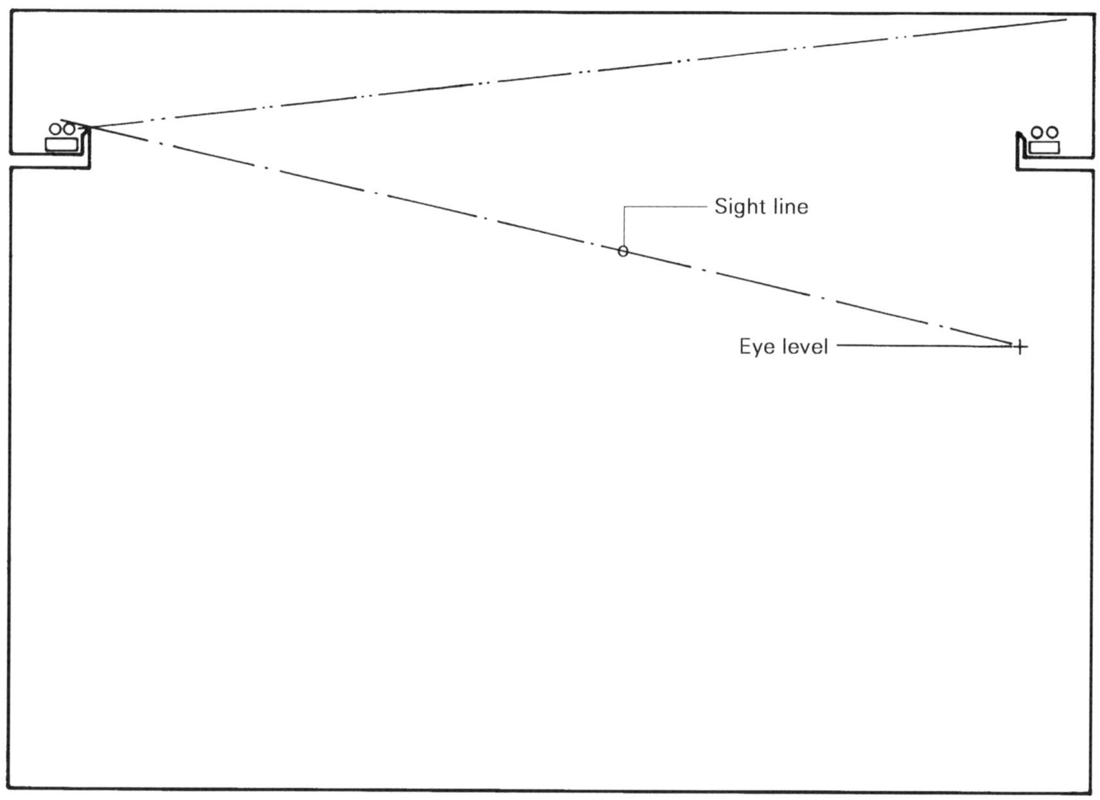

그림 12.43 코브를 위한 광원 차폐 각도

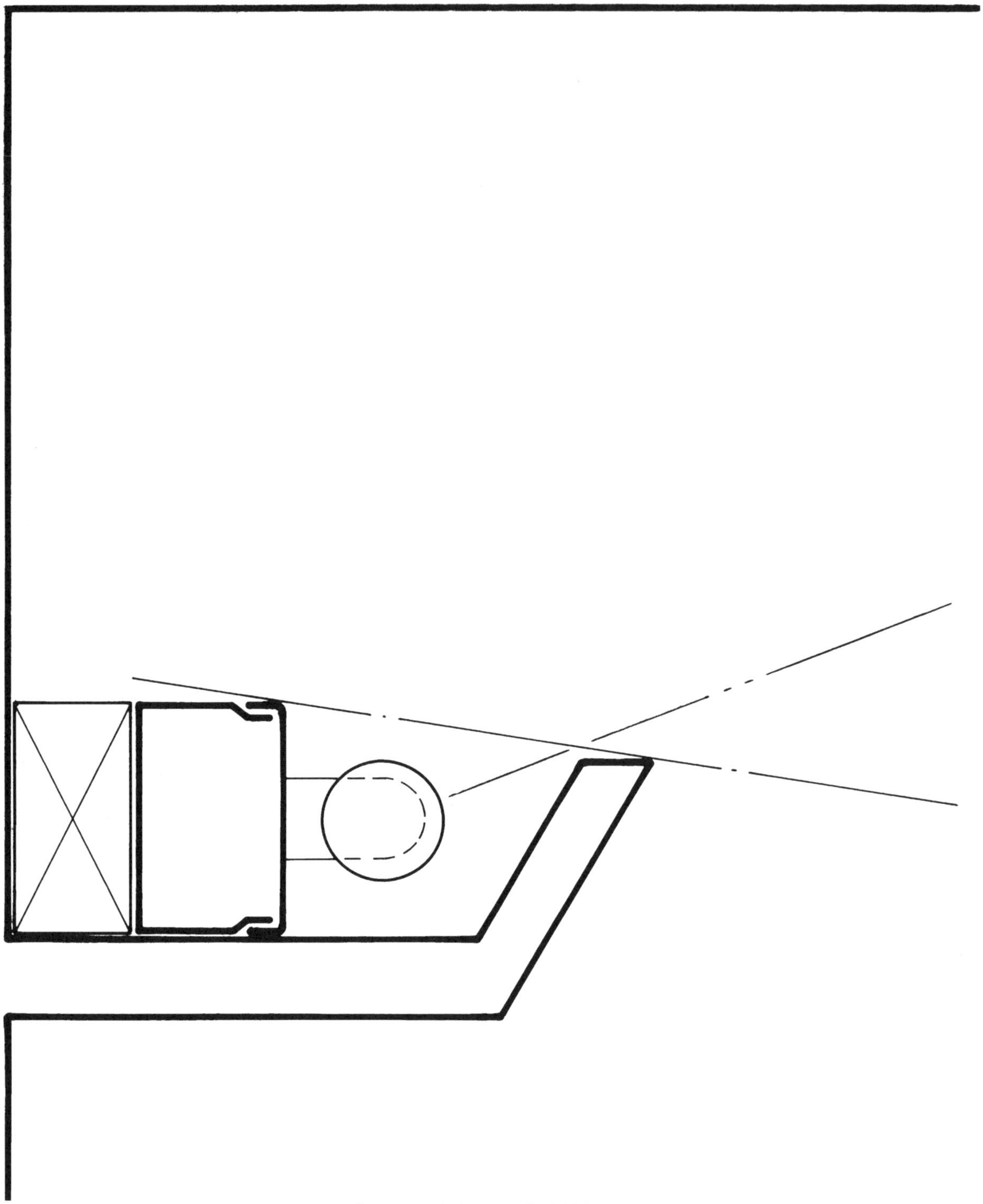

그림 12.44 일반적인 코브 립lip의 형태

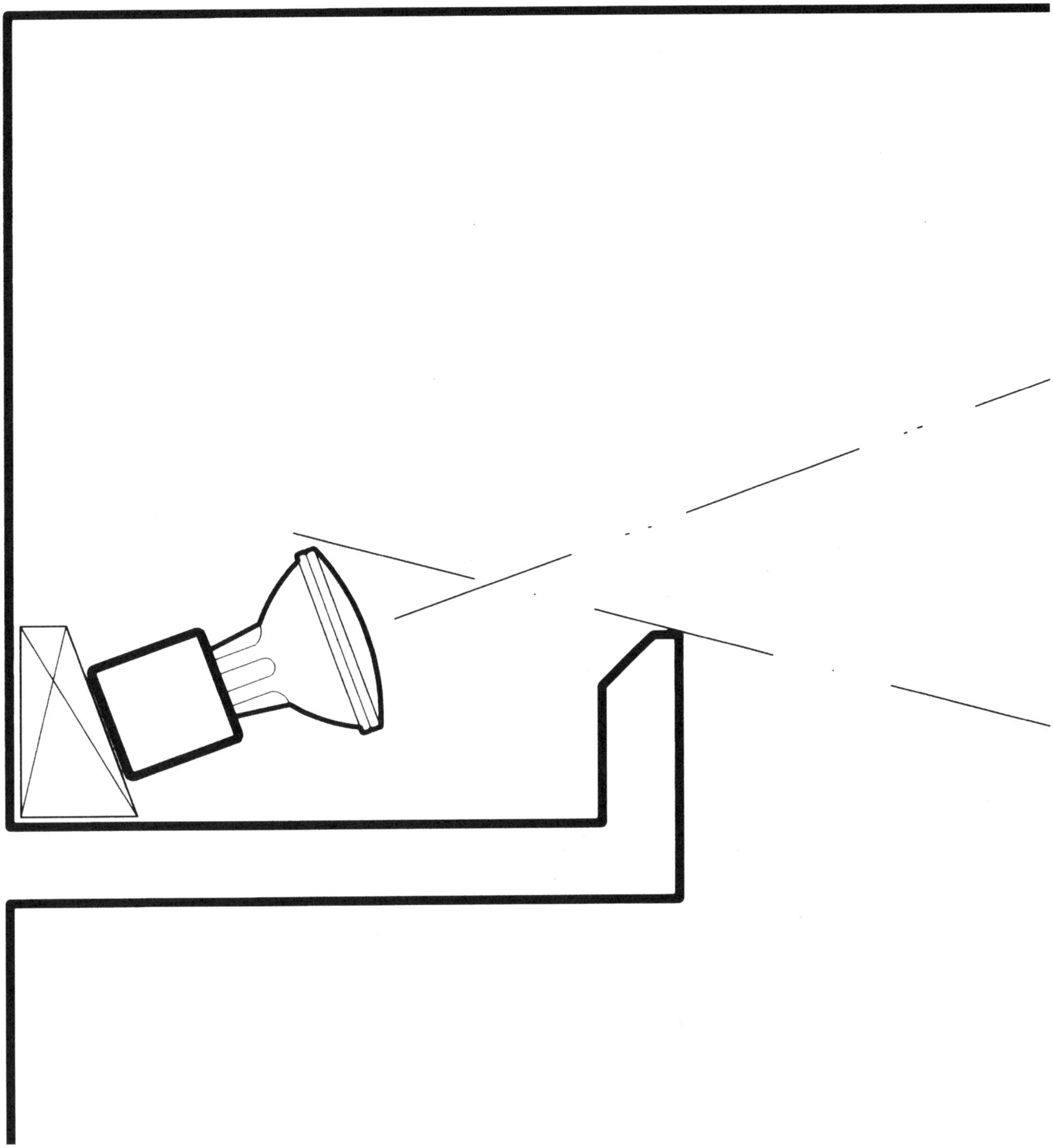

그림 12.45 건축 코브 등박스 내의 일반적인 백열 램프 기구

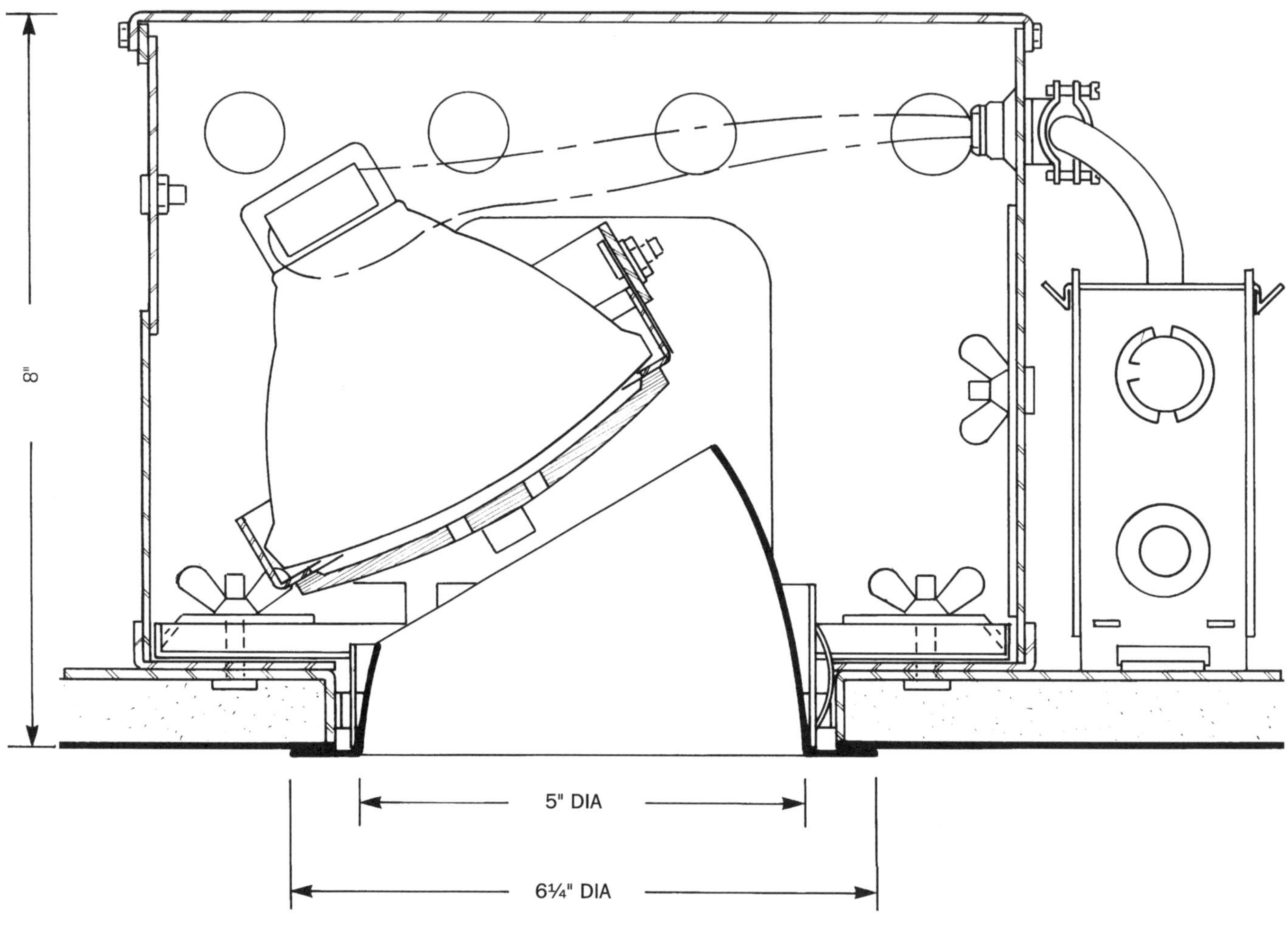

그림 12.46 매입형 백열 램프용 각도 조절 악센트조명

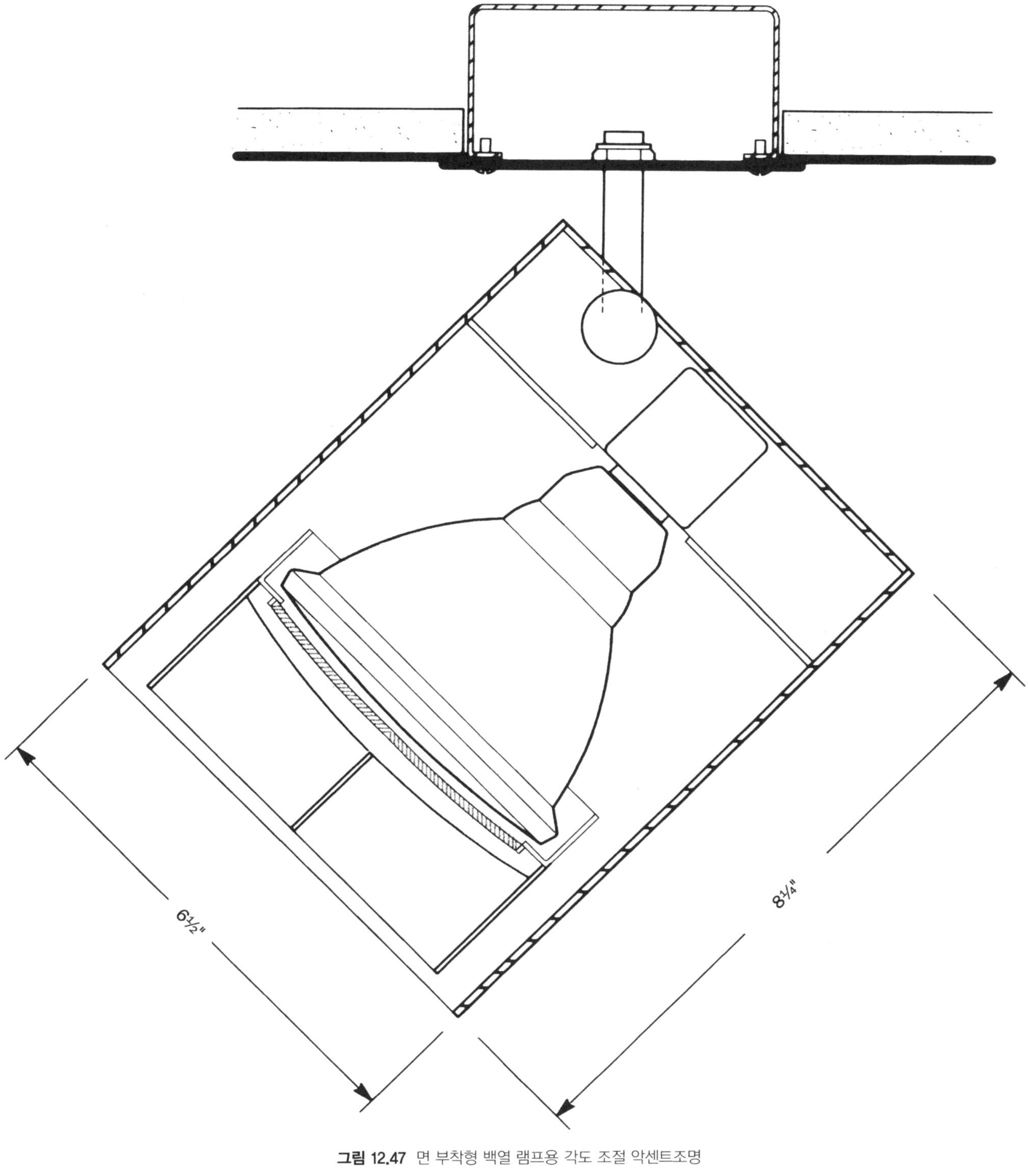

그림 12.47 면 부착형 백열 램프용 각도 조절 악센트조명

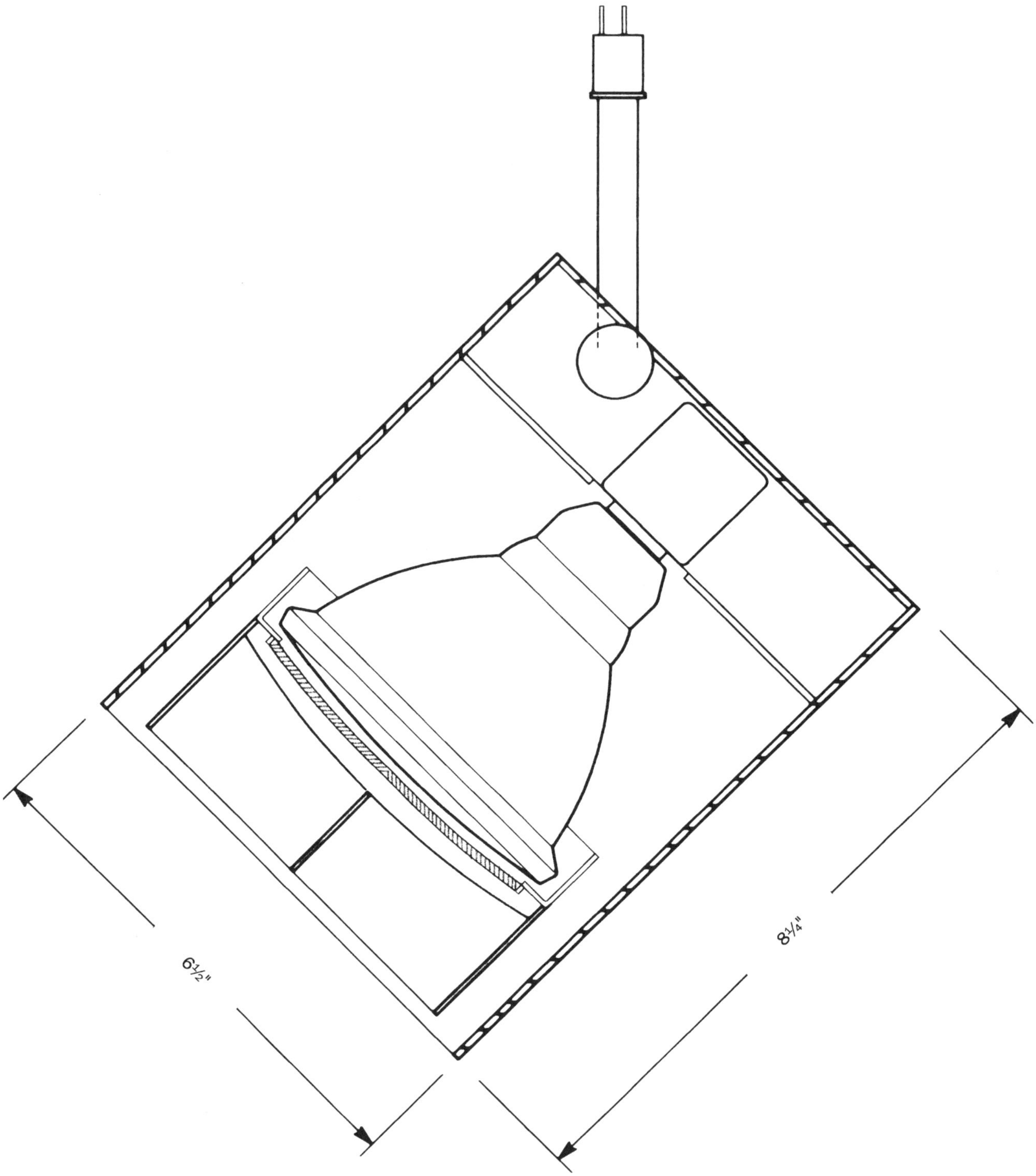

그림 12.48 트랙 부착형 백열 램프용 각도 조절 악센트조명

저렴한 기구들은 밝기를 조절하기 어렵거나 광원의 눈부심이 발생할 수 있다. 좀 더 질이 좋은 기구들은 훨씬 더 폭넓게 밝기가 조절된다. 일반적으로 매입형 기구에서는 개방형 반사판을 사용하고, 면 부착이나 펜던트 부착, 트랙 부착형 기구에는 사각 셀형 루버나 배플을 사용한다.

루버는 빛 퍼짐에 있어서 약간의 빛을 빼앗아 간다. 사각 셀형 루버는 50% 정도 빛의 출력을 줄인다. 크로스 배플은 좀 더 효율적인 방법으로 광원을 가려 주어 빛의 손실이 최소화된다.

예술품이나 규모가 큰 물건을 비추기 위한 오브젝트 조명은 배광 패턴의 가장자리 부분을 부드럽게 만들어 준다거나 좀 더 넓게 비추기 위해 스프레드 렌즈spread lens를 사용하기도 한다.

스프레드 렌즈는 일반적으로 가늘고 긴 패턴을 갖는 내열유리로 만드는데, 한 방향으로만 빛이 퍼지도록 계획하거나 조명기구가 초점을 맞추면 의도하는 대로 회전을 하기도 한다. 스프레드 렌즈가 없으면 같은 오브젝트 조명의 광원은 더 작은 사물에 적당한 대칭으로 모아진 배광을 보낼 것이고 훨씬 강한 빛을 비춰야 할 것이다.

오브젝트 조명은 고르지 않은 밝기를 공급하기 때문에 밝기 대비가 큰 환경을 만들어 낸다. 중간에서 넓은 배광각도를 갖는 램프는 알맞은 대비를 줄 것이나 좁은 배광각도를 갖는 램프는 강한 대비를 보이게 할 것이다.

작업 조명 Task Lights

작업 조명기구는 비추는 면에 광원이 가깝게 위치한다. 그것들은 시스템가구의 작업대에 사용되는데, 파티션 벽이나 높은 선반, 캐비닛 등 가구의 그림자 때문에 상부의 조명 시스템에서 오는 빛의 밝기가 충분하기 않을 경우에 필요하다.

국부적인 작업용 조명기구는 에너지 효율 면에서 뛰어나고 텔레비전이나 컴퓨터 모니터와 같은 영상화면에 반사를 줄일 수 있어 효과적이다. 작업조명은 광원이 비추는 면에 가깝기 때문에 전력을 덜 소모한다. 작업조명은 주변 조명에 의한 밝기를 낮출 뿐 아니라 VDT 면에 반사 영상이 나타나는 것을 줄일 수 있는 효과가 있으며 동시에 작업에 필요한 충분한 조도를 제공할 수 있게 해준다.

작업 조명기구는 보통 작업대 위의 선반이나 캐비닛에 직접 부착되어 있는데(그림 12.49), 이 위치는 반사된 빛에 의해 눈부심이 발생할 수 있는 영역으로 조명기구는 작업면 위에 광막반사veiling reflection를 일으킬 수 있다. 이것은 수직으로 오는 빛을 막는 렌즈를 기구에 사용하여 작업의 측면으로부터 빛이 오게 함으로써 막을 수 있다.

조절 가능한 작업 조명기구는 일반적으로 작업대의 한쪽 면에 설치된다. 조절하는 가로대 부분을 작업에 가장 알맞은 곳에 위치하게 하여 시각적으로 최적의 환경을 만든다. 경우에 따라 비대칭의 빛 퍼짐을 갖는 광원을 사용하여 보다 고른 빛이 작업면 위에 향하게 하기도 한다.

소핏 Soffits

소핏 조명은 전반 조명보다는 작업 조명으로 더 많이 사용된다. 벽과 같은 수직면에 이웃하여 위치하며 가끔 조명 니치niches로 사용되기도 한다. 그 상부는 막히고 모든 빛은 아래로 향하게 된다(그림 12.50). 작업 영역 전체에 빛의 반사가 일어나 빛의 효과가 더 커지게 되며(그림 12.51), 루버 혹은 가볍게 에칭된 플라스틱이나 유리가 가장 좋은 재료이다. 작업면을 광택이 없는 재질로 마감할 경우 반사를 최소화할 수 있다(그림 12.52). 화장이나 면도와 같은 작업이 일어나는 공간에서는 반투명한 확산 판넬에서 흘러나온 빛이 얼굴을 여러 방향에서 비추어 부적절한 그림자를 줄일 수 있다. 밝은 색으로 계획된 작업면은 빛이 얼굴을 향하여 반사되어 돌아오므로 조명효과를 더해 준다(그림 12.53).

낮은 벽부등 Low brackets

낮은 벽부등은 카운터 상부나 필기 혹은 독서면과 같은 작업 공간에 이용된다(그림 12.54).

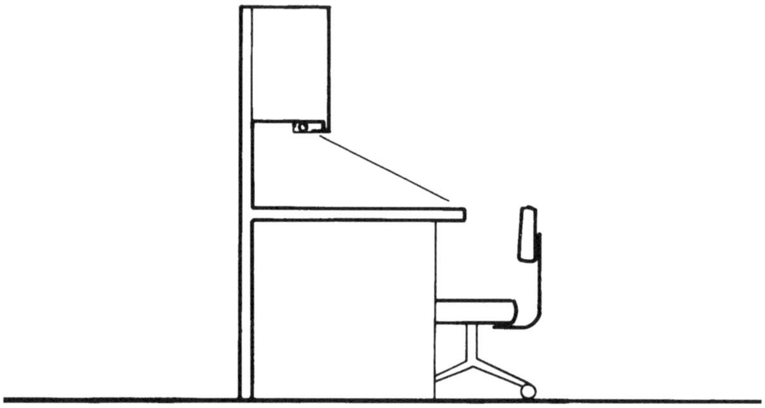

그림 12.49 종종 상부장이나 선반 하부에 설치된 조명기구는 광막반사의 원인이 되기도 하는데, 빛의 방향을 바꾸어 주는 레터럴 렌즈lateral lens를 이용하여 막을 수 있다.

멀티디렉션 조명기구 Multidirectional Luminaires

직간접 조명기구 Direct-indirect luminaires

직간접 조명기구는 직접 하향등과 간접 상향등이 조합된 형태로 두 시스템의 장점을 모두 가지고 있다. 직접 조명 시스템에 의해 생기는 예리한 그림자는 확산된 간접조명에 의해 부드러워진다. 더욱 밝아진 천장면은 공간에 더욱 확산된 빛을 제공하고, 상호반사된 빛들은 천장면의 밝기를 고르게 하며 VDT 스크린의 반사를 줄인다.

밸런스 Valances

조명 밸런스는 창문에 커튼이나 예술품 등과 같이 사용된다. 이것은 전반조도를 위한 천장으로부터 역반사된 간접 상향등과 커튼이나 예술품을 위한 하향 워시 라이트를 모두 제공한다(그림 12.55).

높은 벽부등 High brackets

높은 벽부등은 창문이 없는 실내공간 벽에 주로 계획되는데, 전반조도를 위한 상향과 하향의 빛을 제공하고 벽

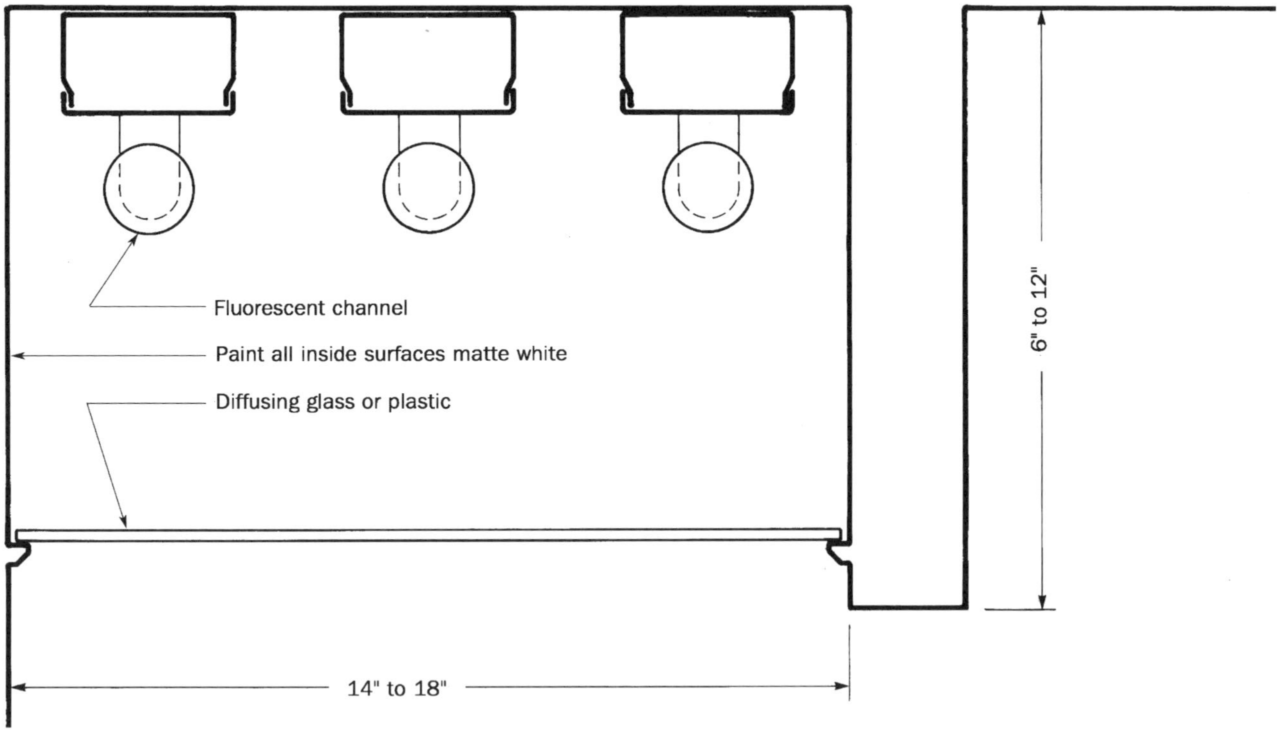

그림 12.50 일반적인 조명 소핏. 전기식 안정기는 소음을 없앤다.

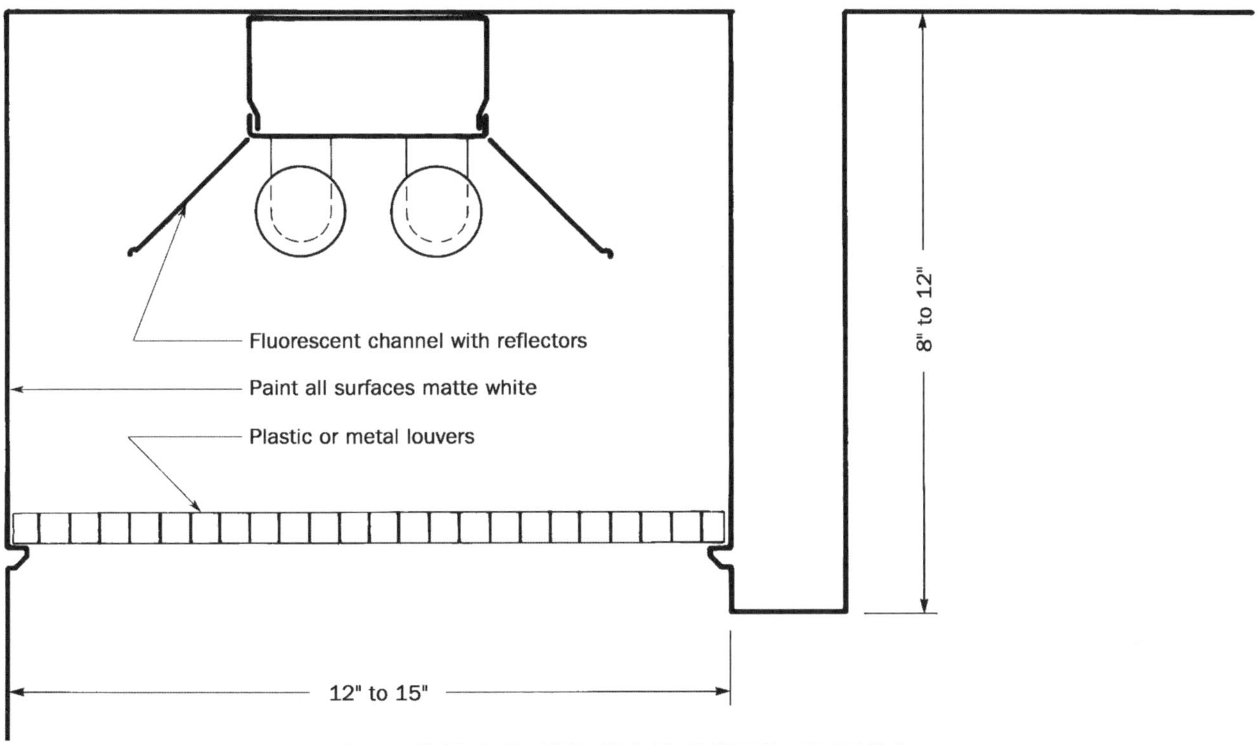

그림 12.51 형광등기구를 이용한 작업대 상부의 일반적인 조명 소핏 형태

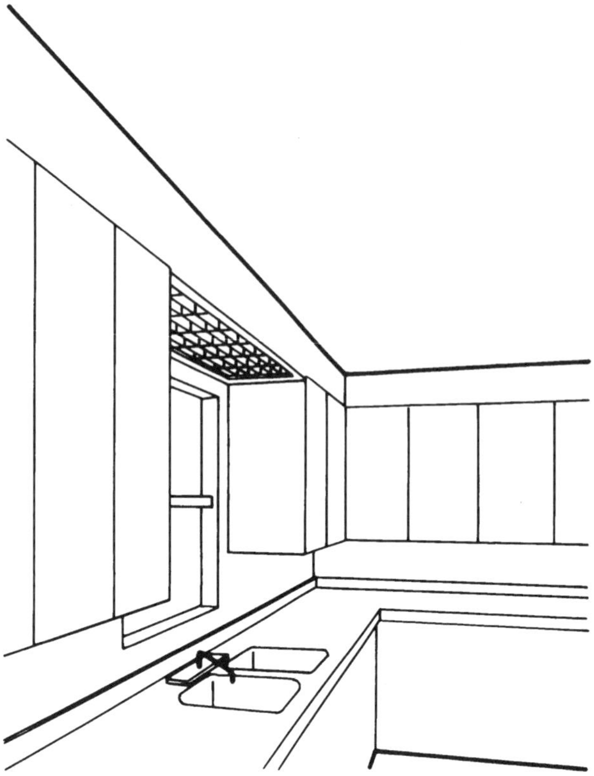

그림 12,52 개방형 루버가 설치된 작업대 상부의 일반적인 조명 소핏 형태

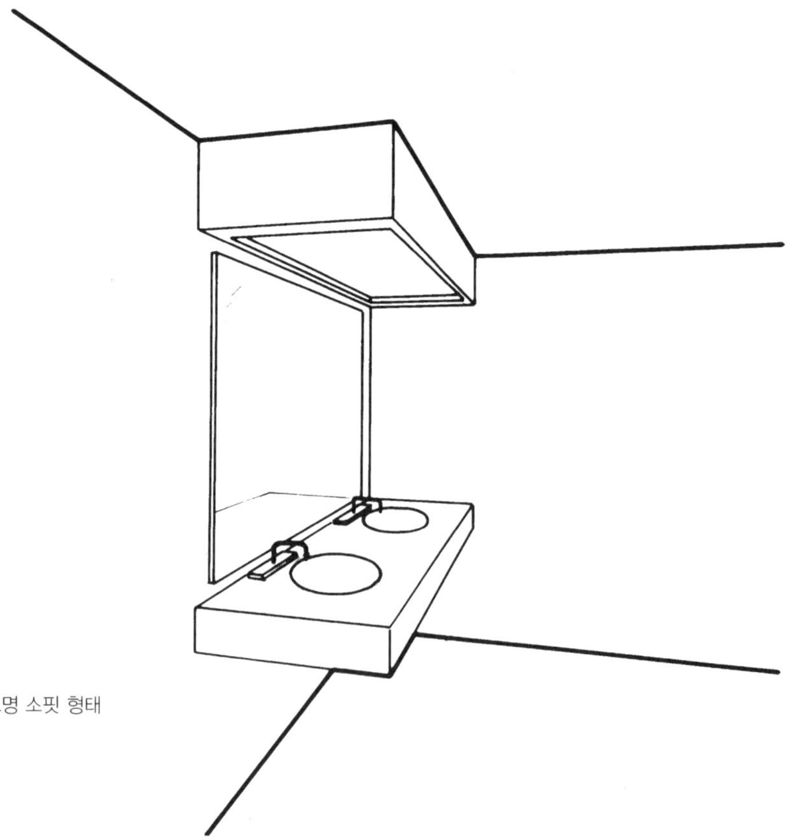

그림 12,53 세면대 상부의 일반적인 조명 소핏 형태

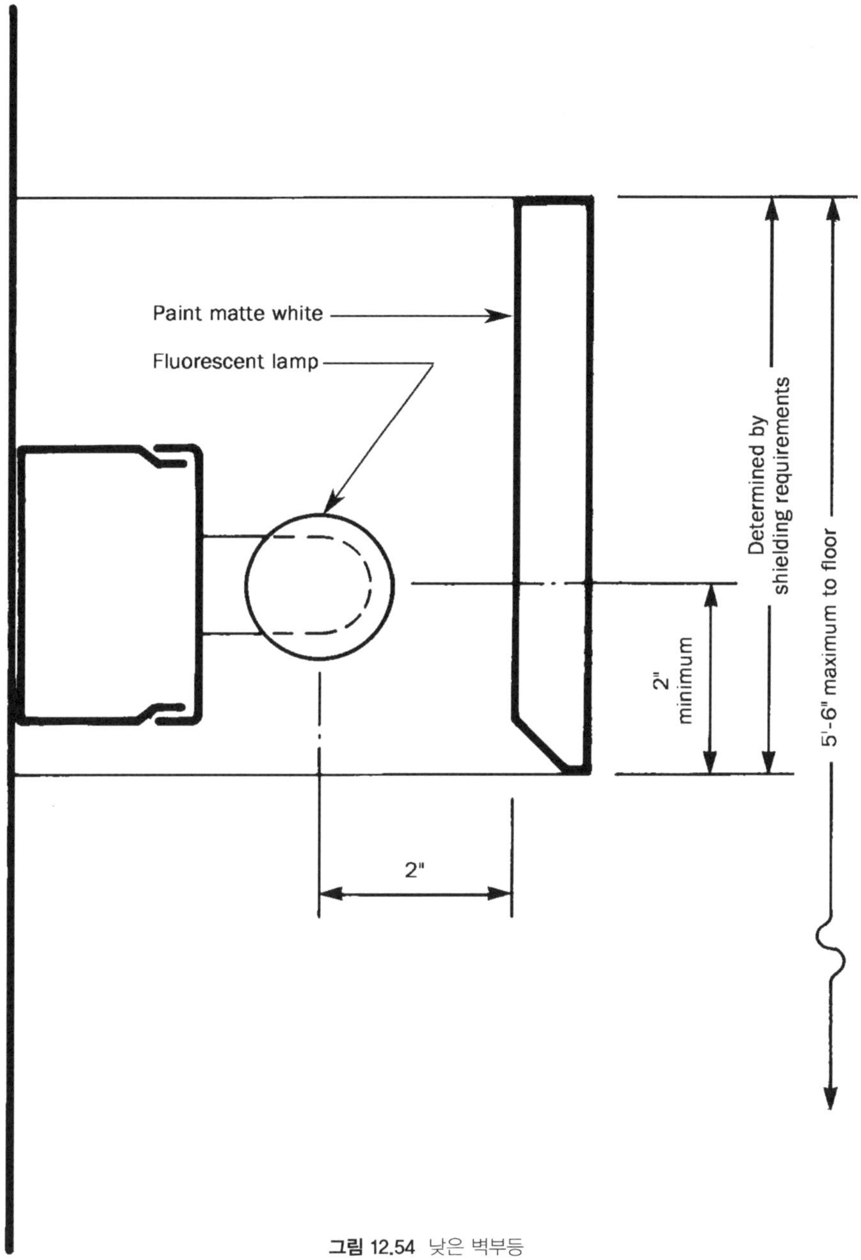

그림 12.54 낮은 벽부등

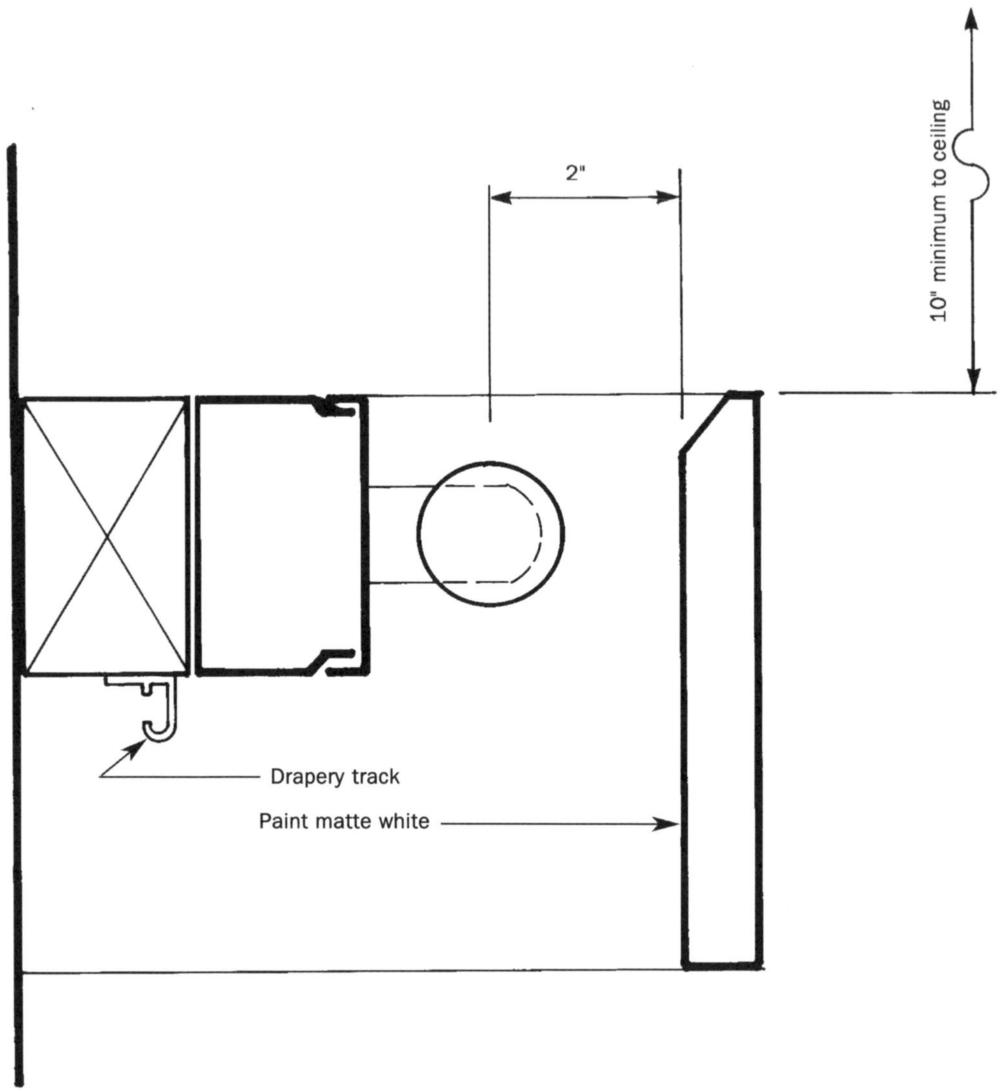

그림 12.55 밸런스 조명

면이나 특정한 예술품을 강조한다(그림 12.56).

장식 조명기구 *Decorative Luminaires*

장식용 조명기구들은 전반적인 조도 공급 외에 그것들의 형태가 드러남으로써 공간의 조화로운 디자인이 이루어질 수 있는 경우에 이용된다(그림 12.57). 천장면에 부착된 빛을 확산시키는 유리구체나(그림 12.58) 펜던트형 혹은 달아맨 샹들리에(그림 12.59), 벽 부착 랜턴이나 스

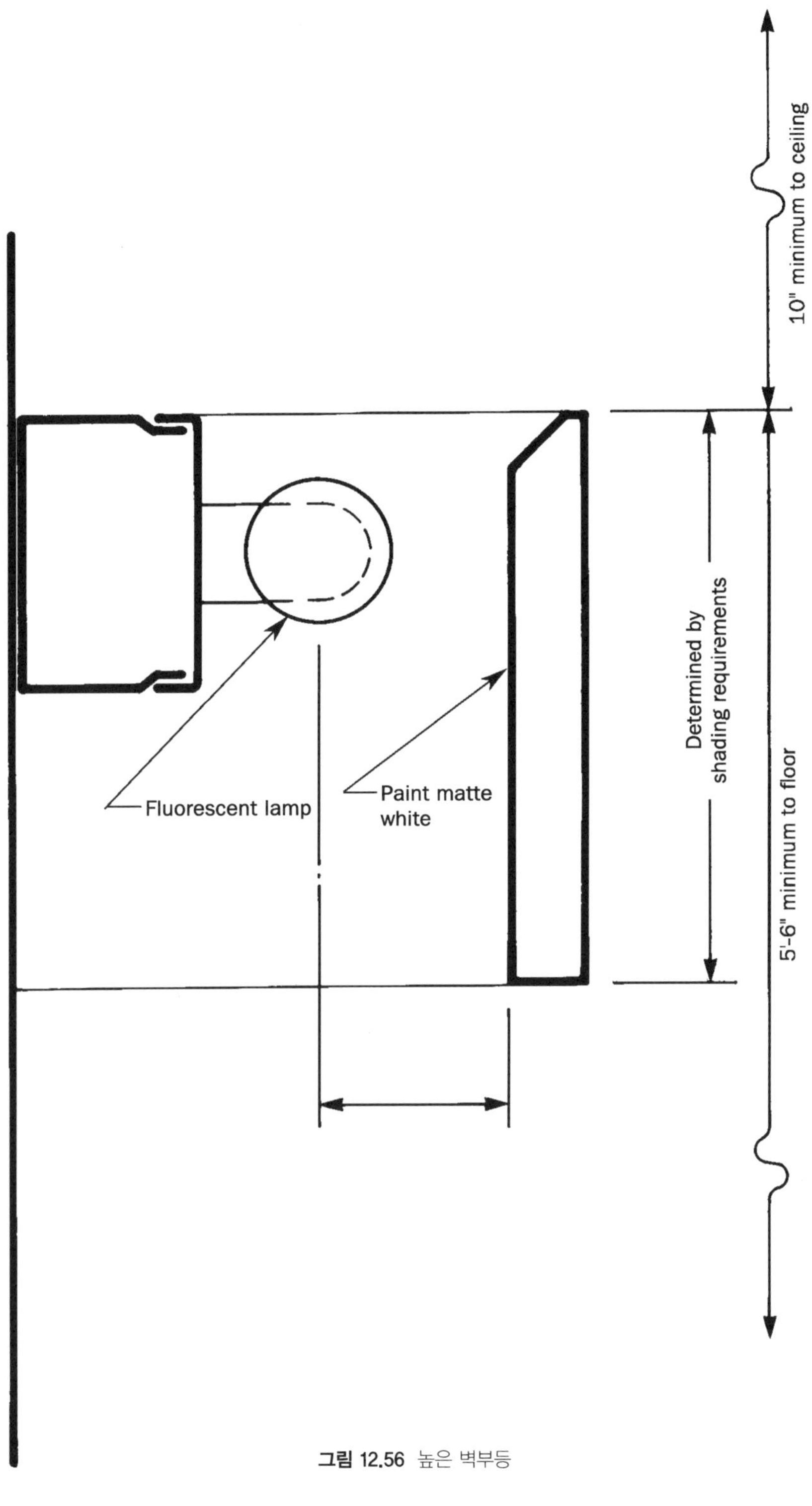

그림 12.56 높은 벽부등

그림 12.57 장식 조명기구는 공간의 디자인 요소가 되며 동시에 전반적인 밝기를 공급한다.

콘스sconce(그림 12.60), 바닥으로부터 천장에까지 이르는 코너 조명, 그리고 바닥에 놓인 토셰어torchère(그림 12.61) 등이 그 예이다. 대부분의 장식 조명기구들은 모든 방향으로 빛을 비춘다. 경우에 따라 특별한 빛 퍼짐을 만들기 위하여 기구의 내부에 빛을 조절하는 기기를 감추기도 한다.

그림 12.58 천장 부착형 확산 조명기구

그림 12.59 펜던트 부착형 조명기구

그림 12.60 벽 부착형 스콘스sconce

그림 12.61 바닥 부착형 토셰어torchère

디자인 Design

13

조명 디자인은 일종의 프로세스이며,
특히 빛을 건축과 통합시키는 과정이다.

성공적인 조명이란 건축적 콘셉트와 물리적 구조체 모두에 적용되는 것이다.

조명의 콘셉트는 (1) 공간에 대한 디자이너의 생각을 강조하고 (2) 공간 내에서의 행위를 도와 주며 (3) 약화시킬 영역은 차분하게 하는 반면, 두드러지게 할 영역은 강조하는 3가지의 방법으로 건축적 콘셉트에 통합된다.

조명 설비는 (1) 디자인 모티프와 조화될 수 있는 시각적 요소 선택하고 (2) 건축적 형태와 마감면 속에 숨겨진 요소를 구체화하며 (3) 건물의 전기 시스템과 다른 기계 설비 시스템과 통합, 운용하게 하는 3가지 방법으로 건물의 물리적 구조체에 통합되게 한다.

시각적 명료함 VISUAL CLARITY

인간은 많은 노력과 능력을 요구하는 작업과 행위에 맞닥뜨렸을 때 시각적으로 단순화를 추구한다. 복잡한 행위를 위한 환경에서 너무 많은 시각적 자극이나 패턴은 과잉정보의 상황을 초래하여 인간은 긴장하고 좌절하게 되고 복잡한 작업을 이행하는 능력이 감소된다.

가까이에서 연주되는 음악을 들으며 독서를 할 때, 그 소리는 문자로 된 자료와 경쟁하지만 단순한 단락에 대한 이해는 가능하다. 독서에 점차 몰입하게 되면서 자료의 복잡한 부분에 가서는 즉각적으로 볼륨을 줄이거나 끈다. 이렇게 하여 집중과 경쟁하던 정보의 양이 줄어든다.

마찬가지로 실내공간에서 무의미하거나 혼란스러운 휘도도 집중력을 떨어뜨린다. 서로 경쟁하는 정보를 정리하는데 두뇌가 추가적인 시간과 에너지를 소모하면서 과잉자극 상태가 되는 것이다. 이것을 소위 *시각적 혼잡visual clutter*이라 하며, 음향 디자인에서의 소음이나 전파장애와 유사하다.

행위나 작업이 복잡해질수록(과중할수록) 시각적 혼잡은 더욱 집중력을 떨어뜨린다. 그것은 작업 수행에 영향을 미치며, 특히 작업자가 많은 노력과 능력을 요구하는(더욱 자극적인) 작업에 직면했을 때 그러하다. 시각적 혼잡은 복잡한 작업을 오랜 시간 동안 수행하는 것을 어렵게 한다.

*시각적 명료함*은 시야에 들어오는 자극의 수를 줄여 준다. 그것은 우리로 하여금 조명 시스템에 주의를 뺏

그림 13.1 밝기가 낮은 루버는 천장으로 향하는 시선을 차단하여 시작업이 일어나는 부분에 일차적인 초점을 두게 한다.

기지 않고 작업을 완수하게 한다. 우리가 하고 있는 일에 집중할 수 있도록 해 주는 것이다(그림 13.1).

시각적 프로세스와 환경을 단순화하여 왜곡과 부적절한 혼잡을 최소화하는 것은 디자이너의 몫이다. 그 목표는 주의를 산만하게 하는 것을 줄여서 집중할 수 있는 환경을 만들고 더욱 생산적인 작업과 행위에 요구되는 에너지를 갖게 하는 것이다.

조명기구의 패턴 Luminaire Patterns

천장의 조명기구가 불규칙한 패턴을 보이면 방향과 공간적 이해가 혼란스러워진다. 우리는 작업공간이 불충분하게 조명되거나 눈부심을 초래했을 때뿐만 아니라, 부적절한 조명기구의 배치에 의한 산만함에도 부정적으로 반응한다. 조명기구의 불규칙한 패턴이 천장으로 주의를 가게 했을 때 우리는 억지로 산만함을 극복하고 의식적으로 필요한 시각적 자극과 행위에 주의를 집중시켜야만 한다.

천장의 정돈된 패턴은 환경에서 규칙성을 발견하거나 모색하는데 필요한 노력을 최소화한다(그림 13.2). 신중하게 계획된 밝기 패턴과 반복적인 조명기구 레이아웃은 방향과 행위를 이해하는 프로세스를 단순화하는 데에 유용하다. 조명기구의 정돈된 패턴을 구축하는 것 외에도 조명기구의 구경을 같은 크기와 마감으로 맞추는 것도 혼란을 한층 감소시킨다(그림 13.3). 정돈된 환경에서

그림 13.2 정돈된 천장 패턴은 방향과 행위에 대한 이해를 단순화한다.

그림 13.3 동일한 크기와 마감으로 맞춘 조명기구

규칙성을 강하게 느낄수록 주의를 덜 기울이게 된다.

조명 디자이너는 천장 디자이너다. 조명 도면에는 조명기구, 스프링클러, 공기 디퓨저, 배기 그릴, 연기 감지기, 스피커 등이 포함된다. 시각적 혼잡을 방지하기 위해 이러한 천장 요소들을 가상의 그리드 내에 정돈한다(그림 13.4).

균일한 조명을 제공하든지 비균일한 조명을 제공하든지 건축과 연관된 가상의 그리드에 기초한 패턴으로 조명기구를 정돈하라. 예를 들어, 그림 13.5는 78피트(약 24m) 길이의 공간과 최대 간격이 3m인 조명기구를 보여 준다. 제시된 해결책은 각 조명기구의 중심선 간격을 2.4m로 하는 것이다. 양쪽 끝부분에서 간격을 절반으로 한 것은 벽에 가까운 부분에 적절한 조도를 확보해 준다. 다른 방향의 11m 길이는 각 조명기구의 중심선 간격을 4등분하여 제시된 것이다.

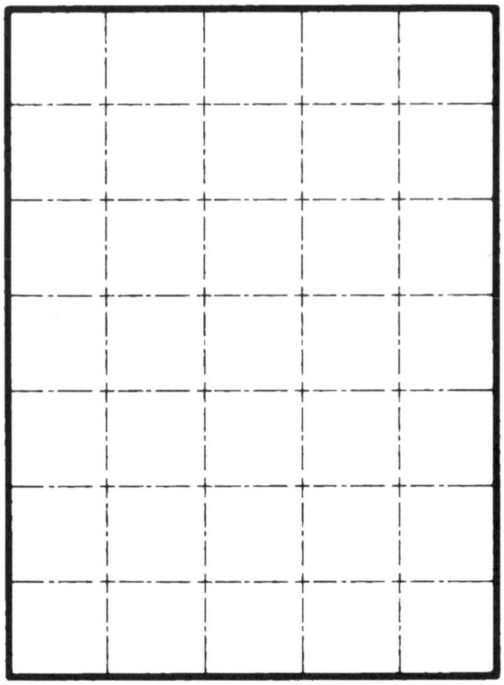

그림 13.4 조명기구 배치를 위한 가상의invisible 그리드

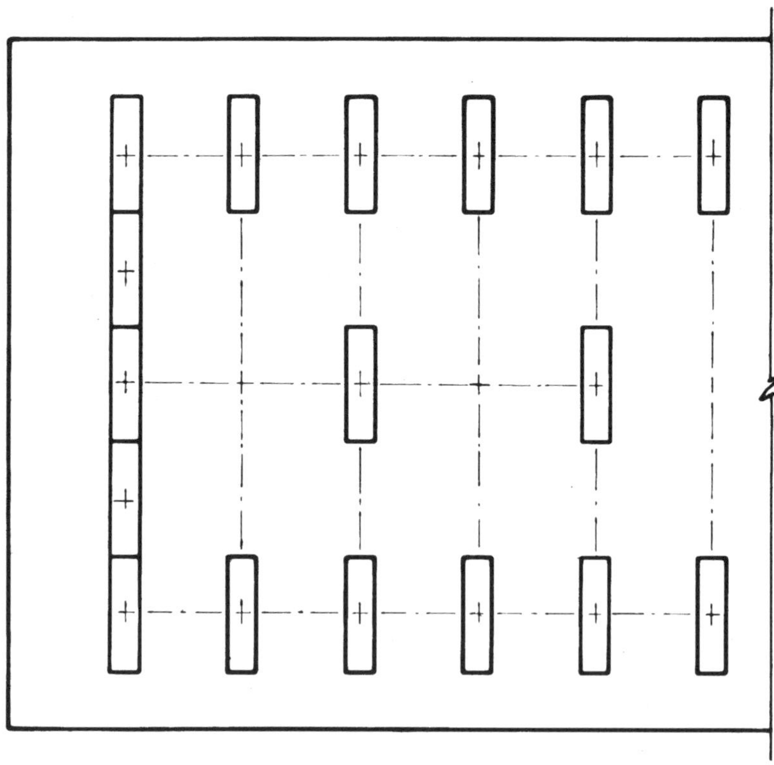

그림 13.5 30cm X 120cm 규격의 조명기구 패턴

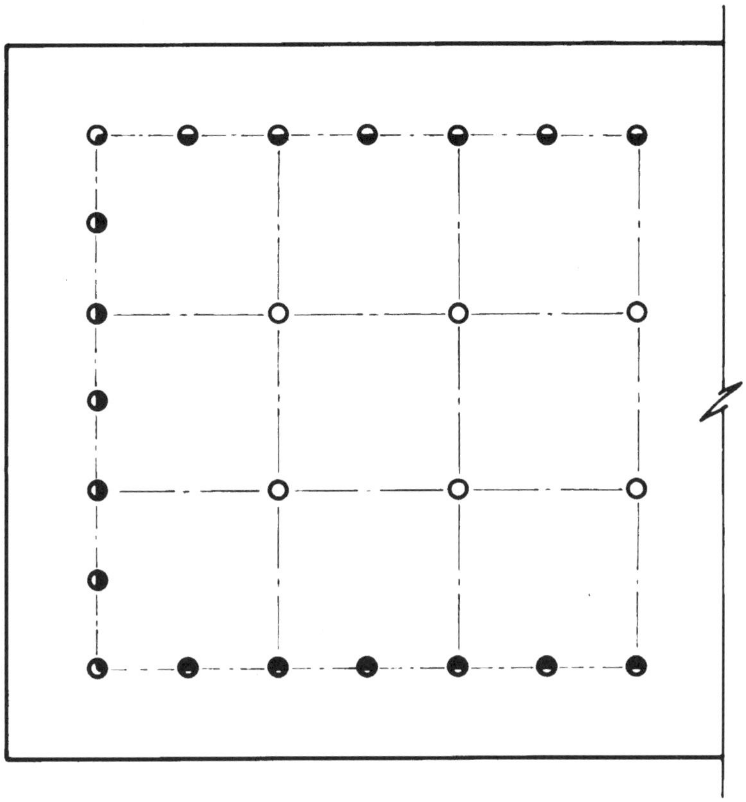

그림 13.6 지름 6인치 원형의 구경으로 된 조명기구 패턴

패턴에 의한 배열을 유지하기 위해 가상의 그리드가 교차하는 지점을 모두 채울 필요는 없다. 그림 13.6에서처럼 원형의 구경을 지닌 조명기구의 경우, 개방형 반사판의 다운라이트/월-워시 조명기구로 균일한 벽 조명을 위해서는 외곽에서의 간격은 반으로 줄어든다.

건축적 마감면 ARCHITECTURAL SURFACES

빛이 비추는 공간의 일차적 강조점이 시야 내에 있을 때 이러한 밝기 패턴은 공간(방향)을 규정하고 행위(참여)를 정의해야 하는 우리의 우선 과제를 강조해 준다.

인간은 부가적인 지각 프로세스를 통해 환경을 정의한다. 공간의 경계를 스캐닝하고, 방향과 한계라는 콘셉트를 형성하는 것으로 정보를 모으는 것이다. 조명 시스템이 공간의 물리적인 경계를 구축하도록 디자인될 때 환경에 대한 산만함은 최소화되어 공간의 형태에 대한 이해와 방향 감각을 유지하게 해 준다.

빛의 분포 형상이 마감면의 형태와 관련이 있다면, 조명은 공간의 주요 마감을 규정하여 구분해 낼 것이다. 예를 들어, 균일한 빛의 워시로 조명된 벽이나 천장은 그 마감면의 형태 및 치수와 유사할 것이다.

빛의 선형linear 워시wash는 수직면과 수평면(벽과 천장, 그리고 벽과 바닥) 사이의 명확한 시각적 분리, 즉

그림 13.7 빛의 선형wash은 공간의 명료함을 강조한다.

인테리어 공간의 경계를 구분한다(그림 13.7). 균일하게 조명된 벽은 하나의 통합된 형태로 지각되며(그림 13.8), 균일하게 조명된 천장면도 마찬가지다.

수직면에 대한 조명 Lighting Vertical Surfaces

수직면은 특별한 주의를 요하는데, 우리가 공간을 들어서면서 가장 먼저 보는 마감면이 수직면이기 때문이다. 수직면은 공간의 경계를 규정하며, 예술작품을 전시하고 메시지를 교환하는데 사용된다. 수직면의 명확한 지각은 디자인 전반을 지각하는데 상당한 영향을 미친다.

수평면 위에 특정한 조도 값을 제공하기 위해 공식에 의존해서 디자인하는 것은 수직면의 중요성을 무시하는 것이다. 전반 조도에 사용된 조명기구가 예상하지 못했던 빛의 패턴을 수직면상에 드리우거나 상대적으로 수직면을 어둡게 보이게 하는 결과를 초래할 수 있기 때문이다. 이러한 환경은 산만하거나 흐릿하고 단조롭게 느껴진다.

다운라이트의 배광이 수직면에 닿을 위치를 예측하는 것은 중요하다. *스캘럽scallop* 형상의 패턴과 이와 유사한 불규칙적 패턴은 최소화되어야 한다. 특별한 상황이 아니라면 조명이 비추는 마감면은 빛의 모호한 패턴이 엇갈리는 것처럼 지각되는 것이 아니라 통일된 형태로 지각되어야 한다.

빛의 스캘럽은 벽의 평면 형태와 공존할 수 없다. 눈은 무의식적으로 전반적인 밝기와 대조되는 영역에 이끌리기 때문에 스캘럽 형상은 벽의 시각적 형태를 지각하는 것을 혼란스럽게 하고 방향성을 상실하게 한다(그림 13.9).

그림 13.8 균일하게 조명된 벽은 하나의 통합된 형태로 지각된다.

그림 13.9 스캘럽scallop은 벽면의 형태를 왜곡시킨다.

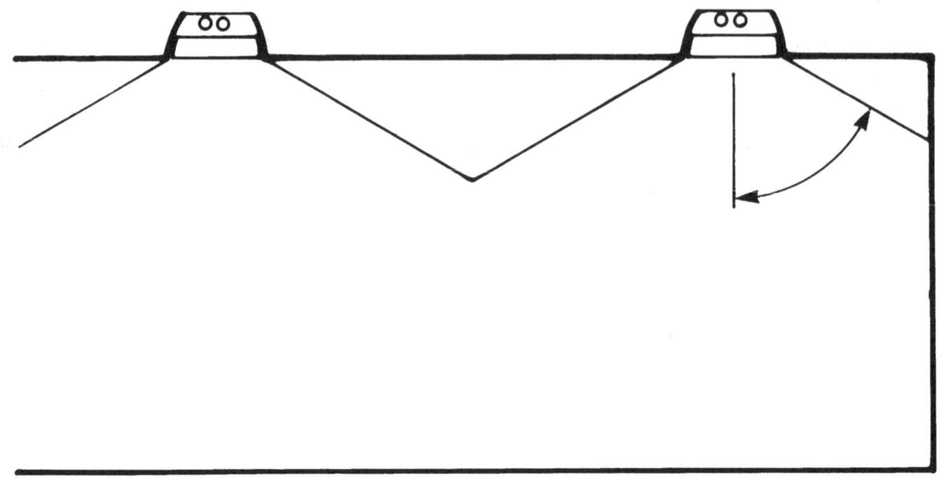

그림 13.10 정교한 컷오프sharp-cutoff 조명기구는 인접한 벽면의 상단에 어두운 부분을 만든다.

개방형 반사판의 점광원 다운라이트를 사용할 때 스캘럽을 줄이기 위해서는 벽면에 광택이 없다면 그림 12.20이 가리키는 바와 같이 외곽에 다운라이트/월-워시 반사판을 사용하도록 한다. 벽면에서 반사가 일어나면 보정이 불필요한데, 흥미로운 빛의 패턴이라 하더라도 거울 같은 마감면 위에서는 눈에 띄지 않기 때문이다.

휘도의 정교한 *컷오프*cutoff가 있는 직선형 형광 다운라이트는 인접한 벽면의 상부에 빛이 닿지 않는 부분을 나타낸다. 이는 벽면의 상부를 따라 그림자의 선line으로 나타나며, 이는 공간이 어둑하게 조명된 것으로 지각되게 한다(그림 13.10). 월-워셔 또는 연속된 페리미터 시스템perimeter system을 사용하면 그림자를 빛으로 변화시켜 준다. 무광택 마감으로 된 그림자 영역에 반사재 벽면을 사용해도 유사한 결과를 얻을 수 있다.

빛의 불규칙적 패턴이 바람직한 경우도 있다. 한 줄기 햇빛에 근원적인 가치가 있는데, 공간의 물리적 형태와의 관계를 회피하는 전기적인 빛의 패턴에서도 마찬가지다. 빛의 불규칙적 패턴은 일시적인 시각적 자극제의 역할을 한다.

불규칙적인 빛의 패턴은 그림, 조각, 식물, 건축적 디테일 등과 같이 물리적 공간의 매력적인 것들과 연관될 때에도 성공적이다. 그러나 명확히 의도되지 않는 한 빛의 불규칙적 패턴은 피한다.

무광택 수직면 Matte vertical surfaces

수직의 무광택 마감면의 균일한 조도를 위해서는 (1) 개별 유니트 점광원의 월-워시, (2) 연속되는 선적인 점광원의 월-워시, (3) 연속되는 선적인 확산광원의 월-워시 등의 3가지 종류의 조명 시스템이 가능하다.

개별 유니트 점광원의 월-워시 벽의 상단부에서 바닥까지 균일한 조도를 제공하기 위해서는 벽에서부터 벽 높이의 1/3 정도 거리에 벽과 평행이 되게 조명기구를 배치한다. 이쪽에서 저쪽까지 균일한 조명을 위해서는, "사각형 규칙square rule"을 적용하는데, 조명기구들을 벽에서부터 같거나 거의 같은 거리가 되도록 중앙부에 배치한다. 조명기구의 중심과 중심 사이의 간격은 천장의 높이와 마감면 위로 떨어지는 빛의 원하는 강도에 따라 다르게 한다.

연속적인 선형 점광원의 월-워시 균일한 조명은 빛이 비치는 마감면에 가깝게 위치한 조명기구의 그레이징 라이트grazing light에 의해서도 제공된다(그림 13.11). 여기에서도 사각형 규칙이 적용된다. 즉, 램프들을 벽에서부터 같거나 거의 같은 거리가 되도록 중앙부에 배치한다. 역시 마찬가지로 중심과 중심 사이의 간격은 천장의 높이와 원하는 빛의 세기에 따라 달라진다. 궁극적인 목표도 같다. 즉, 벽면을 가로지르는 수평으로나 상부에서 바닥까지의 수직으로나 모두 균일한 밝기로 지각되게 하기 위한 것이다.

그림 13.11 연속적인 선형 점광원의 월-워시

실물 크기 모형mock-up으로 아래와 같은 실험을 한다.

1. 빛 퍼짐의 겹침(스포트 빛 퍼짐은 보통 스프레드spread 렌즈를 필요로 한다.)
2. 벽에서부터의 최적 거리와 중심선 간격
3. 설치 구멍에 요구되는 높이, 깊이, 마감
4. 등박스의 긴 방향을 따라 보이는 램프를 차폐할 배플baffle의 필요성

실물 크기 모형 제작은 원하는 조도값을 확실하게 하고 벽면 상부에 스캘럽과 줄무늬가 생기지 않게 하는 가장 확실한 방법이다. 축소 모형의 건축 조명 퍼포먼스를 실험할 수 있는 미니어처 광원은 존재하지 않는다.

연속적인 선형 확산광원의 월-워시 형광 램프를 사용하여 확산하는 빛을 내는 조명기구는 수평 방향으로 고른 빛을 제공하는 데에는 적합하나, 수직으로 상부에서 바닥까지 고른 조도를 제공하는 데에는 부적합하다. 반사판은 그러한 문제를 경감시키지만 높이가 약 3m 이상인 벽면에는 해결책이 되지 못한다. 형광 월-워시 시스템의 사용은 높이가 약 2.4~3m 정도로 천장이 낮은 공간을 위한 것이다.

정반사 수직면 Specular vertical surfaces

유리, 대리석, 유광 에나멜, 바니시와 같이 광택 있는 마감면에 빛을 제공할 때 발생하는 거울 같은 반사는 조명 설비의 위치를 혼잡하게 보이게 한다. 시선을 산만하게 하는 반사 글레어나 광막반사를 차단하기 위하여 조명기구의 배치에 주의를 기울여야 하고 광원을 차폐하는 것이 바람직하다.

광택이 있는 면은 거울면처럼 생각해서 휘도가 높은 부분이 반사되어 시야에 들어오는 것을 막아야 한다. 또한, 반사영상을 줄이기 위하여 반사된 빛이 시야에 밝게 들어오지 않도록 배플이나 스크린을 사용하도록 한다. 실내에서 인간, 사물, 기타 표면들은 이차적 광원이 된다. 만일 그것들이 반사된 시야 내에 위치하게 되면, 정반사성 표면에 산란하거나 막을 드리운 듯한 반사를 일으킬 것이다. 경우에 따라서 바니시나 유리로 덮인 그림, 대리석과 기타 정반사성 재료는 반사 이미지로 인해 부분적으로나 전체적으로 흐릿하게 보인다.

작업 조명 TASK LIGHTING

특정 작업 영역(책상, 카운터, 기계류, 작업대workbench 등)은 조명 시스템에 의해 정확하게 지각된다. 작업 조명은 2가지 조명방법인 일반-전반general-ambient 접근법이나 작업-전반task-ambient 접근법 중 하나를 적용한다.

일반-전반general-ambient 시스템은 공간 전체에 균일한 빛을 제공한다. 이러한 접근법은 주로 작업이 넓은 영역에서 일어나는 경향이 있으며, 공간구조가 빈번하게 변경될 때 사용한다.

작업-전반 task-ambient 시스템은 상대적으로 에너지 효율적이다. 주변 영역의 전반 조도치가 낮은 반면, 업무 영역에서의 작업 조도치는 더 높게 제공된다.

작업-전반 시스템은 개인 오피스, 공장, 실험실, 상점과 같이 작업 영역이 영구적으로 일어나는 실내에 적합하다. 작업 조명은 작업 영역에 제공되어서 보다 캐주얼한 행위를 위해서도 공간을 밝게 유지해 준다(그림 13.12).

작업-전반 시스템을 디자인할 때에는 우선 작업 조명(집중광focal glow)을 정하고, 다음으로 실내 전반 조명으로 작업 조명을 보충한다. 전형적인 작업-전반 시스템에서 작업-지향 조명기구는 가구나 가구 근처에 부착되고 상대적으로 낮은 조도를 제공하는 전반 (균일한) 조명 시스템에 의해 보충된다.

전반 조명은 보행을 위해 전체적인 조도를 제공하고, VDT 작업 조도와 주변 조도 사이의 균형을 제공하며, 문서 작업을 위한 조도를 부분적으로 제공한다. 시각적 작업을 둘러싸는 주변 영역은 시각 작업 영역보다 낮은 조도를 필요로 한다. 편안하고 안락한 명암순응을 위해 전반 조도와 작업 조도의 비는 1:3이 되게 한다.

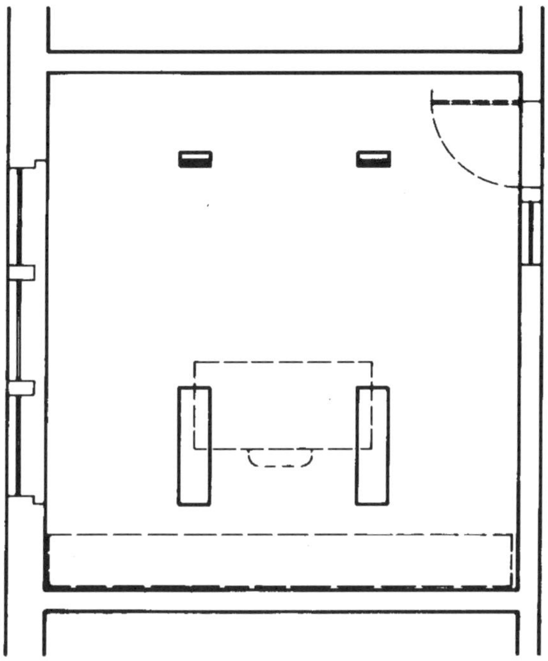

그림 13.12 작업-전반 (비균일한) 오피스 조명 레이아웃

VDT

VDT 스크린은 디자이너에게 특별한 도전이다. 거의 모든 VDT 스크린은 공간의 모든 이미지를 반사하는 매끄럽고 윤이 나는 어두운 표면이어서 작업자는 스크린에 반사된 과도하게 빛나는 조명기구, 천장, 벽 또는 창문을 보게 된다(그림 13.13). 디자이너는 반사된 이미지를 최소화하기 위해 조명기구를 반드시 주의 깊게 선택하고 배치해야 한다.

VDT 작업은 스크린을 볼 때 종종 수평적인 시선을 필요로 한다. 이러한 이유로 넓은 오피스에서는 천장의 넓은 영역이 시야에 있게 된다. 불쾌한 글레어를 방지하기 위해 천장면의 휘도 변화를 최소화하는 것이 매우 중요하다(그림 13.14).

잘 디자인된 직접 조명기구의 경우, 천장에 위치한 조명기구의 밝은 면의 휘도는 천장의 휘도와 거의 유사해야 한다. 이때 천장과 조명기구가 반사된 스크린 이미지 사이에 생기는 대비의 정도는 최소한이 된다.

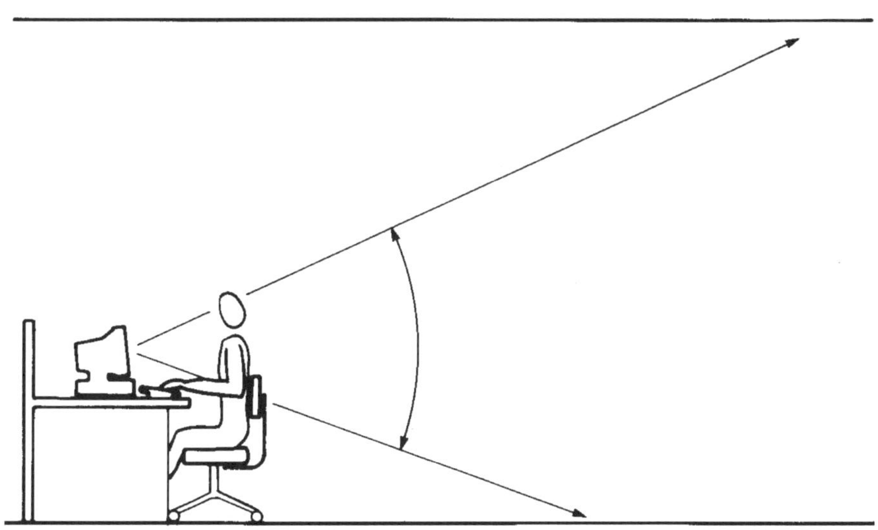

그림 13.13 VDT(수직으로 65°~110°)에서 반사된 시선 각도의 정상 범위

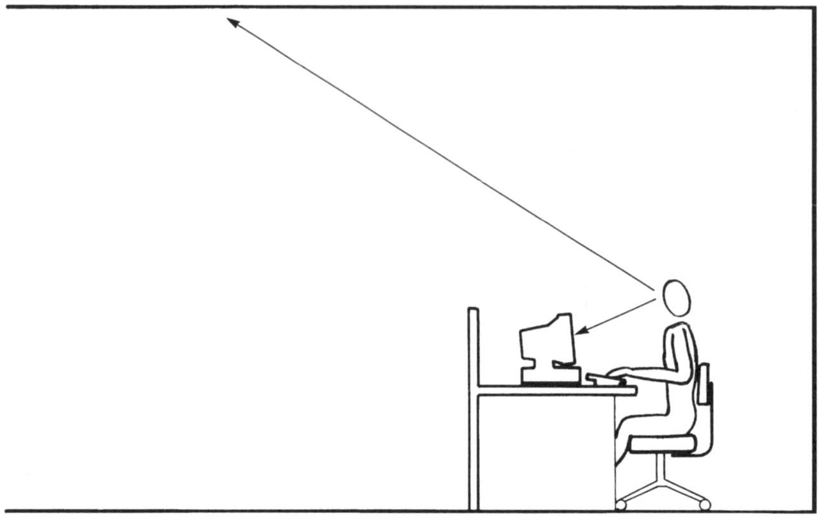

그림 13.14 VDT를 볼 때 천장의 넓은 영역이 시야 내에 놓인다.

잘 디자인된 간접 조명기구의 경우, 천장면 위로 받은 빛은 VDT 스크린의 밝기대비를 최소화하면서 균일한 휘도를 나타낸다. VDT 스크린 위로 보이는 휘도가 균일할 때 장애를 최소화할 수 있다.

***문서 작업** Paper-based tasks*

대부분의 사무실 작업은 문서 작업을 수반한다. 종이 문서는 워드 프로세싱, 주문 입력, 정보 검색, CAD 등을 다룬다. VDT 작업을 위한 조명의 요구조건뿐만 아니라, 문서에 기초한 시각적 작업을 위한 조명도 반드시 고려해야 한다.

전반 조명 AMBIENT LIGHTING

전반 조명은 2가지의 기본적인 방법인 (1) 상부의 조명기구가 하향 분포를 제공하는 다운라이팅(직접)과 (2) 펜던트 조명기구가 상향 빛을 제공하고 천장에서 반사되는 빛을 이용하는 업라이팅(간접)으로 제공된다.

다운라이팅(직접) Downlighting (Direct)

다운라이팅(직접 조명)의 경우, 수평 작업면 위의 전반 조명 분포를 균일하게 할 것인지 아닌지의 요구조건에 따라 조명기구를 배열한다.

직접적인 전반 조명에서 조명기구 제조업체는 균일한 전반 조명을 얻기 위하여 기구설치 간격spacing criterion(*SC*) 또는 간격-설치 높이spacing-to-mounting-height(S/MH) 비율을 제시한다.

다운라이트 조명기구가 수평면에 균일한 조도를 제공하기 위한 계산을 신속히 하려면, SC는 작업면 위로 조명기구 부착 높이에 기초하여 조명기구 중심선 간의 거리(간격)가 된다.

$$S = MH \times SC$$

예를 들어, *SC* = 1.5이고 천장고가 약 2.4m이면,

MH = 2.4m - 0.7m (작업면의 높이)

= 1.7m (마감면에서부터)

S = 1.7m X 1.5 = 약 2.5m

규일한 조도를 얻기 위한 조명기구 간의 설치 간격은 약 2.5m 이내이다(그림 13.15).

직선적인 조명기구의 경우, SC는 평행 또는 수직으로 표현되어서 조명기구 내의 램프 방향에 평행하거나 수직인 방향으로의 간격-설치 높이 비율을 가리킨다.

넓은 작업 영역에 걸쳐 균일한 조도를 얻기 위해서는 제조업체가 추천한 최대 SC를 초과하지 않도록 한다. 벽면의 흡수현상 때문에 벽 가까이에 설치하는 조명기구의 벽체로부터의 거리는 통상적으로 기구 설치 간격의 1/2~1/3이다(그림 13.16에서 그림 13.18).

이렇게 간격을 축소한다 하더라도 벽 근처의 작업면 조도는 실내 중앙부의 절반으로 측정되는 경우가 많다. 시각적 작업이 매우 중요한 영역이라면 벽 근처에 조명기구를 추가한다(그림 13.19).

오피스 파티션은 직접 조명 시스템의 상부에서 오는 빛을 차단하여 작업면에 도달하는 것을 막는다. 다운라이트의 위치에 따라 어떤 영역은 그림자가 드리워진다(그림 13.20). 잘 계획된 업라이팅은 상부에 고른 조도를 만들어 내기 때문에 이러한 그림자를 감소시키고 누그러뜨린다.

업라이팅(간접) Uplighting (Indirect)

업라이팅(간접 조명)의 일차적 목적은 휘도가 균일한 천장을 만들어 VDT 스크린 반사를 감소시키는 것이다. 업라이팅이 성공하려면 천장면에서의 휘도 변화가 작아야 한다. 만일 상대적으로 휘도가 높은 부분이 발생하면 VDT 스크린에 반사되어 작업자가 불편을 느낄 것이다.

또한 업라이팅 시스템은 공간에서 수직 조도를 향상시킨다. 이는 여러 면에서 바람직하나 VDT 스크린 위의 이미지 대비는 감소시킨다. 즉, 간접 조명 시스템은 VDT가 생기는 가장 큰 방해요소인 눈부심 이미지를 없애 주지만 스크린 면 위의 광막반사와 대비감소를 초래한다.

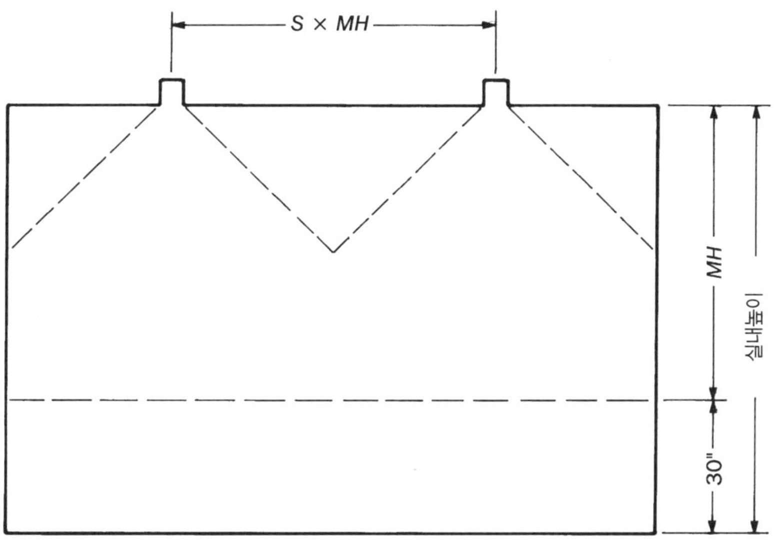

그림 13.15 간격-설치 높이 비율

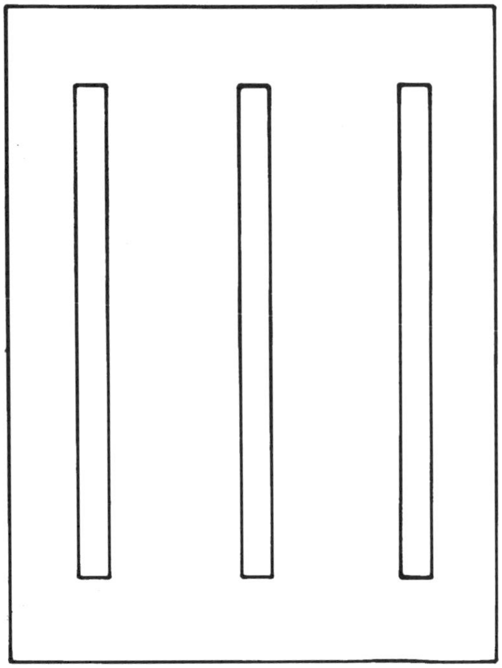

그림 13.16 선적인 패턴, 연속되는 1ft(305mm) X 4ft(1220mm)의 직선형 조명기구

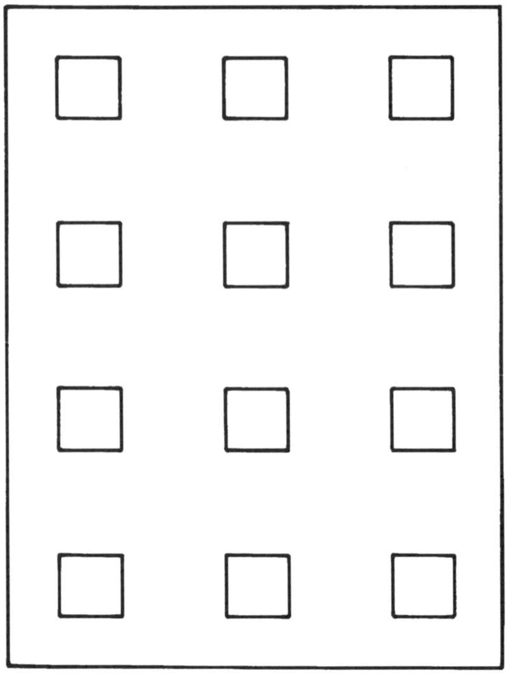

그림 13.17 일반적인 패턴, 2ft(610mm) X 2ft(610mm)의 정사각형 조명기구

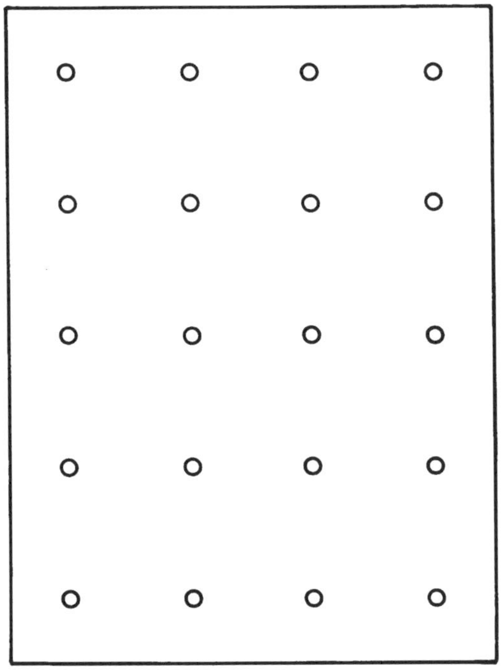

그림 13.18 일반적인 패턴, 6인치(152mm) 지름의 원형 조명기구

그림 13.19 벽 근처를 보완하는 조명

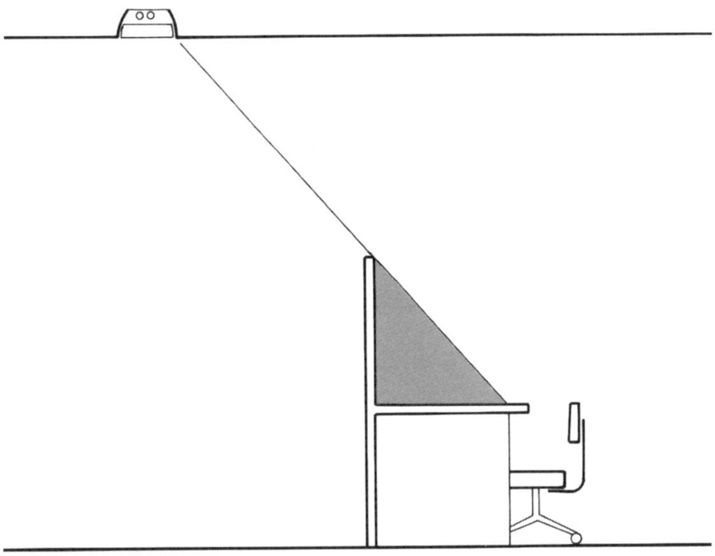

그림 13.20 어떤 경우에는 오피스 파티션으로부터, 특히 파티션이 작업면의 삼면에 배치될 때 눈에 띄는 그림자가 생긴다.

잘 디자인된 간접 조명기구는 빛 퍼짐의 폭이 넓다. 복합 조명기구는 빛의 출력이 핫스팟hot spot이나 고휘도 영역 없이 천장에 고르게 분포되도록 배치된다(그림 13.21). 궁극적인 목표는 균일한 천장 밝기, 즉 공간 전체의 휘도와 휘도 비율이 일정한 것이 된다.

VDT 스크린 내의 산만한 밝기 변화를 피하기 위해 천장 휘도 변화를 4:1 비율 이하로 유지하라. 또한, 어떤 각도에서 측정하든지 천장의 평균 휘도를 60m X 60m의 면적당 850cd/m^2 이하로 제한하라. VDT 스크린에 반사될 창문, 벽, 파티션에 이와 동일한 제한조건을 적용

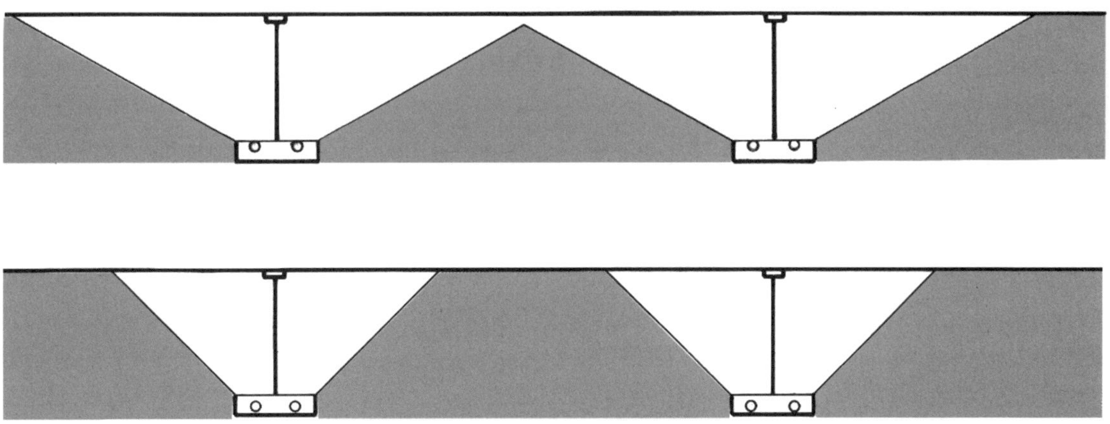

그림 13.21 확산배광 특성을 가진 간접 조명기구가 천장면에 균일한 휘도를 만들어 낸다(위). 부적절하게 배치된 좁은 분포의 간접 조명기구가 고르지 않은 휘도 영역을 만들어 낸다(아래).

하라.

그러나 간접 시스템으로부터 확산되어 나온 빛은 시각적 명료함, 깊이에 대한 지각, 방향 감각을 떨어뜨린다. 이러한 밝기대비의 결핍은 마감면 색채나 벽 조명, 악센트 조명을 추가함으로써 완화된다. 이러한 기술은 시각적 흥미를 더해 주어 환경에 대한 지각을 증진시킨다.

어떤 간접 조명기구는 하향으로 빛을 내는 요소와 결합한다. 사람들은 광원을 식별할 수 있을 때 더욱 편안하게 느끼기 때문에 이는 심리학적으로 이롭다. 이처럼 볼 수 있고 빛을 내는 요소 또한 공간에서의 밝기에 대한 지각을 증진시키고 그림자가 없는 환경에 시각적 하이라이트를 도입해 준다.

소규모 오피스에서는 천장이 부분적으로 VDT 스크린 내에 반사될 것이다. 여기에 관심사인 벽이 있다. 이들 벽과 천장 사이의 주목할 만한 대조, 즉 VDT 스크린 내의 대조를 일으키는 상황을 피하기 위해 소규모 오피스의 벽은 충분한 휘도를 가져야 한다.

다운라이팅과 업라이팅

Downlighting Versus Uplighting

낮은 밝기의 직접 조명 시스템은 간접 조명 시스템과 상당히 다른 양상이다. 직접 시스템은 천장면 위에 무시해도 좋은 휘도를 생산하고 수평의 작업면, 가구, 바닥 마감재 위에 극심한 강조를 일으킨다. 간접 시스템은 천장면 위의 휘도를 강조하고 실내 하단부의 마감면은 덜 강조한다. 직접-간접 시스템은 양쪽을 모두 만족시킨다.

예술품에 대한 조명 LIGHTING ART

3차원 오브젝트 조명

Lighting Three-Dimensional Objects

3차원의 오브젝트는 하이라이트highlight와 그림자shadow 사이의 관계의 결과로 지각된다. 스팟 조명과 같이 집중되는 빛은 형태와 질감을 강조하면서 더 높은 대조와 더 짙은 그림자를 창출한다. 수평면에서 오브젝트의 중심으로부터 30°에서 45°, 수직면에서 오브젝트의 최하점으로부터 30°에서 45°로 배치된 정면 조명은 일광과 비슷한 방식으로 오브젝트에 입체감을 준다.

오브젝트 뒤의 수직면을 조명하는 것은 오브젝트를 시각적으로 배경과 분리해 주어 빛나는 배경막을 형성하는데, 이는 마치 배우가 무대 위에서 배경으로부터 분리되는 방식과 같다(그림 13.22). 측면뿐만 아니라 상부의 오브젝트 조명은 그 작품에 부피감을 더해 준다.

밝음과 어둠에 대한 사람들의 기대에 빗나간 형태이거나 우리에게 익숙한 자연광의 빛 방향과 다르게 조명될 때 사람들은 불편하고 혼란스럽게 느낀다. 업라이팅은 불길하고 악마적인 인상을 주며(그림 3.27, 그림 3.28 참조), 백라이팅backlighting은 오브젝트를 실루엣으로 남게 한다.

평면 예술 작품 Paintings and Flat Works of Art

평면 예술 작품의 조명에는 2가지 방법이 존재한다. 그것은 균일 조도와 비균일 조도이다.

예술품이 위치할 모든 수직면에 *균일한*uniform 조명을 제공하는 것은 건축을 부각시키는 것이다. 관람자가 자신의 초점을 선택하게 함으로써 개별 예술 작품 사이에 위계가 성립되지 않는 것이다. 오브젝트는 조명 설비를 바꾸지 않고 교체할 수 있다(그림 13.23).

*비균일한*nonuniform 조명은 주변을 비교적 어둡게 하면서 개별 작품에 빛의 초점을 맞추도록 하는 것이다. 이는 건축을 넘어 예술을 부각시키고, 더욱 드라마틱한 환경을 창조한다. 예술품이 변화할 때마다 조명 설비 또한 조절되어야 한다(그림 13.24).

광원의 배치는 오브젝트의 재료, 표면 질감, 프레임 종류, 인클로저(유리 또는 플라스틱)에 따라 달라진다. 수직면에 설치된 평면 작품을 비추기 위한 광원의 최적 위치는 일반적으로 최저점(바로 아래)으로부터 평균 눈높이(바닥에서부터 약 1.6m)까지 30°의 각도가 된다(그림 13.25).

그림 13.22 물체 뒤의 수직면 조명

30° 이하의 각도는 프레임으로부터 혼란스런 그림자를 만들어 내고 질감을 과장하기 때문에 오브젝트를 왜곡시킨다. (수평에 더 가까운) 30° 이상의 각도는 디테일을 흐리게 하면서 오브젝트의 표면으로부터 반사되지 않은 글레어를 초래한다. 이처럼 큰 각도는 관람자의 그림자를 예술작품에 드리우고 조명기구를 공간 전체에서 눈부심의 원인이 되게 한다.

비균일한 벽 조명을 위해서는 점광원의 오브젝트 조명이 이상적이다. 조명할 작품의 크기 때문에 1개 이상의 조명기구가 필요할 때 사각형 규칙이 다시 적용된다. 조명기구를 벽에서부터의 거리가 같거나 더 가까운 간격으로 중앙에 배치하는 것이다. 벽에서부터의 거리는 천장 높이에 따라 다르다(그림 13.26).

비균일한 수직면 조명이 있는 공간에서 전시가 자주 바뀔 때에는 가변 조명 시스템이 적합하다. 트랙 조명기구는 필요에 따라 배치하고 *초점 맞추기*가 쉽기 때문에 자주 선택된다. 트랙은 또한 그 자체가 간단한 배전 방법을 제공하는 선로의 기능을 한다.

예술품 조명을 위해 어떠한 방법이 채택되었든지 양호한 연색성은 오브젝트의 적절한 감상에 필수적이다. 연속적인 스펙트럼, 높은 연색성의 광원은 예술품을 그것이 창조된 상황과 유사한 스펙트럼 분포 상황 하에서 관람하게 해 준다.

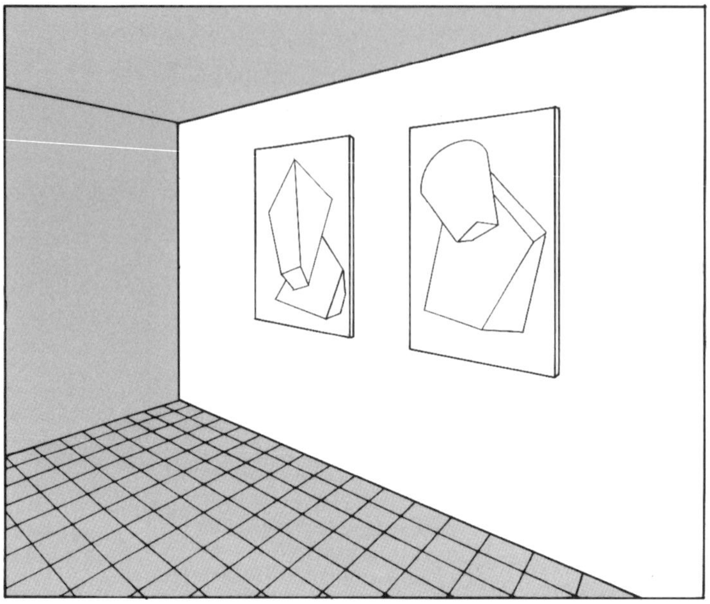

그림 13.23 균일한 예술품 조명

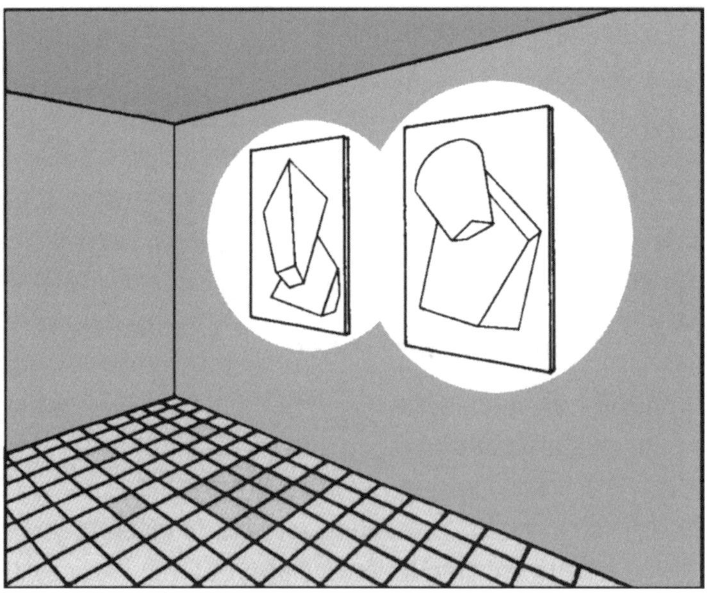

그림 13.24 비균일한 예술품 조명

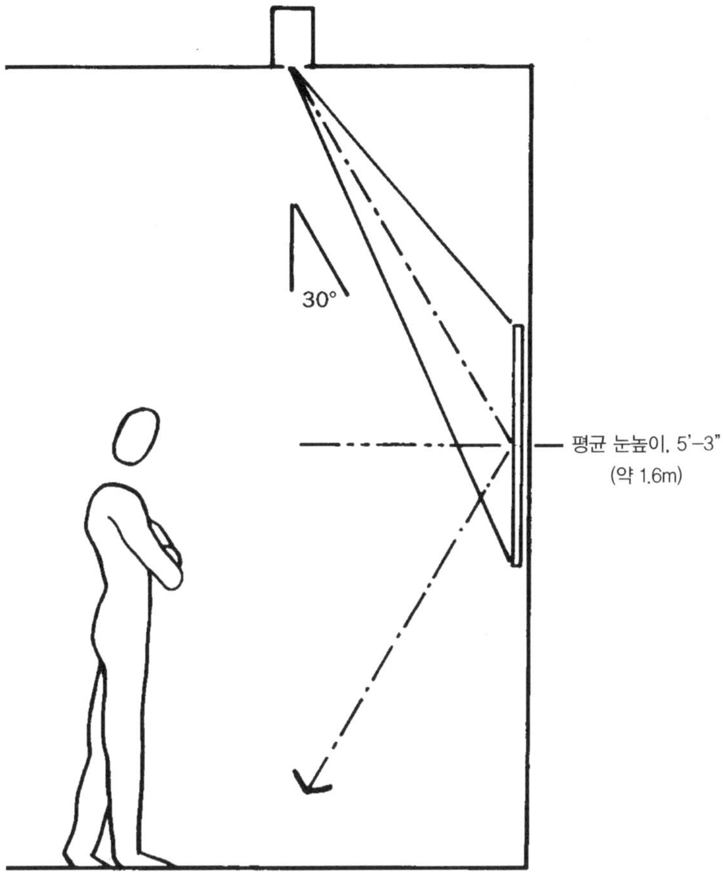

그림 13.25 예술품 조명의 최적 배치

재료의 보존 Conservation of Materials

재료의 보존은 예술품을 조명하는데 있어서 기본적인 고려사항이다. 모든 유기물은 쉽게 색이 변하고 빛 자체와 빛이 수반하는 열의 노출로 인해 약해지기 쉽다. 박물관 환경에서 이러한 재료에는 종이, 면, 린넨, 양피지, 가죽, 실크, 울, 깃털, 헤어, 염료, 오일, 아교, 고무, 수지, 그리고 — 화학 구조상의 유사성 때문에 — 거의 모든 합성 염료와 플라스틱이 있다.

재료의 손상은 파장과 관계가 있다. 자외선(UV)은 가시광선보다 더 큰 손상을 일으키지만, 주광을 포함하는 거의 모든 광원에서 가시광선보다는 훨씬 적은 양의 자외선이 나온다. 회화의 오일물감과 같이 상당히 견고하지만(더 안정적이지만) 그럼에도 불구하고 손상되기 쉬운 재료는 대개 자외선에 의해 변한다. 그러나 자외선이나 가시광선으로 손상되는 보다 민감한 염료와 색소는, 가시광선이 더욱 풍부하기 때문에 주로 가시광선에 의해 변할 것이다. 박물관 환경에서 자외선과 가시광선을 모두 제한하는 것은 필수사항이다.

다음의 세 단계에 대한 고려는 변하기 쉬운 재료가 빛과 열에 의해 야기되는 잠재적인 손상으로부터 보호하

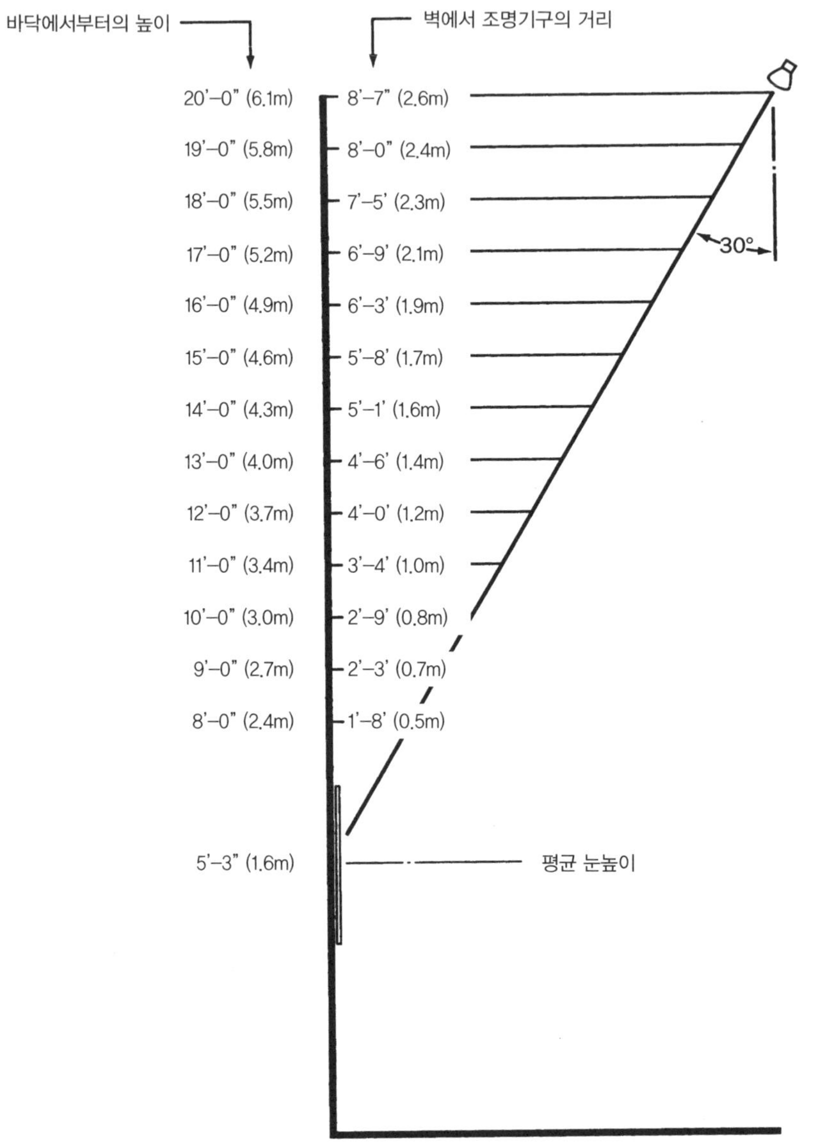

그림 13.26 30°의 조준 각도를 갖는 전형적인 조명기구의 설치 위치

도록 도울 것이다. (1) 주광의 노출 시간을 고려할 것, (2) 인공조명의 노출 시간을 고려할 것, (3) 빛에 지속적으로 노출되는 시간을 고려할 것.

주광에는 전기 광원보다 훨씬 높은 비율의 UV가 함유되어 있으므로 주광을 먼저 평가해야 한다. 주광을 위한 고품질의 UV 필터는 UV는 차단하지만 가시광은 통과하도록 조직된 아크릴과 플라스틱으로 만들어진다. 이 필터는 유리, 유리에 적용된 얇은 아세테이트, 바니시 대신 자립형self-supporting 시트로 사용이 가능하다.

백색 페인트 또한 좋은 UV 흡수재다. 만일 실내에 들어오는 모든 빛이 적어도 한 번 백색 마감면에 반사된다면 UV 문제는 해결될 것이다. 이러한 목적으로는 이산화 티타늄 색소가 최상이나 아연백 또한 좋은 흡수재다.

둘째로, 형광 램프와 HID 램프 사용을 신중하게 검토해야 한다. 비록 주광보다는 약하게 자외선을 방출하지만 상관색온도가 3100K 이상인 모든 방전 램프는 세심한 주의를 필요로 하는데, 이는 자외선과 단파장의 가시광선이 모두 색온도와 함께 증가하기 때문이다. 컬러필터 제조업체로부터 UV-흡수재의 플라스틱 시트가 가능하다.

백열 램프는 UV 방출이 적어서 필터를 필요로 하지 않는다. 거의 모든 백열 램프로부터의 자외선은 입력 전력의 0.1%도 되지 않는다. 텅스텐-할로겐 램프는 고온의 필라멘트 온도 때문에 300nm 아래의 UV가 약간 더 많이 방출된다. 이는 여전히 적은 양이며, 다행히 더 긴 파장의 자외선을 통과시키는 보통의 유리도 이렇게 단파장의 자외선의 방출은 완전히 막는다. (미국의 조명기구에 있는 텅스텐-할로겐 램프에는 이미 램프 파손에 대비하여 안전성 보호를 제공하는 렌즈나 유리 덮개가 포함된다.)

예술작품은 가시광선을 제한하면 어두움 속에 남겨지기 때문에 가시광선을 제한하는 것은 자외선을 제한하는 것보다 더욱 어렵다. 박물관 실무자는 유화, 템페라 그림, 동양의 옻칠, 염색하지 않은 가죽, 뿔, 뼈, 상아를 위해 최대로 유지되는 조도가 마감면 위에서 150lx라고 제안한다. 특히 드로잉, 프린트, 수채화, 태피스트리, 텍스타일, 의복, 원고, 그리고 거의 모든 자연사 전시와 같이 빛에 민감한 오브젝트를 위해서는, 최대로 유지되는 조도가 50lx이다.

50lx에서 150lx로 유지되는 빛의 양을 갖는 복사열 또한 합당한 제한점까지 조절된다. 램프는 전시대 밖에 배치되어야 하며, 순회하지 않고 곧바로 전시를 통과하는 공기로 환기되어야 한다. 다이크로익 쿨-빔cool-beam 램프가 유용하다. 램프의 색온도는 표준 광원보다 다소 높은 편이지만, 연색성에는 지장이 없기 때문이다.

셋째로, 빛에 노출되는 시간을 평가하라. 노출exposure은 조도와 시간에 의한 산물이다. 짧은 시간 동안 많은 양의 빛에 노출되거나 긴 시간 동안 적은 양의 빛에 노출되면 같은 정도의 손상을 산출할 것이다. 만일 조도가 절반이면, 손상 비율도 절반이 된다. 최상의 전략은 조도와 노출 시간을 모두 줄이는 것이다.

조도값이 낮을 경우, 색온도가 높은 광원보다는 낮은 것이 선호된다. 관람자에게는 예술 작품과 주위(남아있는 공간)의 밝기의 균형이 빛의 양이 적은 것보다 더 중요하다. 예술품을 관람하는 데에 명암순응은 중요한 역할을 한다. 즉, 관람자의 눈은 전시 공간에 들어가기 전에 반드시 낮은 조도에 순응되어야 한다.

밝기의 균형 BALANCE OF BRIGHTNESS

제2장에서 우리는 조명 디자인이 전반 조명Ambient luminescence, 초점 조명focal glow, 스파클sparkle 등의 3가지 요소의 균형을 수반한다는 것을 배웠다. 이 3가지 요소의 균형은 작업자의 작업을 배경으로부터 쉽게 구별해주고, 예술품이 주위로부터 두드러지게 하며, 컨퍼런스나 레스토랑 테이블이 참석자의 주의를 끄는 초점이 되게 한다. 그것이 바로 밝기 균형의 결과이다.

하나의 공간에서 마주 보는 벽을 조명하는 것은 대체로 바람직하며, 그것에 의해 밝기의 균형이 수립된다(그림 13.27). 균형은 대칭과 다르다. 즉, 마주 보는 벽을 같은 방법으로 조명하는 것은 하나의 선택적 방법이 될

그림 13.27 맞은편 벽면을 조명하는 것은 밝기의 균형을 수립한다.

수는 있으나 반드시 그럴 필요는 없다. 그 대신, 하나의 벽이 월-워시 시스템으로 균일하게 조명되면 다른 벽이 악센트 조명으로 비균일하게 조명될 것이다(그림 13.28).

하나의 공간에서 둘레의 조도를 중앙과 균형이 되게 하는 것 또한 바람직하다. 만일 실내의 폭이 높이보다 크면 벽만으로 실내를 성공적으로 조명하는 것은 불가능하다. 천장이 낮은 공간에서 확산적으로 조명된 벽이 서로 먼 거리에 있고 그것만이 조도의 유일한 광원일 때 공간은 밋밋하고 음울하게 보일 수 있다. 다운라이트를 중앙에 첨가하는 것이 바람직하고, 그렇지 않으면 그 공간의 중앙에 있는 모든 사람과 물체가 실루엣으로 나타날 것이다(그림 13.29).

인간은 주로 밝기의 상호관계를 통해 공간 전체를 해석한다는 것을 기억하라. 인간이 가지는 시각적 공간의 주관적 인상은 밝기 패턴과 패턴 조직, 즉 조명되거나 상대적으로 어둡게 남겨진 표면과의 관계가 일차적인 기능을 한다.

어떤 조명 패턴은 실내의 마감면과 오브젝트에 대한 개인의 성향과 이해에 영향을 끼친다. 오브젝트-조명과 선반-조명은 주의와 의식에 영향을 주며(그림 13.29), 벽-조명과 코너-조명은 실내의 크기와 형상에 대한 이해를 증진시킨다(그림 13.30). 이와 함께 결과적으로 밝기의 균형은 둘러싸인 감각을 조성하거나 수정해 준다.

또, 어떤 조명 패턴은 행위에 맞는 공간 환경과 분

그림 13.28 다른 방법으로 맞은편 벽면을 조명하는 것 또한 밝기의 균형을 제공한다.

그림 13.29 천장이 낮은 공간에서 조명된 벽이 서로 먼 거리에 있을 때, 중앙부에 첨가된 다운라이트는 밝기의 균형을 제공한다.

위기에 대한 아이디어와 인상이라는 커뮤니케이션을 수반한다. 눈은 모르는 사이에 밝은 오브젝트나 배경과 대비를 이루는 영역으로 유인되기 때문에 고대비의 환경은 강조되지 않은 오브젝트나 영역 및 마감면과는 달리 선택된 디테일에 대한 주의 집중과 흥미를 느끼게 하는 데에 효율적이다(그림 13.31).

밝기의 균형이 분명한 목적으로 정해지면 디자이너는 의도된 행위에 적절한 배경을 제공한다. 목적이 분명한 빛의 요소는 눈을 즐겁게 하고 매혹되게 하며, 주의를 집중시킬 수 있게 한다(그림 13.32).

예제 An Example

레스토랑에서 조명 시스템이 건축을 강조하지 않고 테이블 상판과 같은 수평면을 밝히도록 디자인된다면 사람과 행위가 우세한 특징이 된다. 이러한 조명 상황은 가까이 있는 디테일, 사람, 움직임에 대한 의식을 향상시키고, 고객 사이에 파티의 기분을 북돋운다. 건축은 중성적이거나 의존적인 시각 효과로 나타날 것이다(그림 13.33).

반면, 건축적 환경은 수직면과 상부면을 조명하는 것으로 강조된다. 조명이 시각적 강조점을 공간을 둘러싼 마감면에 둘 때 테이블 상판 위의 조명의 강도는 감

그림 13.30 벽 조명과 코너 조명은 실내의 크기와 형상에 대한 이해를 높인다.

그림 13.31 고대비의 조명은 주의 집중과 흥미에 효율적이다.

그림 13.32 목적이 분명한 빛의 요소는 눈을 즐겁게 하고 주의를 집중시킨다.

소하며, 중앙부에 있는 오브젝트와 사람은 실루엣으로 떨어진다. 그러면 행위는 시각적으로 일반 공간에 대해 의존적인 것이 되고, 개개인은 프라이버시나 익명의 감각을 느껴서 더욱 친밀한 분위기를 유도한다(그림 13.34).

성공적인 레스토랑 디자인은 2가지의 균형, 즉 당신의 테이블이 실내에서 가장 중요해지고 다른 테이블의 손님이 배경이 될 때 친밀감과 프라이버시를 하나의 감각으로 느끼게 되어 연회를 즐기는 분위기가 된다(그림 13.35).

휘도 비 Luminance Ratios

사무공간에서 다양한 휘도를 제한 범위 내에서 제어하는 것은 확실히 가시성을 양호하게 한다. 이러한 제한 내에서 다양성은 바람직하며 작업환경을 더욱 즐겁게 만들 것이다. 휘도 차는 하나의 휘도와 다른 휘도 사이의 비율로 설명된다(그림 13.36).

그러나 전체 환경에 이러한 비율을 유지하는 것은 바람직하지 않다. 시각적 흥미와 (하루 동안 눈 근육의 주기적 휴식에 필요한) 원거리 눈 초점을 위해서는 권장 휘도 비율을 초과하는 작은 영역이 유리하다. 이러한 것에는 예술작품, 벽이나 바닥의 악센트 마감재, 의자와 액세서리의 악센트 마감재, 초점 조명이 있다.

밝기의 지각은 조도와 더불어 표면의 반사와도 관련이 있다. 마감 표면 반사에 대한 고려는 조명 디자인만큼 대단히 중요하다.

그림 13.33 조명 시스템이 수평면을 비출 때 사람과 행위가 두드러진다.

그림 13.34 조명 시스템이 수직면과 상부면을 비출 때 건축이 두드러진다.

그림 13.35 조명 시스템이 수평면과 수직면을 모두 비출 때 밝기의 균형이 이루어진다.

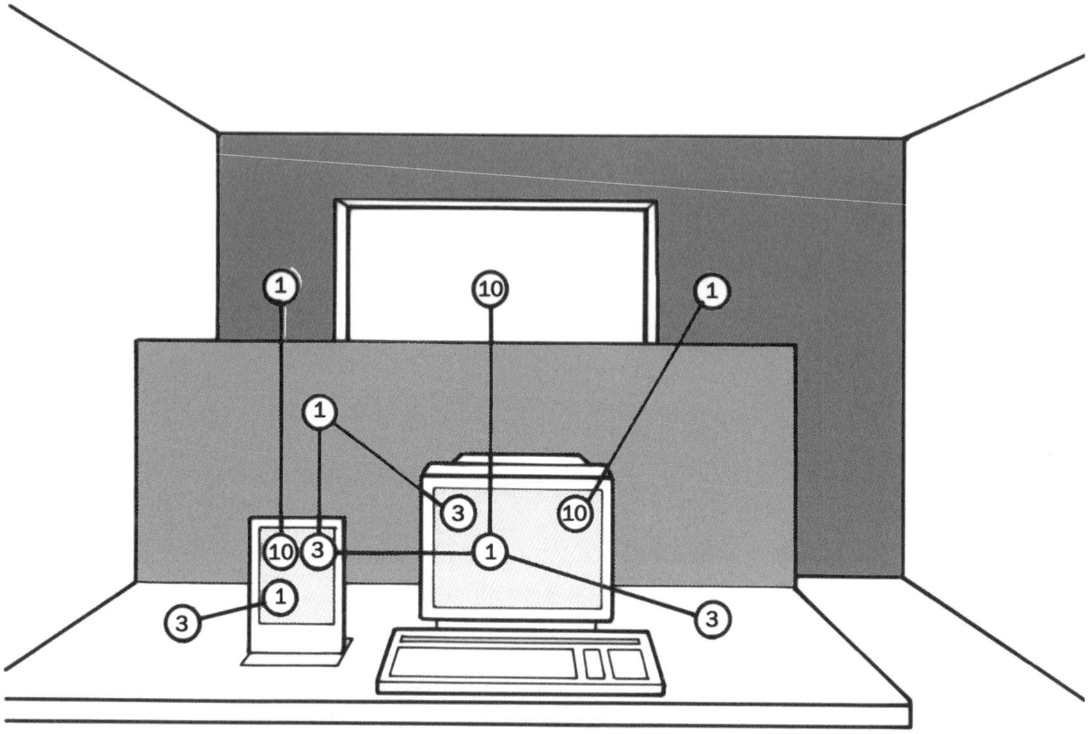

그림 13.36 VDT 워크스테이션을 위한 추천 최대 휘도 비율

그림자 Shadows

조명 디자인에는 빛은 물론 그림자도 포함된다. 음악가가 침묵을 포착해서 소리를 만들고 건축가가 빈 공간을 둘러서 복잡한 형태를 전개하는 것처럼 조명 디자이너는 그림자로 빛을 만들어 낸다(그림 13.37).

빛과 어둠은 서로 상극이 아니다. 있어야 하는 모든 것을 생산하기 위해 결합하는 음과 양처럼 빛과 어둠은 한 쌍으로 대응되는 것이다. 그림자나 어둠이 없다면 빛은 그 의미의 상당 부분을 잃는다. 빛과 그림자 패턴은 시야 내의 마감면과 오브젝트를 두드러지게 한다(그림 13.38).

다시 말해서 3차원의 형태는 빛과 그림자의 관계로 지각된다. 만일 2개의 하얀 면이 만나서 형성된 튀어나온 코너가 빛을 받아 두 면이 동일하게 빛난다면, 눈은 더 이상 코너의 모서리를 분간할 수 없게 된다. 어쩌면 눈의 쌍안 기능 때문에 또는 그 두 면이 다른 면과 교차하기 때문에 어쩌면 여전히 그 모서리를 지각할지도 모른다. 그러나 거기에 코너가 있다고 보는 것의 본질적 의미는 상실되었다.

빛을 두 면에 동등하게 증가시키는 것은 도움이 되지 않을 것이다. 그러나 만일 두 면에 현저한 차이를 만들어 내기 위해 한 면의 빛을 줄인다면, 비록 빛의 전체 강도는 감소되더라도 그 코너는 분명해 보일 것이다.

그렇게 하면 그림자만으로도 빛을 충분히 음미할 수 있다. 마치 청중이 숨을 돌림으로써 대화를 음미하는 것처럼 우리는 그림자로 빛을 음미할 수 있는 것이다.

그림 13.37 조명 디자인에는 빛은 물론 그림자도 포함된다.

에너지 절약형 디자인 ENERGY-EFFECTIVE DESIGN
성공적인 조명 디자인은 에너지 절약형 디자인이다. 그것은 빛이 필요한 곳에 빛을 공급하기 위해 빛에너지를 사용하고, 원하지 않는 곳에는 빛을 제한한다(그림 13.39). 에너지 절약형 디자인은 빛과 밝기의 철저한 제어를 모두 포함한다. 그것은 와트 하나하나를 소중히 다루는 것을 의미한다(그림 13.40).

에너지의 효율과 조명의 품질은 때로는 상충되는 디자인 목표로 여겨져 왔다. 에너지 제한은 디자이너가 직면하는 수많은 디자인 제약 중 하나에 불과하다. 공간의 제한이든지, 고정된 예산이든지, 시간의 제약이든지, 색채 팔레트든지, 조명에 연결되는 전력의 한계이든지 간에 디자인은 프로젝트의 제약요소 내에서 작업하는 것을 의미한다(그림 13.41).

주어진 전력 내에서 디자이너에게는 무제한의 자유가 있다. 방향을 지시하고 지각을 도우며 행위를 지원하는 방법으로 실내 마감면과 오브젝트에 빛을 분포시키는 것은, 제한된 조명 와트가 가장 효율적인 방법으로 분포되고 있다고 말하는 또 하나의 방법이다(그림 13.42). 규제상 요구조건에 맞고 시각적으로도 만족스런 환경을 구축하기 위해 엄격한 에너지 규정은 더 철저한 디자인을 필요로 할 뿐이다.

그림 13.38 빛과 그림자 패턴은 마감면과 오브젝트를 두드러져 보이게 한다.

그림 13.39 에너지 절약형 디자인은 가능한 와트를 사용하여 빛을 필요한 곳에 공급한다.

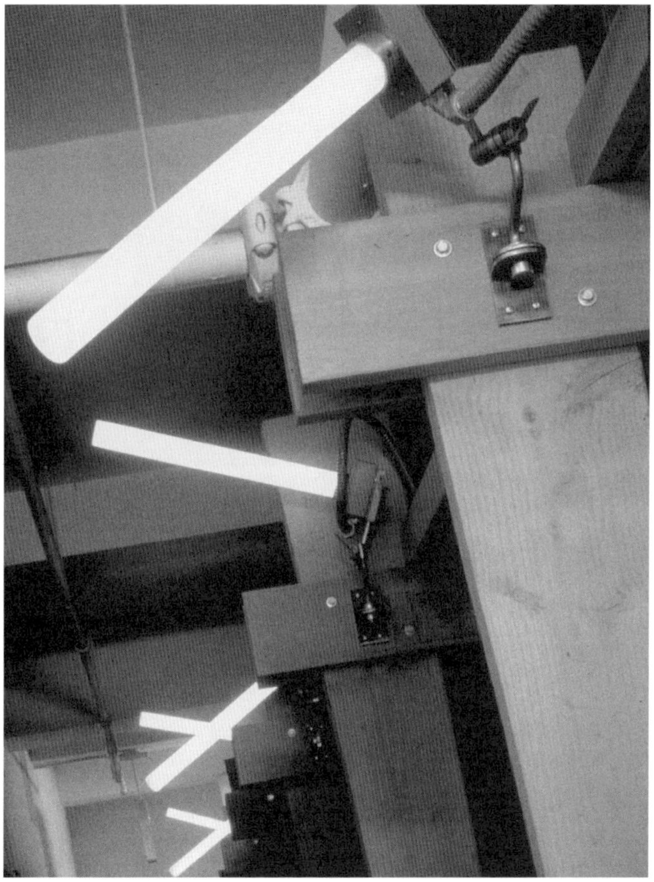

그림 13.40 에너지 절약형 디자인에는 빛과 밝기에 대한 철저한 제어가 포함된다.

그림 13.41 디자인은 프로젝트의 제한점 내에서 작업하는 것을 의미한다.

빛과 건축의 통합

INTEGRATING LIGHT AND ARCHITECTURE

성공적인 조명 디자인은 건축의 구조체에 통합된다. 조명 디자인은 그 콘셉트를 건축적인 것과 통합시키고(그림 13.43), 빛을 생산하는 기술을 건물을 짓는 기계적이고 구조적인 시스템과 통합시킨다(그림 13.44). 통합의 목적은 건축의 콘셉트에 공감하고, 건축의 콘셉트와 그 정신을 나타내는 방식으로 현대의 조명 테크닉을 사용하는 것이다(그림 13.45).

빛과 건축이 통합될 때 우리는 빛이 생산되는 기계적 기법을 알아차리지 못한다. 생산성을 촉진하고 웰빙을 증진시키는 편안한 환경일 때에만 말이다. 빛은 우리의 웰빙 감각에 영향을 주기 때문에 우리는 궁극적으로 빛의 품질뿐만 아니라 삶의 질에도 관심을 갖게 된다.

그림 13.42 효율적 방법으로 분포된 한정된 조명 와트

그림 13.43 조명 콘셉트와 건축 콘셉트의 통합

그림 13.44 조명 테크닉과 기계적이고 구조적인 시스템의 통합

그림 13.45 건축의 콘셉트에 공감하고 그 정신을 나타내는 방식으로 사용된 현대의 조명 테크닉

부록 Appendix

표 1
표준 연색평가지수

램프 기재사항	연색평가지수(CRI)	캘빈 색온도(K)
백열등과 텅스텐-할로겐 Incandescent and Tungsten-Halogen		
백열등 Incandescent	100	2800
옅은 청색 백열등 Light blue incandescent	100	4000
주광 백열등 Daylight incandescent	100	5000
텅스텐-할로겐 Tungsten-halogen	100	3100
옅은 청색 필터가 있는 텅스텐-할로겐 Tungsten-halogen with light blue filter	100	4000
청색 필터가 있는 텅스텐-할로겐 Tungsten-halogen with blue filter	100	5000
형광등 Florescent		
냉백색 Cool white	62	4100
냉백색 디럭스 Cool white deluxe	89	4100
온백색 Warm white	53	3000
온백색 디럭스 Warm white deluxe	85	3000
자연색 Natural	90	3700
옅은 백색 Lite white	51	4200
주광색 Daylight	79	6500
주광색 디럭스 Daylight deluxe	84	6500
냉녹색 Cool green	70	6450
RE-730	70-79	3000
RE-735	70-79	3500
RE-741	70-79	4100
RE-750	70-79	5000
RE-830	80-89	3000
RE-835	80-89	3500
RE-841	80-89	4100
RE-850	80-89	5000
RE-930	95	3000
RE-950	98	5000
채도 50	92	5000
채도 75	95	7500
T8/ADV/830	80-89	3000
T8/ADV/835	80-89	3500

램프 기재사항	연색평가지수(CRI)	캘빈 색온도(K)
T8/ADV/841	80–89	4100
T8/ADV/850	80–89	5000
T12/ADV/830	82	3000
T12/ADV/835	82	3500
T12/ADV/841	82	4100
T12/ADV/850	82	5000
고휘도 방전 High–Intensity Discharge		
표준 수은등 Standard mercury	20	5900
수은등 디럭스 화이트 Mercury deluxe white	45	3900
표준 메탈할라이드 Standard metal halide	65	4000
표준 코팅 메탈할라이드 Standard coated metal halide	70	3800
차가운 세라믹 할라이드 Cool ceramic halide (39–70 W)	92	4000
차가운 세라믹 할라이드 Cool ceramic halide (100–400 W)	93	4000
따뜻한 세라믹 할라이드 Warm ceramic halide (39–70 W)	82	3000
따뜻한 세라믹 할라이드 Warm ceramic halide (100 W)	85	3000
복합 메탈할라이드 Combined metal halide/HPS	90	4000
표준 고압 나트륨 Standard high–pressure sodium	22	2000
디럭스 고압 나트륨 Deluxe high–pressure sodium	65	2200
백색 고압 나트륨 White high–pressure sodium	85	2700
저압 나트륨 Low–pressure sodium	0	1700s

표 2
백열 램프의 명칭 및 속성

미국표준협회 ANSI 램프 명칭	볼트	와트	수명 (시간)	초기 광속	배광 Beam-Spread 50%	10%	비고
알루미늄 반사판 (AR) 램프 Aluminum reflector lamps							
15ALR18/NSP6 (GBA)	6	15	2,000	5,200	6°	–	
15ALR18/SP14 (GBC)	6	15	2,000	1,900	14°	–	
20 ALR12/NSP6 (GBD)	12	20	2,000	6,400	6°	–	
20 ALR12/SP18 (GBE)	12	20	2,000	1,000	18°	–	
20 ALR12/FL34 (GBF)	12	20	2,000	350	34°	–	
50 ALR18/SP10 (GBJ)	12	50	2,000	12,000	10°	–	
50 ALR18/NF22 (GBK)	12	50	2,000	2,000	22°	–	
20AR70/SP8	12	20	3,000	7,700	8°	–	필라멘트 차폐
20AR70/FL25	12	20	3,000	900	25°	–	필라멘트 차폐
50AR70/SP8	12	20	3,000	12,500	8°	–	필라멘트 차폐
50AR70/FL25	12	20	3,000	2,600	25°	–	필라멘트 차폐
35AR111/SSP4/6V	6	35	3,000	30,000	4°	–	필라멘트 차폐
35AR111/SSP4	12	35	3,000	45,000	4°	–	필라멘트 차폐
35AR111/SP8	12	35	3,000	14,000	8°	–	필라멘트 차폐
35AR111/FL25	12	35	3,000	2,500	25°	–	필라멘트 차폐
50AR111/SSP4	12	50	3,000	50,000	4°	–	필라멘트 차폐
50AR111/SP8	12	50	3,000	20,000	8°	–	필라멘트 차폐
50AR111/FL25	12	50	3,000	3,500	25°	–	필라멘트 차폐
75AR111/SP8	12	75	3,000	30,000	4°	–	필라멘트 차폐
75AR111/FL25	12	75	3,000	5,300	8°	–	필라멘트 차폐
75AR111/WFL45	12	75	3,000	1,700	25°	–	필라멘트 차폐
100AR111/SP8	12	100	3,000	48,000	4°	–	필라멘트 차폐
100AR111/FL25	12	100	3,000	8,500	8°	–	필라멘트 차폐
100AR111/WFL45	12	100	3,000	2,800	25°	–	필라멘트 차폐
거울 반사판 (MR) 램프 Mirror-reflector lamps							
20MR11/SP10 (FTB)	12	20	4,000	5,500	10°	–	

미국표준협회 ANSI 램프 명칭	볼트	와트	수명 (시간)	초기 광속	배광 Beam-Spread 50%	10%	비고
20MR11/SP15 (FTC)	12	20	3,500	1,760	15°	–	
20MR11/FL35 (FTD)	12	20	4,000	700	35°	–	
35MR11/SP10 (FTE)	12	35	4,000	8,500	10°	–	
35MR11/SP15 (FTF)	12	35	3,500	3,000	15°	–	
35MR11/FL35 (FTH)	12	35	4,000	1,500	40°	–	
20MR16/NSP8 (ESX)	12	20	4,000	6,000	8°	–	
20MR16/FL40 (BAB)	12	20	4,000	700	40°	59°	
20MR16/VWFL60	12	20	4,000	350	60°	–	
20MR16/IR/SP8	12	20	5,000	6,500	8°	–	IR-반사기능
20MR16/IR/FL36	12	20	5,000	1,000	36°	–	IR-반사기능
35MR16/NSP8 (FRB)	12	35	4,000	11,000	10°	–	
35MR16/SP20 (FRA)	12	35	4,000	2,800	20°	–	
35MR16/FL40 (FMW)	12	35	4,000	1,400	40°	–	
35MR16/VWFL60	12	20	4,000	650	60°	–	
35MR16/IR/SP8	12	35	5,000	14,000	8°	–	IR-반사기능
35MR16/IR/NFL24	12	35	5,000	4,400	24°	–	IR-반사기능
35MR16/IR/FL36	12	35	5,000	2,200	36°	–	IR-반사기능
35MR16/IR/VWFL60	12	37	5,000	1,050	60°	–	IR-반사기능
37MR16/IR/SP10	12	37	4,000	13,100	10°	–	IR-반사기능
37MR16/IR/NFL25	12	37	4,000	4,600	25°	–	IR-반사기능
37MR16/IR/FL40	12	45	4,000	2,500	40°	–	IR-반사기능
45MR16/IR/SP8	12	45	5,000	16,000	8°	–	IR-반사기능
45MR16/IR/NFL24	12	45	5,000	5,450	24°	–	IR-반사기능
45MR16/IR/FL36	12	45	5,000	2,850	36°	–	IR-반사기능
45MR16/IR/WFL60	12	50	5,000	1,300	60°	–	IR-반사기능
50MR16/NSP10 (EXT)	12	50	4,000	11,500	10°	24°	
50MR16/NFL25 (EXZ)	12	50	4,000	3,200	27°	49°	
50MR16/NFL30 (EXK)	12	50	4,000	2,500	32°	52°	
50MR16/FL40 (EXN)	12	50	4,000	2,000	40°	64°	
50MR16/WFL60 (FNV)	12	50	4,000	1,000	60°	–	
50MR16/IR/SP10	12	50	4,000	15,700	10°	–	IR-반사기능
50MR16/IR/NFL25	12	50	4,000	6,000	25°	–	IR-반사기능
50MR16/IR/FL40	12	50	4,000	3,000	40°	–	IR-반사기능
65MR16/NSP10 (FPA)	12	65	4,000	14,000	10°	–	

미국표준협회 ANSI 램프 명칭	볼트	와트	수명 (시간)	초기 광속	배광 Beam-Spread 50%	10%	비고
65MR16/NFL25	12	65	4,000	4,000	25°	–	
65MR16/FL40 (FPB)	12	65	4,000	2,100	40°	–	
65MR16/VWFL60	12	65	4,000	1,050	60°	–	
71MR16/NSP15 (EYF)	12	71	4,000	11,500	15°	–	
71MR16/NFL25 (EYJ)	12	71	4,000	5,500	25°	–	
71MR16/FL40 (EYC)	12	71	4,000	2,200	40°	–	
75MR16/SP10 (EYF)	12	75	4,000	14,000	10°	–	
75MR16/FL36 (EYC)	12	75	4,000	2,500	36°	–	
알루미늄 도금 포물선형 반사판(PAR) 램프 arabolic alumnized reflector lamps							
35PAR14/H/FL	120	35	2,000	85	50°	–	
45PAR16/H/NSP10	120	45	2,000	5,000	10°	–	
45PAR16/H/NFL27	120	45	2,000	1,400	27°	–	
50PAR16/H/FL40	120	50	2,000	800	40°	–	
60PAR16/H/NSP10	120	60	2,000	5,700	10°	–	
60PAR16/H/NFL27	120	60	2,000	2,000	27°	–	
75PAR16/H/NSP10	120	75	2,000	7,500	10°	–	
75PAR16/H/NFL30	120	75	2,000	1,900	30°	–	
35PAR20/H/NSP10	120	35	2,500	3,000	10°	–	
35PAR20/H/NFL30	120	35	2,500	800	30°	–	
35PAR20/H/WFL40	120	35	2,500	500	40°	–	
50PAR20/H/NSP9	120	50	2,000	6,200	9°	–	
50PAR20/H/SP16	120	50	2,000	3,200	16°	–	
50PAR20/H/NFL30	120	50	2,000	1,400	30°	–	
50PAR20/H/WFL40	120	50	2,500	900	40°	–	
35PAR30/H/NSP9	120	35	2,500	5,700	9°	–	
35PAR30/H/WFL50	120	35	2,500	450	50°	–	
45PAR30/HIR/SP9XL	120	45	6,000	9,750	9°	–	IR-반사기능
45PAR30/HIR/FL25XL	120	45	6,000	2,025	25°	–	IR-반사기능
45PAR30/HIR/FL35XL	120	45	6,000	1,125	35°	–	IR-반사기능
50PAR30/H/NSP10	120	50	3,000	8,250	10°	–	
50PAR30/H/NFL30	120	50	2,000	1,950	30°	–	

미국표준협회 ANSI 램프 명칭	볼트	와트	수명 (시간)	초기 광속	배광 Beam-Spread 50%	10%	비고
50PAR30/H/FL40	120	50	2,000	1,500	40°	–	
50PAR30/HIR/NSP9	120	50	3,000	13,000	9°	–	IR-반사기능
50PAR30/HIR/NFL25	120	50	3,000	2,900	25°	–	IR-반사기능
50PAR30/HIR/FL35	120	50	3,000	1,500	35°	–	IR-반사기능
50PAR30L/H/NSP9	120	50	2,000	8,800	9°	–	
50PAR30L/H/SP16	120	50	2,000	4,200	16°	–	
50PAR30L/H/NFL30	120	50	2,000	1,900	30°	–	
50PAR30L/H/FL40	120	50	2,000	1,250	40°	–	
50PAR30L/H/WFL60	120	50	2,000	550	60°	–	
60PAR30/H/NSP10	120	60	2,500	10,000	10°	–	
60PAR30/H/NFL30	120	60	2,500	2,800	30°	–	
60PAR30L/H/FL40	120	60	2,500	1,850	40°	–	
75PAR30/H/NSP10	120	75	2,000	15,400	10°	–	
75PAR30/H/NFL25	120	75	2,000	3,100	27°	–	
75PAR30/H/FL35	120	75	2,000	2,000	35°	–	
75PAR30L/H/NSP9	120	75	2,000	15,400	9°	–	
75PAR30L/H/SP16	120	75	2,000	6,700	16°	–	
75PAR30L/H/NFL30	120	75	2,000	3,400	30°	–	
75PAR30L/H/FL40	120	75	2,000	2,200	40°	–	
75PAR30L/H/WFL60	120	75	2,500	1,100	50°	–	
25PAR36/VNSP5	6	25	1,000	19,700	–	5.5° X 4.5°	필라멘트 차폐
25PAR36/NSP9	12	25	2,000	2,600	10° X 8°	19° X 17°	필라멘트 차폐
25PAR36/WFL30	12	25	2,000	360	37° X 26°	49° X 41°	필라멘트 차폐
25PAR36/VWFL55	12	25	2,000	160	55°	–	필라멘트 차폐
35PAR36/H/VNSP5	12	35	4,000	25,000	5°	–	
35PAR36/H/NSP8	12	35	4,000	20,000	8°	–	
35PAR36/H/WFL30	12	35	4,000	900	25° X 35°	–	
36PAR36/H/VNSP5	12	36	4,000	17,000	5°	–	
36PAR36/H/NSP13	12	36	4,000	3,500	13°	–	
36PAR36/H/WFL32	12	36	4,000	1,000	32°	–	
50PAR36/NSP6	12	50	4,000	25,000	6°	–	필라멘트 차폐
50PAR36/NSP10	12	50	2,000	1,100	10°	20° X 17°	필라멘트 차폐
50PAR36/WFL35	12	50	2,000	1,300	37° X 27°	48° X 41°	필라멘트 차폐
50PAR36/VWFL55	12	50	2,000	1,100	55°	80° X 80°	필라멘트 차폐

미국표준협회 ANSI 램프 명칭	볼트	와트	수명 (시간)	초기 광속	배광 Beam-Spread 50%	10%	비고
50PAR36/H/NSP5	12	50	4,000	35,000	5°	–	
50PAR36/H/NSP8	12	50	4,000	30,000	8°	–	
50PAR36/H/WFL30	12	50	4,000	1,300	25° X 35°	–	
45PAR38/H/NSP9	120	45	2,500	10,000	9°	–	
45PAR38/H/SP11	120	45	2,500	8,800	11°	–	
45PAR38/H/FL30	120	45	2,500	1,500	32°	–	
45PAR38/HIR/SP12XL	120	45	6,000	4,000	12°	–	IR-반사기능
45PAR38/HIR/FL40XL	120	45	6,000	1,100	40°	–	IR-반사기능
50PAR38/HIR/SP6	120	50	3,000	20,000	6°	–	IR-반사기능
50PAR38/HIR/SP9	120	50	3,000	14,000	9°	–	IR-반사기능
50PAR38/HIR/S/SP10	120	50	4,000	14,000	10°	–	IR, 은도금 반사판
50PAR38/HIR/S/FL25	120	50	4,000	3,000	25°	–	IR, 은도금 반사판
55PAR38/HIR/SP12XL	120	55	6,000	9,000	12°	–	IR-반사기능
55PAR38/HIR/FL40XL	120	55	6,000	2,000	40°	–	IR-반사기능
60PAR38/HIR/SP10	120	60	3,000	20,000	10°	–	IR-반사기능
60PAR38/HIR/SP12	120	60	3,000	12,000	12°	–	IR-반사기능
60PAR38/HIR/S/SP12	120	60	4,000	20,000	12°	–	IR, 은도금 반사판
60PAR38/HIR/FL30	120	60	3,000	3,600	29°	–	IR-반사기능
60PAR38/HIR/FL40	120	60	3,000	2,000	40°	–	IR-반사기능
60PAR38/HIR/WFL55	120	60	3,000	1,250	53°	–	IR-반사기능
70PAR38/HIR/SP10	120	70	3,000	16,000	10°	–	IR-반사기능
70PAR38/HIR/FL25	120	70	3,000	4,600	25°	–	IR-반사기능
75PAR38/H/NSP8	120	75	2,500	18,400	8°	–	
75PAR38/HIR/NFL25	120	75	2,500	4,000	26°	–	
80PAR38/HIR/SP10	120	80	3,000	25,000	10°	–	IR-반사기능
80PAR38/HIR/SP12	120	80	3,000	19,000	12°	–	IR-반사기능
80PAR38/HIR/SP25	120	80	3,000	5,500	25°	–	IR-반사기능
90PAR38/H/SP10	120	90	2,000	18,500	12°	–	
90PAR38/H/NFL25	120	90	2,000	4,000	25°	–	
90PAR38/H/3WSP12	120	90	2,500	14,300	12°		사이드 프롱 베이스
90PAR38/H/3FL30	120	90	2,500	3,500	30°		사이드 프롱 베이스

미국표준협회 ANSI 램프 명칭	볼트	와트	수명 (시간)	초기 광속	배광 Beam-Spread 50%	10%	비고
90PAR38/CB/H/FL25	120	90	2,500	4,100	25°		쿨cool-빔
90PAR38/HIR/SP12XL	120	90	6,000	12,000	12°	–	IR-반사기능
90PAR38/HIR/FL40XL	120	90	6,000	2,800	40°	–	IR-반사기능
100PAR38/H/SP10	120	90	2,000	17,000	10°		
100PAR38/H/FL25	120	90	2,000	4,800	25°		
100PAR38/HIR/SP10	120	100	3,000	29,000	10°	–	IR-반사기능
100PAR38/HIR/FL25	120	100	3,000	6,300	25°	–	IR-반사기능
100PAR38/HIR/FL40	120	100	3,000	3,400	40°	–	IR-반사기능
120PAR38/3SP	120	120	2,000	9,200	18°		사이드 프롱 베이스
120PAR38/3FL	120	120	2,000	3,600	30°		사이드 프롱 베이스
120PAR38/H/SP10	120	120	3,000	22,500	10°	–	
120PAR38/H/NFL25	120	120	3,000	7,700	25°		
120PAR38/H/FL30	120	120	3,000	4,600	30°	–	
120PAR38/H/WFL55	120	120	3,000	2,000	55°	–	
150PAR38/2FL	120	120	2,000	3,400	24°	60°	쿨cool-빔
150PAR38/3SP	120	120	2,000	10,500	12°	30°	사이드 프롱 베이스
150PAR38/3FL	120	120	2,000	3,400	24°	60°	사이드 프롱 베이스
Q250PAR38/SP10	120	250	4,500	46,500	11°	–	
Q250PAR38/FL30	120	250	4,500	9,000	22°	–	
25PAR46/NSP5	6	25	1,000	55,000	–	5.5° X 4.5°	필라멘트 차폐
150PAR46/3MFL	125	150	2,000	8,000	26° X 13°	39° X 25°	사이드 프롱 베이스
200PAR46/3NSP	120	200	2,000	31,000	12° X 8°	23° X 19°	사이드 프롱 베이스
200PAR46/3MFL	120	200	2,000	11,500	27° X 13°	40° X 24°	사이드 프롱 베이스
120PAR56/VNSP	12	120	2,000	60,000	8° X 6°	15° X 10°	
120PAR56/MFL	12	120	2,000	19,000	18° X 9°	29° X 15°	
120PAR56/WFL	12	120	2,000	5,625	35° X 18°	50° X 25°	
200PAR56/MFL	120	200	2,000	15,000	22° X 13°	34° X 22°	
240PAR56/VNSP	12	240	2,000	140,000	90° X 6°	17° X 10°	
240PAR56/MFL	12	240	2,000	46,000	19° X 8°	28° X 15°	
240PAR56/WFL	12	240	2,000	13,000	35° X 18°	50° X 27°	
300PAR56/NSP	120	300	2,000	68,000	10° X 8°	20° X 14°	
300PAR56/MFL	120	300	2,000	24,000	23° X 11°	34° X 19°	
300PAR56/WFL	120	300	2,000	11,000	37° X 18°	57° X 27°	
Q500PAR56/NSP	120	500	4,000	96,000	13° X 8°	32° X 15°	

미국표준협회 ANSI 램프 명칭	볼트	와트	수명 (시간)	초기 광속	배광 Beam-Spread 50%	10%	비고
Q500PAR56/MFL	120	500	4,000	43,000	26° X 10°	42° X 20°	
Q500PAR56/WFL	120	500	4,000	19,000	44° X 20°	66° X 34°	
500PAR56/NSP	120	500	2,000	110,000	12° X 7°	19° X 14°	
500PAR56/MFL	120	500	2,000	45,000	9° X 25°	35° X 19°	
500PAR56/WFL	120	500	2,000	10,500	20° X 55°	55° X 32°	
Q1000PAR64/NSP	120	1,000	4,000	135,000	8° X 20°	31° X 14°	
Q1000PAR64/MFL	120	1,000	4,000	82,000	10° X 30°	45° X 22°	
Q1000PAR64/WFL	120	1,000	4,000	23,000	20° X 60°	72° X 45°	
반사형(R) 램프 Reflector lamps							
15R14SC/SP	12	15	2,000	135	14°	–	싱글 컨텍 베이스
25R14SC/SP15	12	15	2,000	1,200	16°	32°	싱글 컨텍 베이스
25R14SC/FL35	12	25	2,000	200	36°	102°	싱글 컨텍 베이스
25R14/WFL35	120	25	1,500	150	60°	120°	
50BR19/25/SP	120	50	2,000	–	25°	–	
30R20/FL40	120	30	2,000	300	38°	–	
50R20/FL40	120	50	2,000	550	38°	–	
75R20/FL40	120	75	2,000	800	–	120°	
100BR25/25	120	100	2,000	–	25°	–	
65BR30/SP20	120	65	2,000	1,625	20°	–	
65BR30/SP20XL	120	65	2,500	1,575	20°	–	
65BR30/FL55	120	65	2,000	525	55°	–	
65BR30/FL55XL	120	65	2,500	510	55°	–	
85BR30/SP20	120	85	2,000	3,100	20°	–	
85BR30/FL55	120	85	2,000	700	55°	–	
65BR40/FL60	120	65	2,000	500	60°	–	
85BR40/SP20	120	85	2,000	3,100	20°	–	
85BR40/FL60	120	85	2,000	700	60°	–	

미국표준협회 ANSI **램프 명칭**	**볼트**	**와트**	**수명 (시간)**	**초기 광속**	**배광** Beam-Spread		**비고**
					50%	**10%**	
120BR40/SP20	120	120	2,000	4,600	20°	–	
120BR40/FL60	120	120	2,000	1,000	60°	–	
300R40/SP40	120	300	2,000	14,000	40°	–	
300R40/FL120	120	300	2,000	2,900	120°	–	
타원형 반사판(ER) 램프 Elliptical reflector lamps							
50ER30/FL30	120	50	2,000	1,300	28°	70°	
75ER30/FL30	120	75	2,000	1,800	28°	70°	
120ER30/FL30	120	120	2,000	2,900	28°	70°	

표 3

형광 램프의 명칭 및 속성

램프 기재사항	표기	인상	광출력 (%)	캘빈 색온도 (K)	연색 평가 지수 (CRI)	수명 (시간)	초기 광속	평균 광속
냉백색 cool white	CW	차가운	100	4100	62	20,000+	3,050	2,650
냉백색 디럭스 white deluxe	CWX	차가운	72	4100	89	20,000+	2,200	1,800
온백색 warm white	WW	따뜻한	102	3000	52	20,000+	3,100	2,700
온백색 디럭스 warm white deluxe	WWX	따뜻한	68	2800	77	20,000+	2,200	1,805
부드러운 백색 soft white	SW	따뜻한	68	3000	79	20,000+	2,150	1,800
중성색 natural	N	중성의	69	3700	90	20,000+	2,100	1,870
옅은 백색 lite white	LW	차가운	102	4200	51	20,000+	3,050	2,650
주광색 daylight	D	주간의	83	6500	79	20,000+	2,600	2,250
주광색 디럭스 daylight deluxe	DX	주간의	76	6500	84	20,000+	2,300	2,000
RE-730	730	따뜻한	105	3000	70	20,000+	3,200	2,880
RE-735	735	중성의	105	3500	73	20,000+	3,200	2,880
RE-741	741	차가운	105	4100	70	20,000+	3,200	2,880
RE-750	750	주간의	90	5000	76	20,000+	3,200	2,880
RE-830	830	따뜻한	108	3000	85	20,000+	3,300	2,970
RE-835	835	중성의	108	3500	85	20,000+	3,300	2,970
RE-841	841	차가운	108	4100	85	20,000+	3,300	2,970
RE-850	850	주간의	93	5000	85	20,000+	3,280	2,950
RE-930	930	따뜻한	66	3000	95	20,000+	2,100	1,870
RE-950	950	주간의	66	5000	98	20,000+	2,100	1,870
채도 chroma 50	C50	주간의	72	5000	92	20,000+	2,200	1,915
채도 chroma 75	C75	주간의	66	7500	95	20,000+	2,000	1,720
T8/ADV/830	ADV830	따뜻한	105	3000	86	20,000+	3,300	2,970
T8/ADV/835	ADV835	중성의	105	3500	86	20,000+	3,300	2,970
T8/ADV/841	ADV841	차가운	105	4100	86	20,000+	3,300	2,970
T8/ADV/850	ADV850	주간의	105	5000	86	20,000+	3,300	2,970
T12/ADV/830	ADV30	따뜻한	118	3000	82	20,000+	3,600	3,100
T12/ADV/835	ADV35	중성의	118	3500	82	20,000+	3,600	3,100
T12/ADV/841	ADV41	차가운	118	4100	82	20,000+	3,600	3,100
T12/ADV/850	ADV50	주간의	118	4000	82	20,000+	3,600	3,100
적색 red	R	–	6	–	–	20,000+	195	60
분홍색 pink	PK	–	35	–	–	20,000+	1,160	695
금색 gold	GO	–	60	–	–	20,000+	2,400	1,765
녹색 green	G	–	140	–	–	20,000+	4,400	2,200
청색 blue	B	–	35	–	–	20,000+	1,200	720

표 4
전기 광원의 유효 값

램프 유형	와트량 범위	초기 램프 유효값 (와트당 루멘)	캘빈 색온도 (K)	연색평가지수 (CRI)	수명 (시간)
백열	6–1,500	4–24.5	2700–2800	100	750–4,000
텅스텐-할로겐	5–1,500	10–22	2900–3100	100	1,000–6,000
형광	4–215	10–104.5	2700–7500	53–95	6,000–24,000+
콤팩트 형광	5–80	28–76	2700–4100	81–82	6,000–14,000
수은	40–1,000	19–59	3300–5900	15–52	12,000–24,000+
메탈할라이드	32–1,500	35–100	3000–4400	65–96	3,000–20,000
고압 나트륨	33–1,000	31–127	1800–2800	22–85	7,500–24,000+
저압 나트륨	18–180	58–185	1740–1750	0	14,000–18,000

표 5
백열 램프와 형광 램프의 휘도 비교
(평방 인치당 칸델라 근사치)

램프 기재사항	형상	특성	휘도 (cd/sq in)
	백열		
150 W	A21	(IF)	150.0
	형광		
예열시동형 Preheat			
8 W	T5	(12")	8.1
15 W	T8	(18")	6.7
15 W	T12	(18")	4.1
20 W	T12	(24")	4.6
속시기동형 Rapid Start			
30 W	T12	(36")	5.3
32 W	T8	(48")	7.4
40 W	T8	(60")	7.4
40 W	T12	(48")	5.4
40 W	T12	(48" ES)	4.7
40 W	T12	(24 7/16 U-bent")	5.0
고출력 High Output			
24"	T12	(35 W)	6.1
48"	T12	(60 W)	7.3
72"	T12	(85 W)	7.3
96"	T12	(110 W)	7.3
96"	T12	(95 W ES)	6.6
초고출력 Very High Output			
48"	T12	(116 W)	12.0
72"	T12	(162 W)	12.0
96"	T12	(212 W)	12.0
96"	T12	(185 W ES)	11.2
순시기동형 Instant Start			
40 W	T12	(48")	5.3
40 W	T12	(60")	2.3

램프 기재사항	형상	특성	휘도 (cd/sq in)
슬림라인 Slimline			
42"	T8	(23 W)	5.3
64"	T8	(35 W)	5.3
72"	T8	(37.5 W)	5.0
96"	T8	(50 W)	5.0
48"	T12	(38.5 W)	5.0
72"	T12	(56 W)	5.0
96"	T12	(75 W)	5.0
96"	T12	(60 W ES)	4.5
서클라인 Circline			
20 W	T9	(6 1/2" dia.)	5.9
22 W	T9	(8 1/4" dia.)	5.2
32 W	T9	(12" dia.)	4.8
40 W	T9	(16" dia.)	4.8

표 6

색 광원의 상대 출력

램프 색채 기재사항	광출력 (%)	램프 색채 기재사항	광출력 (%)
백열–채색tinted 램프		**형광**	
투명	100	차가운 백색 cool white	100
백색	85	차가운 백색 디럭스 cool white deluxe	72
아이보리색	73	따뜻한 백색 warm white	102
불꽃색 flame tint	58	따뜻한 백색 디럭스 warm white deluxe	72
장밋빛	35	자연색 natural	69
적색	5	옅은 백색 lite white	104
주황색	35	주광색 daylight	85
황색	65	주광색 디럭스 daylight deluxe	76
녹색	5	RE–730	93
청색	3	RE–735	93
		RE–741	93
백열–사인sign 램프		RE–750	90
투명	100	RE–830	98
백색	85	RE–835	98
아이보리색	73	RE–841	98
불꽃색 flame tint	58	RE–850	97
장밋빛	35	RE–930	66
적색	5	RE–950	66
주황색	35	채도 chroma 50	72
황색	65	채도 chroma 75	66
녹색	5	T8/ADV/830	105
청색	3	T8/ADV/835	105
		T8/ADV/841	105
루미라인Lumiline 램프		T8/ADV/850	105
투명	100	T12/ADV/830	118
백색	85	T12/ADV/835	118
		T12/ADV/841	118
		T12/ADV/850	118
		청색 blue	39
		금색 gold	79
		적색 red	6
		분홍색 pink	45
		녹색 green	100
		진청색 deep blue	17

표 7
동일한 광량에 대응하는 램프의 와트

필라멘트 (투명 색채)	30 W	투명 Clear
	60 W	분홍색 Pink
	90 W	청백색 Blue-white
	200 W	적색 Red
	90 W	호박색 Amber
	36 W	황색 또는 금색 Yellow or gold
	300 W	녹색 Green
	300 W	청색 Blue
필라멘트 (확산 색채)	30 W	실리카코트 Silica coat
	39 W	분홍색 색조 Pink tint
	36 W	금색 색조 Gold tint
	60 W	녹색 색조 Green tint
	75 W	청색 색조 Blue tint
형광	10 W	차가운 백색 Cool white
	22 W	분홍색 Pink
	165 W	적색 Red
	13 W	황색 또는 금색 Yellow or gold
	11 W	황녹색 Yellow-green
	6 W	녹색 Green
	22 W	청색 Blue
	65 W	진청색 Deep blue

표 8
동일한 집중력attraction에서의 상대 밝기

백색광 White light	10
황색광 Yellow light	12
적색광 Red light	3
녹색광 Green light	4
청색광 Blue light	6

표 9
조명 회로의 권장 전선 규격과 이차 전선 길이
일차 전압 120V / 이차 변압 12V 사용시

전선 규격 게이지	회로당 와트																								
	20	40	60	80	100	120	140	160	180	200	220	240	260	280	300	320	340	360	380	400	420	440	460	480	500
	이차 전선의 최대 길이 (ft)																								
14	75	37	25	19	15	12	11	9	8	7	7	6	6	5	5	5	4	4	4	4	4	3	3	3	3
12	118	59	39	30	24	20	17	15	13	12	11	10	9	8	8	7	7	7	6	6	6	5	5	5	5
10	188	94	63	47	38	31	27	24	21	19	17	16	14	13	13	12	11	10	10	9	9	9	8	8	8
8	299	149	100	75	60	50	43	37	33	30	27	25	23	21	20	19	18	17	16	15	14	14	13	12	12
6	476	238	159	119	95	79	68	60	53	48	43	40	37	34	32	30	28	26	25	24	23	22	21	20	19

이 도표는 SPT-3 전선과 회로 끝부분에서의 최대 0.63의 전압 강하를 기초로 한다.

이 도표에 명기된 이차 전선의 최대 길이를 초과하면 전선의 길이를 따라 전압 강하를 초래할 것이다. 변압기에 가장 가까이 있는 램프가 멀리 있는 것보다 큰 전압을 받기 때문에 변압기에 근접하여 배치된 램프일수록 먼 거리에 있는 램프보다 높은 색온도에서 점화할 것이다.

저전압 부하를 조광할 때, 자기식magnetic 변압기가 있는 저전압 자기식 부하로 디자인된 조광기와 전자식electronic 변압기가 있는 전자식 저전압 부하로 디자인된 조광기를 사용하라.

애크미 전기회사Acme Electronic Corporation 카탈로그 ATD-01의 전선 추천 규격과 전압 강하 도표에 기초하였다. 애크미 전기회사 배전사업본부Power Distribution Products Division의 허가를 득하여 사용되었다.

표 10
삼각함수: 각도별 사인과 코사인

θ°	sin θ	cos θ	θ°	sin θ	cos θ	θ°	sin θ	cos θ	θ°	sin θ	cos θ
0	0.0000	1.000	22	.375	0.927	45	.707	.707	68	.927	.375
			23	.391	.921	46	.719	.695	69	.934	.358
1	.0175	1.000	24	.407	.914	47	.731	.682	70	.940	.342
2	.0349	0.999	25	.423	.906	48	.743	.669			
3	.0523	.999	26	.438	.899	49	.755	.656	71	.946	.326
4	.0698	.998	27	.454	.891	50	.766	.643	72	.951	.309
5	.0872	.996	28	.470	.833				73	.956	.292
6	.105	.995	29	.485	.875	51	.777	.629	74	.961	.276
7	.122	.993	30	.500	.866	52	.788	.616	75	.966	.259
8	.139	.990				53	.799	.602	76	.970	.242
9	.156	.988	31	.515	.857	54	.809	.588	77	.974	.225
10	.174	.985	32	.530	.848	55	.819	.574	78	.978	.208
			33	.545	.839	56	.829	.559	79	.982	.191
11	.191	.982	34	.559	.829	57	.839	.545	80	.985	.174
12	.208	.978	35	.574	.819	58	.848	.530			
13	.225	.974	36	.588	.809	59	.857	.515	81	.988	.156
14	.242	.970	37	.602	.799	60	.866	.500	82	.990	.139
15	.259	.966	38	.616	.788				83	.993	.122
16	.276	.961	39	.629	.777	61	.875	.485	84	.995	.105
17	.292	.956	40	.643	.766	62	.883	.470	85	.996	.0872
18	.309	.951				63	.891	.454	86	.9976	.0698
19	.326	.946	41	.656	.755	64	.899	.438	87	.9986	.0523
20	.342	.940	42	.669	.743	65	.906	.423	88	.9994	.0349
			43	.682	.731	66	.914	.407	89	.9998	.0175
21	.358	.934	44	.695	.719	67	.921	.391	90	1.0000	0.0000

표 11
램프 루멘 감쇄 지수

램프 기재사항	형태	공시전력	램프 루멘 손실(LLD) 지수
백열			
연장 서비스 Extended service	A, PS	15–70	0.85
일반 서비스 General service	A, PS, S	최고 40	0.85
		50–1,500	0.89
프로젝터 Projector	PAR 38–64	75–1,000	0.84
리플렉터 Reflector	R40	150–500	0.86
	R52–57	500–1,000	0.81
내구 서비스 Rough service	A, PS	50–200	0.79
쇼케이스 Showcase	T10	25–40	0.78
실버-보울 Silver-bowl	A, PS	200–500	0.75
삼상 Three-way	A, T	30–150	0.85
	PS	100–300	0.72
텅스텐-할로겐 Tungsten-halogen	T	200–1,500	0.96
바이브레이션 Vibration	A19	50	0.72
형광			
냉백색 Cool white	T12	40	0.87
냉백색 디럭스 Cool white deluxe	T12	40	0.82
온백색 Warm white	T12	40	0.87
온백색 디럭스 Warm white deluxe	T12	40	0.82
자연색 Natural	T12	40	0.89
옅은 백색 Lite white	T12	40	0.87
주광색 Daylight	T12	40	0.87
냉녹색 Cool green	T12	40	0.82
RE-700 시리즈	T8	40	0.90
RE-800 시리즈	T8	25–40	0.93
	T12	30–40	0.90
채도 Chroma 50	T12	40	0.87
채도 Chroma 75	T12	40	0.86

램프 기재사항	형태	공시전력	램프 루멘 손실(LLD) 지수
형광 (이어서)			
콤팩트 트윈-튜브 Compact, twin-tube	T4	5	0.84
콤팩트 트윈-튜브 Compact, twin-tube	T4	7–13	0.85
콤팩트 트윈-튜브 Compact, twin-tube	T4	13–26	0.85
콤팩트 삼중-튜브 Compact, triple-tube	T4	18–70	0.85
콤팩트 긴 트윈-튜브 Compact, long twin-tube	T5	18–80	0.90
고휘도 방전			
표준 수은 투명 Standard mercury clear	E28	250	0.88
수은 따뜻한 디럭스 백색 Mercury warm deluxe white	E28	250	0.81
수은 디럭스 백색 Mercury deluxe white	E28	250	0.81
표준 투명 메탈할라이드 Standard clear metal halide	E28	175	0.74*
			0.69**
	BT56	1,000	0.76
표준 코팅 메탈할라이드 Standard coating metal halide	E28	175	0.71*
			0.65**
	BT56	1,000	0.76
세라믹 메탈할라이드 Ceramic metal halide	T7	150	0.89
세라믹 메탈할라이드 Ceramic metal halide	T8	250	0.80
세라믹 메탈할라이드 Ceramic metal halide	T6 1/2	70	0.82
디럭스 고압 나트륨 Deluxe high-pressure sodium	B17	70	0.80
백색 고압 나트륨 White high-pressure sodium	B17	95	0.80
저압 나트륨 Low-pressure sodium	T16	95	0.87

표 12
조명기구 유지관리 카테고리

조명기구 유지관리 카테고리 결정 절차

조명기구는 조명기구의 광손실luminaire dirt depreciation(LDD) 지수를 결정하는데 도움이 되도록 6가지의 유지관리 범주(I에서부터 VI)로 구분한다. 조명기구를 구분하기 위하여 임의로 램프 빛의 중심을 관통하는 수평선을 그려서 단면 — *상부 인클로저*top enclosure와 *하부 인클로저*bottom enclosure — 으로 나눈다. 인클로저 특성 목록은 그 조명기구를 가장 잘 설명하는 내용을 선택한다. 단 하나의 상부 인클로저와 하부 인클로저 특성이 하나의 조명기구 범주를 결정하는데 사용된다. 업라이트의 백분율은 조명기구의 100% 광출력을 기초로 한다. 유지관리 범주는 두 세로열의 인클로저 모두에 해당되는 특성으로 결정된다. 만일 조명기구가 하나 이상의 범주에 속하면 숫자가 낮은 범주가 사용된다.

유지관리 범주	상부 인클로저	하부 인클로저
I	1. 없음	1. 없음
II	1. 없음 2. 구경을 통해 15% 이상의 업라이트가 있는 투명 3. 구경을 통해 15% 이상의 업라이트가 있는 반투명 4. 구경을 통해 15% 이상의 업라이트가 있는 불투명	1. 없음 2. 루버 또는 배플
III	1. 구경을 통해 15% 이하의 업라이트가 있는 투명 2. 구경을 통해 15% 이하의 업라이트가 있는 반투명 3. 구경을 통해 15% 이하의 업라이트가 있는 불투명	1. 없음 2. 루버 또는 배플
IV	1. 구경이 없는 투명 2. 구경이 없는 반투명 3. 구경이 없는 불투명	1. 없음 2. 루버 또는 배플
V	1. 구경이 없는 투명 2. 구경이 없는 반투명 3. 구경이 없는 불투명	1. 구경이 없는 투명 2. 구경이 없는 반투명
VI	1. 없음 2. 구경이 없는 투명 3. 구경이 없는 반투명 4. 구경이 없는 불투명	1. 구경이 없는 투명 2. 구경이 없는 반투명 3. 구경이 없는 불투명

북미조명공학협회Illuminating Engineering Society of North America의 허가를 득하여, *IES Lighting Handbook* 제9판에서 인용함.

표 13
여섯 범주(I~VI)와 5가지의 오염 정도에 대한 조명기구 광손실(LDD)률

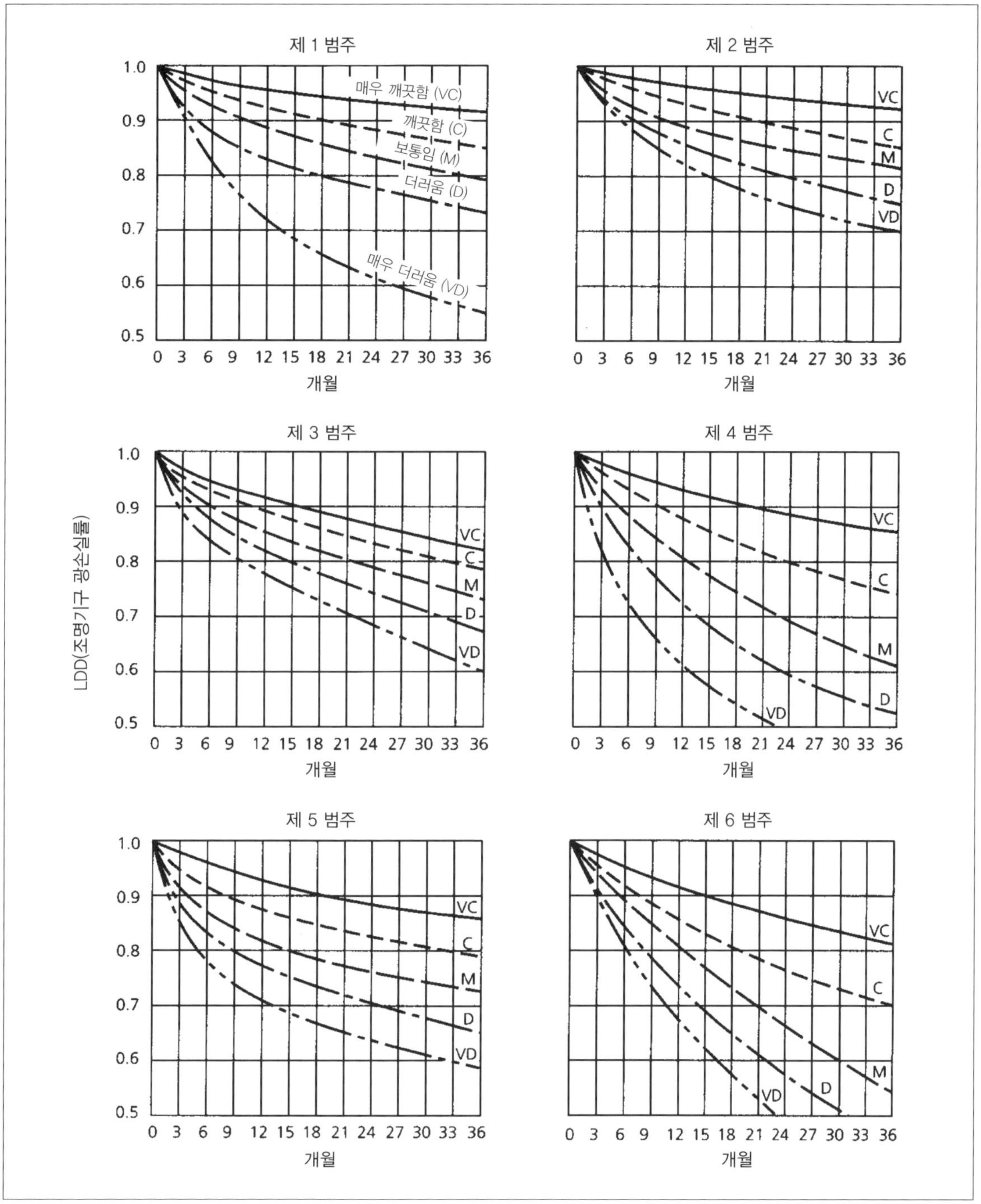

북미조명공학회Illuminating Engineering Society of North America의 허가를 득하여, *IES Lighting Handbook* 제9판에서 인용함.

표 14
조명률표

조명률– 구역공간법 유효 바닥공간 반사율 0.20																		
RC	80				70				50			30			10			0
RW	70	50	30	10	70	50	30	10	50	30	10	50	30	10	50	30	10	0
0	86	86	86	86	84	84	84	84	80	80	80	77	77	77	74	74	74	72
1	82	80	78	76	80	78	76	75	75	74	72	72	71	70	70	69	68	67
2	77	74	71	68	76	72	70	67	70	68	66	68	66	64	66	64	63	62
3	73	68	64	61	71	67	63	60	65	62	59	63	61	58	61	59	58	56
4	69	63	58	55	67	62	58	55	60	57	54	59	56	53	57	55	53	51
5	64	58	53	49	63	57	52	49	55	52	49	54	51	48	53	50	48	47
6	60	53	48	44	59	52	48	44	51	47	44	50	46	44	49	46	43	42
7	56	48	43	39	55	48	43	39	47	42	39	46	42	39	45	41	39	38
8	52	44	39	35	51	43	38	35	42	38	35	42	38	35	41	37	34	33
9	48	39	34	31	47	39	34	31	38	34	31	38	34	31	37	33	30	29
10	44	36	30	27	43	35	30	27	35	30	27	34	30	27	33	29	27	26

비고: 이 표의 조명률 값은 ballast factor를 1.0으로 가정한 상대 광도측정법에 기초한다. 이 데이터에 의한 계산에는 ballast factor의 근사치가 포함되어야 한다.

표 15
권장 조도 기준

	전반 조명			작업 조명		
	공공 공간	단순한 방향감	비정기 시각 작업	큰 시각 작업	작은 시각 작업	매우 작은 시각 작업
행위	3 fc	5 fc	10 fc	30 fc	50 fc	100 fc
일반 GENERAL						
통로 Circulation						
복도		•				
엘리베이터		•				
로비			•			
계단		•				
서비스 Service						
화장실 및 세면실		•				
창고 Storage						
활성			•			
비활성		•				
접객시설 HOSPITALITY FACILITIES						
화장실 (몸단장)				•		
침실 (독서)				•		
청소			•			
식사			•			
부엌					•	
세탁실				•		
재봉실						•
산업계 INDUSTRY						
조립 Assembly						
단순				•		
다소 난해					•	
난해						•
검사 Inspection						
단순				•		
다소 난해					•	
난해						•
락커룸 Locker rooms			•			

	전반 조명			작업 조명		
	공공 공간	단순한 방향감	비정기 시각 작업	큰 시각 작업	작은 시각 작업	매우 작은 시각 작업
행위	3 fc	5 fc	10 fc	30 fc	50 fc	100 fc
오피스 OFFFICES						
회계업무				•	*	
회의실				•		
제도 (고대비)					•	
제도 (저대비)						•
일반/개인 오피스				•	**	
라운지 및 리셉션			•			
주택 RESIDENCES						
화장실 (몸단장)				•		
침실 (독서)				•		
대화 영역	•					
식사		•				
부엌					•	
세탁실				•		
재봉실					•	
학교 SCHOOLS						
집회 Assembly						
강당			•			
사회활동		•				
교실 Classrooms						
일반				•		
강의 수업						•
과학 실험					•	
상점 STORES						
통로			•			
특색 디스플레이						•
제품 디스플레이					•	
대금 거래				•	***	
포장				•		

* 손으로 글씨를 쓰는 작업에 4호 연필이나 이보다 더 경질의 연필이 사용되는 경우임.

** 품질이 낮은 사본, 사진, 지도 또는 글씨 크기가 6포인트인 작업이 포함되는 경우임.

*** 손으로 글씨를 쓴 것의 복사본(카본 카피)일 경우임.

북미조명공학협회Illuminating Engineering Society of North America의 허가를 득하여, *IES Lighting Handbook*의 IESNA 조명 디자인 가이드Lighting Design Guide 부분을 기초로 함.

표 16
조도의 범주 결정

방향감과 단순한 시각 작업. 시각적 수행이 대체적으로 중요하지 않다. 이러한 작업은 오직 읽기와 시각적 검사만이 가끔 수행되는 공공 공간에 나타난다. 시각적 수행이 때때로 중요한 작업은 더 높은 레벨이 권장된다.		
A	공공 공간	3 fc
B	단기 방문을 위한 단순한 방향감	5 fc
C	단순한 시각 작업이 수행되는 작업 공간	10 fc
보통의 시각 작업. 시각적 수행이 중요하다. 이러한 작업은 상업, 산업, 그리고 주거 공간에서 나타나며 권장조도 값은 시각적 작업의 특성에 따라 다르다. 저대비 또는 작은 규모의 중요한 시각적 작업은 더 높은 값이 권장된다.		
D	고대비이고 규모가 큰 시각 작업 수행	30 fc
E	고대비이고 규모가 작은 시각 작업 또는 저대비이고 규모가 큰 작업 수행	50 fc
F	저대비이고 규모가 작은 시각 작업 수행	100 fc
특별한 시각 작업. 시각적 수행이 결정적으로 중요하다. 이러한 작업은 규모가 매우 작거나 대비가 매우 낮은 주요 요소들을 포함하여, 매우 특별하게 분류된다. 권장 조도값은 대개 별도의 작업 조명에 의해 성취된다. 광원을 작업에 가까이 이동시킬수록 종종 더 높은 권장 조도값을 얻는다.		
G	고대비이고 규모가 큰 시각 작업 수행	300 ~ 1,000 fc

북미조명공학협회Illuminating Engineering Society of North America의 허가를 득하여, *IES Lighting Handbook*에서 조도의 범주 결정Determination of Illumination Categories 부분을 기초로 함.

참고문헌 References

Anderson, Bruce, with Michael Riordan. *The Solar Home Book*. Andover: Brick House Publishing Co., 1976.

Arnheim, Rudolf. *The Dynamics of Architectural Form*. Berkeley: University of California Press, 1977.

Evans, Benjamin H., AIA. *Daylight in Architecture*. New York: McGraw-Hill Book Company, 1981.

Flynn, John E. "A Study of Subjective Responses to Low Energy and Nonuniform Lighting Systems." *Lighting Design + Application* February 1977: 6–14.

———. "The Psychology of Light." *Electrical Consultant* December 1972–August 1973. Series of 8 articles.

Flynn, John E., and Samuel M. Mills. *Architectural Lighting Graphics*. New York: Reinhold Publishing Corporation, 1962.

Flynn, John E., and Arthur W. Segil. *Architectural Interior Systems*. New York: Van Nostrand Reinhold Co., 1970.

Flynn, John E. and Terry J. Spencer. "The Effects of Light Source Color on User Impression and Satisfaction." *Journal of the Illuminating Engineering Society* April 1977: 167–179.

Flynn, John E., Terry J. Spencer, Osyp Martyniuk, and Clyde Hendrik. "Interim Study of Procedures for Investigating the Effect of Light on Impression and Behavior. *Journal of the Illuminating Engineering Society* October 1993: 87–94.

Gordon, Gary. "The Design Department." *Architectural Lighting* November 1986–May 1987. Series of 6 articles.

———. "Specialty Lighting." *Encyclopedia of Architecture: Design, Engineering, and Construction*. New York: John Wiley & Sons, 1989.

Graham, Frank D. *Audel's Handy Book of Practical Electricity*. New York: Theo. Audel & Co., 1941.

Gregory, Richard L. *Eye and Brain*. 5th ed. Princeton: Princeton University Press, 1997.

Guide to Dimming Low Voltage Lighting. Coopersburg: Lutron Electronics Co., 1989.

Guide to *Fluorescent Lamps*. Somerset: Philips Lighting Company, 1988.

Guide to High Intensity Discharge Lamps. Somerset: Philips Lighting Company, 1991.

Guide to Incandescent Lamps. Somerset: Philips Lighting Company, 1986.

Hall, Edward T. *The Hidden Dimension*. Garden City: Doubleday, 1966.

High Intensity Discharge Lamps. Cleveland: General Electric Company, 1975.

Hurvich, Leo M., and Dorothea Jameson. The *Perception of Brightness and Darkness*. Boston: Allyn and Bacon, Inc., 1966.

Incandescent Lamps. Cleveland: General Electric Company, 1984.

Kahn, Louis I. *Light is the Theme*. Fort Worth: Kimbell Art Foundation, 1975.

Lambert, Johann Heinrich. *Photometry or On the Measure and Gradations of Light, Colors and Shade*. Trans. David L DiLaura. New York: Illuminating Engineering Society of North America, 2001.

Lamp and Ballast Product Catalog 2002. Danvers, MA: Osram Sylvania, 2002.

Lamp Products Catalog 2001–2002. Cleveland: General Electric Company, 2001.

Lamp Specification and Application Guide 2001/2002. Somerset: Philips Lighting Company, 2001.

Light and Color. Cleveland: General Electric Company, 1978.

Marsteller, John. "A Philosophy of Light: Recalling Richard Kelly's Three Functional Elements." *Interior Design* February 1987: 78–80.

MasterColor Metal Halide Lamps. Somerset: Philips Lighting Company, 1999.

Mehrabian, Albert. *Public Spaces and Private Spaces*. New York: Basic Books Inc., 1976.

Moon, Parry. *The Scientific Basis of Illuminating Engineering*. New York: McGraw-Hill Book Company, Inc., 1936.

Moore, Fuller. *Concepts and Practice of Architectural Daylighting*. New York: Van Nostrand Reinhold Company, 1985.

Parker, Bertha Morris. *Electricity*. Evanston: Row, Peterson and Company, 1944.

Rea, Mark S., ed. *Lighting Handbook*. 9th ed. New York: Illuminating Engineering Society of North America, 2000.

Robb, Christina. "Light: An Illumination." *The Boston Globe Magazine* 1 September 1985: 12+.

Smith, Robert L. "Lessons in Luminance." *Lighting Design + Application* August 1992: 10–12.

Tanizaki, Jun'ichiro. *In Praise of Shadows*. New Haven: Leete's Island Books, 1977.

The ABC's of Electronic Ballasts. Rosemont: Advance Transformer Co., 1989.

Thomson, Garry. *The Museum Environment*. London: Butterworths, 1978.

출처 Credits

COLOR PLATES

1 Courtesy of GE Lighting.
2 Courtesy of GE Lighting.
3 Courtesy of GE Lighting.
4 Courtesy of GE Lighting.
5 Gagosian Residence, Francois de Menil Architect. Photo by Paul Warchol.
6 Prudential Insurance Company of America, Grad Associates. Photo by Peter L. Goodman.
7 Prudential Insurance Company of America, Grad Associates. Photo by Peter L. Goodman.
8 Gagosian Residence, Francois de Menil Architect. Photo by Paul Warchol.
9 Courtesy of GE Lighting.
7 Courtesy of GE Lighting.
11 Courtesy of GE Lighting.
12 Courtesy of GE Lighting.
13 Courtesy of GE Lighting.
14 Courtesy of Philips Lighting.
15 Courtesy of Philips Lighting.
16 Courtesy of Philips Lighting.
17 Courtesy of Philips Lighting.
18 Courtesy of GE Lighting.
19 Courtesy of Philips Lighting.

20 Courtesy of Philips Lighting.
21 Courtesy of Philips Lighting.
22 Courtesy of Philips Lighting.
23 Courtesy of Philips Lighting.
24 Courtesy of Philips Lighting.
25 Courtesy of Philips Lighting.
26 Courtesy of GE Lighting.
27 Courtesy of GE Lighting.
28 Courtesy of GE Lighting.
29 Courtesy of GE Lighting.
30 Courtesy of GE Lighting.
31 Courtesy of Philips Lighting.

LUMINAIRE DRAWINGS

Many of the drawings in Chapter 12 are based on luminaires originally manufactured by Edison Price Incorporated.

The following illustrations are based on luminaires first designed by Edison Price:

Figure 12.7 for the First Unitarian Church, Rochester, 1963.
Figure 12.8 for the Hartford Fire Insurance Building, 1961.
Figure 12.11 for the CIT Building Headquarters Lobby, 1958.
Figure 12.13 for the Philadelphia Academy of Music, 1957.
Figure 12.15 for the Knoll Chicago Showroom, 1954.
Figure 12.17 the first parabolic, low-brightness, fluorescent downlight was designed for the Upjohn Executive Headquarters Building, 1961.
Figure 12.19 for the Chicago Civic Center, 1965.
Figure 12.21 for the Munson-Williams-Proctor Museum, 1960.
Figure 12.22 for the Museum of Modern Art, 1958.
Figure 12.24 for the Munson-Williams-Proctor Museum, 1960.
Figure 12.25 for the Lyndon Baines Johnson Library, 1971.
Figure 12.26 for the Lyndon Baines Johnson Library, 1971.
Figure 12.28 for 9 West 58 Street, New York City, 1971.
Figure 12.31 for the Seagram Building Lobby,1957.
Figure 12.47 for the Yale Art Gallery Building, 1953.
Figure 12.49 for St. John's College, 1965.

PHOTOGRAPHS

The lighting for all projects was designed by Gary Gordon LLC except figures 13.9, 13.33, 13.34, and 13.35, as noted below.

Figure 2.1 Prudential Insurance Company of America, Grad Associates. Photo by Peter L. Goodman.
Figure 2.2 Armenian Evangelical Church, Lee H. Skolnick Architect. Photo by Stan Reiss.
Figure 2.3 Offices for Gary Gordon LLC, Donna Selene Seftel Architect.
Figure 2.4 One Fifth Avenue Restaurant, Pentagram Architectural Services. Photo by Peter Mauss/Esto.
Figure 2.5 Martinez Valero Shoe Store, Zivkovic Associates. Photo by Ashley Ranson.
Figure 2.6 City Bakery, Turett Collaborative Architects. Photo by Paul Warchol.
Figure 2.7 Australia Broadcasting Corporation, Zivkovic Associates Architects. Photo by Ashley Ranson.
Figure 2.8 Private Residence, Frank and Marcotullio Design Associates. Photo by Michael Gordon.
Figure 2.15 Club Monaco, Deborah Berke Architect. Photo by Catherine Bogert.
Figure 2.16 Marketplace at Newport, Turett Collaborative Architects. Photo by Paul Warchol.
Figure 2.17 One Fifth Avenue Restaurant, Pentagram Architectural Services. Photo by Peter Mauss/Esto.
Figure 2.18 Tommy Boy Records, Turett Collaborative Architects. Photo by Paul Warchol.
Figure 3.3 Private residence, Sidnam|Petrone Architect. Photo by Peter L. Goodman.
Figure 3.5 Armenian Evangelical Church, Lee H. Skolnick Architect. Photo by Stan Reiss.
Figure 3.7 Lillian Vernon Residence, Hardy Holzman Pfeiffer Associates. Photo by Gideon Louis.
Figure 3.8 Sedona Store, Andaloro Associates. Photo by George Mott.
Figure 3.10 Morton Productions, BumpZoid. Photo by Langdon Clay.
Figure 3.12 Armenian Evangelical Church, Lee H. Skolnick Architect. Photo by Stan Reiss.
Figure 3.14 Yale University School of Art, Deborah Berke Architect. Photo by Catherine Bogert.
Figure 3.16 Offices for Omon Ltd., Zivkovic Associates Architects. Photo by Ashley Ranson.
Figure 3.17 Lillian Vernon Residence, Hardy Holzman Pfeiffer Associates. Photo by Gideon Louis.
Figure 3.18 Gagosian Residence, Francois de Menil Architect. Photo by Paul Warchol.
Figure 3.19 Yale University School of Art, Deborah Berke Architect. Photo by Catherine Bogert
Figure 3.20 City Bakery, Turett Collaborative Architects. Photo by Paul Warchol.
Figure 3.22 Photo by Photosphere.
Figure 3.24 Photo by Photosphere.
Figure 3.25 Photo by Photosphere.
Figure 3.26 Photo by Photosphere.
Figure 3.27 Photo courtesy of GE Lighting.
Figure 3.28 Photo courtesy of GE Lighting.
Figure 12.57 The New Gotham Lobby, Stephen Alton Architects. Photo by Eduard Hueber.
Figure 12.58 Armenian Evangelical Church, Lee H. Skolnick Architect. Photo by Stan Reiss.
Figure 12.59 Neuman and Bogdanoff, Pentagram Architectural Services. Photo by Peter Mauss/Esto.
Figure 12.60 Findler Residence, Bruce Bierman Design. Photo by Andrew Bardwin.
Figure 12.61 The New Gotham Lobby, Stephen Alton Architects. Photo by Eduard Hueber.
Figure 13.1 Offices for Gary Gordon LLC, Donna Selene Seftel Architect.
Figure 13.2 Club Monaco, Deborah Berke Architect. Photo by Catherine Bogert.
Figure 13.3 Prudential Insurance Company of America, Grad Associates. Photo by Peter L. Goodman.

Figure 13.7	Gagosian Residence, Francois de Menil Architect. Photo by Paul Warchol.
Figure 13.8	Residence for Adam R. Rose and Peter R. McQuillan, Stuart Mager Incorporated. Photo by David Mager.
Figure 13.9	Photo courtesy of Halo Lighting.
Figure 13.11	Findler Residence, Bruce Bierman Design. Photo by Andrew Bardwin.
Figure 13.22	Prudential Insurance Company of America, Grad Associates. Photo by Peter L. Goodman.
Figure 13.27	Gagosian Residence, Francois de Menil Architect. Photo by Paul Warchol.
Figure 13.28	Lillian Vernon Residence, Hardy Holzman Pfeiffer Associates. Photo by Gideon Louis.
Figure 13.29	Martinez Valero Shoe Store, Zivkovic Associates. Photo by Ashley Ranson.
Figure 13.30	Club Monaco, Deborah Berke Architect. Photo by Catherine Bogert.
Figure 13.31	Martinez Valero Shoe Store, Zivkovic Associates. Photo by Ashley Ranson.
Figure 13.32	St. Mark's Bookshop, Zivkovic Associates Architects. Photo by Ashley Ranson.
Figure 13.33	Four Seasons Restaurant, Philip Johnson Architect. Lighting design by Richard Kelly. Photo courtesy of GE Lighting.
Figure 13.34	Four Seasons Restaurant, Philip Johnson Architect. Lighting design by Richard Kelly. Photo courtesy of GE Lighting.
Figure 13.35	Four Seasons Restaurant, Philip Johnson Architect. Lighting design by Richard Kelly. Photo courtesy of GE Lighting.
Figure 13.37	Club Monaco, Deborah Berke Architect. Photo by Catherine Bogert.
Figure 13.38	The New Gotham Lobby, Stephen Alton Architects. Photo by Eduard Hueber.
Figure 13.39	Tommy Boy Records, Turett Collaborative Architects. Photo by Paul Warchol.
Figure 13.40	Tommy Boy Records, Turett Collaborative Architects. Photo by Paul Warchol.
Figure 13.41	The New Gotham Lobby, Stephen Alton Architects. Photo by Eduard Hueber.
Figure 13.42	Club Monaco, Deborah Berke Architect. Photo by Catherine Bogert.
Figure 13.43	St. Mark's Bookshop, Zivkovic Associates Architects. Photo by Ashley Ranson.
Figure 13.44	Prudential Insurance Company of America, Grad Associates. Photo by Peter L. Goodman.
Figure 13.45	Marketplace at Newport, Turett Collaborative Architects. Photo by Paul Warchol.

용어정리 Glossary

"Accent" light **"악센트" 조명**: 오브젝트 조명이 적절한 용어로, 조절이 가능한 지향성 조명기구에 오용된 광고 용어. 오브젝트 조명object light 참조.

Accommodation **원근순응**: 다양한 거리를 보기 위해 초점의 변화에 따라 수정체의 만곡도를 조절하는 눈의 자동 조절 장치.

Acuity (or visual acuity) **시력**: 눈이 섬세한 디테일을 인식하는 능력.

Adaptation **명암순응**: 망막이 노출된 빛의 양에 기초하는 시각적 시스템으로써 감도의 변화. 암순응dark adaptation은 어둠 속에서 시간이 지나면서 발생하는 시각적 민감성의 증가이다.

Ambient light **전반 조명**: 실내 전체를 비추는 조명.

Ampere **암페어**: 전류가 흐르는 비율을 측정하는 것으로써, 1옴의 저항에 1볼트의 전압이 걸릴 때 흐르는 전류값.

Aanodize **양극처리**: 전해 작용을 거쳐 보호 필름이 있는 금속(주로 알루미늄) 피막을 입히는 것.

Aperture **구경**: 조명기구 개구부의 지름.

Apparent color temperature **겉보기 색온도**: 상관 색온도correlated color temperature 참조.

Axial filament **액시얼 필라멘트**: 램프 축의 방향으로 놓인 필라멘트.

Baffle **배플**: 한 방향에서 하나의 축을 따라 정상적인 각도에서 보이는 글레어를 차폐하는 불투명하거나 반투명한 요소. 구경이 작은 조명기구일 경우에는 주변 둘레의 배플이 모든 방향으로부터의 차폐기능을 제공한다. 루버louvers 참조.

Ballast **안정기**: 점등에 필요한 적정한 전압을 공급하고 램프의 전류를 조절하는 전기 방전 공급원을 위한 보조 장치. 모든 형광 램프와 HID 램프는 안정기를 필요로 한다.

Ballast factor **밸러스트 팩터**: 안정기 평가 시 기준이 되는 안정기에 연결된 램프에서의 빛 출력 양에 대한 시장에 공급되는 특정한 안정기에 연결된 램프의 빛 출력 양의 비율.

Beam angle **빔각**: 조명기구의 중심선에서 측정한 최대광도의 50%의 광도값을 가지는 두 방향 사이의 각도. 필드각field angle 참조.

Beam-spread **빛 퍼짐**: 램프나 조명기구에 의해 만들어지는 빛의 원뿔 형태의 각도. 빔 각도beam angle와 필드각field angle 참조.

Borosilicate **붕규산 유리**: 고열에 견디는 붕소 산화물을 함유하고 있는 규산염 유리.

Brightness **밝기**: 특정 시간에 망막 상의 특정 부위에 나타나는 광도와 바로 직전의 광도값, 그리고 그 특정 부위 주변의 광도값에 대비하여 지각되는 사람의 시지각 체계 내의 주관적 경험. 휘도luminance 참조.

Bulb **전구**: 경질이나 연질 유리 또는 석영 유리로 둘러싸인 유리구로써, 진공이나 원소의 비활성 기체 또는 금속증기, 그리고 광발생 장치를 포함하는 램프의 비전문적 용어.

Candela (cd) **칸델라**: 광원에 의해 특정 방향으로 방출된 광도의 단위로써 단위 입체각에 대한 1루멘과 동일.

Candlepower **촉광**: 촉으로 표현된 광도를 나타내는 측광량.

Candlepower distribution curve **광도분포 곡선**: 적절한 용어로 배광 곡선luminous intensity distribution curve로써, 광원의 중심을 통과하는 면 내에 있는 광원에 의해 각 방향의 (칸델라로 표현된) 광도의 양을 묘사한다.

Capacitive **정전용량**: 전기회로 중 충전이 되는 부분.

Capacitor **캐패시터**: 전기를 임시로 충전하는데 사용되었던, 서로 분리되어 절연된 2개의 금속판으로 구성된, 자기식 안정기에 포함된 전기 회로의 구성요소.

Cathode **음극**: 형광 램프 속에 봉인된 2개의 전자를 방출하는 전극 중 하나로써, 냉음극은 금속 원통, 열음극은 코일로 된 텅스텐 철사로 구성되며, 일반적으로 전자방출 물질로 코팅됨.

Clerestory **고창**: 자연광이 실내 중앙부의 깊숙한 부분까지 유입되게 하는 벽체의 상부측에 위치한 창문.

Coefficient of utilization **조명률**: 램프에서 방사된 빛 중 작업 면에 도달한 빛의 비율. 공간의 크기나 형태, 그리고 램프가 부착된 조명기구의 형태에 따라 달라진다.

Color constancy **색채 항상성**: 물체의 정상색에 대한 정보. 우리는 표면과 물체의 색채를 비록 조명의 색채에 따라 그 표면이나 물체가 변한다 하더라도 동일한 것으로 보려는 경향.

Color rendering index (CRI) **연색성지수**: 연색성 평가를 위한 기준 광원과 주어진 광원 사이의 색 발현 성능을 비교하는 척도로 Ra로 표기하며 1부터 100 사이의 숫자로 표현.

Color rendition **연색**: 표면 및 물체의 색채가 주어진 광원 하에서 어떻게 보이는 가에 관한 것으로써 기준 광원 하에서의 색채와 비교.

Color spectrum **색채 스펙트럼**: 백색광의 빛이 (프리즘에 의해) 흩어져서 구성성분인 파장이 순서대로 배열될 때 형성되는 색채의 연속체.

Color temperature **색온도**: 광원에서 방사되는 빛의 현상색color appearance으로 캘빈(K)으로 측정. 램프 표면에서 측정된 온도가 아니라, 가시광선이 광원의 색채와 일치하는 흑체의 절대 온도이다.

Contrast **대비**: 물체와 그 배경이 되는 주변 휘도의 관계. 밝고 어둠의 차이. 휘도 대비 luminance contrast 참조.

Correlated color temperature (CCT) **상관색온도**: 불연속 스펙트럼을 지닌 인공 광원에서 나오는 빛의 겉보기색color appearance으로 캘빈(K)으로 측정.

Cove **코브**: 오목하거나 튀어나온 인테리어 코너 또는 몰딩. 특히 벽에서 천장으로 전이되는 부위이며, 때로는 천장면을 가로질러 빛을 분포시키는 광원을 차폐하는데 사용.

Current **전류**: 회로 내 전기의 흐름으로써, 전기 전류 흐름의 정도는 암페어amperes(amps, A)로 측정된다.

Cutoff **컷오프**: 조명기구의 중심선에서 측정한 각도로, 기구 내의 광원이 보이지 않게 되는 각도

Daylighting **주광조명**: 자연광에 의한 실내 조도.

Dichroic **다이크로익**: 특정한 파장의 빛을 흡수 혹은 투과시키지 않고 거의 대부분을 반사하는 속성.

Diffraction grating **회절 격자**: 반사되거나 투과된 빛의 방향과 강도를 변경하는데 사용되는, 수많은 정교하고 평행한 홈이나 틈이 있는 유리 또는 금속.

Diffuse light **확산 빛**: 어느 특정한 방향 없이 폭넓은 패턴으로 흩어진 빛.

Diffuser **확산기**: 광원으로부터 모든 방향으로 빛을 흩뜨리는 유리 또는 플라스틱 재료로써, 빛의 방향성을 제거. 형광 다운라이트에서는 글레어 영역에서 나오는 빛의 방향을 작업면을 향하도록 하는데 사용.

Dimmer **조광기**: 전압이나 전류를 제어하여 조명기구에서 나오는 빛의 양을 조절하는 장치.

Direct glare **직접 글레어**: 눈을 향하는 과도한 빛. 조명기구나 노출 램프가 직접적으로 보이는 것을 직접 글레어라 한다. 반사 글레어reflected glare 참조.

Direct/indirect **직접/간접**: 수평에 가까운 각도로 나오는 빛은 거의 없고, 상향과 하향으로 빛이 나오는 조명.

Direct (light) **직접(광)**: 하향으로 빛이 방출되는 조명.

Downlight **다운라이트**: 상향으로 구성되는 빛이 없이 하향으로 빛을 방출하는 매입형이거나 면부착형 또는 펜던트형으로 설치되는 조명기구.

Downlighting **다운라이팅**: 하향으로 방출되는 빛의 분포.

Discharge source **방전 램프**: 진공상태나 가스가 봉입된 상태에서 기체 방전에 의해 빛을 생산하는 램프. (냉음극, 형광, 고압 나트륨, 저압 나트륨, 수은 증기, 메탈할라이드, 네온 램프가 있다.)

Efficacy **유효값**: 인공광원의 성능을 표시하는 지표로 소비 전력에 대한 발산광속의 비를 말하며 lm/watt로 표기.

Efficiency **효율**: 램프의 발산 광속에 대한 조명기구의 발산광속으로 백분율로 표시.

Ellipsoidal **엘립소이드**: 2개의 초점이 있는 타원 형상의 반사판을 가진 조명기구. 반사하는 윤곽선에서 첫 번째 초점에서 비롯된 광선은 두 번째 초점을 통해 반사된다.

Emissive material **방사성 재료**: 방전 램프의 음극에 코팅하는, 전자를 방출하는 물질.

Energy-effective **에너지 효율적**: 조명 계획 시 빛이 필요하지 않은 장소나 빛이 필요하지 않을 때에 빛을 제한함으로써 전기에너지를 효율적으로 사용할 수 있도록 하는 것.

Exitance **광속발산도**: 특정한 면의 모든 방향에서 방출 또는 반사되었거나 투과된 빛의 전체 양. 적절한 정의로는 표면을 떠난 유속의 밀도density of flux leaving a surface이며, lm/ft^2 또는 lm/m^2로 표기.

Fenestration **창호**: 건물에 주광을 유입하기 위해 창문과 문을 배열하고, 비율을 조절하며, 디자인하는 것.

Fiber optic **광섬유**: 굴절률 지수가 낮은 물질로 둘러싸여서, 내부 반사로 길이를 관통하여 빛을 전달하는, 유리나 플라스틱으로 된 얇고 유연한 섬유.

Field angle **필드각**: 빛의 중심선을 통과하는 면에서 빛을 측정할 때 최대 광도의 10%가 되는 두 방향 사이의 각도. 빔각beam angle 참조.

Filament **필라멘트**: 전기 회로의 도체로 백열에 의해 빛을 내는, 전기 램프 내의 정교한 텅스텐 철사.

Filter **필터**: 빛을 반사하거나 투과하는 과정에서 빛의 색채나 질을 바꾸는 투명한 물체.

"Fixture **기구**": 조명기구의 비전문 용어. 조명기구luminaire 참조.

"Floor lamp **플로어 램프**": 토셰어의 비전문 용어. 토셰어torchère 참조.

Fluoresce **형광**: 파장이 짧은 광선을 흡수하여 곧바로 파장이 긴 광선으로 방사함으로써 가시광선을 방출하는 작용.

Florescent lamp **형광 램프**: 내부 표면에 형광물질 코팅이 있어서 방전에 의해 생성된 자외선 에너지를 가시광으로 변형시키는 저압 수은 방전 램프.

Flux **유속**: 광속luminous flux 참조.

Focused light or focal glow **포컬 글로우**: 의도적으로 전경과 배경 사이에 위계를 구축함으로써 배경이 되는 조도에 비해 일정 영역이나 오브젝트에 보다 강하게 집중된 빛.

Footcandle (fc) **풋캔들**: 주어진 면으로부터 1ft 떨어진 밝기 측정의 기준용 초에 의해 밝혀진 정도를 측광한 조도 값으로 단위 lm/ft로 표기.

Footlambert (fL) **풋램바트**: 완전 확산면에서 반사하는 단위 면적당 발산광속을 나타내는 측광량의 단위로, 1/π cd/ft^2와 동일한 값이다. 지금은 사용이 중지되었다.

Fresnel lens **프레넬 렌즈**: 얇은 광학 렌즈로, 조명기구에서 램프의 눈부심을 없애기 위해 사용하며 밝기를 감소시키는 특징이 있고 빛을 모아 준다.

General diffuse **일반 확산**: 상향과 하향으로 구성되는 빛을 모두 전달하는 조명기구에 의해 모든 방향으로 빛을 방사하는 조명.

Glare **글레어**: 눈이 순응하는 정도보다 훨씬 더 큰 휘도로써, 정상적인 시야 내의 극도로 높은 휘도로 인해 지각되는 감각.

High-bay lighting **고천장 조명**: 바닥에서 약 25ft(7.62m)를 훨씬 초과하는 높이에 설치되는 인테리어 조명.

High contrast **고대비**: 사물이나 전경에 많은 양의 빛을 집중시키고 배경이 되는 부분은 적은 양의 확산광을 사용함으로써 얻어지는 조명상태.

High load **고부하**: 복잡하거나, 혼잡하거나, 비대칭이거나, 희한하거나, 낯설거나, 놀랍거나, 무작위적인 행위나 환경에 의해 심리학적 자극이나 각성이 상승된 정도.

High-pressure sodium **고압 나트륨**: 수은 증기와 나트륨 증기가 결합된 복사에 의해 빛이 생산되며, 나트륨의 강세로 황색빛이 도는 백색광을 내는 고압 방전 램프.

Hue **색상**: 스펙트럼상의 색채로써, 특정 파장의 빛.

Hydroform **하이드로폼**: 사출 고리draw ring, 유연한 금형, 펀치, 가압 형성 공동cavity으로 이루어진 금속 성형 방식. (조명기구에서, 하이드로폼은 알루미늄에서 반사판을 형성하는데 사용된다.)

Illuminance **조도**: 임의의 면에 입사된 빛의 밀도를 말하며, 이는 광속밀도로 정의하고 풋캔들(fc)로 표기.

Incandescence **백열광**: 가열함으로써 빛이 방출하는 현상.

Incandescence lamp **백열 램프**: 전기 회로에 의해 필라멘트가 백열할 때까지 가열될 때 빛을 생산하는 전기 램프.

Incident **입사광선**: 표면 위로 떨어지거나 표면을 가격하는 광선.

Included angle **끼인각**: 사이나 내부에 형성된 2개의 교차 직선.

Indirect **간접**: 천장과 벽의 상부로부터의 반사를 통해 수평 작업면에 조명을 생산하는 빛의 상향 분포.

Inductive **유도**: 자기 유속을 변화시킨 결과로써 전자기 방전이 유도되는 전기 회로의 속성.

Infrared **적외선**: 가시광선 바로 위의 파장이 긴 전자기 스펙트럼의 범위, 770nm에서 106nm 내에 있는 파장.

Intensity **광도**: 광원에 의해 특정 방향으로 방출된 빛의 양. 광도라고 칭하며 luminous intensity로써 단위입체각에 대한 발산 광속flux per solid angle in a given direction으로 정의되며, 칸델라(cd)로 측정된다.

Interreflection **상호반사**: 빛이 작업면에 도달하기 전, 다양한 실내 표면에 의한 빛의 다중 반사.

Iodide **요오드화물**: 메탈할라이드 램프에 사용된 요오드 화합물.

Ionize **이온화**: 1개 이상의 전자를 잃거나 얻어 결과적으로 이온으로 변환하는 것.

Isofootcandle plot **등조명도 도표**: 특정한 경우에 특정 조명기구로부터 변화하는 조도치의 등고선을 제시하는 직교좌표계 상에 생성된 도표. 조도치의 범위를 보여주는 회색 톤으로 음영 처리된 플랜.

Kelvin **캘빈**: 광원의 색온도를 명시하는데 사용되는 절대온도의 단위.

Kilowatt **킬로와트**: 1,000와트와 동일한 전력의 단위.

Lamp **램프**: 전기를 빛으로 변환하는 광원으로써, 일반적으로 "전구light bulb"를 나타내는 기술적 용어이다.

Lampholder **램프홀더**: 램프 베이스를 수용하고 전기를 공급하는 조명기구의 구성요소로써, 일반적으로 "소켓socket"을 나타내는 기술적 용어.

Laser **레이저**: light amplification by stimulated emission of radiation의 줄임말로써, 대부분의 레이저는 확장기가 아니라 발진기oscillators(빛의 발생기 또는 원천)이며, 발진기에 의해 복사인 단색 빛을 생산한다.

LED **발광다이오드**: light-emitting diode의 줄임말로써, 전원이 공급될 때 빛을 방출하는 반도체 다이오드.

Lens **렌즈**: 굴절에 의해 전달된 빛의 방향과 분포를 제어하기 위하여 조명기구에 사용되는 유리나 플라스틱 요소.

Light **빛**: 볼 수 있게 해 주는 눈의 수신기를 자극하는, 전자기 에너지의 약 380나노미터(nm)에서 760nm 범위의 좁은 띠.

Lime glass **석회 유리**: 실리카, 알루미나, 녹색을 띤 색상의 철로 구성된 칼슘 산화물로 된 유리.

Louver **루버**: 바람직한 빛 분포에 최소한의 간섭으로 여러 방면에서의 차폐효과를 제공하기 위해 일반적으로 기하학적 패턴으로 배열되는, 정상 필드각에서의 글레어를 차폐하는 일련의 배플baffle 또는 차폐 요소.

Low contrast **저대비**: 큰 비율의 확산 조명과 작은 양의 (배경이 되는) 집중 조명으로 특징 지워지는 조명 상태.

Low load **저하부**: 단순하거나, 붐비지 않거나, 대칭적이거나, 보편적이거나, 친숙하거나, 뜻밖이 아니거나, 정리된 행위나 환경의 결과로 생긴, 작은 양의 심리학적 자극이나 각성.

Low-pressure sodium **저전압 나트륨**: 황색의 단색광을 내는 나트륨 증기로부터의 복사에 의해 빛이 생산되는 방전 램프.

Lumen (lm) **루멘**: 광속을 측정하는 단위로써, 1칸델라의 강도를 갖는 균일한 점광에 의해 입체각으로 방출된 빛과 동일.

Luminaire **조명기구**: 하우징, 램프, 조명 제어 장치, 밝기 조절 장치, 램프홀더, 안정기나 변압기와 같은 보조기구, 그리고 필요하다면 전력 연결장치로 구성.

Luminance **휘도**: 눈에 입사되는 빛의 세기를 객관적인 수치로 표현한 것으로 단위 투영면적을 기준으로 한다. 어떤 면에서 주어진 방향으로 발산하는 광속밀도로 cd/m2로 표기한다.

Luminance contrast **휘도 대비**: 오브젝트나 전경의 휘도에 대한 인접 배경이나 주변의 휘도 비.

Luminous **발광**: 전자기 스펙트럼의 가시광 부분에서 에너지를 방출하거나 반사하는.

Luminous flux **광속**: 광원에 의해 모든 방향으로 방출된 빛. 적절한 정의는 빛의 유속에 대한 시간당 비율time rate flow of light이며, 루멘으로 측정된다.

Matte **무광**: 광택이나 윤기나 광채나 하이라이트가 결여된 마감이나 표면.

Mercury lamp **수은 램프 (적절한 호칭은** mercury vapor lamp **수은 램프)**: 수은 증기를 통한 전기 방전에 의해 빛이 생산되는 고압 방전 램프.

Metal halide **메탈할라이드**: 요오드화합물로써 아크 튜브에 도입된, 수은과 나트륨의 결합 증기를 통한 전기 방전에 의해 빛이 생산되는 고휘도 방전 램프.

MiliAmpere **밀리암페어**: 1/1000암페어와 동일한 전류의 단위.

Monochromatic **단색의**: 하나의 색채나 색상 또는 단파장이나 매우 좁은 영역의 파장에서의 복사를 갖거나 구성된.

Motion sensor **운동 센서**: 인체감지 센서occupancy sensor 참조.

Nadir **최저점**: 수직 아래(0도의 각도).

Nanometer **나노미터**: 십억 분의 일(10^{-9}) 미터와 동일한 파장의 단위.

Object light **오브젝트 조명**: 하나 또는 몇 개의 오브젝트에 조준되고 비대칭 분포의 빛을 제공하는, 조절 가능한 지향성 조명기구. 스포트라이트라고도 불리며, 집중 조명을 제공하고 공간에 대비를 더하는데 사용된다.

Occupancy sensor **점유 센서**: 공간에 점유자의 유무에 따라, 소리, 초음파, 열선 또는 광학적 방법에 의해 감지되는, 조명기구의 점멸on-off 제어를 제공하는 장치.

Ohm **옴**: 전기회로에서 1암페어의 전류가 1볼트의 전위차를 만들어내는 것과 같은, 도체의 전기 저항에 대한 표준 단위.

Opaque **불투명**: 빛의 통과를 막거나, 투명하지 않은.

Parabolic **포물선형**: 원뿔이 평행한 면과 교차함으로써 생성된 평면상의 커브인, 포물선의 형태를 갖는.

Pendant **펜던트 (**luminaire **조명기구)**: 지지 케이블, 체인, 끈, 봉, 대stem등으로 천장에 매달린 조명기구.

Phosphor **인광물질**: 눈에 보이지 않는 자외선 복사를 가시광으로 변환시키는 화학적 물질.

Photometer **포토미터**: 광도, 광속, 조도 또는 휘도를 측정하는 도구.

Photometry **포토메트리**: 측광에 관한 과학적 방법.

Photosensor **포토센서**: 감지된 조도치에 반응하면서 조명기구와 조광기를 제어하는데 사용되는 빛을 감지하는 장치.

Photopic **명소시**: 상대적으로 높은 조도 하에서, 망막의 추상체에 의한 시각.

Prism **프리즘**: 3개의 작사각형 면이나 측면과, 2개의 같거나 평행한 삼각형 끝 면이나 베이스로 된, 빛을 굴절하거나 흩뜨리는데 사용되는 투명한 몸체.

Quad-phosphor **4파장 인광물질**: 가시광의 광범위한 스펙트럼을 생산하기 위해 형광 램프에 사용된, 4개의 좁은 스펙트럼의 결합인, 희토류rare-earth(RE) 형광물질. 각각의 인광물질은 가시 스펙트럼의 단파, 중파, 장파 영역에 대응한다.

Reflected glare **반사 글레어**: 시야에서 물체나 표면으로부터 반사된, 제어되지 않은 과도한 휘도.

Reflection **반사**: 표면으로부터의 빛의 귀환. 스페큘러 반사specular reflection는 표면이 빛의 방향을 형태를 변화시키지 않고 바꿀 때 발생하며, 반사각은 입사각과 동일하다. 확산 반사spread reflection는 반사된 빛을 부분적으로 흩뜨린다. 난반사diffuse reflection는 입사 광선이 모든 방향으로 반사될 때 발생한다.

Refraction **굴절**: 빛이 하나의 (공기와 같은) 매개로부터 (물과 같은) 다른 매개로 비스듬히 통과할 때 다른 속도로 나아가는 광선의 편향.

Relamp **램프 교체**: 램프를 교환하는 것.

Restrike **리스트라이크**: 고휘도 방전 램프가 소등된 후, 램프는 아크가 다시 일어날 수 있는 지점까지 전구 내의 증기압을 감소시키기 위해 충분히 냉각되어야 한다.

Scoptic **암소시**: 상대적으로 어두침침한 빛에서 망막의 간상체에 의한 시각.

Semi-specular **세미스페큘러**: 입사각에 가까운 각도로 반사된 빛의 가장 센 강도로 반사된 빛을 부분적으로 흩뜨리거나 확산시키는 불규칙한 표면.

Shielding angle **차폐각**: 차폐물(배플baffles 또는 루버)이 광원을 가리고 글레어를 조절하는 영역.

Sight line **시선**: 관찰자의 눈에서부터 노출 광원이 처음으로 시각이 되는 지점까지 연장되는 선.

Skylight **천공광**: 1. 대기중의 입자에 의해 확산되거나 반사된 태양으로부터의 빛. 2. 투명하거나 반투명한 재료로 유리를 끼운 건물 지붕의 개구부로, 자연광의 유입을 위해 디자인된다.

Slimline **슬림라인**: 하나의 전원을 통하여 동작 가능한 단일핀single-pin 베이스로 된 선형 형광등.

Soffit **소핏**: 아치, 발코니, 보, 코니스, 상인방 또는 볼트와 같이 아래면이 노출된 건물의 상부 구성요소.

Spacing criterion(SC) **기구 간격 기준 또는** spacing-to-mounting-height(S/MH) **간격-설치 높이 비율**: 균일한 수평 조도를 성취하기 위해 필수적인, 조명기구 간격 대 작업면 위로의 조명기구 설치 높이에 대한 최대 예정 비율.

Spectral **스펙트럼상**: 색채 스펙트럼 또는 전자기 스펙트럼의 또는 이 스펙트럼과 관계 있거나 이 스펙트럼에 의해 만들어진.

Specular **정반사**: 거울과 같은 반사하는 속성이 있는 매끄럽게 반사하는 표면. 반사각은 입사각과 동일하다.

Splice **연결**: 조명기구 전선을 건물의 분기 회로 전선에 전기적으로 연결.

Stroboscopic **가현(스트로브스코프)**: 빠르게 움직이는 물체가 방전 광원 아래에서 관찰될 때, 물체가 천천히 움직이거나 멈추거나 반대 방향으로 움직이는 것 같은 흐릿한 "유령" 이미지가 때때로 관찰된다.

Torchère **토셰어**: 대부분 또는 모든 빛이 상향인, 바닥에 세워 놓기에 적당한 이동식 조명기구.

Toroidal **원환체의**: 도넛 형상의.

Total internal reflection **내부 전반사**: 빛이 유리나 플라스틱 같이 투명한 매개물 안에서 반복적으로 한 면에서 다른 면으로 반사하면서 이동하기에 적합한 각도로 통과할 때 발생한다.

Transformer **변압기**: 일차 회로에서 1전압에서의 전력 공급을 이차 회로에서 낮은 전압으로 변환하는데 사용되는, 2개 이상의 권선coupled-windings으로 된 장치.

Translucent **반투명**: 확산된 빛은 전달하지만 시각은 차단함으로써, 너머에 있는 물체를 선명하게 볼 수 없게 하는 속성을 가진.

Transmission **전달**: 공간이나 매개물을 통하는 빛의 통과로써, 매개물의 각 면에서의 반사와, 매개물 내에서의 흡수 및 반사에 의해 변경된다.

Transparent **투명**: 빛 분포의 변경 없이 빛을 전달함으로써, 너머에 있는 물체가 선명하게 보이게 하는 속성을 가진.

Triphosphor **3파장 형광물질**: 가시광의 광범위한 스펙트럼을 만들어 내기 위해 형광 램프에 사용된, 3개의 좁은 스펙트럼의 결합인, 희토류rare-earth(RE) 인광물질. 각각의 인광물질은 인간의 시각에 민감한 스펙트럼의 꼭짓점인 청-보라색blue-violet, 순녹색pure green, 주황-적색orange-red에 대응한다.

"Troffer 트로퍼": 비전문 용어로는 매입의, 직선형 형광 다운라이트. "홈통trough"과 "코퍼coffer"에서 유래한 용어로 추정됨. 국내에서는 공조형 조명기구를 말하기도 한다.

Trough **홈통**: 일반적으로 천장면에 있는 길고 좁은 개구부. 때로는 슬롯slot으로 불림.

Tungsten-halogen **텅스텐-할로겐**: 필라멘트에서 증발된 텅스텐이 전구의 유리구 내벽에 증착되는 것을 막기 위하여 할로겐 금속증기를 전구 내에 봉입한 백열전구의 한 종류.

Ultra-violet (UV) **자외선**: 가시광 파장보다 짧고 엑스-레이 파장보다는 긴 파장을 갖는 복사 에너지로써, 10나노미터(nm)에서 380nm의 범위 내에 있음.

Uplight **업라이트**: 빛을 천장을 향해 상향으로 방출하고, 빛의 하향 구성요소는 없는 조명기구.

Uplighting **업라이팅**: 상향으로 방출된 빛의 분포.

Valance **밸런스**: 업라이트와 다운라이트를 모두 제공하는 광원을 가리기 위해 드레이퍼리와 함께 창문 위쪽에 매입된 길이 방향의 차폐 패널.

Veiling reflection **광막 반사**: 표면상에서 대비가 감소됨으로써 부분적으로 또는 완전히 디테일을 흐리는 입사광의 반사. 반사 글레어[reflected glare] 참조.

Visual comfort **시각적 편안함**: 시야 내의 글레어와 혼잡한 휘도를 감소시킨 결과로 조명 환경에 의해 만들어진 시각적 만족도.

Visible spectrum **가시 스펙트럼**: 약 380나노미터(nm)에서 760nm까지의 전자기 에너지의 파장.

Volt **볼트**: 전압을 측정하는 표준 단위로써, 1옴의 저항에 1암페어의 전류가 흐를 때 1볼트의 전위차가 발생한다.

Wall-washer **월-워셔**: 천장에서 바닥으로 빛의 세기 변화 없이 수직면을 비출 때 사용되는 비대칭 분포를 갖는 조명기구.

Watt **와트**: 전력의 단위로써, 1볼트의 전위차를 가로지르는 1암페어에 의해 생산된 전력과 동일하다.

Wattage **와트량**: 와트로 표현되는 전력의 양.

Wavelength **파장**: 빛이나 열 또는 기타 에너지 파의 한 꼭짓점이나 꼭대기와 이에 대응하는 다음의 꼭짓점이나 꼭대기 사이의 거리.

Workplane **작업면**: 주로 시각적 업무가 이루어지는 면으로써, 특별한 언급이 없으면 바닥에서 2ft 6in(약 75cm) 높이의 수평면.

찾아보기 Index

ㄱ

저자 소개

게리 고든

게리 고든 LLC 설립자, 대표디자이너
파슨스 스쿨오브 디자인 교수, 조명과정 창립자
NCQLP(National Council on Qualifications for the Lighting Professions :
미국 조명전문가 자격 위원회) 회장 역임
미국 최초로 조명전문가 자격증 프로그램 설립

역자 소개

백지혜

미국 Parsons School of Design, Architectural lighting design, MA
㈜삼우종합건축사사무소, ㈜현대백화점 인테리어팀 근무
성남시, 부천시 디자인위원회 위원

현재 조명설계전문회사 디자인스튜디오라인 대표디자이너
연세대학교 강의교수

박지연

연세대학교 생활과학대학 실내건축학과 박사
미국 Ann Kale 건축조명설계회사, ㈜삼우종합건축사사무소 근무
한국실내건축가협회 운영이사
한국실내디자인학회 부위원장

현재 백석대학교 디자인영상학부 인테리어디자인전공 부교수